R Tidyverse 패키지로 손쉽게 익히는 통계학 입문

데이터 과학을 활용한 통계

Chester Ismay · Albert Y. Kim 지음 | 양승훈 옮김

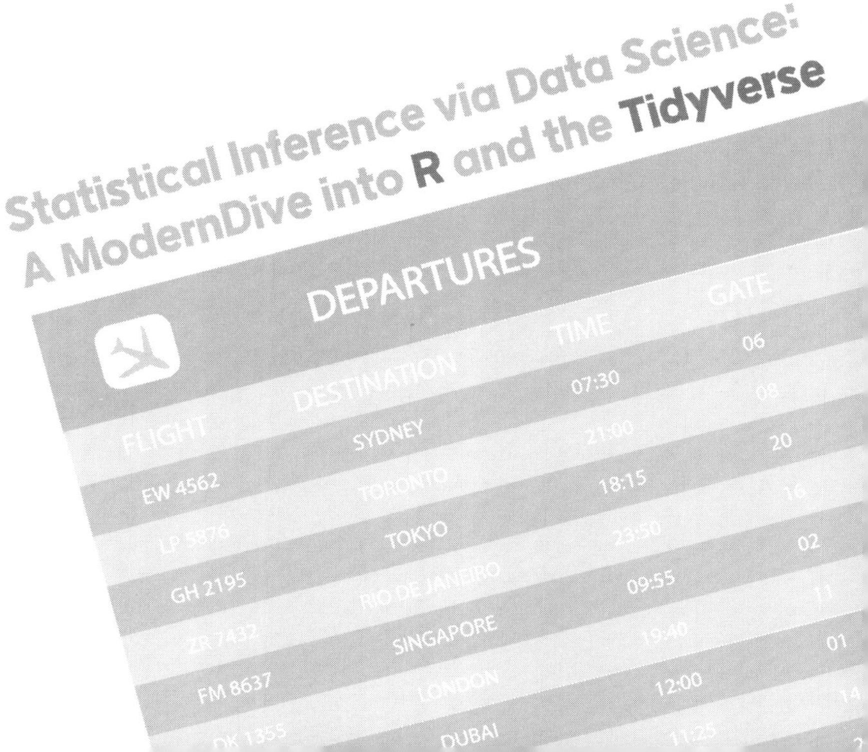

자유아카데미

추천사

지금은 통계학과 데이터 과학 교육 분야에 있어 매우 흥미로운 시기라고 할 수 있습니다(이 말은 2050년에도 계속 유효할 것입니다). 하지만 통계 교육자로서 세상의 모든 통계적, 기술적, 교육학적 혁신을 파악하는 것이 다소 버겁게 느껴질 수도 있습니다. 저는 스스로 "학생들에게 알맞은 소프트웨어를 사용해 올바른 내용을 가장 효과적인 방법으로 가르치는지" 하고 항상 묻곤 합니다. 우리 모두가 망망대해에서 길을 잃은 것처럼 느끼기 전에, 이 책을 통해 제가 얼마나 훌륭한 구명보트를 발견했는지, 그 이유가 무엇인지 들려주려 합니다.

이 책의 장점

- 데이터 분석 전체 과정의 파이프라인 제공!
- 사용자 친화적인 R 패키지 활용!
- 다변량 데이터를 분석할 수 있는 모형 강조!

이 책은 여러분이 전체 데이터 분석 파이프라인에 대한 경험치를 쌓을 수 있게 해줍니다(그림 2 참조). 특히 데이터 전처리 방법을 알려주는 몇 안 되는 통계 교과서라고 할 수 있습니다. 데이터 정제는 모델 구축만큼 멋진 작업은 아니지만, 반드시 수행해야 하는 선행 단계임에는 틀림없습니다. 확실하지 않은 데이터가 난무하는 지금, 이 책은 `dplyr` 패키지를 통해 데이터를 변환할 수 있게 도와줍니다.

앞으로 여러분은 `dplyr`을 사용하기 위해 `tidyverse`라는 R 패키지 제품군을 사용하게 될 것입니다. `tidyverse` 패키지의 함수들은 배우기 쉽고 사용하기 쉽도록 작성되었습니다. 통계에 처음 입문한다면 프로그래밍도 거의 처음일 텐데 이 점을 고려하여 새로운 함수가 소개될 때마다 차근차근 알기 쉽게 설명하고, 각 장마다 적절하게 배치된 학습 확인을 통해 수시로 실력을 체크할 수 있게 구성하였습니다.

또한 이 책은 세심하게 주제를 배치하였습니다. 데이터 시각화를 시작으로 가장 많이 쓰는 시각화 패키지인 `ggplot2`를 초반에 다뤄 책 전반에 걸쳐 등장하는 중요한 통계 개념을 시각적으로 확실히 공부할 수 있게 준비하였습니다. 데이터 전처리와 데이터 입력을 마친 후에는 회귀모형 구축과 회귀추론을 다루며 모델링을 공부할 수 있게 구성하였습니다. 마지막으로 통계적 추론은 `infer` 패키지로 계산된 분석을 컴퓨팅의 관점으로 해석하는 내용을 다루었습니다.

저는 2017년 미국 통계학 교육 워크숍 자리에서 저자인 Ismay 박사와 Kim 박사를 처음 만났습니다. 두 사람은 참석자들에게 우선 데이터를 살피고, 수학 대신 컴퓨터를 통계적 추론의 원동력으로 사용하라고 강조했습니다. 덕분에 저는 현대적인 방식으로 통계에 입문할 수 있었으며, 통계와 데이터 과학 분야의 선구자인 두 명의 교육자를 알게 되었습니다.

이 책이 이렇게 훌륭하고 시의적절한 교과서로 발전하고 성장하는 것을 보게 되어 기쁩니다. 부디 독자들이 이 책이 주는 유익함과 즐거움을 충분히 만끽하길 바랍니다!

Kelly S. McConville, 리드 칼리지(Redd College)

들어가며

도와주세요! 제가 R과 Rstudio는 처음이라 배워야 해요!
그런데 저는 코딩도 처음이에요. 어떻게 하죠?
이런 질문을 하고 있다면, 제대로 찾아오셨습니다!
<학생을 위한 소개>로 이 장을 시작하겠습니다.

- 당신은 강사인가요? 그렇다면 먼저 <학생을 위한 소개>부터 읽는 것을 권해드립니다. 그런 다음 강의와 관련된 정보가 더 필요한 경우, <강사를 위한 소개>를 읽으세요.
- ModernDive 작업에 기여하고 싶으신가요? <연결 및 기여> 장에서 그 방법을 다루었으니 참고해주세요.
- 이 책을 어떻게 출간했는지 궁금한가요? 그렇다면 <이 책에 관하여> 장에 나오는 오픈 소스 기술에 대한 정보를 참고해보세요. 특히 R Markdown과 bookdown 패키지 부분을 유심히 살펴보세요.

학생을 위한 소개

이 책은 독자들이 대수, 미적분, 프로그래밍 또는 코딩 경험이 없다고 전제합니다. 데이터 과학자, 통계학자, 데이터 저널리스트 및 기타 연구원이 수행하는 방식으로 데이터를 분석하고 자연스럽게 질문에 답변하는 형식으로 독자들에게 다가가고 싶기 때문입니다.

<**그림 1**>에 앞으로 진행할 과정을 지도로 나타내었습니다.

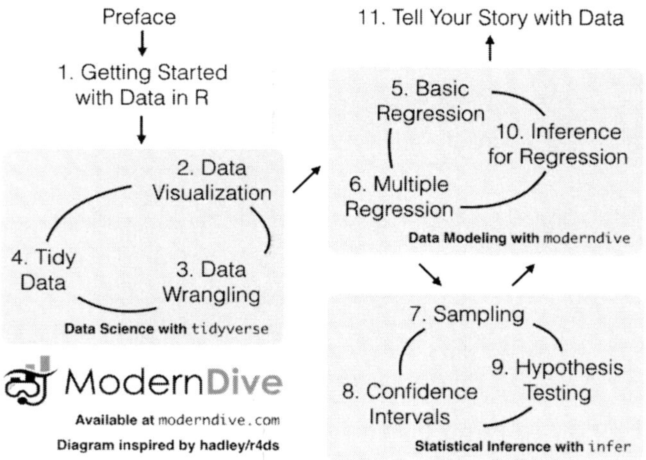

그림 1 *ModernDive* 방식 분석의 순서도

여러분은 1장부터 곧바로 데이터와 함께 시작할 겁니다. 먼저 R과 RStudio의 차이점에 대해 배우고, R로 코딩을 시작할 것입니다. 그 다음엔 여러분의 첫 번째 R 패키지를 설치하고 불러온 후, 첫 번째 데이터셋으로 2013년 뉴욕시 공항의 모든 국내선 비행(`flights`) 데이터를 탐색할 겁니다. 그런 다음 내용들을 배우게 됩니다(2와 4는 한 번에 배웁니다).

1. `tidyverse`를 활용한 데이터 과학. `tidyverse` 패키지를 사용해서 여러분의 데이터 과학 툴박스를 만들게 됩니다. 특히, 여러분은
   - 2장: `ggplot2` 패키지로 데이터를 시각화하게 됩니다.
   - 3장: `dplyr` 패키지로 데이터를 전처리할 수 있습니다.
   - 4장: `tidyverse`의 모든 패키지를 쓰기 위한 표준 데이터 입출력 양식으로서 필요한 'tidy' 데이터의 개념을 이해하게 됩니다. 게다가 `readr` 패키지를 사용해 어떻게 스프레드시트 파일을 불러오는 방법을 배웁니다.
2. `moderndive`를 활용한 데이터 모델링. `moderndive` 패키지의 데이터 과학 도구와 도움말 함수를 사용하여 첫 번째 데이터 모델 적합을 해낼 수 있습니다. 특히, 여러분은
   - 5장: 설명변수가 하나인 기초회귀모형을 탐구하게 됩니다.
   - 6장: 1개가 넘는 설명변수를 가진 다변수 회귀분석을 실시해 보게 됩니다.
3. `infer`를 활용한 통계적 추론. 다시금 새로 얻게 된 데이터 과학 도구와 `infer` 패키지를 활용해 통계적 추론을 분석하게 됩니다.
   - 7장: 통계적 추론에서 표집 변동이 수행하는 역할과 표집 변동에서 표본 크기가 수행하는 역할을 배우게 됩니다.
   - 8장: 붓스트랩을 활용해 신뢰구간을 구축합니다.
   - 9장: 순열을 사용해 가설검정을 수행합니다.
4. `moderndive`를 활용한 데이터 모델링(복습): 지금까지 배운 통계적 추론에 대한 이해를 바탕으로 5장과 6장에서 구성한 모델을 다시 논의하고 평가합니다. 특히, 여러분은
   - 10장: 신뢰구간과 가설검정을 회귀분석의 설정을 통해 해석합니다.

그리고 사례 연구 검토와 함께 '데이터 스토리텔링'이 무엇을 뜻하는지 토론하며 11장을 마치겠습니다[1].

---

1 이 책에서 'ModernDive'라는 단어의 다양한 뜻을 볼 수 있다. (1) moderndive는 R 패키지를 나타낸다. (2) ModernDive는 이 책의 원서 제목인 『Statistical Inference via Data Science: A ModernDive into R and the Tidyverse』의 약자로, 저자들이 이 책에 붙인 별명이다. (3) `ModernDive`는 책과 해당 R 패키지 모두에 해당한다.

기대 효과

이 책을 마칠 즈음, 여러분은 다음의 작업을 수행할 수 있을 것입니다.

1. R과 **tidyverse**를 데이터 과학에 사용하기
2. **선형회귀**로 알려진 방법을 활용하여 데이터에 모델 적합시키기
3. **표집, 신뢰구간, 가설검정**을 활용해 **통계적 추론** 수행하기
4. 이런 도구들을 활용해서 **나만의 데이터 스토리텔링하기**

데이터 스토리텔링이란 무엇일까요? 우리는 신중한 시각화와 사려 깊은 토론으로 질문에 대답하는 과정을 통해 독자들을 사로잡는 분석이 데이터 스토리텔링이라고 생각합니다.

이 책을 읽는 동안, 여러분은 데이터 시각화, 데이터 포맷팅, 데이터 전처리, 그리고 회귀분석을 활용한 회귀분석 등 다양한 도구를 탑재하는 과정 속에서 스스로의 '데이터 과학 도구 상자'를 개발하게 될 겁니다.

특히 데이터 시각화를 중점적으로 다루고자 합니다. 오늘날 우리가 살아가는 세상은 각종 아이디어를 품고 있는 다양한 그래픽들로 둘러싸여 있습니다. 따라서 이 책에서도 좋은 그래픽을 만드는 요소와 데이터 내부적 관계를 전달하는 표준적인 방법을 살펴보겠습니다. 우리는 시각화를 이 책의 거의 모든 내용을 구축하는 방법으로 사용합니다.

한편, 통계 학습에 더욱 집중하기 위해 의도적으로 수학 공식의 사용을 최소화했음을 밝힙니다. 대신 여러분은 데이터 시각화와 컴퓨터 시뮬레이션을 활용하여 통계를 개념적으로 이해할 수 있을 것입니다. 이러한 시도가 과거에서부터 전통적으로 고수해온 방법이나 통상적으로 인식되는 통계 학습 방법보다 더 직관적이며 효과적인 경험으로 다가오길 희망합니다.

마지막으로, 프로그래밍 문해력의 중요성을 배울 것입니다. 여러분은 프로그래밍 문해력의 중요성을 곱씹는 과정에서 코딩하는 방법을 익히면 컴퓨터를 실행할 때뿐만 아니라 스스로 수행한 분석이 어떤 의미이고 어떻게 수행된 것인지를 정확히 이해할 수 있다는 측면에서도 유용하다는 사실을 깨달을 것입니다. 이런 작업은 재현 가능 연구를 장려하기 위한 더 큰 노력의 일부입니다(자세한 내용은 이 장의 <재현가능 연구> 하위 절을 참조). 할 아벨슨(Hal Abelson)은 이 책 전반의 시도를 관통하는 다음의 문구를 썼습니다.

프로그램은 사람이 읽을 수 있도록 작성되어야만 한다. 기계의 실행을 위한 프로그램 작성은 오직 부차적일 따름이다.

프로그래밍을 배울 때 어려운 순간이 있다는 걸 우리는 이해합니다. 저자들도 계속해서

어려움을 겪고 있고, 그때마다 인터넷을 검색하여 답을 찾곤 합니다. 동료에게 도움을 요청하는 경우도 많습니다. 하지만 장기적으로 우리 모두는 프로그래밍을 통해 문제를 더 빠르고 우아하게 해결할 수 있습니다. 우리는 여러분의 시작을 돕기 위해 이 책을 썼습니다. 모두를 기꺼이 돕고 싶어하는 거대한 R 사용자 커뮤니티가 있다는 사실을 명심하세요. R 사용자 커뮤니티는 특히 stackoverflow.comii[i]와 같은 포럼과 웹사이트에서 활발하게 운영됩니다.

데이터/과학 파이프라인

어쩌면 여러분은 통계를 단순히 숫자 묶음이라고 생각할지도 모르겠습니다. 우리는 스포츠 경기 중계를 들을 때 흔히 '통계학자'라는 말을 듣습니다. 통계는(특별히 데이터 분석) 모든 과학 분야에서 핵심적인 역할을 합니다. 특히 야구 타율 같은 숫자를 표현할 때 말이죠.

여러분들은 미디어에서 종종 '통계적으로 유의하다'는 말을 들은 적이 있을 것입니다. 그리고 "초콜릿이 유익하다는 사실이 과학적으로 증명되었다"고 주장하는 기사를 읽은 적도 있겠지요. 이러한 주장의 근간이 데이터 분석입니다. 책을 다 읽을 즈음, 여러분은 이런 말을 믿어야 하는지 아니면 조심스럽게 접근해야 하는지에 대한 판단력을 기를 수 있을 것입니다. 데이터 분석에는 다양한 하위 분야가 있으며, 여기서 그것들을 다룰 예정입니다(꼭 순서대로는 아니지만요).

- 데이터 수집(data collection)
- 데이터 랭글링(data wrangling)
- 데이터 시각화(data visualization)
- 데이터 모델링(data modelling)
- 추론(inference)
- 상관관계와 회귀(correlation and regression)
- 분석 결과의 해석(interpretation of results)
- 데이터 커뮤니케이션과 스토리텔링(data communication/storytelling)

이런 하위 분야들은 가렛 그롤문드와 해들리 위컴이 '데이터/과학 파이프라인'[iii]이라고 칭한 <**그림 2**>에 요약되어 있습니다.

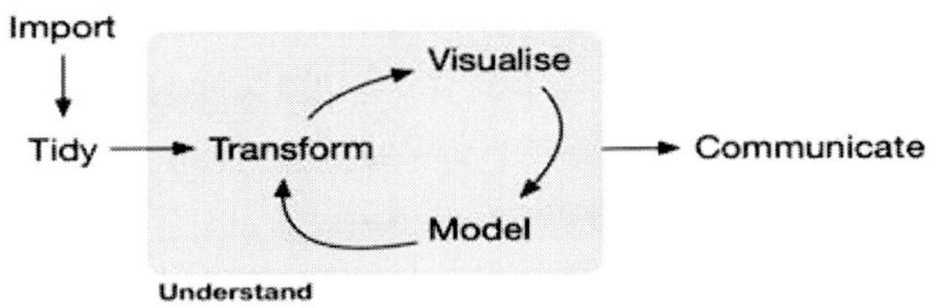

그림 2 데이터/과학

우선 데이터 시각화를 통해 그림의 회색 부분에 해당하는 **이해** 부분을 파헤치고, 그다음으로 데이터 타이디하게 만들기(tidy data)와 데이터 전처리(data wrangling) 과정을 거쳐 데이터가 무엇을 의미하는지 논의할 것입니다. 최종적으로 **커뮤니케이션** 부분을 통해 우리의 모델이 도출한 결과를 해석하고 토론하며 마치고자 합니다. 이런 단계는 어떤 통계 분석에서든 필수적입니다. 그런데 왜 통계에 관심을 가져야 할까요?

많은 분야에서 통계 과정 이수를 요구하는 이유가 있습니다. 과학적 지식은 통계적 추론과 데이터 분석에 대한 이해를 통해 성장하기 때문입니다. 그렇다고 통계에 겁먹을 필요는 없습니다. 통계는 여러분을 위협하는 맹수 같은 것이 아닙니다. 컴퓨터로 계산하면서 당신은 학문 분야에서 재현 가능 연구가 과학적 지식을 얼마나 향상시키는지 알게 될 것입니다.

재현가능 연구

가장 중요한 도구는 시작할 때부터 최종 제품을 재현할 수 있다는 **마음가짐**입니다.

– 키스 배걸리(Keith Baggerly)

이 책의 또 다른 목표는 독자들이 재현 가능한 분석의 중요성을 이해하도록 돕는 것입니다. 우리는 독자들이 시작부터 재현가능한 분석을 만드는 습관을 들이도록 할 예정입니다. 새로운 습관을 들이려면 연습이 필요하고, 때때로 어려울 수도 있습니다. 하지만 반복하다 보면 나중에는 작성된 코드를 추적하고 잘 정리하여 문서화하는 것이 여러분에게도, 또 나중에 언젠가 등장할 잠재적인 공동 작업자를 돕는다는 측면에서도 왜 그렇게 중요한지를 알게 될 것입니다.

프로그램의 결과를 워드 프로세서에 복사하여 붙여넣기 하는 것은 효율적이고 효과적인 과학적 연구를 수행하는 이상적인 방법이 아닙니다. 데이터 수집 및 데이터 분석에 시간을 보내는 것이 남이 짠 다른 프로그램에서 그린 그래프를 복사 붙여넣기 하는 것보다 훨씬 더 중요합니다.

예전에는 원 자료에 에러가 생기는 경우 분석 프로세스를 처음부터 다시 하나하나 시작해야 했습니다. 그래프를 다시 그리고, 모든 그래프와 통계 분석 결과를 문서에 전부 다시 복사해서 붙여야 했지요. 에러가 나기 십상인데다 절망적일 정도로 시간을 많이 잡아먹는 작업이었습니다. 우리는 여러분이 이러한 지루한 작업 대신 학문 연구에 더 많은 시간을 쏟을 수 있도록 도울 예정입니다.

우리는 **전산화된** 재현가능성에 대해 이야기하고 있다 – 시 유희(Xie Yuhie)

재현가능성은 다양한 과학 분야에서 많은 것들을 의미합니다. 다른 연구자가 절차대로 따라 했을 때 유사한 결과를 얻을 수 있는 방식으로 실험이 수행되나요? 이 책에서 우리는 **전산화된 재현가능성**이라고 알려진 것에 주목하겠습니다. 전산화된 재현가능성이란 누군가의 데이터 분석 절차, 데이터셋과 결론을 다른 사람한테 전달했을 때 그 사람의 컴퓨터로도 완전히 똑같은 결과를 얻을 수 있는 것을 의미합니다. 즉, 컴퓨터가 바뀔 때마다 달라지는 절차 때문에 매번 '맨땅에 헤딩하듯' 에러가 나기 쉬운 방식으로 처음부터 시작하는 수고에서 해방될 수 있습니다. 대신 분석 결과와 분석 결과에 담긴 전제에 대해서 고민하는 데 훨씬 많은 시간을 투자할 수 있습니다.

학생을 위한 마지막 메모

이 책을 사용하여 강의하는 강사가 어떻게 접근해야 하는지, 책의 내용을 개선하는 데 기여하거나 협업하고 싶으면 어떻게 참여해야 하는지, 그리고 책의 구성이나 기술적 세부 사항에 관심이 있다면 이 장의 나머지 부분을 읽으셔도 좋습니다. 그렇지 않다면 1장에서 R과 RStudio를 시작해 봅시다!

강사를 위한 소개

사용 가능한 리소스

아래 내용은 ModernDive 사용에 도움이 되는 몇 가지 리소스입니다.

1. **학습 확인**란에 복습 문제를 포함했습니다. 답은 https://moderndive.com/D-appendixD.html에서 확인할 수 있습니다.

2. Jenny Smetzer 박사와 Albert Y. Kim은 일련의 실습문제와 문제세트(p-set)를 만들어 놨습니다. 이는 https://moderndive.com/labs 에서 찾을 수 있습니다.
3. 필요하다면 ModernDive를 사용하는 아래의 두 웹사이트를 참조하시길 바랍니다.
   - Smith College "SDS192 데이터 과학 입문": https://rudeboybert.github.io/ SDS192/
   - Smith College "SD220 확률 및 통계 입문": https:// rudeboybert.github.io/SDS220/.

집필 의도

이 책은 아래 언급한 세 권의 책에서 영향을 받았습니다.

- **Mathematical Statistics with Resampling and R** (Chihara and Hesterberg, 2011)
- **OpenIntro: Intro Stat with Randomization and Simulation** (Diez et al., 2014)
- **R for Data Science** (Grolemund and Wickham, 2017)

첫 번째 책은 대학교 고학년이나 대학원생을 위한 책입니다. 이 책은 학생들이 어려워하는 표본 분포 같은 개념을 대표본(large sample) 근사와 복잡한 수학 공식을 이용하지 않고, 재표집(resampling)을 활용하여 탁월하게 쉽고 효과적으로 이해시켜 줍니다. 뒤의 두 책은 전통적이고 비싼 통계학 개론 교과서를 대체하는 통계와 데이터 과학 학습의 훌륭한 공짜 옵션이 될 겁니다.

지금까지 출시된 통계학 개론 교과서는 이 책의 첫 부분 <`tidyverse` 패키지와 함께 데이터 사이언스하기>에서 집중적으로 다루는 `tidyverse`[iii] 패키지에 포함된 `ggplot2`, `dplyr`, `tidyr`, `readr` 같이 최근 등장하여 연구 분야나 비즈니스 분야에서 많이 쓰이고 발전 중인 수많은 R 패키지를 그다지 다루지 않는 경향이 있습니다.

또한 시중에는 앞서 <학생을 위한 소개>에서 새로운 학습자를 위한 네 가지 주안점으로 언급한 오픈소스 기반이면서 쉽게 재현가능한 교과서도 없습니다. 우리는 컴퓨터 활용 기술을 통해 통계 이론 역량을 발전시키고, 초심자들이 R에 숙달될 수 있는 책을 쓰고 싶었습니다.

희망 독자

이 책은 RStudio를 가지고 전통적인 통계학 개론을 강의하면서 실라버스에 데이터 과학 주제를 좀 더 추가하고 싶은 강사들을 위해 쓰였습니다. RStudio는 서버 버전이든 데스크탑 버전이든 무방합니다(1.1.1항에서 더 다루겠습니다). 우리는 학생들이 대수, 미적분, 프로그래밍 경험이 전무하다는 가정하에 책을 썼습니다.

다음은 우리가 책을 쓰면서 가졌던 원칙과 신념들입니다. 만약 여러분이 동의한다면 이 책은 여러분들에게 좋은 선택지가 될 겁니다.

1. 강의와 실습의 경계 허물기
   - 노트북과 오픈 소스 기반 비전매 특허 통계 소프트웨어의 가용성과 접근성이 높아짐에 따라 실습실과 강의실 사이의 엄격한 이분법이 완화될 수 있습니다.
   - 일주일에 한 번 이하로만 소프트웨어를 사용할 경우 학생들은 전문연구자들보다도 소프트웨어 사용의 중요성을 이해하지 못할 가능성이 높습니다. 마치 외국어를 배우는 사람이 문법 규칙을 잊어버리듯 프로그래밍 문법을 잊어버리는 셈이죠. 자주 반복하는 것이 핵심입니다.
2. 전체 데이터/과학 연구 파이프라인에 집중
   - <**그림 2**>에서 볼 수 있는 Grolemund와 Wickham의 데이터/과학 파이프라인[2] 전체를 가르쳐야 한다고 생각합니다.
   - "재검색을 위한 전제 조건을 최소화"하라는 조지 콥의 말에 귀를 기울입니다[iv]. 학생들은 가능한 한 빨리 데이터로 질문에 답해야 합니다.
3. 데이터에 대한 모든 것
   - 이 책은 풍부하고 실제적이며 사실적인 데이터 집합을 위해 R 패키지를 활용합니다. 동시에 `nycflights13` 및 `fivethirty-eight` 패키지와 같이 R 프로그램에서 쉽게 불러올 수 있는 패키지를 사용합니다.
   - 데이터 시각화는 통계를 위한 '초기 약물'[3]이며, `ggplot2` 패키지에 구현된 그래픽 문법은 이러한 교훈을 전달하는 가장 좋은 방법이라고 생각합니다[v]. 그러나 종종 이런 말을 듣기도 합니다. "통계 입문에서 데이터 시각화를 위해 `ggplot2`를 가르칠 수는 없습니다!" 그럼에도 저희는 데이비드 로빈슨[vi]과 마찬가지로 훨씬 더 낙관적이며, 학생들이 대체로 성공적으로 학습하는 것을 확인했습니다.
   - `dplyr`을 사용하면 초보자도 데이터 랭글링에 훨씬 더 쉽게 접근[vii]할 수 있으며, 따라서 훨씬 더 흥미로운 데이터셋을 탐색할 수 있습니다.
4. 확률/수학 공식이 아닌 시뮬레이션/재표집을 사용한 통계적 추론 도입
   - 공식이나 대표본 근사, 확률표를 사용하는 대신 시뮬레이션 기반 추론을 사용하여 통계적 개념을 가르칩니다.

---

2 http://r4ds.had.co.nz/introduction.html

3 마약에 진입하는 처음 약물. 예컨대 마리화나를 꼽을 수 있다. 이 책에서는 시각화가 데이터과학과 통계에 빠지기 위한 첫 걸음이라고 꼽는다.

- 전통적인 확률 주제를 덜 강조할 수 있으므로 강의 계획서에 다른 주제를 위한 공간을 확보할 수 있습니다. 시뮬레이션/재표집 방식의 통계 추론은 수학적 개념을 보다 현대적이고 쉬운 접근 방식과 연관시키는 데 도움이 될 수 있게끔 징검다리가 되어줄 겁니다.

5. "학생들을 컴퓨터 세계 울타리 바깥에 차단하지 말고, 그 안에 던져주세요!"
   - 21세기에 데이터로 작업하려면 컴퓨터를 활용한 연산이 필수적입니다. 이러한 사실을 고려할 때, 학생들이 어려워할 것을 우려하여 컴퓨터 기반 연산을 하지 않게 보호하는 것은 궁극적으로 학생들에게 해를 끼치는 일이라고 생각합니다.
   - 이 책은 코딩/프로그래밍 자체를 가르치는 것이 아니라 데이터 분석에 필요한 수준에서 컴퓨터 사고와 알고리즘적 사고를 충분히 가르칩니다.

6. 완벽한 재현가능성 및 맞춤가능성
   - 예제는 제공하지만 소스 코드와 데이터 자체는 제공하지 않는 교과서를 볼 때마다 답답합니다. 이 책은 모든 예제와 이 책 전체의 소스 코드를 제공합니다. 때때로 더 복잡한 수치를 생성하는 코드를 숨기기도 했지만, 책의 GitHub 리퍼짓토리를 검토하면 모든 코드를 확인할 수 있습니다.
   - 궁극적으로 가장 좋은 교재는 여러분이 직접 작성한 교재입니다. 독자, 독자의 수준, 독자의 우선순위는 여러분이 가장 잘 알고 있습니다. 여러분은 스스로의 스타일과 가장 좋아하는 예제 및 문제 유형을 가장 잘 알고 있습니다. 맞춤화는 이 책의 궁극적인 목적입니다. 저희가 제공한 내용을 가지고 여러분 자신의 필요에 맞게 책의 내용을 수정해 보시기 바랍니다. 이 책을 나만의 것으로 만드는 방법에 대한 자세한 내용은 이 장의 <책의 작업방식 소개>를 참조하세요.

연결 및 기여

moderndive와 계속 교류하고 싶으시면 다음 링크를 확인하세요.

- moderndive에 대한 정기적인 업데이트(약 6개월마다)를 받고 싶으시면 메일링 리스트[viii]에 등록하세요.
- 앨버트(albert.ys.kim@gmail.com)와 체스터(chester.ismay@gmail.com)에게 문의하세요.
- 트위터 주소는 https://twitter.com/ModernDive입니다.

moderndive 발전에 기여하고 싶으시다면, 여러 가지 방법이 있습니다. 이 책이 가능한 한 훌륭한 책이 될 수 있도록 여러분의 도움과 피드백을 기대하겠습니다. 예를 들어 오류, 오타 또는 개선이 필요한 부분을 발견하면 이메일을 보내주시거나 GitHub issue 페이지에 이슈를 게시해 주세요[ix]. GitHub에 익숙한 분들 중 기여하고 싶은 게 있으시다면 <책의 작업방식 소개> 장을 참조하세요.

감사의 말

피드백과 제안을 보내주신 Nina Sonneborn[x], Alison Hill 박사[xi], Kristin Bott[xii], Jenny Smetzer 박사[xiii], 그리고 2017년[xiv]과 2019년[xv] USCOTS 워크숍 참가자들에게 감사의 말씀을 전합니다. 또한 1.1.2항 <오류, 경고 및 메시지>에 관한 거의 모든 내용을 제공해 주신 Andrew Heiss 박사[xvi], 평행 경사 모델을 그래프로 그리기 위해 ggplot2 패키지에 새로운 geom_parallel_slopes() 확장자를 만들어 주신 Evgeni Chasnovski[xvii], 그리고 이 책의 편집에 힘써 주신 Starry Zhou[xviii]에게도 감사의 말씀을 전합니다. 인지심리학자이자 The Learning Scientists[xix]의 공동 창립자인 Yana Weinstein 박사에게 폭넓은 피드백을 제공해 주신 데 대해 특별히 감사드립니다.

이 책의 서문을 집필해 주신 Kelly S. McConville[xx] 박사에게도 영광이었습니다. McConville 박사는 통계 교육 분야의 선구자이며, 이 책을 현재의 형태로 업데이트하는 과정에서 우리 둘 모두에게 큰 영감을 주었습니다. 또한 GitHub에서 이 책에 대해 지속적으로 기여해주신 커뮤니티[xxi] 구성원들과, 이 책을 주변에 추천해 주신 많은 분들께도 감사드립니다. 여러분 모두에게 정말 감사드립니다!

마지막으로 태평양 대학교, 리드 대학교, 미들베리 대학교, 애머스트 대학교, 스미스 대학교에서 저희 수업에 함께했던 모든 학생 여러분께 특별한 감사의 인사를 전합니다. 여러분 없이는 이 책을 만들 수 없었을 것입니다!

책의 작업방식 소개

이 책은 Yihui Xie(Xie, 2019)가 만든 RStudio의 bookdown[xxii] 패키지를 사용하여 작성했습니다. 이 패키지는 R 마크다운[xxiii]으로 작성한 모든 콘텐츠의 출판 작업을 간소화시켜 처리합니다. 모던다이브의 모든 버전에 대한 북다운/R 마크다운 소스 코드는 GitHub에서 확인할 수 있습니다.

- 최신 온라인 버전(가장 최신 배포된 버전)
  - 2019년 11월 25일에 배포된 버전 1.0.0(소스 코드[xxiv])
- 인쇄 버전(**ModernDive**의 CRC Press 인쇄 버전은 버전 1.0.0에 해당합니다.)
- 개발 온라인 버전(현재 편집 중인 다음 버전의 작업 사본입니다).
  - 소스 코드: 모던다이브의 깃헙 저장소 페이지(https://github.com/moderndive/moderndive_book)에서 찾을 수 있습니다.
- 이전 온라인 버전(오래되었을 수 있는 이전 버전).

- 2019년 8월 28일에 배포된 0.6.1[xxv] 버전(소스 코드[xxvi])
- 2019년 8월 7일에 배포된 버전 0.6.0[xxvii](소스 코드[xxviii])
- 2019년 2월 24일에 배포된 버전 0.5.0[xxix](소스 코드[xxx])
- 2018년 7월 21일에 배포된 버전 0.4.0[xxxi](소스 코드[xxxii])
- 2018년 2월 3일에 배포된 버전 0.3.0[xxxiii](소스 코드[xxxiv])
- 2017년 8월 2일에 배포된 버전 0.2.0[xxxv](소스 코드[xxxvi])
- 2017년 2월 9일에 배포된 버전 0.1.3[xxxvii](소스 코드[xxxviii])
- 2017년 1월 22일에 배포된 버전 0.1.2[xxxix](소스 코드[xl])

이 책이 교과서의 새로운 패러다임이 될 수 있을까요? 교재를 출판하는 회사가 몇 년마다 교과서의 **개정판**을 발행하는 전통적인 모델 대신, 우리는 소프트웨어 설계처럼, 보다 쉽게 업데이트할 수 있는 **버전**을 발행하는 모델을 적용합니다. 그렇게 하면 아이디어, 도구, 리소스 및 피드백을 얻기 위해 강사와 개발자로 구성된 오픈소스 커뮤니티를 활용할 수 있다고 봅니다. 따라서 우리는 여러분의 GitHub pull-request를 환영합니다.

마지막으로, 이 책은 크리에이티브 커먼즈 저작자표시-비영리-동일조건변경허락 4.0 라이선스에 따라 제공되므로 비상업적 용도라면 자유롭게 수정하되, index.Rmd 상단에 저자를 다음과 같이 기재해야 합니다. “Chester Ismay, Albert Y. Kim, 그리고 당신의 이름”

저자 소개

Chester Ismay는 미국 오리건주 포틀랜드에 있는 DataRobot의 데이터 과학 교육자입니다. 그는 이 역할로 데이터 과학, 머신 러닝 및 데이터 엔지니어링에 대한 DataRobot University의 대면 워크숍을 이끌고 있습니다. 2013년 애리조나 주립대학교에서 통계학 박사 학위를 취득했습니다. 박사 취득 이전에는 Scottsdale 보험 회사(현 Nationwide E&S/Specialty)의 보험 계리사와 프리랜서 데이터 과학 컨설턴트로 일했습니다. 또 Ripon College, Reed College, Pacific University에서 다양한 직무를 수행한 경력이 있습니다. ModernDive 패키지 외에도 `infer`[xli] 패키지의 초기 개발자로 기여했고, `thesisdown`[xlii] R 패키지의 저자이자 유지 관리자입니다.

- 이메일: chester.ismay@gmail.com
- 웹페이지: https://chester.rbind.io/
- 트위터: old_man_chester[xliii]
- 깃허브: https://github.com/ismayc

Albert Y. Kim은 미국 매사추세츠주 노샘프턴에 있는 스미스 칼리지의 통계 및 데이터 과학 조교수입니다. 2011년 워싱턴 대학교에서 통계학 박사 학위를 취득했습니다. 이전에는 구글의 검색광고 측정팀과 Reed, Middlebury, Amherst 대학에서 근무했습니다. ModernDive 패키지 외에도 **resampledata**[xliv] 및 **SpatialEpi**[xlv] 패키지의 공동 저자이기도 합니다.

- 이메일: albert.ys.kim@gmail.com
- 웹페이지: https://rudeboybert.rbind.io/
- 트위터: rudeboybert[xlvi]
- 깃허브: https://github.com/rudeboybert

Ismay 박사와 Kim 박사는 Jeniffer Chunn[xlvii]과 함께 데이터 저널리즘 웹 사이트 FiveThirtyEight.com[xlviii]에 게시된 코드 및 데이터셋 패키지인 **fivethirtyeight**[xlix]의 공동 저자이기도 합니다.

역자 서문

통계학 비전공자임에도 불구하고 실무를 위해, 연구 목적으로, 또는 강의에 활용하기 위해 수많은 통계학과 데이터분석 교재를 찾아왔다. 통계학과 데이터분석의 역사를 고찰하면 분명 통계학의 역사가 길다. 그런데 학부 강의를 위해 교재를 찾을 때는 어째서인지 괜찮은 통계학 교재 찾기가 데이터분석 교재 찾기보다 힘들었다.

R 데이터분석 교재는 기초부터 심화까지 잘 구축되어 있는 편이다. 하지만 통계 비전공자인 인문사회계열 학생이 공부하기에 적절한 통계학 교재를 찾는 일은 쉽지 않았다. 시중에 나온 수많은 교재를 살펴보았지만, 항상 어딘가에는 아쉬움이 남았다. 갈증을 풀지 못하고 이런저런 교재를 오가며 갈팡질팡하다 자체 제작 교재와 보조교재를 병행해 사용하던 와중에 Chester Ismay와 Albert Y. Kim의 『Statistical Inference via Data Science: A Moderndive into R and the Tidyverse』(2019)를 접하게 되었다. 한 차례 통독하면서 모든 코드를 작성해 본 후 앞으로 통계학 기초 강의에 활용해도 되겠다는 생각을 굳히게 됐다.

이 책은 세 가지 강점을 가진다. 첫째는 통계교육자로서 저자들의 확고한 철학이다. 수학을 어려워하거나 거부감을 느끼는 학생들에게 처음부터 수식 위주의 계산을 강조하는 것은 기초통계학 수준에서는 큰 의미가 없어 보인다. 이 책은 가능하면 시각화를 통해, 아니면 산술계산 수준의 연산을 통해 주요 내용을 이해하게 한다. 부트스트래핑을 통한 시뮬레이션, 그리고 '작살'과 '그물'의 비유를 통해 점추정치와 신뢰구간을 쉽게 설명하는 부분은 이 책의 백미다. 둘째는 R tidyverse 패키지를 활용한 프로그래밍의 적극 수용이다. 2016년 9월 해들리 위컴에 의해 출시된 tidyverse 패키지는 R을 활용하는 사람들이 가장 많이 활용하는 ggplot2, dplyr, tidyr, readr 등을 포괄해서 담아냈다. 가장 많이 활용하는 패키지를 일일이 설치하여 탑재할 필요가 없어지고, 역시나 tidyverse에 담긴 magrittr 패키지를 통한 pipe operator(%>%)를 활용하여 컴퓨터가 이해하기 쉬운 방식이 아닌 사람이 읽고 해석하기 쉬운 방식의 코드 전개를 통해 초심자들의 접근도를 현격히 높였다. 여전히 많은 R을 활용한 통계 교재들은 tidyverse 방식 이전 방식의 함수 활용으로 코드를 읽고 해석하기 어렵게 만들곤 했다. 이 책은 작성된 R 코드의 가독성 면에서도 장점을 가진다. 셋째로 한 학기 분량에 적합한 내용 편성이다. 이 책은 데이터분석을 위해 필요한 최소한의 문법 혹은 코드 작성법과 표집, 기초통계학의 주요 내용을 모두 담았다. 이 책 한 권으로 충분하지는 않겠지만, 꼭 필요한 내용을 특별한 문제 없이 커버할 수 있는 것은 큰 장점이다.

이 책이 나오기까지 많은 분께 도움을 받았다. 우선 초고를 처음부터 끝까지 살펴 주신 연세대학교 사회학과 최성수 교수님께 감사의 말씀을 드리고 싶다. 어떠한 용어를 활용할 것인지에 대한 조언은 물론, 사소한 오류까지 꼼꼼하게 지적해 주셨기에 책의 완성도를 높일 수 있었다. 둘째로 경남대학교 사회학과 데이터분석 동아리에서 2017년부터 5년간 말 그대로 '맨땅에 헤딩하며'(from scratch) 통계학과 R, 파이썬을 함께 공부해온 김지성·김재권·정병조·전용한·김동우·황준하·김민수·김찬영·김외정·여인영·유민화·김예령에게도 고마움을 전한다. 함께 연구실과 강의실에 모여 서로 에러 코드를 고쳐가며(hands-on) 데이터시각화, 텍스트마이닝, 통계학, 머신러닝을 함께 공부한 것이 큰 도움이 되었다.

마지막으로 책을 번역하는 과정에서 통계학회 용어집을 활용했으나, 일상적인 표현에 비추어 난해할 경우 쉬운 말로 풀어 쓰는 부분이 있었다. 그럼에도 부적절한 통계 개념이나 이해되지 않는 표현이 있다면, 오롯이 번역자의 몫이니 이 점은 양해를 바라며 추후 나올 수 있는 수정사항 등은 자유아카데미 홈페이지(www.freeaca.com) 자료실에 제공할 예정이다. 부디 이 책이 교강사와 학생, 통계와 데이터분석을 독학하는 예비 분석가들의 통계와 데이터분석 공부 여정에 도움이 되길 바란다.

2023년 9월 양승훈

들어가며_주석

[i] https://stackoverflow.com/
[ii] http://r4ds.had.co.nz/explore-intro.html
[iii] http://tidyverse.org/
[iv] https://arxiv.org/abs/1507.05346
[v] http://escholarship.org/uc/item/84v3774z
[vi] http://varianceexplained.org/r/teach_ggplot2_to_beginners/
[vii] http://chance.amstat.org/2015/04/setting-the-stage/
[viii] http://eepurl.com/cBkItf
[ix] https://github.com/moderndive/moderndive_book/issues
[x] https://github.com/nsonneborn
[xi] https://alison.rbind.io/
[xii] https://twitter.com/rhobott?lang=en
[xiii] https://www.smith.edu/academics/faculty/jennifer-smetzer
[xiv] https://www.causeweb.org/cause/uscots/uscots17/workshop/3
[xv] https://www.causeweb.org/cause/uscots/uscots19/workshop/4
[xvi] https://twitter.com/andrewheiss
[xvii] https://github.com/echasnovski
[xviii] https://github.com/Starryz
[xix] http://www.learningscientists.org/yana-weinstein/
[xx] https://www.reed.edu/faculty-profiles/profiles/mcconville-kelly.html
[xxi] https://github.com/moderndive/ModernDive_book/graphs/contributors
[xxii] https://bookdown.org/
[xxiii] http://rmarkdown.rstudio.com/html_document_format.html
[xxiv] https://github.com/moderndive/moderndive_book/releases/tag/v1.0.0
[xxv] https://moderndive.com/previous_versions/v0.6.1/index.html
[xxvi] https://github.com/moderndive/ModernDive_book/releases/tag/v0.6.1
[xxvii] https://moderndive.com/previous_versions/v0.6.0/index.html
[xxviii] https://github.com/moderndive/moderndive_book/releases/tag/v0.6.0
[xxix] https://moderndive.com/previous_versions/v0.5.0/index.html
[xxx] https://github.com/moderndive/moderndive_book/releases/tag/v0.5.0
[xxxi] https://moderndive.com/previous_versions/v0.4.0/index.html
[xxxii] https://github.com/moderndive/moderndive_book/releases/tag/v0.4.0
[xxxiii] https://moderndive.com/previous_versions/v0.3.0/index.html
[xxxiv] https://github.com/moderndive/moderndive_book/releases/tag/v0.3.0
[xxxv] https://moderndive.com/previous_versions/v0.2.0/index.html
[xxxvi] https://github.com/moderndive/moderndive_book/releases/tag/v0.2.0

[xxxvii] https://moderndive.com/previous_versions/v0.1.3/index.html
[xxxviii] https://github.com/moderndive/moderndive_book/releases/tag/v0.1.3
[xxxix] https://moderndive.com/previous_versions/v0.1.2/index.html
[xl] https://github.com/moderndive/moderndive_book/releases/tag/v0.1.2
[xli] https://cran.r-project.org/package=infer
[xlii] https://github.com/ismayc/thesisdown
[xliii] https://twitter.com/old_man_chester
[xliv] https://cran.r-project.org/package=resampledata
[xlv] https://cran.r-project.org/package=SpatialEpi
[xlvi] https://twitter.com/rudeboybert
[xlvii] https://github.com/jchunn
[xlviii] https://fivethirtyeight-r.netlify.com/
[xlix] https://fivethirtyeight.com/

차례

3부 infer를 사용한 통계적 추론

4부 결론

부록

1장 R로 데이터 분석 시작하기

R에서 데이터를 탐색하기 전에, 다음과 같은 핵심 개념을 이해해야 합니다.

1. R과 RStudio란?
2. R에서 코딩하는 방법
3. R 패키지란?

이는 1.1~1.3절에서 다룰 개념입니다. 만약 알고 있는 내용이라면 1.4절로 건너뛰어도 좋습니다. 1.4절에서는 미국 뉴욕시(NYC) 3대 공항 중 한 곳에서 출발하는 모든 국내선 항공편 내역을 담은 데이터셋을 다루는데, 앞으로도 꾸준히 심도 있게 살펴볼 데이터셋이니 참고하길 바랍니다.

1.1 R과 RStudio란?

이 책에서는 RStudio를 통해 R을 사용한다고 가정합니다. 처음 사용하는 경우 이 두 가지가 헷갈릴 수 있습니다. <**그림 1.1**>을 보겠습니다. R을 자동차의 엔진에 비유할 수 있다면 RStudio는 자동차의 계기판(dashboard)에 비유할 수 있습니다.

R: 엔진	RStudio: 계기판

그림 1.1 비유로 본 R과 RStudio의 차이점

정확히 말하면, R은 연산을 실행하는 프로그래밍 언어이고 RStudio는 R에 여러 가지

편리한 기능과 도구를 추가하여 인터페이스를 제공하는 통합 개발 환경(IDE, Integrated Development Environment)입니다. 속도계, 백미러, 내비게이션 시스템을 사용하면 자동차 운전이 훨씬 쉬워지는 것처럼 RStudio의 인터페이스를 사용하면 R도 훨씬 쉽게 사용할 수 있습니다.

1.1.1 R 과 RStudio 설치하기

RStudio Server 또는 RStudio Cloud에 대한 참고 사항: RStudio Server 또는 RStudio Cloud의 링크 및 접근 권한이 있는 경우 이 절을 건너뛸 수 있습니다. 하지만 RStudio Server/Cloud를 사용한 지 오래 되었다면 이 절을 참고하여 소프트웨어를 설치합시다.

먼저 컴퓨터에 R과 RStudio(데스크톱 버전)를 모두 다운로드하여 설치해야 합니다. 이때 R을 먼저 설치한 다음 RStudio를 설치해야 합니다.

1. https://cloud.r-project.org/에서 R을 다운로드하여 설치합니다.[1]
   - Windows 사용자: 'Windows용 R 다운로드' 클릭 -> '기본' 클릭 -> 다운로드 링크를 클릭
   - 맥OS 사용자: '(Mac) OS X용 R 다운로드' 클릭 -> 'Latest release:'에서 R-X.X.X.pkg(여기서 R-X.X.X는 버전 번호) 클릭. 예를 들어, 2019년 11월 25일 기준 최신 버전의 R은 R-3.6.1입니다.
   - 리눅스 사용자: 'Linux용 R 다운로드'를 클릭 -> 배포판을 선택 -> 설치용 R 설치에 대한 자세한 내용을 확인
2. https://posit.co/download/rstudio-desktop/에서 RStudio를 다운로드하여 설치합니다.
   - '2. Install RStudio' 버튼 하단의 'Download RStudio Desktop for MACOS(또는 Windows)' 버튼을 클릭합니다.

1.1.2 RStudio를 통해 R 사용하기

앞에 나온 자동차 비유를 떠올려 봅시다. 자동차를 운전할 때 운전자가 엔진과 직접 상호 작용하는 것이 아니라 자동차 계기판과 상호 작용하는 것처럼, 우리는 R을 직접 사용하는 것이 아니라 RStudio의 인터페이스를 사용할 것입니다. 컴퓨터에 R과

1 https://posit.co/download/rstudio-desktop/에 접속해서 '1. Install R' 하단에 있는 'Download and Install R' 버튼을 눌러도 접속이 가능하다.

RStudio를 설치하면 두 개의 새 프로그램(응용 프로그램이라고도 합니다)을 열 수 있습니다. 우리는 항상 R이 아닌 Rstudio 프로그램을 불러서 작업할 것입니다. 컴퓨터에서 어떤 아이콘을 클릭해야 하는지 <**그림 1.2**>로 나타내었습니다.

R: 열지 않습니다.	RStudio: 엽니다.

그림 1.2 컴퓨터에 설치된 R과 RStudio의 아이콘

RStudio를 열면 <**그림 1.3**>과 비슷한 화면을 볼 수 있습니다(RStudio가 2019년 이후 업데이트 되었다면, 아래 화면과 미세하게 다를 수도 있습니다).

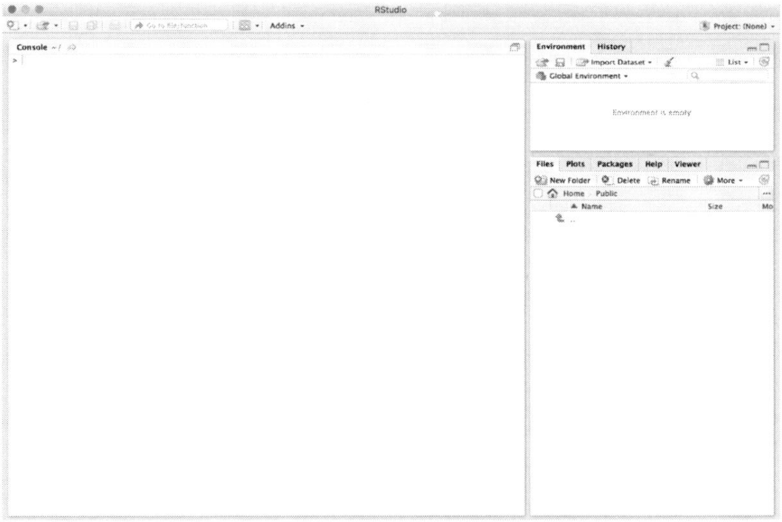

그림 1.3 RStudio를 통해 보는 R 인터페이스

콘솔 창, 파일 창, 환경 창 등 화면을 분할하는 세 개의 창에 주목하세요. 앞으로 각 창이 어떤 용도로 사용되는지 알아보고자 합니다.

1.2 R에서 코딩하는 방법

R과 RStudio설정을 마쳤습니다. 그러면 "이제 R을 어떻게 사용해야 하지?"라는 생각

이 들었을 것입니다. 가장 먼저 주목해야 할 점은 포인트-앤-클릭 형태[2][i]의 인터페이스를 제공하는 Excel, SPSS, Minitab과 같은 다른 통계 소프트웨어 프로그램과 달리 R은 인터프리터 언어[ii]라는 점입니다. 즉, 여러분은 클릭 대신 R 코드로 작성된 명령을 입력해야 합니다. R로 코딩/프로그래밍해야 한다는 뜻이죠. 이 책에서는 '코딩'과 '프로그래밍' 이라는 용어를 혼용하여 사용합니다.

숙련된 코더/컴퓨터 프로그래머가 아니어도 R을 사용할 수 있지만, R을 처음 쓴다면 먼저 몇 가지 기본 프로그래밍 개념을 이해해야 합니다(어렵지 않으니 안심하시길!). 따라서 이 책을 통해 데이터를 효과적으로 탐색하고 분석하는 데 필요한 기본 프로그래밍 개념을 충분히 익히도록 합시다.

1.2.1 기본 프로그래밍 개념 및 용어

이제 몇 가지 기본적인 프로그래밍 개념과 용어를 소개하겠습니다. 모든 개념과 용어를 지금 당장 외울 필요는 없습니다. '직접 해보면서 배우는' 방식으로 진행할 것이며, 알아보기 쉽도록 일반 텍스트와 **컴퓨터 코드**는 다른 글꼴을 사용하였습니다. 기본 프로그래밍을 숙달하는 가장 좋은 방법은 R을 사용한 연습[iii]을 반복하는 것입니다.

- **기본 사항**
  - **콘솔 창**(Console pane): 명령을 입력하는 곳.
  - **코드 실행**(Running code): 콘솔에서 명령어를 제공하여 R에 어떤 작업을 수행하도록 지시하는 행위.
  - **개체**(Object): 값이 R에 저장되는 곳. 개체에 값을 할당하는 방법과 객체의 내용을 표시하는 방법을 소개하겠습니다.
  - **데이터 유형**(Data types): 정수, 이중/숫자, 논리 및 문자. 정수는 -1, 0, 2, 4092와 같은 값입니다. 더블(double) 또는 수치(numeric)는 정수뿐만 아니라 -24.932, 0.8과 같은 분수 및 소수를 모두 포함하는 더 큰 값 집합입니다. 문자는 '양배추', '해밀턴', '더 와이어는 역대 최고의 TV 쇼', '이 라면은 맛있다'와 같은 텍스트인 반면, 논리는 `TRUE` 또는 `FALSE`입니다. 문자는 종종 따옴표로 둘러싸여 표시됩니다.
- **벡터**(Vectors): 수열처럼 줄을 세워놓은 값. 벡터는 `c()` 함수를 사용하여 생성되며, 여기서 `c()`는 '결합' 또는 '연결'을 의미합니다. 예를 들어, `c(6, 11, 13, 31, 90, 92)`는 6개의 요소로 구성된 양의 정수값 계열을 만듭니다.
- **팩터**(Factors): 범주형 데이터는 일반적으로 R에서 팩터로 표현됩니다. 범주형 데이터는 문자열로도 표현할 수 있습니다. 팩터와 문자의 차이점을 차차 살펴보겠습니다.

2 마우스로 필요한 지점까지 짚은 후 버튼을 클릭하는 방식

- **데이터 프레임(Data Frames)**: 엑셀 화면의 바둑판 형태 직사각형 스프레드시트. 행은 관측값에 해당하고 열은 관측값의 특성을 설명하는 변수에 해당하는 R의 데이터 집합 표현입니다. 데이터 프레임은 1.4절에서 다룹니다.
- **조건문**
  - (일반적으로 다른 프로그래밍 언어에서 값이나 변수의 할당[assignment]에 사용되는 = 대신)==를 사용한 R의 동일성 테스트. 예를 들어, 2 + 1 == 3이라고 입력하면 2 + 1과 3을 비교하는 코드를 출력하는 반면, 2 + 1 = 3이라 입력하면 R은 에러를 출력합니다.
  - 부울 대수(Boolean Algebra): TRUE/FALSE 문과 수학 연산자. <(보다 작음), <=(보다 작거나 같음), !=(보다 같지 않음)와 같은 연산자를 사용할 수 있습니다. 예를 들어 4 + 2 >= 3은 TRUE를 반환하지만 3 + 5 <= 1은 FALSE를 반환합니다.
  - 논리 연산자(Logical operators): '그리고'를 나타내는 &와 '또는'을 나타내는 ¦. 예를 들어 (2 + 1 == 3) & (2 + 1 == 4)는 두 절이 모두 TRUE가 아니라 첫 번째 절만 TRUE이므로 FALSE를 반환합니다. 반면 (2 + 1 == 3) ¦ (2 + 1 == 4)는 두 절 중 적어도 하나가 TRUE입니다.
- **함수(functions) 또는 명령어(commands)**: 함수는 R에서 작업을 수행하며, **인수**(arguments)를 입력으로 받고 출력을 반환합니다. 함수의 인수를 수동으로 지정하거나, **디폴트값**(default values)을 사용할 수 있습니다.
  - 예를 들어, R의 seq() 함수는 숫자 시퀀스를 생성합니다. seq()를 그냥 실행하면 값 1을 반환합니다. 이 값은 별로 도움이 되지는 않습니다. 디폴트 값이 seq(from = 1, to = 1)로 설정되어 있기 때문입니다. 따라서 이 연산을 변경하기 위해 from과 to에 다른 값을 전달하지 않으면 R은 원하는 값만 1이라고 가정합니다. = 기호 뒤의 값을 업데이트하여 인수 값을 변경할 수 있습니다. seq(from = 2, to = 5)를 입력하면 예상대로 2 3 4 5라는 결과를 얻을 수 있습니다.
  - 이 책은 전체적으로 함수를 많이 사용합니다. 따라서 함수가 어떻게 동작하는지 이해하기 위한 많은 연습을 할 수 있습니다. 책에서 함수가 언급될 때마다 이해를 돕기 위해 위의 seq()처럼 함수 뒤에 () 기호를 넣었으니 참고하시길 바랍니다.

위에서 설명한 내용 외에도 숙련된 R 사용자가 되기 위한 프로그래밍 개념과 용어가 더 있습니다. 하지만 굉장히 방대하기에 벌써부터 살펴보기에는 적절하지 않습니다. 여기서는 본격적인 통계 분석을 시작하기 전에 알아야 할 최소한의 개념과 용어를 다루었습니다. 나머지는 차근차근 배워 나갑시다. 개념과 용어는 연습을 거듭할수록 익숙해지기 마련입니다.

1.2.2 오류, 경고 및 메시지

R과 RStudio를 처음 사용할 때 당황하는 이유 중 하나는 **오류**(errors), **경고**(warnings), **메시지**(messages)를 보고하는 방식 때문입니다. R은 오류, 경고 메시지를 눈에 띄는 빨간색 텍스트로 보고하기 때문에 꼭 혼나는 것 같은 기분을 느낄 수 있습니다. 하지만 콘솔에서 빨간색 텍스트를 보는 게 항상 나쁜 일만은 아닙니다.

R은 아래와 같은 세 가지 상황에 빨간색 텍스트를 띄웁니다.

- **오류(Errors)**: 정당한 오류인 경우, 빨간색 텍스트로 "`Error in…`"이라는 문구가 앞에 표시되며 무엇이 잘못되었는지 설명합니다. 일반적으로 오류가 발생하면 코드가 실행되지 않습니다. 예를 들어, 1.3.3항에서 `Error in ggplot(...) : could not find function "ggplot"`이 표시되면 해당 함수(`ggplot`)가 포함된 패키지가 `library(ggplot2)`로 로드되지 않아 `ggplot()` 함수에 액세스할 수 없음을 의미합니다. 즉, `ggplot2` 패키지를 먼저 로드하지 않으면 `ggplot()` 함수를 사용할 수 없습니다.
- **경고(Warnings)**: 경고인 경우, 빨간색 텍스트로 "`Warning:`"가 앞에 표시되고, 경고가 발생하는 이유를 설명합니다. 코드는 여전히 작동하지만 몇 가지 주의 사항이 있습니다. 예를 들어, 2장에서 데이터셋을 기반으로 산점도(scatterplot)를 그릴 때 데이터 관측값 중 두 개의 산점도에서 점을 만드는 데 필요한 항목이 누락된 경우 `Warning: Removed 2 rows containing missing values (geom_point)`라는 경고가 표시됩니다. 누락되지 않은 값을 포함하는 산점도를 계속 생성하긴 하지만, 두 개의 점이 없다는 경고를 표시합니다.
- **메시지**: 빨간색 텍스트가 '오류' 또는 '경고'로 시작하지 않는 경우, 이는 친절한 **메시지**일 뿐입니다. 앞으로 살펴볼 1.3.2항에서 R **패키지**를 불러올 때, 또는 4장에서 볼 수 있듯이 `read_csv()` 함수를 사용하여 스프레드시트 파일에 저장된 데이터를 읽을 때 이러한 메시지가 표시됩니다. 이러한 메시지는 유용한 진단 메시지이며 코드 작동을 중단시키지 않습니다. 또한 1.3.1항에서 설명한 대로 `install.packages()`를 사용하여 패키지를 설치할 때도 이러한 메시지를 볼 수 있습니다.

그러니 콘솔에 빨간색 텍스트가 표시되더라도 당황할 필요는 없습니다. 꼭 문제가 생겼다는 의미는 아니니까요. 다음 내용을 참고하여 상황에 대처합시다.

- 텍스트가 "Error"로 시작하면 오류의 원인을 파악하세요. 이 오류는 뭔가 잘못되었음을 알려주는 빨간 신호등입니다.
- 텍스트가 "Warning"으로 시작하면 무엇이 문제인지 파악합니다. 예를 들어, 산점도 그래프에서 누락된 값에 대한 경고가 표시되었을 때 누락된 값이 있다는 사실을 아

는 상태라면 괜찮습니다. 경고 메시지에 깜짝 놀랐다면, 데이터를 살펴보고 어떤 값이 누락되었는지 확인합니다. 경고는 노란색 신호등으로 여기면 됩니다. 모든 것이 정상적으로 작동하고 있더라도 주의하거나 주의를 기울여야 하는 상황일 수 있겠네요.

- 그렇지 않으면 텍스트는 그저 메시지일 뿐입니다. 웃는 얼굴로 손을 흔들며 말을 걸어줘서 고맙다고 인사하세요. 메시지는 녹색 신호등으로 모든 것이 정상적으로 작동하고 있다는 뜻이니, 멈추지 말고 계속 진행하세요!

1.2.3 코딩을 배울 때 필요한 팁 몇 가지

코딩/프로그래밍을 배우는 것은 외국어를 배우는 것과 매우 유사합니다. 처음에는 벅차고 좌절감을 느낄 수 있습니다. 이는 부끄러운 일이 아닙니다. 배우는 과정에서는 얼마든지 좌절하고 낙담할 수 있습니다. 외국어를 배울 때처럼 꾸준한 노력을 기울이고 실수를 두려워하지 않는다면 누구나 배우고 발전할 것입니다.

다음은 프로그래밍을 배울 때 명심해야 할 몇 가지 유용한 팁입니다.

- **사실 컴퓨터는 그렇게 똑똑하지 않다**: 컴퓨터나 스마트폰이 '똑똑하다'고 생각할 수 있지만, 실제로는 '똑똑해 보이도록' 설계하는 데 개발자들이 많은 시간과 에너지를 쏟았습니다. 실제로는 컴퓨터가 해야 할 일을 모두 알려줘야 합니다. 또한 컴퓨터에게 내리는 명령은 실수가 있어서는 안 되며, 어떤 이유에서든 모호해서는 안 됩니다.
- **복사(copy), 붙여넣기(paste), 수정하기(tweak) 활용**: 처음 프로그래밍 언어를 배우거나 유독 복잡한 코드를 이해해야 하는 경우, 기존 코드를 가져와 각자의 목적에 맞게 수정하면 훨씬 간단합니다. 이는 처음부터 코드를 입력하는 것과는 반대되는 방식입니다. 이를 '**복사, 붙여넣기, 수정하기**' 접근법이라고 합니다. 따라서 초기에는 무리하게 코드를 작성하기보다 책에서 제공한 기존 예제를 복사, 붙여넣기하고 목표에 맞게 수정하는 것이 좋습니다. 자신감이 붙으면 천천히 이 접근 방식에서 벗어나 처음부터 코드를 작성할 수 있습니다. '복사, 붙여넣기, 수정하기' 접근 방식은 자전거를 처음 배우는 어린아이의 보조 바퀴라고 생각하면 됩니다. 익숙해진 뒤에는 더 이상 필요하지 않겠죠?
- **코딩을 배우는 가장 좋은 방법은 프로젝트를 통한 실습**: 코딩 자체를 목적으로 할 때보다는 중요한 데이터 분석 같은 특정 프로젝트를 진행할 때나 이루고자 하는 바가 있을 때 더 수월하게 배울 수 있습니다. 필요하면 더 빠르게 익힐 수 있는 법이죠.
- **연습이 핵심입니다**: 외국어 실력을 향상시킬 수 있는 유일한 방법이 많은 연습과 말하기인 것처럼, 코딩 실력을 향상시키는 유일한 방법은 많은 연습을 해보는 것입니

다. 하지만 걱정하지 마세요. 이 책은 연습할 기회를 충분히 제공해주니까요!

1.3 R 패키지란?

R을 처음 사용할 때는 R 패키지에 대해서도 많이 혼동합니다. R 패키지는 추가 함수와 데이터, 그리고 설명서를 제공하여 R의 기능을 확장합니다. 패키지는 전 세계 R 사용자 커뮤니티에서 작성하며 인터넷에서 무료로 다운로드할 수 있습니다.

예를 들어, 이 책에서 사용하는 많은 패키지 중에는 2장의 데이터 시각화를 위한 `ggplot2` 패키지(Wickham 외, 2019a), 3장의 데이터 랭글링를 위한 `dplyr` 패키지(Wickham 외, 2019b), 이 책과 함께 제공되는 `moderndive` 패키지(Kim and Ismay, 2019), 8장, 9장, 10장의 '타이디 방식(tidy)'를 통한 투명한 통계 추론을 위한 `infer` 패키지(Bray 외, 2019)가 있습니다.

R 패키지는 휴대폰에 다운로드할 수 있는 앱으로 비유할 수 있습니다.

R: 새 휴대폰	R 패키지: 다운받을 수 있는 앱들

그림 1.4 휴대폰에 비유한 R과 R 패키지

R은 새 휴대폰과 같아서 기본 기능만 깔려 있습니다. R 패키지는 Apple의 App Store 또는 Android의 Google Play에서 휴대폰에 다운로드할 수 있는 앱과 같습니다.

사진 편집 및 공유를 위한 Instagram 앱을 예로 들어 이 비유를 계속 이어가겠습니다. 새 휴대폰을 구입했는데 방금 찍은 사진을 Instagram에서 친구들과 공유하고 싶다고 가정해 보겠습니다. 그럴 경우 다음과 같은 과정을 거칩니다.

1. **앱 설치**: 새 휴대폰에는 Instagram 앱이 포함되어 있지 않으므로 App Store 또는 Google Play에서 앱을 다운로드해야 합니다. 이 작업을 한 번만 수행하면 당분간 따로 준비할 건 없습니다. 단, 나중에 App Store나 Google Play에서 업데이트를 수행해야 하는 경우가 있을 순 있습니다.

2. **앱 열기**: Instagram을 설치한 후에는 앱을 열어야 합니다.

휴대폰에서 Instagram이 열리면 친구 및 가족과 사진을 공유할 수 있습니다. 이 과정은 R 패키지를 사용할 때와 매우 유사합니다. R 패키지의 사용 방법은 다음과 같습니다.

1. **패키지 설치**: 휴대폰에 앱을 설치하는 것과 같습니다. 대부분의 패키지는 R 및 RStudio를 설치할 때 기본적으로 설치되지 않습니다. 따라서 패키지를 처음 사용하려는 경우 먼저 패키지를 설치해야 합니다. 패키지를 설치한 후에는 최신 버전으로 업데이트하지 않는 한 다시 설치하지 않을 가능성이 높습니다.
2. **'패키지' 탑재**: 패키지를 '탑재하는' 것은 휴대폰에서 앱을 여는 것과 같습니다. 패키지는 컴퓨터에서 RStudio를 시작할 때 기본적으로 '탑재'되지 않으므로 매번 사용하려는 각 패키지를 불러와서 '탑재'해야 합니다.

그럼 이제, 실제로 데이터 시각화를 해봅시다. `ggplot2` 패키지를 쓰기 위해 위의 두 단계를 진행해 보겠습니다.

1.3.1 패키지 설치하기

RStudio Server 또는 RStudio Cloud에 대한 참고 사항: 강사가 RStudio Server 또는 RStudio Cloud에 대한 링크 및 접근 권한을 제공한 경우 패키지가 미리 설치되었을 수도 있습니다. 하지만 나중에 RStudio Server 또는 Cloud를 사용하지 않고 자신의 컴퓨터에서 RStudio Desktop을 사용할 때를 대비하여 이 프로세스를 알아 두는 것이 좋습니다.

R 패키지를 설치하는 방법은 쉬운 방법과 좀 더 수준 높은 방법의 두 가지가 있습니다. 먼저 <그림 1.5>에 나타난 쉬운 방법으로 `ggplot2` 패키지를 설치해 보겠습니다. RStudio의 파일 패널에서

a) '패키지' 탭을 클릭합니다.
b) 업데이트 옆에 있는 '설치'를 클릭합니다.
c) '패키지의 이름(공백 또는 쉼표로 여러 개 구분):'에 패키지 이름을 입력합니다(여기서는 `ggplot2`).
d) '설치'를 클릭합니다.

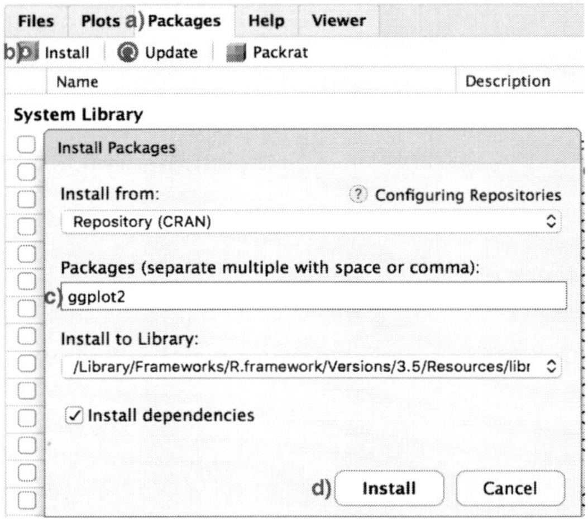

그림 1.5 R을 쉬운 방법으로 설치하기

이보다는 덜 편리하지만 패키지를 설치하는 또 다른 방법은(하지만 이 방법을 추천합니다) RStudio의 콘솔 창에 `install.packages("ggplot2")`를 입력하고 키보드에서 Return/Enter키를 누르는 것입니다. 이때 패키지 이름 주위에 따옴표를 넣어야 합니다.

휴대폰의 앱과 마찬가지로 패키지는 한 번만 설치하면 됩니다. 그러나 이전에 설치한 패키지를 최신 버전으로 업데이트하려면 이전 단계를 반복하여 패키지를 다시 설치해야 합니다.

| 학습 확인 |

(LC1.1) 이전 설치 단계를 반복하되, **dplyr**, **nycflights13**, **knitr** 패키지에도 적용합니다. 이렇게 하면 앞서 언급한 데이터 랭글링를 위한 **dplyr** 패키지, 2013년 뉴욕 공항에서 출발하는 모든 국내선 항공편에 대한 데이터가 포함된 **nycflights13** 패키지, R에서 읽기 쉬운 테이블을 생성하기 위한 **knitr** 패키지가 설치됩니다. 다음 절에서는 이 패키지를 사용할 것입니다.

여기서 주의할 점이 있습니다. 출력 결과가 책에 제시된 출력 결과와 일치하려면 책에서 사용한 패키지의 정확한 버전을 사용해야 합니다. 이러한 패키지의 전체 목록과 버전은 부록 B에서 확인할 수 있습니다. 초보자에게는 상관없을 수도 있지만, 정확한 재현 가능성을 위해 포함시켰습니다.

1.3.2 패키지 불러오기[3]

패키지를 설치한 후에는 '탑재'해야 한다는 점을 기억하세요. 즉, '열어야' 합니다.

library() 명령을 사용하여 이를 수행합니다.

예를 들어, ggplot2 패키지를 불러오려면 콘솔 창에서 다음 코드를 실행합니다. '다음 코드를 실행'한다는 것이 무슨 의미일까요? 콘솔 창에 다음 코드를 입력하거나 복사하여 붙여 넣은 다음 Enter 키를 누릅니다.

```
library(ggplot2)
```

앞의 코드를 실행한 후 -> '프롬프트' 기호 옆에 깜박이는 커서가 다시 나타나면 코드 실행에 성공했으며 이제 ggplot2 패키지가 탑재되어 사용할 준비가 되었다는 뜻입니다. 그러나 다음과 같은 빨간색 '오류 메시지'가 표시되면

```
Error in library(ggplot2) : there is no package called 'ggplot2'
```

성공적으로 설치하지 못했다는 뜻입니다. 이것은 1.2.2항에서 설명한 '오류 메시지'의 예입니다. 이 오류 메시지가 표시되면 R 패키지 설치에 대한 1.3.1항로 돌아가서 실행 전에 패키지가 설치됐는지를 확인해 보세요.

| 학습 확인 |

(LC1.2) 이전 단계를 반복하여 dplyr, nycflights13, knitr 패키지도 '탑재'합니다.

1.3.3 패키지 사용하기

새로운 R 사용자는 특정 패키지를 사용하려 할 때 살펴본 library() 명령을 사용하여 패키지를 먼저 '탑재'해야 한다는 것을 잊어버리곤 합니다. 명심합시다. RStudio를 **시작할 때마다 사용하려는 각 패키지를 탑재해야 합니다.** 패키지를 먼저 '탑재'하지 않고 해당 기능 중 하나를 사용하려고 하면 다음과 유사한 오류 메시지가 표시됩니다:

```
Error : could not find function
```

이 메시지는 설치되지 않은 패키지로 인해 발생하는 오류 메시지와는 다른 것으로, 아직 '탑재'되지 않은 패키지의 함수를 사용하려고 한다는 의미입니다. R은 사용 중인 함수를 어디에서 찾아야 하는지 모릅니다. 처음에는 이 작업을 잊어버리는 경우가 많습니다. 매번 패키지를 탑재하는 게 귀찮긴 하겠지만, 연습을 반복하다 보면 자연스레 익숙해질 것입니다.

3 본문에서는 '탑재'와 '불러오기'를 문맥에 맞춰 혼용하여 사용한다.

1.4 첫 번째 데이터셋 탐색하기

지금까지 배운 모든 내용을 실습에 적용하여 실제 데이터를 탐색해 볼 시간입니다! 데이터는 그림, 텍스트, 숫자 등 다양한 형식으로 존재합니다. 이 책에서는 스프레드시트 유형에 저장된 데이터셋에 초점을 맞출 것입니다.

스프레드시트 유형은 아마도 많은 분야에서 데이터를 수집하고 저장하는 가장 일반적인 방식일 것입니다. 1.2.1항에서 이러한 '스프레드시트' 유형의 데이터셋을 R의 **데이터 프레임**이라고 했는데 기억하시나요? 이제부터는 데이터 프레임으로 저장된 데이터로 작업하는 데 중점을 두겠습니다.

이 장은 필요한 모든 패키지가 이미 설치되어 있다고 가정하고 로드해 보겠습니다. 만약 아직 패키지를 설치하지 않았다면 1.3절을 참고하여 R 패키지의 설치 및 탑재를 완료합시다.

```
library(nycflights13)
library(dplyr)
library(knitr)
```

앞으로는 장이 시작될 때마다 해당 장의 R 코드로 작업하기 위해 설치하고 탑재해야 하는 패키지 목록을 알려드릴 것입니다.

1.4.1 nycflights13 패키지

비행기를 타보았거나, 비행기를 탔다는 이야기를 들은 경험이 있을 것입니다. 항공 여행은 어느덧 사람들에게 익숙한 일이 되었습니다. 그런데 공항에서 출발 항공편 정보 게시판을 살펴보면 여러 가지 이유로 항공편이 지연되는 경우를 종종 볼 수 있습니다. 항공편은 왜 지연되는 걸까요?

다들 가능하다면 제시간에 맞춰 목적지에 도착하고 싶어 합니다. (공항에서 노는 걸 좋아하는 은밀한 취향이 있다면 또 모르지만요. 만약 여러분이 이런 사람 중 한 명이라면, 대신 여러분이 최종 목적지에 도착할 날을 고대하고 있다고 잠시 상상해 보세요.) 이 책에서 우리는 2013년 뉴욕의 3대 공항 중 한 곳에서 출발하는 모든 국내선 항공편과 관련된 데이터를 분석해 보겠습니다. 3대 공항은 뉴어크 리버티 국제공항(Newark Liberty International, EWR), 존 F. 케네디 국제공항(John F. Kennedy Internatioanl, JFK), 라과디아 공항(LaGuardia Airport, LGA)입니다. 데이터 분석을 위해 5개의 데이터 프레임에 저장된 5개의 데이터셋을 포함하는 `nycflights13` 패키지를 사용하여 이 데이터에 액세스합니다.

- **flights**: 336,776개의 모든 항공편에 대한 정보.
- **airlines**: 항공사 이름과 두 글자로 된 국제항공운송협회(International Air Transport Association)에서 제공하는 16개 항공사의 영어 두 글자로 된 항공사 코드(IATA). 예를 들어, 델타항공의 두 글자 코드는 `'DL'`.
- **planes**: 실제 사용된 3,322항공기 각각에 대한 정보.
- **weather**: 뉴욕의 세 공항 각각에 대한 시간별 기상 데이터. 이 데이터 프레임에는 26,115개의 행이 있으며, 이는 대략 365 × 24 × 3 = 26,280이므로, 1년 동안 세 위치에서 관측할 수 있는 시간별 측정값에 해당합니다.
- **airports**: 1,458개 국내 목적지의 이름, 코드, 위치.

1.4.2 flights 데이터 프레임

flights 데이터 프레임을 살펴보고 그 구조를 파악하는 것으로 시작해 봅시다. 콘솔에서 다음 코드를 입력하거나 긁어서 붙여넣기하여 실행합니다. 콘솔에 항공편 데이터 프레임의 내용이 표시됩니다. 모니터 크기에 따라 출력 내용이 약간 다를 수 있으니 참고하세요.

```
flights
```

```
# A tibble: 336,776 x 19
    year month day dep_time sched_dep_time dep_delay arr_time
   <int> <int> <int>  <int>          <int>     <dbl>    <int>
1   2013     1     1    517            515         2      830
2   2013     1     1    533            529         4      850
3   2013     1     1    542            540         2      923
4   2013     1     1    544            545        -1     1004
5   2013     1     1    554            600        -6      812
6   2013     1     1    554            558        -4      740
7   2013     1     1    555            600        -5      913
8   2013     1     1    557            600        -3      709
9   2013     1     1    557            600        -3      838
10  2013     1     1    558            600        -2      753
# ... with 336,766 more rows, and 12 more variables: sched_arr_time <int>,
#   arr_delay <dbl>, carrier <chr>, flight <int>, tailnum <chr>,
```

```
#    origin <chr>, dest <chr>, air_time <dbl>, distance <dbl>, hour <dbl>,
#    minute <dbl>, time_hour <dttm>
```

이 출력된 내용을 해석해 보겠습니다:

- `tibble: 336,776 x 19`: `tibble`은 R에서 특별한 종류의 데이터 프레임입니다. 이 데이터 프레임에는 다음이 포함됩니다.
  - 336,776개의 행은 서로 다른 **관측값**에 해당합니다. 여기서 각 관측값은 각각의 항공편입니다.
  - 19개의 열은 각 관측값을 설명하는 19개의 **변수**에 해당합니다.
- `year, month, day, dep_time, sched_dep_time, dep_delay, arr_time`은 서로 다른 열, 즉, 이 데이터셋의 다른 변수입니다.
- 처음 10개의 항공편에 해당하는 처음 10개의 행을 미리 볼 수 있습니다. R은 처음 10개의 행만 표시합니다. 만약 336,776개의 행을 화면에 모두 표시하려면 끝없이 계속 채워야 하기 때문입니다.
- `... with 336,766 more rows, and 11 more variables` : 화면에 들어가지 않은 336,766개의 데이터 행과 11개의 변수가 더 존재한다는 사실을 알려줍니다.

안타깝게도 이 출력된 내용만 봐서는 데이터를 제대로 탐색할 수 없지만, 좋은 미리 보기를 제공합니다. 데이터 프레임을 탐색하는 몇 가지 다른 방법을 살펴보겠습니다.

1.4.3 데이터 프레임 탐색하기

`flights`와 같은 데이터 프레임에 포함된 데이터를 감지하는 방법은 여러 가지가 있습니다. 여기에서는 해당 데이터 프레임을 '인수'(입력)로 사용하는 세 가지 함수를 소개해 보겠습니다. 또한 데이터 프레임의 특정 열을 탐색하는 네 번째 방법도 살펴볼 것입니다.

1. `View()` 함수를 사용하여 RStudio의 내장 데이터 뷰어를 불러오기
2. `dplyr` 패키지에 포함된 `glimpse()` 함수 사용
3. `knitr` 패키지에 포함된 `kable()` 함수 사용
4. 데이터 프레임 속에 있는 단일변수/열을 보는 데 사용되는 `$` '추출 연산자' 사용

1. `View()`

RStudio의 콘솔에서 `View(flights)`를 입력하거나 콘솔 창에 긁어서 붙여넣기하여 실행합니다. 결과를 출력하는 팝업 뷰어에서 이 데이터 프레임을 탐색해 봅시다. 여러분은

데이터 프레임을 확인하는 습관을 들여야 합니다. `View()`의 대문자 `V`에 주목하세요. R은 대/소문자를 구분하므로 `View(flights)` 대신 `view(flights)`를 실행하면 오류 메시지가 표시됩니다.

| 학습 확인 |

(LC1.3) 이 항공편 데이터 세트의 한 행은 무엇을 의미하나요?

A. 항공사에 대한 데이터

B. 항공편에 대한 데이터

C. 공항에 대한 데이터

D. 여러 항공편에 대한 데이터

`View(flights)`를 실행하면 각 열에 정리되어 있는 다양한 변수를 탐색할 수 있습니다. 다양한 유형의 변수가 있음을 알 수 있습니다. `distance`, `day`, `arr_delay`와 같은 일부 변수는 **양적**(quantitative, **또는 연속형**) 변수라고 부릅니다. 이러한 변수는 본질적으로 숫자입니다. 다른 변수는 **범주형**(categorical) 변수입니다.

`View(flights)` 출력 결과의 가장 왼쪽 열을 보면 숫자로 된 열을 볼 수 있습니다. 이것이 데이터 집합의 행 번호입니다. 같은 번호의 행(예: 행 5)을 훑어보면 각 행이 무엇을 나타내는지 알 수 있습니다. 이렇게 하면 특정 행의 열 값을 기록하여 특정 행에서 어떤 객체를 설명하는지 식별할 수 있습니다. 이를 **관측 단위**(observational unit)라고도 합니다. 이 예에서 관측 단위는 2013년에 뉴욕에서 출발하는 개별 항공편입니다. 각 변수가 측정하거나 설명하는 '것'이 무엇인지 결정하여 관측 단위를 식별할 수 있습니다. **식별**(identification) 및 **측정**(measurement)변수를 다루는 1.4.4항에서 관측 단위에 대해 자세히 설명하겠습니다.

2. `glimpse()`

데이터 프레임을 탐색하기 위해 두 번째로 다룰 방법은 `dplyr` 패키지에 포함된 `glimpse()` 함수를 사용하는 것입니다. 따라서 `library(dplyr)`를 실행하여 `dplyr` 패키지를 로드한 후에만 `glimpse()` 함수를 사용할 수 있습니다. 이 함수는 데이터 프레임을 탐색할 때 `View()` 함수가 아닌 다른 관점을 제공합니다.

```
glimpse(flights)
```

```
Observations: 336,776
 Variables: 19
$ year           <int> 2013, 2013, 2013, 2013, 2013, 2013, 2013, 2013,...
$ month          <int> 1, 1, 1, 1, 1, 1, 1, 1, 1, 1, 1, 1, 1, 1, 1, 1,...
$ day            <int> 1, 1, 1, 1, 1, 1, 1, 1, 1, 1, 1, 1, 1, 1, 1, 1,...
$ dep_time       <int> 517, 533, 542, 544, 554, 554, 555, 557, 557, 55...
$ sched_dep_time <int> 515, 529, 540, 545, 600, 558, 600, 600, 600, 60...
$ dep_delay      <dbl> 2, 4, 2, -1, -6, -4, -5, -3, -3, -2, -2, -2, -2...
$ arr_time       <int> 830, 850, 923, 1004, 812, 740, 913, 709, 838, 7...
$ sched_arr_time <int> 819, 830, 850, 1022, 837, 728, 854, 723, 846, 7...
$ arr_delay      <dbl> 11, 20, 33, -18, -25, 12, 19, -14, -8, 8, -2, -...
$ carrier        <chr> "UA", "UA", "AA", "B6", "DL", "UA", "B6", "EV",...
$ flight         <int> 1545, 1714, 1141, 725, 461, 1696, 507, 5708, 79...
$ tailnum        <chr> "N14228", "N24211", "N619AA", "N804JB", "N668DN...
$ origin         <chr> "EWR", "LGA", "JFK", "JFK", "LGA", "EWR", "EWR"...
$ dest           <chr> "IAH", "IAH", "MIA", "BQN", "ATL", "ORD", "FLL"...
$ air_time       <dbl> 227, 227, 160, 183, 116, 150, 158, 53, 140, 138...
$ distance       <dbl> 1400, 1416, 1089, 1576, 762, 719, 1065, 229, 94...
$ hour           <dbl> 5, 5, 5, 5, 6, 5, 6, 6, 6, 6, 6, 6, 6, 6, 6, 5,...
$ minute         <dbl> 15, 29, 40, 45, 0, 58, 0, 0, 0, 0, 0, 0, 0, 0,...
$ time_hour      <dttm> 2013-01-01 05:00:00, 2013-01-01 05:00:00, 2013...
```

glimpse() 명령어를 실행하면 변수 이름 뒤에 각 변수의 처음 몇 개 항목을 연속으로 보여줍니다. 또한 변수의 **데이터 유형**(1.2.1항 참조)은 각 변수 이름 바로 뒤에 < > 안에 표시됩니다. 여기서 **int**와 **dbl**은 수량변수에 대한 컴퓨터 코딩 용어인 '정수(integer)'와 '더블[4](double)'을 나타냅니다. '더블'은 정수에 비해 컴퓨터에서 저장할 때 두 배의 크기를 차지합니다.

이와 대조적으로, **chr**은 텍스트 데이터에 대한 컴퓨터 용어인 '문자열'을 의미합니다. 대부분의 양식에서 **carrier**나 항공기의 **origin**과 같은 텍스트 데이터는 범주형 변수입니다. **time_hour** 변수는 또 다른 데이터 타입인 **dttm**입니다. 이러한 유형의 변수는 날짜와 시간 조합을 나타냅니다. 그러나 이 책에서는 날짜와 시간으로 작업하지 않을 것이며, 이 주제에 관심이 있다면 다른 데이터 과학 교재(예: Tiffany-Anne Timbers, Melissa Lee, Trevor Campbell의 *Introduction to Data Science*[iv] 또는 *R for Data Science*[v] [Grolemund and Wickham, 2017])[5]를 참고하시길 바랍니다.

4 이중 자체의 의미가 별로 없기 때문에 추후에는 R 데이터 타입의 고유함을 살리기 위해 더블로 표기한다.

5 해들리 위컴·개럿 그롤문드, 『R을 활용한 데이터 과학』, 김설기·최혜민 옮김, 인사이트, 2019

| 학습 확인 |

(LC1.4) 이 범주형 변수의 데이터셋에는 어떤 다른 예가 있나요? 범주형 변수가 양적 변수와 다른 점은 무엇인가요?

3. `kable()`

데이터 프레임 전체를 탐색하는 마지막 방법은 `knitr` 패키지의 `kable()` 함수를 사용하는 것입니다. 데이터셋에 있는 모든 항공사의 다양한 항공사 코드를 두 가지 방법으로 탐색해 보겠습니다. 콘솔에서 이 두 코드 줄을 모두 실행합니다.

```
airlines
kable(airlines)
```

언뜻 보기에는 앞선 `glimpse()`나 `View()` 함수를 통한 출력과 큰 차이가 없는 것처럼 보일 수 있습니다. 그러나 R Markdown[vi]과 같이 재현 가능한 보고서를 생성하는 도구를 사용하면 후자의 코드로 훨씬 더 읽기 쉽고 익숙한 출력을 생성할 수 있습니다. 여기서는 우리에게 더 익숙한 스타일을 소개할 것입니다.

4. `$` 연산자

마지막으로, `$` 연산자를 사용하면 데이터 프레임 내에서 단일변수를 추출하고 탐색할 수 있습니다. 예를 들어 콘솔에서 다음과 같이 실행하면 됩니다.

```
airlines$name
```

우리는 연산자 `$`를 사용하여 `name` 변수만 추출하여 길이가 16인 벡터로 화면에 반환했습니다. 앞으로 우리가 `$` 연산자를 사용하여 데이터 프레임을 탐색하는 경우는 드물고 대신 `View()` 및 `glimpse()` 함수를 선호하여 사용할 겁니다.

1.4.4 변수의 식별과 측정

데이터 프레임을 다루면서 마주치는 변수는 저마다 미묘한 차이를 가지고 있습니다. 이 중 **식별변수**(identification variables)와 **측정변수**(measurement variables)에 주목해봅시다. 예를 들어 `glimpse(airports)`의 출력을 표시하여 `airports` 데이터 프레임을 살펴보겠습니다.

```
glimpse(airports)
```

```
Observations: 1,458
Variables: 8
$ faa   <chr> "04G", "06A", "06C", "06N", "09J", "0A9", "0G6", "0G7", ...
$ name  <chr> "Lansdowne Airport", "Moton Field Municipal Airport", "S...
$ lat   <dbl> 41.1, 32.5, 42.0, 41.4, 31.1, 36.4, 41.5, 42.9, 39.8, 48...
$ lon   <dbl> -80.6, -85.7, -88.1, -74.4, -81.4, -82.2, -84.5, -76.8, ...
$ alt   <dbl> 1044, 264, 801, 523, 11, 1593, 730, 492, 1000, 108, 409,...
$ tz    <dbl> -5, -6, -6, -5, -5, -5, -5, -5, -5, -8, -5, -6, -5, -5, ...
$ dst   <chr> "A", "A", "A", "A", "A", "A", "A", "A", "U", "A", "A", "...
$ tzone <chr> "America/New_York", "America/Chicago", "America/Chicago"...
```

faa 변수와 name 변수는 **식별변수**, 즉 각 관측 단위를 고유하게 식별하는 변수라고 부릅니다. 이 경우 식별변수는 공항을 고유하게 식별합니다. 이러한 변수는 주로 데이터 프레임의 각 행을 고유하게 식별하는 데 사용됩니다. faa는 해당 공항에 대해 미국 연방항공청에서 제공하는 고유 코드를 제공하고, name 변수는 공항의 공식 이름을 제공합니다. 나머지 변수(`lat, lon, alt, tz, dst, tzone`)는 **측정**(measurement) 또는 **특성**(characteristic) 변수(각 관측 단위의 속성을 설명하는 변수)라고도 합니다. 예를 들어, `lat` 및 `long`은 각 공항의 위도와 경도를 설명합니다.

때로는 단일변수만으로 각 관측 단위를 고유하게 식별하기에 충분하지 않을 수 있습니다. 그럴 때는 여러 변수를 조합해야 합니다. 정해진 규칙은 아니지만, 더 효과적인 데이터의 조직화를 위해 식별변수를 데이터 프레임의 가장 왼쪽 열에 배치하는 것이 좋습니다.

| 학습 확인 |

(LC1.5) `airports` 데이터 프레임에서 `lat, lon, alt, tz, dst, tzone` 변수는 각 공항의 어떤 속성을 설명하나요? 할 수 있는 한 최대로 추측해서 답을 내보세요.

(LC1.6) 데이터 프레임에 변수가 3개 이상 있고, 그 중 하나는 식별변수, 나머지 2개는 식별변수가 아닌 변수의 이름을 생각해보고, 이러한 조건에 맞는 자신만의 타이디(tidy)한 데이터 프레임을 만드세요.

1.4.5 Help를 활용하자!

R의 또 다른 유용한 기능은 다양한 함수와 데이터셋에 대한 설명서를 제공하는 도움말 파일입니다. 함수 또는 데이터 프레임의 이름 앞에 ?을 추가하여 도움말 파일을 불러온 다음 콘솔에서 실행할 수 있습니다. 그러면 해당 문서가 있는 경우 해당 문서가 표시된 페이지가 표시됩니다. 예를 들어 **flights** 데이터 프레임에 대한 도움말 파일을 살펴봅시다.

```
?flights
```

도움말 파일은 RStudio의 도움말 창에 나타납니다. R 패키지에 포함된 함수 또는 데이터 프레임에 대해 궁금한 점이 있을 때마다 즉시 도움말 파일을 참조하는 습관을 들이면 좋습니다.

| 학습 확인 |

(LC1.7) airports 데이터 프레임에 대한 도움말 파일을 살펴보세요. `lat`, `lon`, `alt`, `tz`, `dst`, `tzone` 변수가 각각 무엇을 나타내는지를 여러분이 이전에 추측했던 내용과 비교해보세요.

1.5 이 장의 결론

우리는 1장에서 R에서 데이터를 탐색하는 데 필요한 최소한의 도구 세트를 소개했습니다. 이걸로 끝일까요? 절대 아닙니다. 이 장에서는 기본적인 내용을 다루었습니다. 그 이상을 다루었다면 오히려 학습의 효율이 떨어졌을 것입니다. 앞서 말했듯이, 가장 좋은 학습법은 RStudio에 들어가서 가능한 한 많이 실행하고 코드를 작성하는 것입니다.

1.5.1 추가적으로 활용할 수 있는 리소스

모든 **학습 확인**에 대한 해답은 온라인으로 확인할 수 있습니다[vii].

코딩, R, RStudio를 처음 접하고 더 자세한 소개가 필요하다고 생각되는 경우, 짧은 책인 *Getting Used to R, RStudio, and R Markdown*[viii](Ismay and Kennedy, 2016)을 참고하시길 바랍니다. 이 책에는 동영상 강의가 포함되어 있어 따라하기도 쉽고 학습하는 중간중간 필요할 때마다 일시 정지할 수 있습니다. R에서 재현 가능한 연구를 위해 사용되는 도구인 R Markdown 또한 다룹니다.

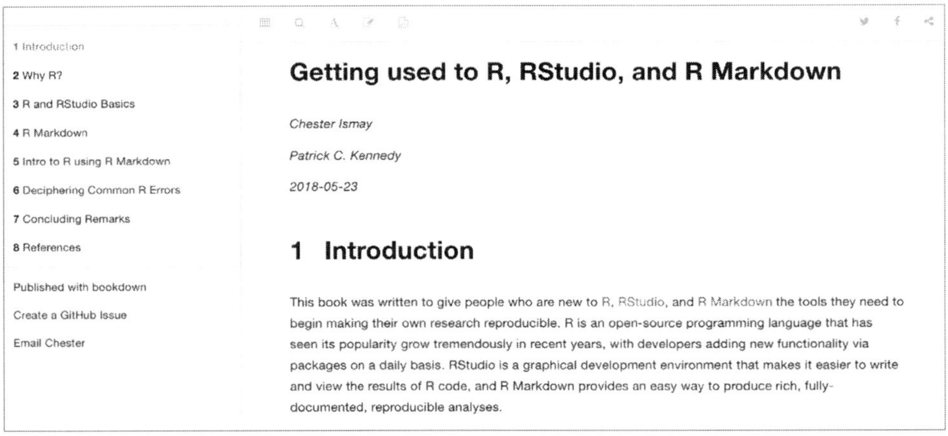

그림 1.6 *Getting Used to R, RStudio, and R Markdown*의 프리뷰

1.5.2 다음 단계는?

이제 데이터 과학자의 도구 상자에서 가장 중요한 도구인 데이터 시각화로 1부 <**tidyverse** 패키지와 함께 데이터 사이언스하기>를 시작하겠습니다. 2장에서는 데이터 시각화를 위한 **ggplot2** 패키지를 사용하여 **nycflights13** 패키지에 포함된 데이터를 살펴보도록 하겠습니다. 데이터 시각화는 데이터 탐색을 위해 여러분의 도구 상자에 추가할 수 있는 강력한 도구로, **View()** 및 **glimpse()** 함수가 제공할 수 있는 기능에 대한 추가 인사이트를 제공한다는 것을 알게 될 것입니다.

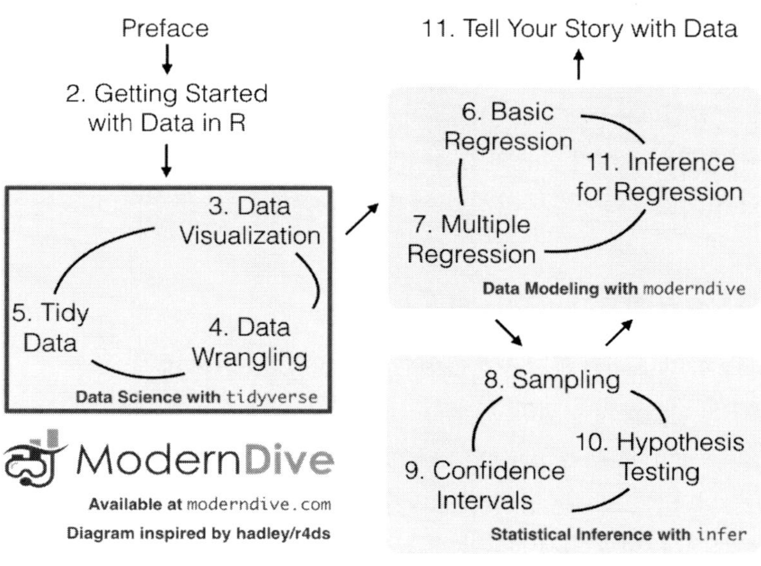

그림 1.7 1부에서 다루는 *ModernDive* 플로우 차트

1부

tidyverse 패키지와 함께 데이터 사이언스 하기

2장 데이터 시각화

지금부터 데이터 시각화를 통해 여러분이 사용할 데이터 과학 도구 상자를 개발할 것입니다. 데이터를 시각화하면 원데이터(raw data) 값만으로는 얻을 수 없는 귀중한 깨달음을 얻을 수 있습니다. 여기서는 원하는 그래프(plot, 플롯)을 상세한 사항까지 쉽게 바꿔가며 만들 수 있는 `ggplot2` 패키지를 사용하겠습니다. `ggplot2`는 Leland Wilkinson이 개발한 『그래픽의 문법』(Wilkinson, 2005)이라는 데이터 시각화 이론에 기초해 만들어졌습니다.

가장 기본적인 것부터 챙겨 봅시다. 그래픽/그림/차트(이 책에서는 이 용어를 같은 의미로 사용합니다)는 **특이점**(이상치, outlier)의 존재, 개별 변수의 **분포**, 변수 그룹 간의 **관계** 등 데이터의 패턴을 탐색할 수 있는 좋은 방법입니다. 그래픽은 보는 이가 분석결과와 깨달음을 더욱 수월하게 받아들일 수 있도록 설계되었습니다. 그러나 시각화를 하려면 균형 잡힌 작업이 필요합니다. 한편으로, 여러분은 가능하면 많은 흥미로운 결과를 강조하고 싶을 것입니다. 반면에 청중이 버거울 정도로 많은 정보를 포함하고 싶지는 않을 것입니다.

앞으로 살펴보겠지만, 그래프는 데이터의 패턴과 특이점을 식별하는 데도 도움이 됩니다. 이는 흔히 수치형 변수의 중앙값이나 **퍼진 정도** 같은 분포가 범주형 변수의 수준에 따라 어떻게 달라지는 지에 대한 비교로 확장됩니다.

필요한 패키지

이 장에 필요한 모든 패키지를 불러와 보겠습니다(패키지는 이미 설치했다고 가정합니다). R 패키지를 설치하고 불러오는 방법에 대한 자세한 내용은 1.3절을 참조하시길 바랍니다.

```
library(nycflights13)
library(ggplot2)
library(dplyr)
```

2.1 그래픽 문법

먼저 '그래픽 문법'이라고 알려진 데이터 시각화를 위한 이론적 틀에 대한 논의부터 시작해보려 합니다. 이 이론적 틀은 이 장에서 광범위하게 사용할 `ggplot2` 패키지의 기초가 됩니다. 명사, 동사, 관사, 주어, 목적어 등과 같은 다양한 요소를 결합하여 한국어 문장을 구성하고 형성하는 방법을 떠올려 봅시다. 외계어를 만들 게 아니라면 이러한 요소들을 임의의 순서로 결합해서는 안 되고, 언어 문법이라고 하는 일련의 규칙에 따라 결합해야 합니다. 언어 문법과 유사하게 '그래픽 문법'은 다양한 유형의 **레이어(layer, 층)**를 결합하여 **통계 그래픽**을 구성하는 일련의 규칙을 정의합니다. 이 문법은 Leland Wilkinson(Wilkinson, 2005)에 의해 만들어졌으며, R뿐만 아니라 Plotly[ix]나 Tableau[x]와 같은 다양한 데이터 시각화 소프트웨어 플랫폼에 구현되어 있습니다.

2.1.1 그래픽 문법의 요소

문법을 간단히 설명하자면 다음과 같습니다.

통계 그래픽은 데이터(`data`) 변수를 기하학적(`geometric`) 개체의 미적(`aesthetic`) 속성에 매핑(`mapping`)하는 것입니다.

구체적으로 그래픽은 다음의 세 가지 필수 구성 요소로 나눌 수 있습니다.

1. `data`: 관심 있는 변수가 포함된 데이터셋.
2. `geom`: 해당 기하학적 개체. 플롯에서 관찰할 수 있는 객체의 유형입니다. 예: 점, 선, 막대.
3. `aes`: 기하학적 개체의 미적 속성. 예: x/y 위치, 색상, 모양, 크기. 미적 속성은 데이터셋의 변수에 매핑(mapped)됩니다.

왜 컴퓨터 코드 유형 글꼴로 `data`, `geom`, `aes`라는 용어를 썼을까요? 곧 이 용어를 사용하여 R에서 문법의 요소를 지정하는 방법을 살펴볼 예정입니다. 하지만 먼저 예제를 통해 문법을 세분화해 보겠습니다.

2.1.2 gapminder 데이터셋

2006년 2월, 스웨덴의 의사이자 데이터 주창자인 한스 로슬링(Hans Rosling)은 '당신이 지금까지 봤을 최고의 통계'[xi]라는 제목의 TED 강연에서 웹사이트 gapminder.org[xii]

에 올라와 있는 전세계 경제, 보건 및 개발 데이터를 발표했습니다. 예를 들어, 2007년 142개 국가에 대한 데이터에서, <**표 2.1**>을 통해 일부 국가만 전체 데이터에서 살짝 살펴보겠습니다.

표 2.1 갭마인더 2007 데이터: 142개국 중 첫번째 3개국

Country	Continent	Life Expectancy	Population	GDP per Capita
아프가니스탄	아시아	43.8	31889923	975
알바니아	유럽	76.4	3600523	5937
알제리	아프리카	72.3	33333216	6223

이 표의 각 행은 2007년의 국가에 해당합니다. 각 행에는 아래의 이름을 가진 5개 열이 있습니다.

1. `Country`: 국가 이름.
2. `Continent`: 5개 대륙 중 해당 국가가 속한 대륙. 참고로 '아메리카'에는 북미와 남미의 모든 국가가 포함되며 남극 대륙은 제외됩니다.
3. `Life Expectancy`: 기대 수명(년).
4. `Population`: 해당 국가에 거주하는 인구 수.
5. `GDP per Capita`: 1인당 국내 총생산(미국 달러 기준).

이제 데이터의 142개 국가 전체에 대해 이를 화면에 출력한 <**그림 2.1**>을 살펴보겠습니다.

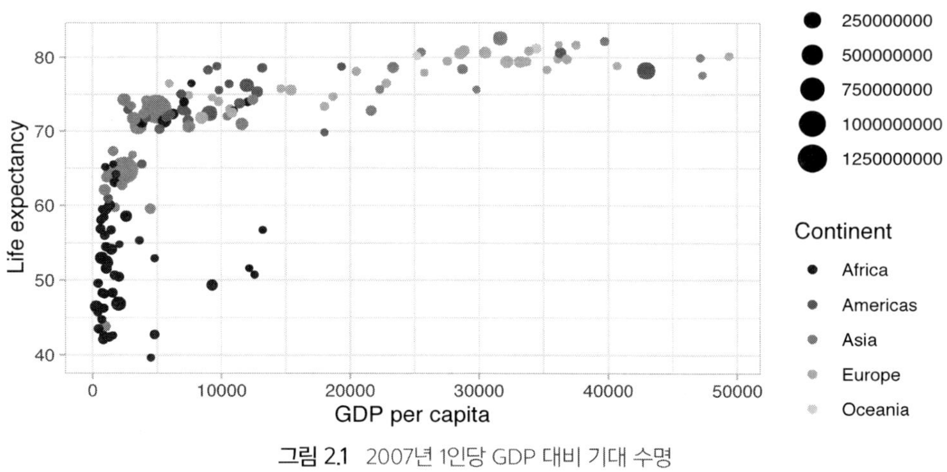

그림 2.1 2007년 1인당 GDP 대비 기대 수명

그래픽 문법을 통해 이 플롯을 살펴봅시다.

1. data의 변수 GDP per Capita가 점의 x 좌표 축에 미적 속성으로 화면에 매핑됩니다.
2. data의 변수 Life Expectancy이 점의 y 좌표 축에 미적 속성으로 화면에 매핑됩니다.
3. data의 변수 Population이 점의 크기(size)라는 미적 속성으로 화면에 매핑됩니다.
4. data의 변수 Continent이 포인트의 색상(color)이라는 미적 속성으로 화면에 매핑됩니다.

data는 데이터가 저장된 특정 데이터 프레임에 해당하고, '데이터 변수'는 데이터 프레임의 특정 열에 해당합니다. 또한 이 플롯에서 주목하는 기하학적 개체 유형(geometric)은 점입니다. 즉, 이 예제는 점에 주목하고 있지만 그래픽이 점으로만 제한되지는 않고 선, 막대, 다양한 기하학적 개체도 사용할 수 있습니다.

이제 문법의 세 가지 필수 구성 요소를 <표 2.2>에 요약해 보겠습니다.

표 2.2 이 플롯에 나타난 그래픽 문법 요약

데이터 변수	aes	geom
GDP per Capita	x	점
Life Expectancy	y	점
Population	size	점
Continent	color	점

2.1.3 그래픽의 다른 요소들

그래픽 문법에는 우리가 다룰 수 있는 다른 구성 요소들도 있습니다. 그래픽 문법을 더 깊이 파고들어 가다 보면 이러한 주제를 더 자주 접하게 될 것입니다. 이 책에서는 간단하게 아래의 두 가지 추가 구성 요소까지만 다루겠습니다:

- facet을 가지고 다른 변수의 값을 기준으로, 여러분이 그린 플롯을 여러 개의 화면으로 분할합니다(2.6절).
- position을 가지고 막대형 막대그래프의 위치를 조정해 봅니다(2.8절).

scales 및 coord와 같은 다른 더 복잡한 구성 요소는 『R을 활용한 데이터 과학』[xiii] (Grolemund and Wickham, 2017)과 같은 교재를 통해 확인할 수 있습니다. 그래픽 문법을 잘 활용하면 그래프를 고급 수준에서 사용자 지정할 수 있는 것은 물론, 그래프의 업데이트 및 수정을 쉽게 하는 일관된 틀을 얻을 수 있습니다.

2.1.4 ggplot2 패키지

이 책에서는 데이터 시각화를 위해 R용 그래픽 문법을 구현한 `ggplot2` 패키지를 사용할 것입니다(Wickham et al., 2019a). 앞서 언급했듯이, 이전 절의 많은 부분이 컴퓨터 코드 형식의 글꼴로 작성되었습니다. 그래픽 문법의 다양한 구성 요소가 `ggplot2` 패키지에 포함된 `ggplot()` 함수에 지정되어 있기 때문입니다. 코딩을 쉽게 할 수 있도록, 최소한 다음과 같은 인수(즉, 입력값)로 `ggplot()` 함수를 제시할 것입니다.

- 변수가 존재하는 데이터 프레임: `data` 인수.
- 변수를 미적 속성에 매핑: `mapping` 인수는 미적 속성(`aes`)을 지정하여 사용합니다.

이러한 구성 요소를 지정한 후에는 + 기호를 사용하여 플롯에 **레이어**를 추가합니다. 플롯에 추가해야 할 가장 필수적인 레이어는 점, 선, 막대 등 우리가 플롯에 포함하고 싶은 기하학적(`geom`) 개체 유형을 지정하는 레이어입니다. 이 외에도 플롯 제목, 축 레이블, 플롯의 시각적 테마, 패싯을 추가할 수 있습니다(자세한 내용은 2.6절에서 다루었습니다).

이제 그래픽 문법 이론을 연습을 통해 적용해 보겠습니다.

2.2 '5대 그래프'(5 Named Graph)를 익히자!(the 5NG)

이 책에서는 간단한 설명을 위해, 일반적으로 가장 자주 쓰이는 다섯 가지 유형의 그래픽에만 초점을 맞출 것입니다. 이를 '5대 그래프'라고 부르거나 줄여서 5NG라고 부릅니다.

1. 산점도(점 그래프)
2. 선 그래프
3. 박스 플롯
4. 히스토그램
5. 막대그래프

이러한 플롯의 몇 가지 변형도 소개하겠지만, 이 다섯 가지 기본 레퍼토리만 가지고도 다양한 변수 유형을 충분히 시각화할 수 있습니다. 단, 어떤 플롯은 범주형 변수에만 적합하고, 어떤 플롯은 수치형 변수에만 적합하다는 점에 유의하시길 바랍니다.

2.3 첫 번째 5대 그래프: 산점도(Scatterplots)

5NG 중 가장 간단한 것은 **이변량 플롯**(bivariate plot)이라고도 부르는 **산점도**[1] (scatterplot)입니다. 산점도를 사용하면 두 개의 수치형 변수 사이의 **관계**를 시각화할 수 있습니다. 이미 산점도에 익숙하실 수도 있지만, 2.1절에서 제시한 그래픽 문법의 렌즈로 산점도를 살펴봅시다. 구체적으로, `nycflights13` 패키지에 포함된 `flights` 데이터 프레임에서 다음 두 수치형 변수 간의 관계를 시각화해 보겠습니다:

1. `dep_delay`: 가로 x 축의 출발 지연
2. `arr_delay`: 세로 y 축의 도착 지연 시간

2013년 뉴욕을 출발하는 알래스카 항공 사례를 살펴봅시다. 2013년에 뉴욕을 출발한 336,776편의 모든 항공편 중 2013년에 뉴욕을 출발한 714편의 **알래스카 항공**(Alaska Airlines) 항공편만 추려내서 분석해야 합니다. 이렇게 하면 336,776개와 같이 압도적으로 많은 숫자가 아니라 관리 가능한 714개의 포인트가 산점도에 포함됩니다. 이 작업을 수행하기 위해 `flights` 데이터 프레임을 가져와서 행을 추리고 알래스카 항공 항공편에 해당하는 714개 행만 유지되도록 한 다음, `<-` 할당 연산자를 사용하여 이를 `alaska_flights`라는 새 데이터 프레임에 저장합니다.

```
alaska_flights <- flights %>%
  filter(carrier == "AS")
```

이 코드가 무슨 의미인지 모르겠더라도 걱정하지 마세요. 데이트 랭글링에 대한 3장 뒷부분에서 다시 공부할 거니까요. 이 코드는 데이트 랭글링를 위한 `dplyr` 패키지를 사용하여 `flights` 데이터 프레임을 가져와 필터링을 하고, `carrier` 변수 값이 알래스카 항공의 항공사 코드인 `"AS"`와 같은 행만 반환하는 작업을 표현한 겁니다. 1.2절에서 말한 대로, 동일성 검사는 `=`가 아닌 `==`를 입력해야 합니다. `View(alaska_flights)`를 실행해서 데이터 프레임의 내용을 탐색해 보고, 원하는 결과를 얻었는지 확인해보세요. 여러분은 714개의 알래스카 항공 항공편으로만 구성된 714개의 행이 있음을 확인할 수 있을 겁니다.

1 산점도를 점그래프로도 표현할 수 있다. 본문에서는 두 용어를 혼용한다.

| 학습 확인 |

(LC2.1) `View(flights)` 및 `View(alaska_flights)`를 실행해서 항공편 및 알래스카 항공편 데이터 프레임을 모두 살펴봅시다. 두 데이터 프레임은 어떤 점에서 다를까요? 예를 들어, 각 데이터셋의 행 수는 어떤까요?

2.3.1 geom_point로 산점도 그리기

그래픽 문법에는 우리가 다룰 수 있는 다른 구성 요소들도 있습니다. 그래픽 문법을 더 깊이 파고들어 가다 보면 이러한 주제를 더 자주 접하게 될 것입니다. 이 책에서는 간단하게 아래의 두 가지 추가 구성 요소까지만 다루겠습니다:

참고사항: 이 책은 전체적으로 ggplot2로 만든 그래프에 기본 `theme_grey()` 대신 `theme_light()`를 사용합니다. 막대와 점 그래프도 `scale_color_grey()` 및 `scale_fill_grey()`를 사용하여 회색조(greyscale)로 바꾸었습니다. 이렇게 하면 인쇄본에서 그래프의 가독성을 높이는 데 도움이 되기 때문입니다. 따라서 코드를 직접 실행하다 보면 책과 달리 흰색 배경이 아니라 회색 배경에 그래프가 나타나고, 그래프 또한 다양한 색깔로 보일 것입니다.

```
ggplot(data = alaska_flights, mapping = aes(x = dep_delay, y = arr_delay)) +
  geom_point()
```

`ggplot()` 함수 내에서 그래픽 문법의 구성 요소 중 두 가지를 인자(즉, 입력값)로 지정합니다.

1. `data = alaska_flights`: 그래프를 그리기 위해 `alaska_flights`라는 데이터 프레임을 쓰라는 명령입니다.
2. `mapping = aes(x = dep_delay, y = arr_delay)`를 통해 심미적 매핑을 설정합니다. 구체적으로, 변수 `dep_delay`는 x 위치에 매핑하고, 변수 `arr_delay`는 y 위치에 매핑하라는 명령입니다.

그런 다음 `ggplot()` 함수 뒤에 `+` 기호를 붙여서 레이어를 추가합니다. 추가된 레이어는 문법의 세 번째 구성 요소인 기하학적 객체(`geom`)를 지정합니다. 이 경우 기하학적 객체는 `geom_point()`란 함수를 통해 점으로 설정됩니다. 콘솔에서 이 두 줄의 코드를 실행하면, 경고 메시지와 <**그림 2.2**>와 같은 그래프가 나타날 것입니다.

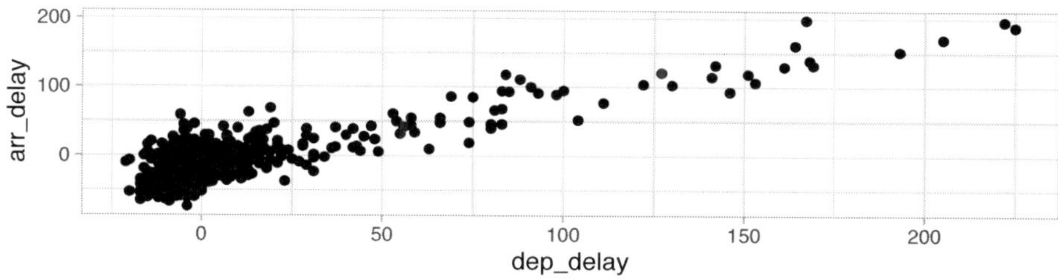

그림 2.2 2013년 뉴욕에서 출발하는 알래스카 항공 항공편의 도착 지연과 출발 지연 비교

```
Warning: Removed 5 rows containing missing values (geom_point).
```

먼저 <**그림 2.2**>의 그래픽을 살펴봅시다. 출발 지연의 증가에 따라 도착 지연도 증가하는 수치적인 **양(+)의 관계**가 `dep_delay`와 `arr_delay` 사이에 존재함을 확인할 수 있습니다. 출발도 도착도 늦지 않은 항공편을 나타내는 점인 (0,0) 근처에 많은 점들이 모여 있는 것도 볼 수 있을 것입니다.

이제 경고 메시지에 주목해 보겠습니다. R은 5개의 행이 누락되어 무시되었다는 사실을 경고하고 있습니다. 이 5개의 행에 대해 `dep_delay` 또는 `arr_delay`의 값 또는 둘 다 누락되었으므로(R에서 NA로 기록됨) 플롯에서 이 행의 값은 무시됩니다.

계속 진행하기 전에, 산점도를 그린 이 코드에 대해 몇 가지 더 살펴보겠습니다. `+` 기호가 줄의 시작이 아닌 끝에 있다는 점에 유의하세요. 줄의 시작 부분에 `+` 기호를 넣으면 R에서 오류가 발생합니다. 플롯에 레이어를 추가할 때 각 레이어의 코드가 새 줄에 오도록 `+` 뒤에 새 줄을 시작하는 것이 좋습니다(키보드의 Return/Enter 키 누르기). 플롯에 점점 더 많은 레이어를 추가하면 코드의 가독성이 크게 향상됩니다.

`geom` 개체를 지정하는 레이어를 추가하는 작업이 얼마나 중요한지를 레이어가 추가되지 않은 <**그림 2.3**>을 통해 살펴보겠습니다. `geom` 개체를 넣지 않으면, 별로 쓸모 없는 빈 그래프만을 맞닥뜨리게 될 뿐입니다.

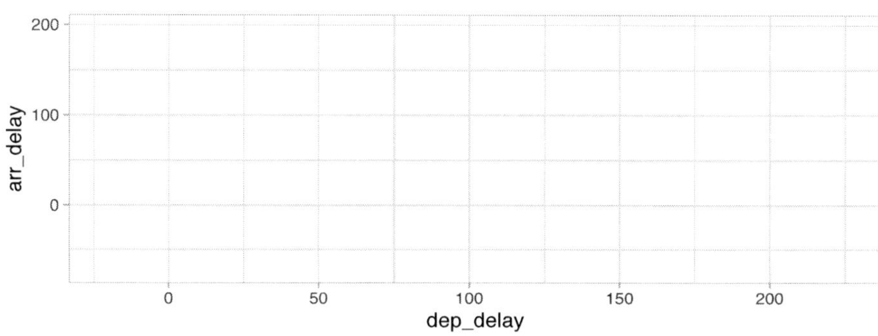

그림 2.3 레이어가 없는 플롯

```
ggplot(data = alaska_flights, mapping = aes(x = dep_delay, y = arr_delay))
```

| 학습 확인 |

(LC2.2) dep_delay와 arr_delay가 부의 관계(– 관계)를 갖는 실질적인 이유는 무엇인가요?

(LC2.3) 날씨 데이터 프레임에서 dep_delay와 음의 상관 관계(즉, 부의 관계)를 가질 것으로 예상되는 변수는 무엇인가요? 왜 그럴까요? 여기서는 수치형 변수에 초점을 맞추고 있다는 것을 기억하세요. 힌트: View() 함수를 사용하여 weather 데이터셋을 탐색합니다.

(LC2.4) (0, 0) 근처에 점의 군집이 있다고 생각하는 이유는 무엇인가요? (0, 0)은 알래스카 항공 항공편의 관점에서 무엇에 해당할까요?

(LC2.5) 이 그래프에서 눈에 띄는 다른 특징은 무엇입니까?

(LC2.6) 주어진 예제를 수정해서 alaska_flights 데이터 프레임의 다른 변수를 사용하여 새로운 산점도를 만들어 보세요.

2.3.2 점들이 겹친다면?

<**그림 2.2**>에서 (0, 0) 근처에 점 개수가 많으면 화면에 찍힌 점의 실제 수를 구분하기 어렵기 때문에 혼란이 생길 수 있습니다. 이는 **오버플로팅**(overplotting)이라는 현상의 결과입니다. 짐작할 수 있듯이, 이는 점끼리 서로 겹치는 바람에 반복해서 그려지는 현상을 의미합니다. 오버플로팅이 발생하면 화면에 찍힌 점의 수를 알기 어렵습니다. 오버플로팅 문제를 해결하는 방법은 두 가지로, 다음 중 하나를 수행하면 됩니다.

1. 각 점의 투명도 변경.
2. 각 점에 약간의 무작위 '지터(jitter)' 또는 무작위 '넛지(nudge)'를 추가.

1. 방법 1: 투명도 변경하기

오버플로팅 문제를 해결하는 첫 번째 방법은 geom_point()에서 alpha 인수를 설정하여 점의 투명도/불투명도를 변경하는 것입니다. 우리는 alpha 인수를 0과 1 사이의 값으로 변경할 수 있습니다. 0은 점을 100% 투명하게, 1은 점을 100% 불투명하게 설정하는 값입니다. 기본적으로 alpha는 1로 설정되어 있기 때문에, 미리 alpha 값을 설정하지 않으면 R에서는 alpha = 1을 사용합니다.
다음 코드는 2.3절의 코드와 동일하지만, alpha = 2가 geom_point() 함수에 추가되어 있습니다.

```
ggplot(data = alaska_flights, mapping = aes(x = dep_delay, y = arr_delay)) +
  geom_point(alpha = 0.2)
```

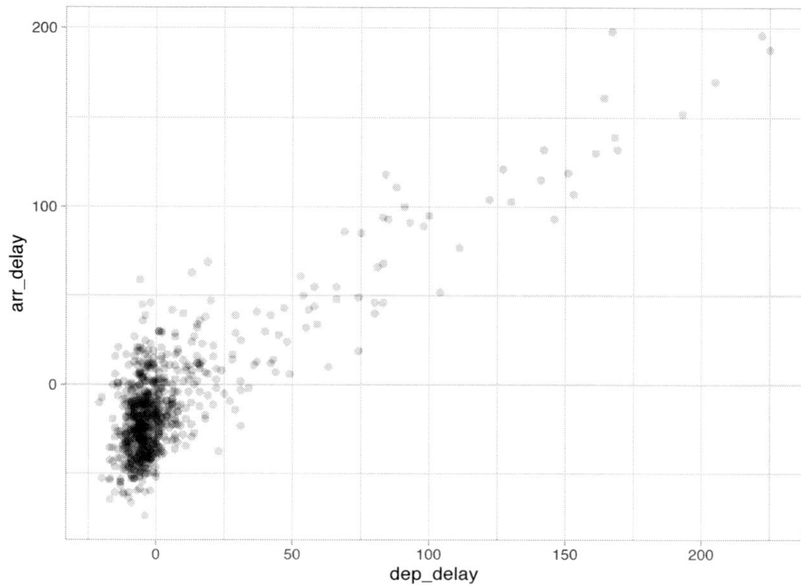

그림 2.4 alpha = 0.2인 도착 대 출발 지연 산점도

<**그림 2.4**>에서 주목해야 할 주요 특징은 점들이 모여 있을수록 그 구역이 진해진다는 것입니다. 즉 오버플로팅 정도가 높은 영역은 더 어둡고, 낮은 영역은 덜 어둡다는 의미입니다. 또한 `alpha = 0.2` 주변에는 `aes()`가 없다는 점에 유의하세요. 이는 변수를 미적 속성에 매핑하는 것이 아니라 단순히 `alpha`의 기본 설정을 변경하는 것이기 때문입니다. 실제로 두 번째 줄을 `geom_point(aes(alpha = 0.2))`로 변경해서 입력하면 오류가 발생합니다.

2. 방법 2: 점에 지터링 처리하기

오버플로팅 문제를 해결하는 두 번째 방법은 모든 점을 **지터링 처리**(jittering)하는 것입니다. 지터링은 각 점에 임의의 방향으로 작은 '넛지'를 주는 것입니다. '지터링'은 플롯에서 점을 약간 흔드는 것으로 생각할 수 있습니다. 먼저 간단한 예를 들어 설명해 보겠습니다. (0,0), (0,0), (0,0), (0,0), (0,0) 등 4개의 동일한 행으로 구성된 x 및 y 값이 있는 데이터 프레임이 있다고 가정합니다. <**그림 2.5**>에서는 이 4개 점의 일반적인 산점도(왼쪽)와 지터링 처리한 산점도(오른쪽)을 보여줍니다.

왼쪽의 일반적인 산점도를 보면 4개의 점이 서로 겹쳐져 있습니다. 코드에 4개의 값을

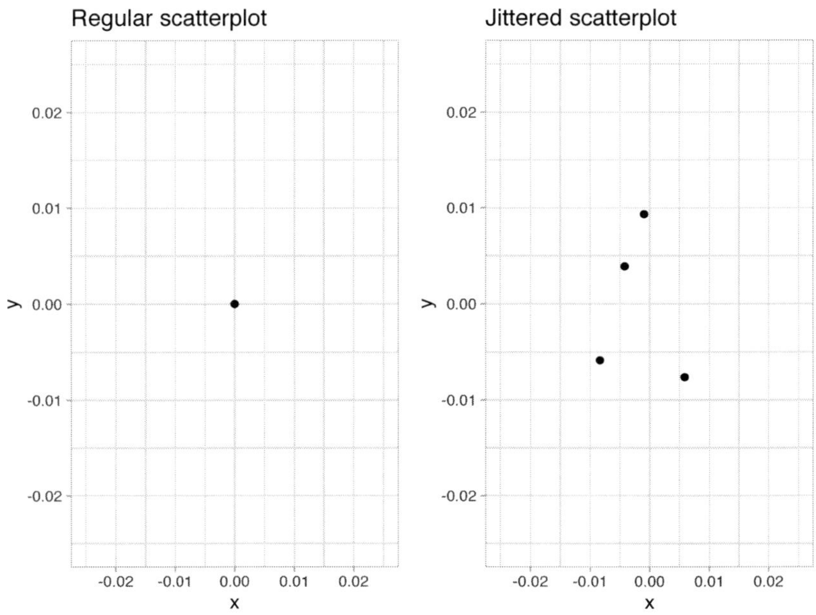

그림 2.5 일반적인 산점도와 지터링 처리한 산점도

그렸다고 나오긴 하지만, 코드를 보지 않은 사람들은 이 사실을 알 길이 없습니다. 반면 오른쪽의 지터링 처리한 산점도를 보면 각 점에 무작위 '넛지'가 주어졌기 때문에 이 그래프가 4개의 점을 포함하고 있음을 분명히 알 수 있습니다.

그러나 지터링은 엄밀히 말해 시각화 도구일 뿐이며, 지터링 처리한 산점도를 만든 후에도 데이터 프레임에 저장된 원래 값은 변경되지 않는다는 점을 유의하세요.

지터링 처리된 산점도를 만들기 위해서는 `geom_point()` 대신 `geom_jitter()`가 사용됩니다. 다음 코드는 2.3.1항의 오버플롯된 산점도를 생성한 코드와 매우 유사하지만, `geom_point()`가 `geom_jitter()`로 대체된 것을 확인할 수 있습니다.

```
ggplot(data = alaska_flights, mapping = aes(x = dep_delay, y = arr_delay)) +
  geom_jitter(width = 30, height = 30)
```

추가할 지터의 수준을 지정하기 위해 `geom_jitter()`의 `width`과 `height` 인수를 조정했습니다. 이는 각각 가로 x축 단위와 세로 y축 단위로 플롯을 얼마나 세게 흔들고 싶은지에 해당합니다. 이 경우 두 축 모두 분(minutes) 단위입니다. `width`과 `height` 인수를 사용하여 얼마나 많은 지터를 추가해야 할까요? 점들의 겹치는 현상을 없앨 정도의 지터를 추가해야 하지만, 그렇다고 점의 원래 패턴을 완전히 바꿔버릴 정도로 많은 지터를 추가해서는 안 됩니다.

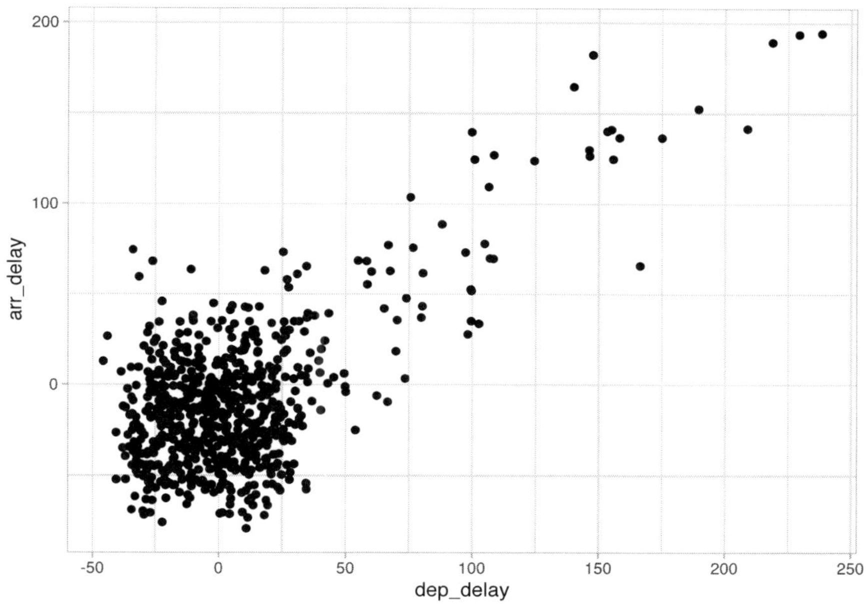

그림 2.6 도착 대 출발 지연의 관계를 표현한 지터링 처리한 산점도

결과물인 <**그림 2.6**>에서 볼 수 있듯이, 이 경우 지터링은 그다지 효과적이라고 보이지는 않습니다. 이러한 경우에는 `alpha`를 설정하여 포인트의 투명도를 변경하는 쪽이 더 효과적이었다고 주장할 수 있습니다. 지터링 처리한 산점도는 언제 사용하는 것이 더 좋을까요? 점의 투명도를 변경하는 것이 더 좋은 경우는 언제일까요? 모든 상황에 적용되는 하나의 정답은 없습니다. 여러분은 주체적으로 선택을 하고 그 선택에 대한 책임을 져야 합니다. 그래도 오버플로팅에 직면했을 때는 두 가지 유형의 플롯을 모두 만들어보면서 어떤 플롯이 원래 강조하고 싶은 점을 더 잘 드러내는지 확인해야 할 필요가 있습니다.

| 학습 확인 |

(LC2.7) 산점도에서 `alpha` 인수 값을 설정하는 것이 유용한 이유는 무엇인가요? 일반 산점도로는 얻을 수 없는 어떤 추가 정보를 얻을 수 있나요?

(LC2.8) <그림 2.4>를 보고 가장 빈번하게 발생하는 도착 지연과 출발 지연의 대략적인 범위를 제시해 보세요. <그림 2.2>에서 `alpha = 0.2`로 설정하지 않고 동일한 플롯을 관찰했을 때와 비교하여 영역이 어떻게 변했나요?

2.3.3 요약

산점도는 두 수치형 변수 사이의 관계를 표시합니다. 산점도는 한 수치형 변수와 다른 수치형 변수의 추세를 즉각적으로 확인할 수 있기 때문에 가장 일반적으로 사용되는 도표 중 하나입니다. 그러나 두 변수 중 하나가 숫자가 아닌데 산점도를 만들면 이상한 결과가 나올 수 있으니 주의하세요.

중형과 대형 데이터셋의 경우, 점의 투명도/불투명도를 변경하거나 점을 지터링 처리하는 등 앞서 살펴본 산점도에 다양한 수정을 가해야 할 수 있습니다. 이러한 조정은 데이터 시각화에서 때때로 재미를 주는 부분입니다. 직접 플롯을 손질하면서 다양한 관계가 나타나는 것을 볼 수 있기 때문입니다.

2.4 두 번째 5대 그래프: 선 그래프(linegraphs)

다음은 선 그래프입니다. 선 그래프는 **설명변수**라고도 하는 X축의 변수가 순차적인 성격을 가질 때 두 수치형 변수 간의 관계를 보여줍니다. 즉, 변수에는 내재적인 순서라는 것이 있습니다.

일반적으로 선 그래프는 시간, 일, 주, 연도 등의 시간 개념이 X축에 있습니다. 시간은 순차적이기 때문에 Y축에 있는 변수에 대한 연속적인 관측값을 선으로 연결합니다. X축에 시간 개념이 있는 선 그래프를 **시계열** 그래프라고도 합니다. `nycflights13` 패키지의 다른 데이터 집합인 날씨 데이터 프레임을 사용하여 선 그래프를 설명해 보겠습니다.

`View(weather)` 및 `glimpse(weather)`를 실행하여 날씨 데이터 프레임을 탐색해 보겠습니다. 또한 `?weather`를 실행하여 도움말 파일을 불러와 관련 도움말 파일을 읽어 보겠습니다.

뉴욕시의 세 주요 공항(뉴어크[`origin` 코드 `EWR`], 존 F. 케네디 국제공항[`JFK`], 라과디아 국제공항[`LGA`]) 근처에 있는 기상 관측소에서 화씨 단위[2]로 기록된 시간별 기온을 나타내는 `temp`라는 변수가 있습니다. 그러나 세 공항 모두의 2013년 모든 날의 시간당 기온을 고려하는 대신, 단순화를 위해 1월 첫 15일 동안의 뉴어크 공항의 시간당 기온만 고려해 보겠습니다.

2.3절에서 `filter()` 함수를 사용하여 알래스카 항공 항공편에 해당하는 항공편 행의 하위 집합만 선택했습니다. 여기에서도 마찬가지로 `filter()`를 사용하지만 `&` 연산자를 사용하여 원점이 `"EWR"`, `month`가 1월 그리고 `day`가 `1`에서 `15` 사이인 날씨 행의 하위 집합만 선택합니다. 2.3장에서 알래스카 항공 항공편만 포함된 `alaska_flights` 데이터 프레임을 만들 때 비슷한 작업을 수행한 것을 기억하실 것입니다. 이 주제는 3장에서 데이

2 미국에서 주로 쓰이는 온도 단위로 독일의 다니엘 가브리엘 파렌하이트(Daniel Gabriel Fahrenheit)의 이름을 따서 °F로 표시한다.

트 랭글링에 대해 자세히 살펴보겠습니다.

```
early_january_weather <- weather %>%
  filter(origin == "EWR" & month == 1 & day <= 15)
```

| 학습 확인 |

(LC2.9) `View(weather)` 및 `View(early_january_weather)`를 실행하여 날씨 및 `early_january_weather` 데이터 프레임을 모두 살펴봅니다. 이 데이터 프레임은 어떤 점에서 다를까요?

(LC2.10) `flights` 데이터 프레임을 다시 `View()`합니다. `time_hour` 변수는 측정 시간을 고유하게 식별하는 데 반해, `hour` 변수는 그러지 못하는 이유는 무엇인가요?

2.4.1 geom_line으로 선그래프 그리기

앞서 산점도를 만들 때처럼 `geom_point()` 대신 `geom_line()`을 사용하여 선 그래프로 `early_january_weather` 데이터 프레임에 저장된 시간별 기온을 시계열 플롯으로 만들어 보겠습니다.

```
ggplot(data = early_january_weather,
       mapping = aes(x = time_hour, y = temp)) +
  geom_line()
```

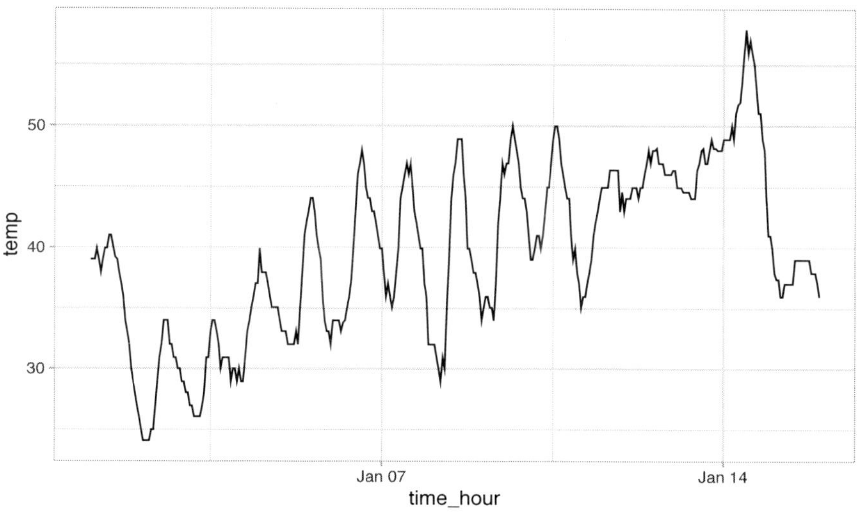

그림 2.7 2013년 1월 1일부터 15일까지 뉴어크공항의 시간별 기온

<그림 2.2>에서 에서 알래스카 항공 항공편의 출발 및 도착 지연에 대한 산점도를 생성한 `ggplot()` 코드와 마찬가지로, 이 코드를 그래픽 문법 측면에서 하나씩 분석해 보겠습니다.

`ggplot()` 함수 호출 내에서 그래픽 문법의 구성 요소 중 두 가지를 인수로 지정합니다.

1. `data = early_january_weather`를 설정하여 데이터 프레임이 될 `data`를 지정.
2. `mapping = aes(x = time_hour, y = temp)`를 설정하여 심미적 매핑. 구체적으로 `time_hour` 변수는 x 위치 미적 속성에 매핑되고, `temp` 변수는 y 위치 미적 속성에 매핑됩니다.

우리는 `+` 기호를 사용하여 `ggplot()` 함수 호출 다음 줄에 레이어를 추가합니다. 질문의 레이어는 문법의 세 번째 구성 요소인 질문의 `geom` 객체를 지정합니다. 이 경우 기하학적 객체는 `geom_line()`을 지정하여 설정한 `line`입니다.

| 학습 확인 |

(LC2.11) 수평축의 순서가 명확하지 않을 때 선 그래프를 피해야 하는 이유는 무엇인가요?

(LC2.12) 시간이 X축의 설명변수일 때 선 그래프가 자주 사용되는 이유는 무엇인가요?

(LC2.13) 2013년 1월 15일의 뉴어크 공항에 대한 `temp` 이외의 변수의 시계열 그래프를 그려봅시다.

2.4.2 요약

선 그래프는 산점도와 마찬가지로 두 개의 수치형 변수 사이의 관계를 표시합니다. 그러나 X축의 변수(즉, 설명변수)에 시간 개념과 같은 고유한 순서가 있는 경우 산점도보다 선 그래프를 사용하는 것이 좋습니다.

2.5 세 번째 5대 그래프: 히스토그램

`weather` 데이터 프레임의 `temp` 변수를 다시 한 번 검토해 보겠습니다. 단, 2.4절의 선 그래프와 달리 시간과의 관계는 신경 쓰지 않고 `temp` 값이 어떻게 **분포**하는지만 신경 쓴다고 가정해 보겠습니다. 즉, 정리하면 다음과 같습니다.

1. 가장 작은 값과 가장 큰 값은 무엇인가요?

2. '중앙' 또는 '가장 전형적인' 값은 무엇인가요?
3. 값이 어떻게 퍼져 있나요?
4. 자주 등장하는 값과 자주 등장하지 않는 값은 무엇인가요?

이 단일변수 **temp**의 **분포**를 시각화하는 한 가지 방법은 <**그림 2.8**>에서와 같이 수평선에 플롯하는 것입니다.

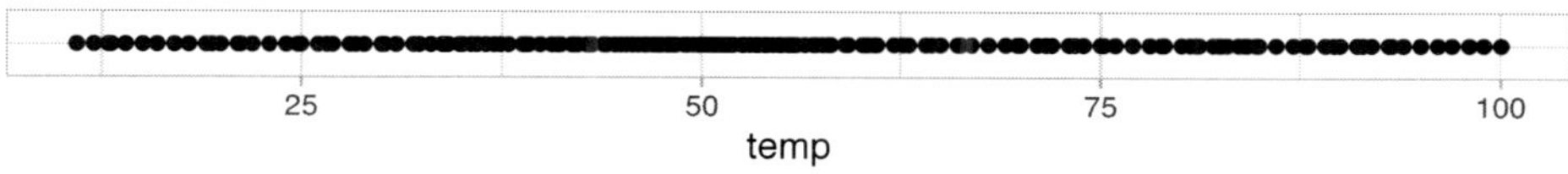

그림 2.8 2013년 뉴욕시의 시간별 온도 기록 플롯

위 그래프를 통해 **temp** 값 분포를 대략적으로 알 수 있습니다. 온도는 약 11°F(-11°C)에서 최대 100°F(38°C)까지로 다양하며, 40°F에서 60°F 범위 사이의 온도가 범위 바깥보다 더 많이 기록되었습니다. 그러나 점의 오버플로팅 현상이 심하기 때문에 50°F와 55°F 사이에 얼마나 많은 값이 있는지 정확히 파악하기는 어렵습니다.

<**그림 2.8**> 대신 일반적으로 생성되는 것을 **히스토그램**이라고 합니다. 히스토그램은 아래와 같이 수치 값의 **분포**를 시각화하는 그래프입니다.

1. 먼저 X축을 일련의 **구간 막대**(bins)으로 나누고 각 구간은 값의 범위를 나타냅니다.
2. 각 구간별로, 해당 막대의 범위 안에 들어가는 값들의 개수를 셉니다.
3. 각 구간에 대해 높이가 해당 개수를 보여주는 막대를 그립니다.

<**그림 2.9**>에 표시된 히스토그램의 예를 좀 더 살펴보겠습니다.

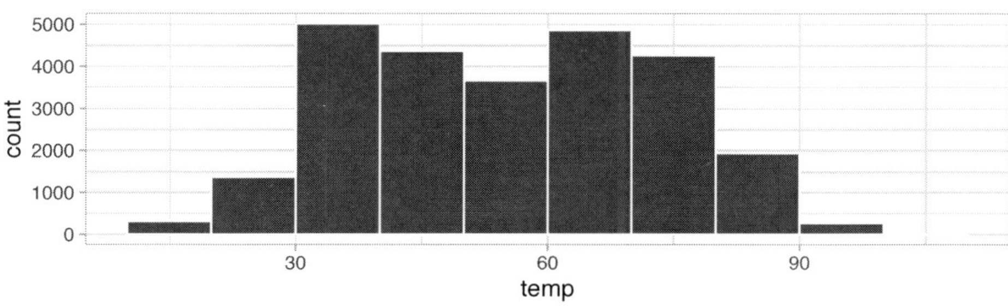

그림 2.9 히스토그램 예시

지금은 30°F(-1°C)에서 60°F(15°C) 사이의 온도에만 집중해 보겠습니다. 30°F에서 60°F 사이에 너비가 같은 3개의 막대가 있음을 관찰합니다. 따라서 30~40°F 범위의 구간 차원, 40~50°F 범위의 구간, 50~60°F 범위의 구간 등 너비가 각각 10°F인 세 개의 구간

이 있습니다. 이후

1. 30~40°F 범주의 구간의 높이는 약 5000입니다. 즉, 시간별 온도 기록 중 약 5000개가 30°F에서 40°F 사이입니다.
2. 40~50°F 범위의 구간은 높이가 약 4300입니다. 즉, 시간별 온도 기록 중 약 4300개가 40°F에서 50°F 사이에 있습니다.
3. 50~60°F 범위의 구간은 높이가 약 3500입니다. 즉, 시간별 온도 기록 중 약 3500개가 50°F에서 60°F 사이에 있습니다.

X축에서 10~100°F에 걸쳐 있는 9개 구간은 모두 이런 방식의 해석을 도출합니다.

2.5.1 geom_histogram으로 히스토그램 그리기

이제 첫 번째 히스토그램을 그리는 ggplot() 코드를 소개하겠습니다. 산점도나 선 그래프와 달리, 이제 aes()에 매핑되는 변수는 단 하나, 수치형 변수 temp뿐입니다. 히스토그램의 y-에세틱, 즉 각 구간에 있는 관측값의 개수가 자동으로 계산됩니다. 또한 기하학적 개체 레이어는 이제 geom_histogram()입니다. 다음 코드를 실행하면 <**그림 2.10**>의 히스토그램과 경고 메시지를 볼 수 있습니다. 경고 메시지를 먼저 살펴보겠습니다.

```
ggplot(data = weather, mapping = aes(x = temp)) +
  geom_histogram()
```

```
`stat_bin()` using `bins = 30`. Pick better value with `binwidth`.
Warning: Removed 1 rows containing non-finite values (stat_bin).
```

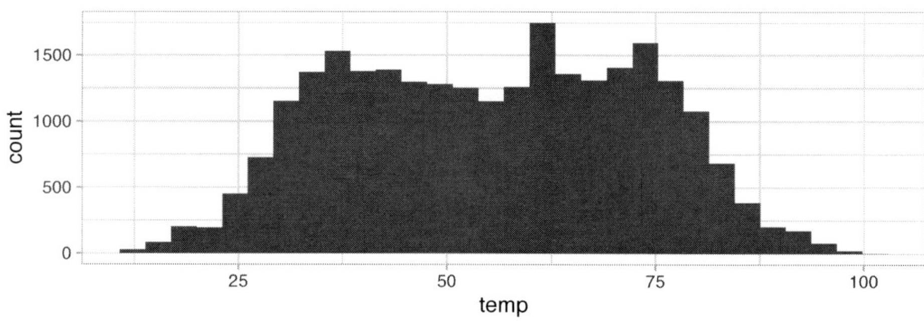

그림 2.10 뉴욕 공항 3곳의 시간별 기온 히스토그램

첫 번째 메시지는 히스토그램이 동일한 간격의 막대 30개가 bins = 30을 입력해 구성

되었음을 알려줍니다. 컴퓨터 프로그래밍에서는 이를 기본값(default value)이라고 하며, 사용자가 지정한 숫자로 구간 수를 재정의하지 않는 한 R은 기본적으로 30을 선택합니다. 다음 절에서 구간 수를 기본값이 아닌 다른 값으로 변경하는 방법을 살펴보겠습니다.

두 번째 메시지는 <**그림 2.2**>에서 코드를 실행하여 알래스카 항공 항공편의 출발 및 도착 지연에 대한 산점도를 만들 때 받은 경고 메시지와 유사한 내용을 알려줍니다. 즉, 한 행에 **temp**에 대한 결측값(**NA**)이 있어 히스토그램을 그릴 때 누락되었다는 것입니다. R은 이 사실을 친절하게 알려줍니다.

이제 <**그림 2.10**>에서 히스토그램의 결과를 해석해 봅시다. 25°F 미만의 값과 80°F 이상의 값이 매우 드물다는 것을 알 수 있습니다. 그러나 구간이 많기 때문에 각 구간이 어느 온도 범위에 걸쳐 있는지 파악하기 어렵고 모든 구간이 하나의 거대한 얼룩 덩어리처럼 보입니다. 따라서 **geom_histogram()**에 **color = "white"** 인수를 추가하여 구간을 구분하는 흰색 세로 테두리를 추가하고, 구간 수를 더 나은 값으로 설정하라는 경고를 무시해 보겠습니다.

```
ggplot(data = weather, mapping = aes(x = temp)) +
  geom_histogram(color = "white")
```

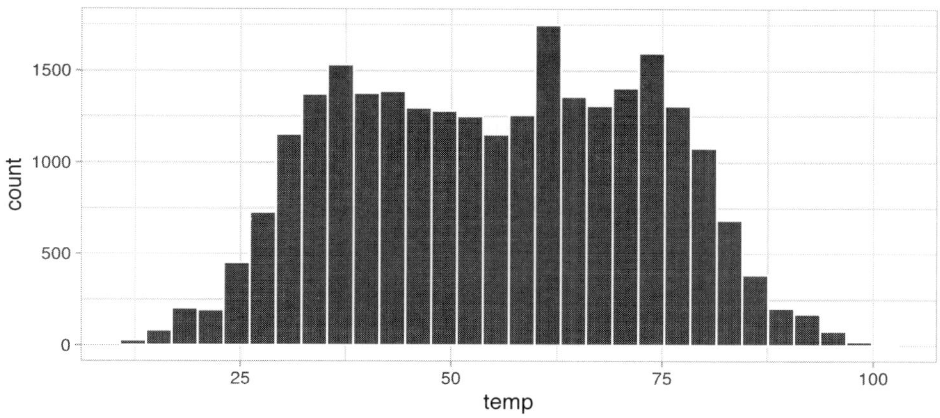

그림 2.11 흰색 테두리가 있는 뉴욕 공항 3곳의 시간별 기온 히스토그램

이제 <**그림 2.11**>의 각 구간에 온도 범위를 더 쉽게 연결할 수 있습니다. **fill** 인수를 설정하여 막대의 색상을 바꿀 수도 있습니다. 예를 들어 **fill = "steelblue"**로 설정하여 막대 색상을 파란 강철색으로 설정할 수 있습니다:

```
ggplot(data = weather, mapping = aes(x = temp)) +
  geom_histogram(color = "white", fill = "steelblue")
```

궁금하다면 콘솔에서 colors()를 실행하여 R에서 가능한 657가지 색상을 모두 확인해 보세요!

2.5.2 구간 막대(bin)에 맞춰서 그래프 조정하기

<그림 2.11>에서 50~75°F 범위에는 대략 8개의 구간이 있는 것으로 보입니다. 따라서 각 구간 막대의 너비는 25를 8로 나눈 값, 즉 3.125°F인데, 이는 작업할 때 쉽게 해석할 만한 범위는 아닙니다. 이를 해결하기 위해서는 다음의 두 가지 방법으로 히스토그램의 구간차원 수를 조정하면 됩니다.

1. geom_histogram()의 bins 인수를 통해 구간 막대의 개수를 조정합니다.
2. geom_histogram()의 binwidth인수를 통해 구간차원의 폭을 조정합니다.

첫 번째 방법을 사용하면 X축을 몇 개의 구간으로 잘라낼지 지정할 수 있습니다. 이전 절에서 언급했듯이 기본 구간의 개수는 30개입니다. 다음과 같이 이 기본값을 재정의하여 40개의 구간으로 변경할 수 있습니다.

```
ggplot(data = weather, mapping = aes(x = temp)) +
  geom_histogram(bins = 40, color = "white")
```

두 번째 방법을 사용하면 구간의 개수를 지정하는 대신 geom_histogram() 레이어에서 binwidth 인수를 사용하여 구간 막대의 너비를 지정합니다. 예를 들어 각 구간 막대의 너비를 10°F로 설정해 보겠습니다.

```
ggplot(data = weather, mapping = aes(x = temp)) +
  geom_histogram(binwidth = 10, color = "white")
```

<그림 2.12>에서 두 결과 히스토그램을 나란히 비교해 봅시다.

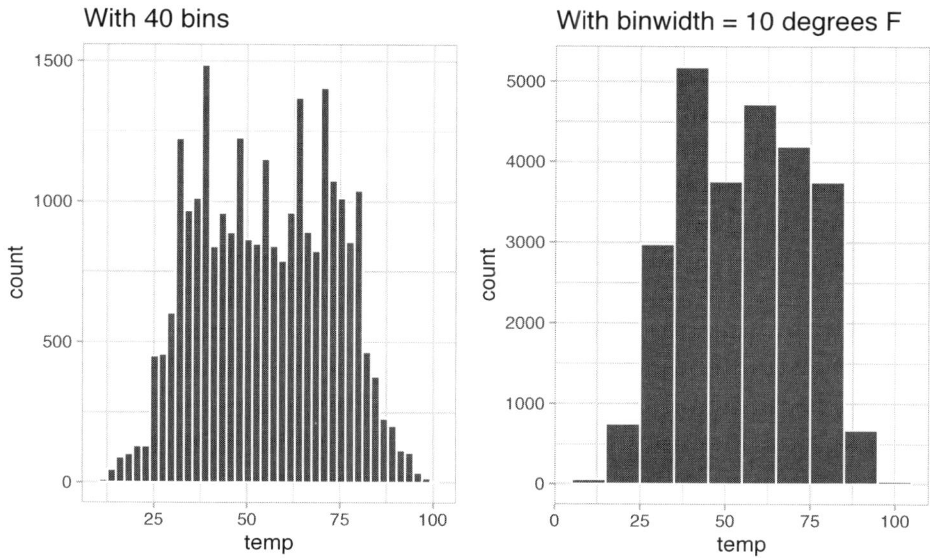

그림 2.12 히스토그램 구간을 두 가지 방법으로 설정하기

| 학습 확인 |

(LC2.14) 구간의 개수를 30개에서 40개로 바꾸면 온도 분포에 어떤 일이 일어날까요?

(LC2.15) 위 그래프의 온도 분포가 대칭적인지, 한쪽 방향으로 치우쳐 있는지를 분류할 수 있나요?

(LC2.16) 이 분포에서 '중심' 값은 무엇일까요? 그렇게 생각한 이유는 무엇인가요?

(LC2.17) 이 데이터가 중심에서 크게 퍼져 있나요, 아니면 가까이 있나요? 그 이유는 무엇인가요?

2.5.3 요약

히스토그램은 산점도 및 선그래프와 달리 한개의 수치형 변수에 대한 정보만 표시합니다. 즉, 히스토그램은 해당 수치형 변수의 분포를 시각화한 것입니다.

2.6 화면 분할/패싯

5NG를 이어 나가기 전에 **화면 분할(또는 패싯, faceting)** 이라는 새로운 개념을 간단히 소개하겠습니다. 패싯은 특정한 시각화를 다른 변수의 값으로 분할하려는 경우에

사용됩니다. 이렇게 하면 X축과 Y축이 일치하는 동일한 유형 그래프의 복사본이 여러 개 만들어지지만 그 내용은 달라집니다.

예를 들어, <**그림 2.9**>에서 본 뉴욕의 세 공항의 시간별 온도 기록 히스토그램이 월별로 어떻게 다른지 살펴보고 싶다고 가정해 봅시다. 이 히스토그램을 주어진 연도의 가능한 12개월로 '분할'할 수 있습니다. 즉, 각 월의 온도 히스토그램을 개별적으로 그릴 수 있습니다. 이를 위해 `facet_wrap(~month)` 레이어를 추가합니다. ~는 '물결표'이며 일반적으로 키보드의 '1' 키 옆에 있습니다. 물결표는 필수이기 때문에 포함하지 않으면 `as.quoted(facets) : object 'month' not found` 오류가 발생합니다.

```
ggplot(data = weather, mapping = aes(x = temp)) +
  geom_histogram(binwidth = 5, color = "white") +
  facet_wrap(~ month)
```

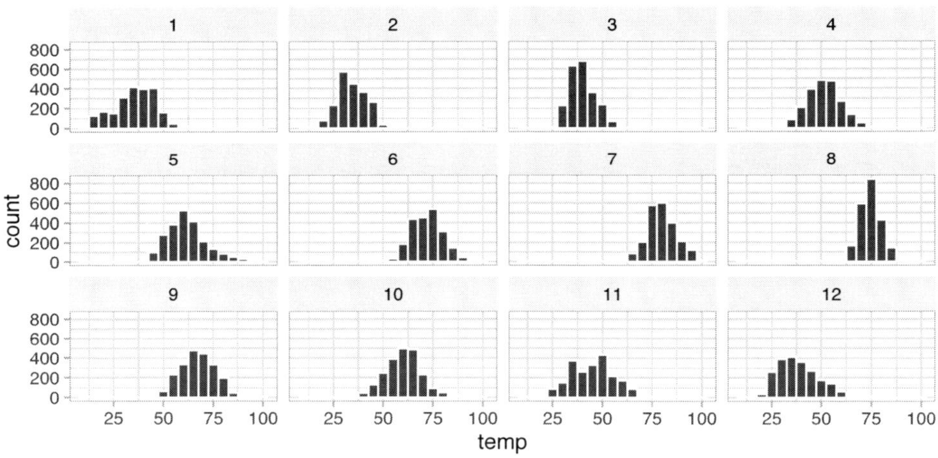

그림 2.13 월별 시간대별 기온으로 화면을 분할한 히스토그램

`facet_wrap()` 내부의 `nrow` 및 `ncol` 인수를 사용하여 그리드의 행과 열 수를 지정할 수도 있습니다. 예를 들어, 화면을 분할한 히스토그램에 3개 대신 4개의 행을 넣고 싶다고 가정해봅시다. `facet_wrap(~ month)`에 `nrow = 4` 인수를 추가하기만 하면 됩니다.

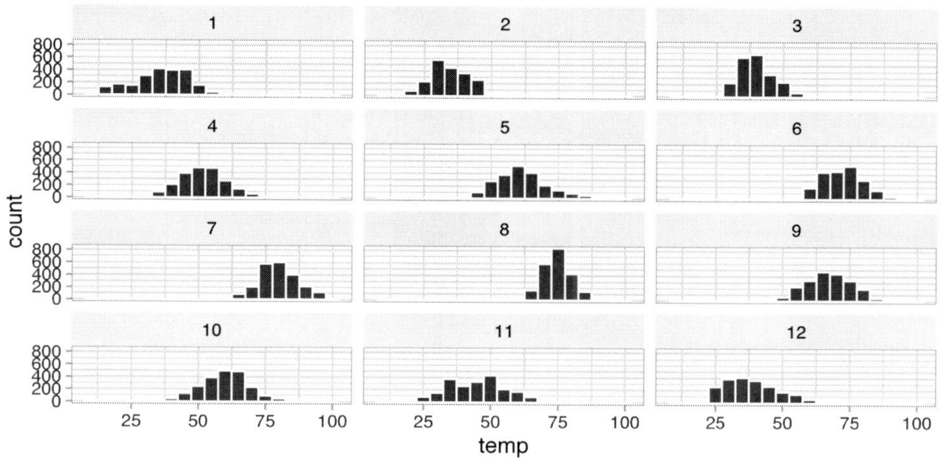

그림 2.14 행이 3개가 아닌 4개로 화면을 분할한 히스토그램

<**그림 2.13**>과 <**그림 2.14**>를 보면, 북반구의 기온은 여름철에 더 높고 겨울철에는 더 낮다는 사실을 알 수 있습니다.

| 학습 확인 |

(LC2.18) 이 화면을 분할한 그래프에서 또 어떤 점이 눈에 띄나요? 화면을 분할한 그래프는 두 변수 사이의 관계를 보는 데 어떻게 도움이 되나요?

(LC2.19) 이 플롯에서 숫자 1~12는 무엇에 해당하나요? 25, 50, 75, 100은?

(LC2.20) 화면을 분할한 그래프가 변수 간의 관계를 비교할 때 잘 작동하지 않는 유형의 데이터 집합은 무엇인가요? 이러한 변수의 특성과 다른 중요한 특성을 설명하는 예를 제시해 보세요.

(LC2.21) `weather` 데이터 집합의 `temp` 변수는 변동성이 많나요? 그렇게 생각하는 이유는 무엇인가요?

2.7 네 번째 5대 그래프: 박스 플롯(상자그림)

화면을 분할한 히스토그램이 수치형 변수의 분포를 다른 변수의 값으로 나눈 분포를 비교하는 데 사용되는 시각화 유형 중 하나라면, 동일한 목표를 달성하는 또 다른 시각화 유형은 **나란히 배치된 박스 플롯**입니다. 박스 플롯은 수치형 변수의 **5가지 숫자 요약**에 제공된 정보로 구성됩니다(부록 A.1 참조).

지금은 간단하게 작업하기 위해 11월 한 달 동안의 2141개의 시간별 온도 기록(<**그림 2.15**>에서 각각 지터 점으로 표시됨)만 고려해 보겠습니다.

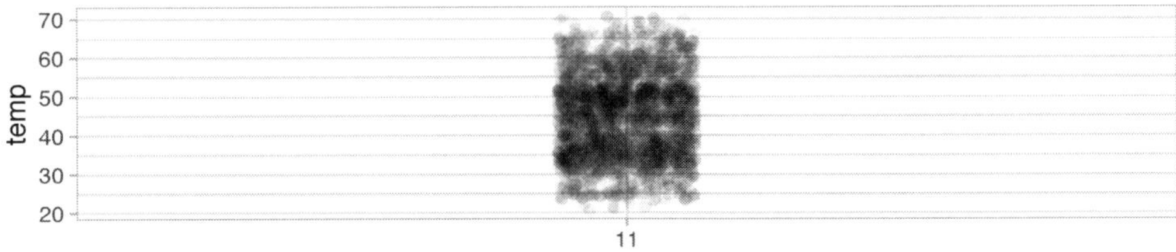

그림 2.15 11월 기온이 지터링된 점으로 표시됨

이 2141개의 관측값은 다음과 같이 **5개의 숫자**로 요약됩니다.

1. 최솟값: 21°F
2. 첫 번째 사분위수(25번째 백분위수): 36°F
3. 중앙값(두 번째 사분위수, 50번째 백분위수): 45°F
4. 세 번째 사분위수(75번째 백분위수): 52°F
5. 최댓값: 71°F

<**그림 2.16**>의 가장 왼쪽 그래프에서 2141개의 점 위에 위의 5개의 값을 점선으로 표시해 보겠습니다. <**그림 2.16**>의 중간 플롯에 **박스 플롯**을 추가하겠습니다. <**그림 2.16**>의 가장 오른쪽 플롯에서는 명확성을 위해 점과 점선으로 표시된 수평선을 제거하겠습니다.

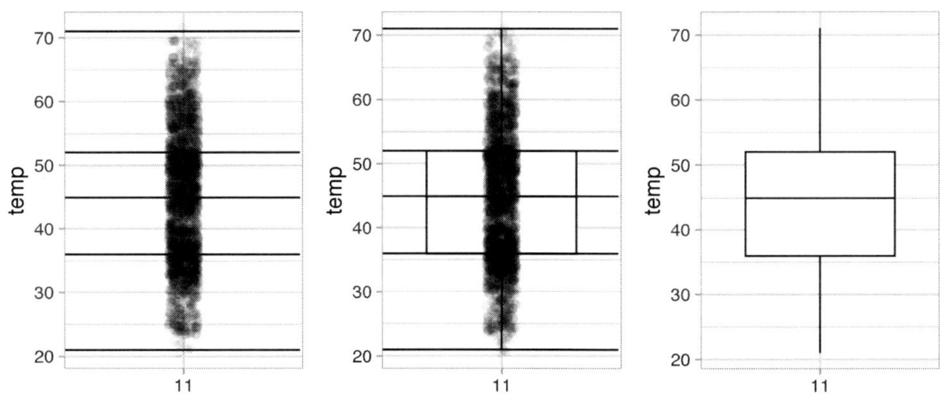

그림 2.16 11월 기온의 박스 플롯 구축하기

이 박스 플롯은 2141개의 온도 기록을 점선 모양으로 **사분위수**로 잘라 2141개의 지점을 시각적으로 요약한 것으로, 각 사분위수에는 약 2141 ÷ 4 ≈ 535개의 관측값이 포함되어 있습니다. 따라서

1. 25%의 포인트가 상자의 하단 가장자리 아래에 있으며, 이는 36°F의 첫 번째 사분위수입니다. 즉, 관측값의 25%가 36°F 미만입니다.
2. 25%의 포인트가 상자의 아래쪽 가장자리와 45°F의 중앙값인 실선 중간 사이에 있습니다. 따라서 관측값의 25%는 36°F에서 45°F 사이이고 관측값의 50%는 45°F 미만입니다.
3. 점의 25%가 실선 중간 선과 상자의 상단 가장자리 사이에 있으며, 이는 52°F의 세 번째 사분위수입니다. 따라서 관측값의 25%가 45°F에서 52°F 사이이고 75%의 관측값이 52°F 미만입니다.
4. 25%의 포인트가 상자의 상단 가장자리 위에 있습니다. 즉, 25% 관측값의 25%가 52°F 이상입니다.
5. 중간 50%의 포인트가 첫 번째 사분위수와 세 번째 사분위수 사이의 **사분위간범위**(IQR) 사이에 있습니다. 따라서 이 예의 IQR은 52 − 36 = 16°F입니다. 사분위간범위는 수치형 변수의 **퍼진 정도**(spread)를 측정하는 척도입니다.

또한 <**그림 2.16**>의 가장 오른쪽 플롯에서 박스 플롯의 **수염**(whiskers)을 볼 수 있습니다. 수염은 상자의 양쪽 끝에서 각각 최소 및 최대 관측 온도인 21°F와 71°F까지 튀어나와 있습니다. 그러나 모든 수염이 항상 여기에서와 같이 관측된 최솟값과 최댓값까지 연장되는 것은 아닙니다. 실제로 수염은 상자의 양쪽 끝에서 사분위간범위의 1.5배를 넘지 않습니다. 이 경우 11월 기온의 경우 상자의 양쪽 끝에서 1.5 × 16°F = 24°F를 넘지 않습니다. 이 범위를 벗어나는 모든 관측값은 **이상치**라는 점으로 표시되며, 다음 절에서 살펴보겠습니다.

2.7.1 geom_boxplot으로 박스플롯 그리기

이제 앞서 화면을 분할한 히스토그램에서 했던 것처럼 12개월로 나눈 시간별 온도를 나란히 배치한 박스 플롯을 만들어 보겠습니다. `month` 변수를 x 위치 미적 속성에 매핑하고, `temp` 변수를 y 위치 미적 속성에 매핑하고, `geom_boxplot()` 레이어를 추가하여 작업을 수행합니다.

```
ggplot(data = weather, mapping = aes(x = month, y = temp)) +
  geom_boxplot()
```

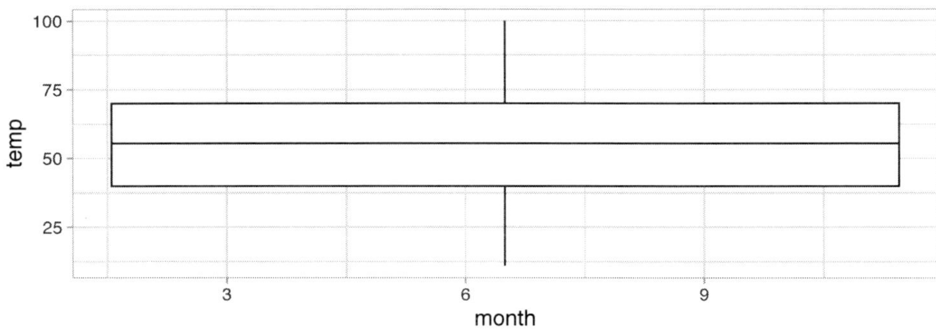

그림 2.17 잘못된 박스 플롯 사양

```
Warning messages:
1: Continuous x aesthetic -- did you forget aes(group=...)?
2: Removed 1 rows containing non-finite values (stat_boxplot).
```

<**그림 2.17**>을 보면 이 플롯은 월별로 구분된 온도 정보를 제공하지 않습니다. 그 이유는 첫 번째 경고 메시지로 알 수 있습니다. 메시지에 따르면 X 위치 미적 속성에 '연속형' 또는 수치형 변수가 있습니다. 그러나 박스 플롯에서는 미적 속성 X축에는 범주형 변수를 매핑해야 합니다. 두 번째 경고 메시지는 시간별 온도 히스토그램을 그릴 때의 경고 메시지와 동일합니다. 값 중 하나가 NA(결측값)으로 기록되었다는 것입니다.

우리는 `factor()` 함수를 사용하여 수치형 변수 월을 `factor` 범주형 변수로 변환할 수 있습니다. 따라서 `factor(month)`를 적용하면 `month`는 1, 2, ..., 12의 수치 값만 갖는 것에서 순서를 적용한 값으로 바뀝니다. 순서가 지정되면 이제 `ggplot()`은 이 변수를 사용하여 필요한 그래프를 생성할 수 있습니다.

```
ggplot(data = weather, mapping = aes(x = factor(month), y = temp)) +
  geom_boxplot()
```

그 결과 <**그림 2.18**>은 11월 기온에 대해서만 <**그림 2.16**>의 오른쪽 플롯과 가장 유사한 12개의 개별 '수염 있는 박스' 플롯을 보여줍니다. 따라서 서로 다른 박스 플롯이 '나란히' 표시됩니다.

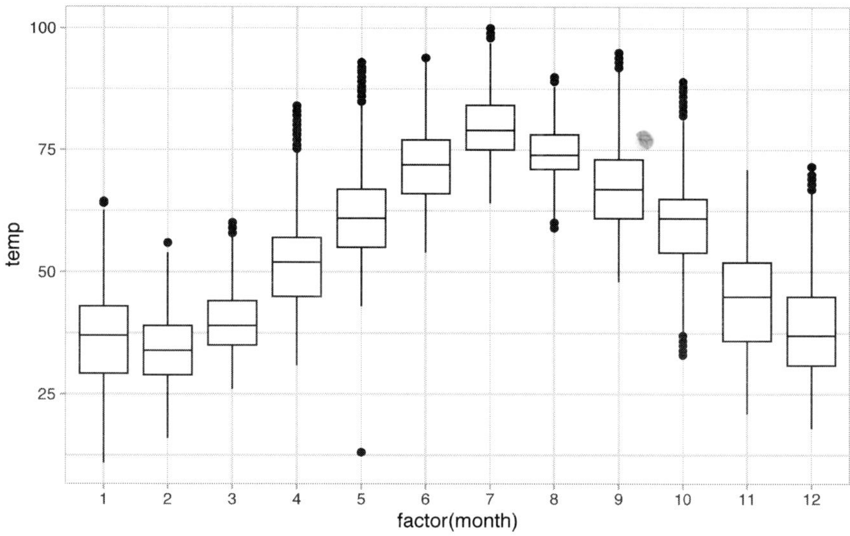

그림 2.18 월별로 분할되어 나란히 배치된 박스 플롯

- 시각화의 '상자' 부분은 첫 번째 사분위수, 중앙값(두 번째 사분위수) 및 세 번째 사분위수를 나타냅니다.
- 각 상자의 높이(세 번째 사분위수 값에서 첫 번째 사분위수 값을 뺀 값)는 사분위간 범위(IQR)입니다. 이는 중간 50% 값의 퍼진 정도를 측정한 값으로, 상자가 길수록 변동성이 크다는 것을 나타냅니다.
- 이 그래프의 '수염' 부분은 상자의 아래쪽과 위쪽에서 뻗어 있으며 각각 25번째 백분위수보다 작은 점과 75번째 백분위수보다 큰 점을 나타냅니다. 이 그래프는 상자의 양쪽 끝에서 1.5 × *IQR* 단위 이하로 확장되도록 설정되어 있습니다. 수염의 끝이 관측된 온도와 일치해야 하기 때문에 '이하'라고 표현합니다. 이 수염의 길이는 값의 중간 50%를 벗어난 데이터가 어떻게 변하는지를 보여주며, 수염이 길수록 변동성이 더 크다는 것을 나타냅니다.
- 수염 범위를 벗어나 위치한 점을 이상치라고 합니다. 이상치는 비정상적인('정상적이지 않은') 값으로 생각할 수 있습니다.

이상치의 정의는 다소 임의적이며 절대적이지 않음을 기억합시다. 이 그래프의 경우 이상치는 수염의 길이로 정의되며, 각 박스 플롯의 길이는 1.5 × *IQR* 단위를 넘지 않아야 합니다. 이 박스 플롯을 나란히 보면 예상대로 여름철(6~8월)의 평균 기온이 더 높다는 것을 알 수 있으며, 박스 중앙의 실선이 더 길다는 것을 알 수 있습니다. 우리는 그래프에 가상의 수평선을 그려서 월별 온도를 쉽게 비교할 수 있습니다. 사분위간 범위로 정량화된 12개 상자의 높이에도 정보가 담겨 있습니다. 바로 특정 월에 기록된 기온의 변동성 또는 퍼진 정도에 대한 정보입니다.

| 학습 확인 |

(LC2.22) 그래프 5월 부분의 하단에 있는 점은 무엇에 해당하나요? 5월에 어떤 일이 일어났기에 이 점이 만들어졌는지 설명해보세요.

(LC2.23) 기온의 변동성이 가장 큰 달은 어느 달인가요? 그 이유는 무엇인가요?

(LC2.24) 나란히 배치된 박스 플롯을 만들기 위해 `factor()` 함수를 사용하여 변환한 수치형 변수 `month`로 나눈 수치형 변수 `temp`의 분포를 살펴봤습니다. 수치변수 `pressure`에 의해 분할된 온도의 박스 플롯을 `factor()`을 사용하여 유사하게 범주형 변수로 변화하였을 때 정보를 얻을 수 없는 이유는 무엇인가요?

(LC2.25) 박스 플롯은 이상치를 식별하는 간단한 방법을 제공합니다. 화면을 분할한 히스토그램 대신 박스 플롯을 볼 때 이상치를 더 쉽게 식별할 수 있는 이유는 무엇인가요?

2.7.2 요약

나란히 배치된 박스 플롯은 다른 변수의 여러 값에 걸쳐 수치형 변수의 분포를 비교할 수 있는 방법을 제공합니다. 상자 중앙의 실선을 비교하여 여러 그룹에서 중앙값이 어디에 해당하는지 확인할 수 있습니다.

상자 중 하나 내에서 수치형 변수의 분포를 공부하려면 상자의 길이와 상자의 양쪽 끝에서 수염이 얼마나 멀리 뻗어 있는지 살펴보면 됩니다. 이상치는 뚜렷한 점으로 표시되므로 히스토그램을 볼 때보다 박스 플롯을 볼 때 훨씬 더 쉽게 식별할 수 있습니다.

2.8 다섯 번째 5대 그래프: 막대그래프

히스토그램과 박스 플롯은 모두 수치형 변수의 분포를 시각화하는 도구입니다. 시각화를 하는 목적 중 하나는 범주형 변수의 분포를 시각화하는 것입니다. 범주형 변수 내의 여러 범주의 개수를 단순히 세는 것이기에 비교적 간단한 작업이며, 범주형 변수의 **수준**(levels)이라고도 합니다. **빈도**(frequencies)로도 알려진 이러한 다양한 개수를 시각화하는 가장 좋은 방법은 막대그래프(막대 차트라고도 함)를 사용하는 것입니다.

그러나 여기서 골치 아픈 문제는 여러분의 데이터를 표현하는 방식입니다. 관심 있는 범주형 변수가 '사전 집계된' 변수인가요, 아니면 그렇지 않은 변수인가요? 예를 들어, 사과 3개와 오렌지 2개라는 과일 모음을 나타내는 두 개의 데이터 프레임을 수동으로 생성하는 다음 코드를 실행해 보겠습니다.

```
fruits <- tibble(
  fruit = c("apple", "apple", "orange", "apple", "orange")
)
fruits_counted <- tibble(
   fruit = c("apple", "orange"),
   number = c(3, 2)
)
```

fruit과 fruit_counted 데이터 프레임 모두 동일한 과일 모음을 나타냅니다. 그런데 fruit이 과일을 개별적으로 나열하는 반면,

```
# A tibble: 5 x 1
  fruit
  <chr>
1 apple
2 apple
3 orange
4 apple
5 orange
```

fruits_counted에는 각 과일의 '사전 집계된' 값을 나타내는 변수 count가 있습니다.

```
# A tibble: 2 x 2
  fruit  number
  <chr>   <dbl>
1 apple      3
2 orange     2
```

범주형 데이터가 표현되는 방식에 따라, 지금 살펴보는 것처럼 막대형 막대그래프를 만들기 위해 ggplot()에 다른 geom 레이어 유형을 추가해야 합니다.

2.8.1 geom_bar와 geom_col로 막대그래프 그리기

사과 3개와 오렌지 2개가 담긴 동일한 과일 바구니를 서로 다른 두 가지 표현을 사용해 막대형 막대그래프로 생성해 보겠습니다. 5개의 과일이 모두 5행에 개별적으로 나열

된 fruit 데이터 프레임을 사용하여 fruit 변수를 x 위치 미적 속성에 매핑하고 geom_bar() 레이어를 추가합니다.

```
ggplot(data = fruits, mapping = aes(x = fruit)) +
  geom_bar()
```

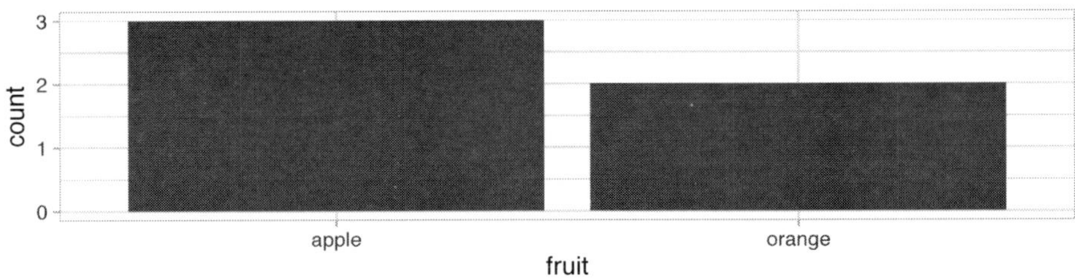

그림 2.19 개수를 사전 집계하지 않은 경우의 막대형 차트

과일이 '사전 집계된' fruit_counted 데이터 프레임을 사용해 다시 한 번 fruit 변수를 x 위치 미적 속성에 매핑하지만, 여기서 count 변수를 y 위치 미적 속성에 매핑하고 geom_bar() 대신 geom_col() 레이어를 추가합니다.

```
ggplot(data = fruits_counted, mapping = aes(x = fruit, y = number)) +
  geom_col()
```

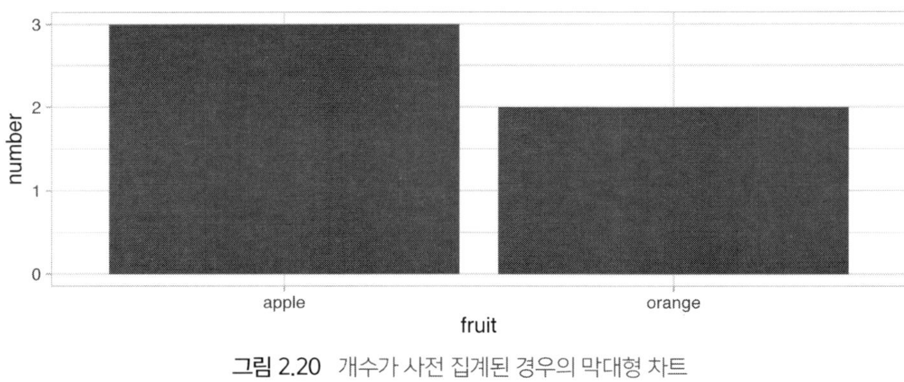

그림 2.20 개수가 사전 집계된 경우의 막대형 차트

<그림 2.19>와 <그림 2.20>의 막대그래프를 비교해 봅시다. 두 그래프는 동일한 다섯 가지 과일의 개수를 반영하기 때문에 동일합니다. 그러나 범주형 데이터의 표현 방식에 따라 '사전 계산' 여부에 따라 다른 geom 레이어를 추가해야 합니다. 여러분이 분포를 시각화하려는 범주형 변수가 다음과 같은 경우, 즉,

- 데이터 프레임에서 사전 집계되지 않은 경우, **geom_bar()**를 사용합니다.
- 데이터 프레임에서 사전 집계된 경우, 개수가 있는 변수에 매핑된 y 위치 미적 요소와 함께 **geom_col()**을 사용합니다.

이제 **nycflights13** 패키지의 **flights** 데이터 프레임으로 돌아가 범주형 변수 **carrier**의 분포를 시각화해 보겠습니다. 즉, 2013년에 각 항공사가 운항한 뉴욕시 출발 국내선 항공편 수를 시각화해 보는 것이죠. 1.4.3항에서 우리는 **flights** 데이터 프레임을 처음 탐색할 때 각 행이 항공편에 해당한다는 것을 확인했습니다. 즉, **flights** 데이터 프레임은 **carrier**별로 항공편이 사전 집계되지 않았기 때문에 **fruits** 데이터 프레임보다는 **fruits_counted** 데이터 프레임과 더 비슷합니다. 따라서 막대그래프를 만들려면 **geom_col()** 대신 **geom_bar()**를 사용해야 합니다. **geom_histogram()**과 마찬가지로, **aes()** 미적 매핑에는 x 위치에 매핑되는 단 하나의 변수 **carrier**만 존재합니다. 하지만 히스토그램을 그렸을 경우 막대가 서로 맞닿아 있는 반면, 막대그래프에는 왼쪽에서 오른쪽으로 가는 동안 막대 사이에 공백이 있다는 차이점이 있습니다.

```
ggplot(data = fruits_counted, mapping = aes(x = fruit, y = number)) +
  geom_col()
```

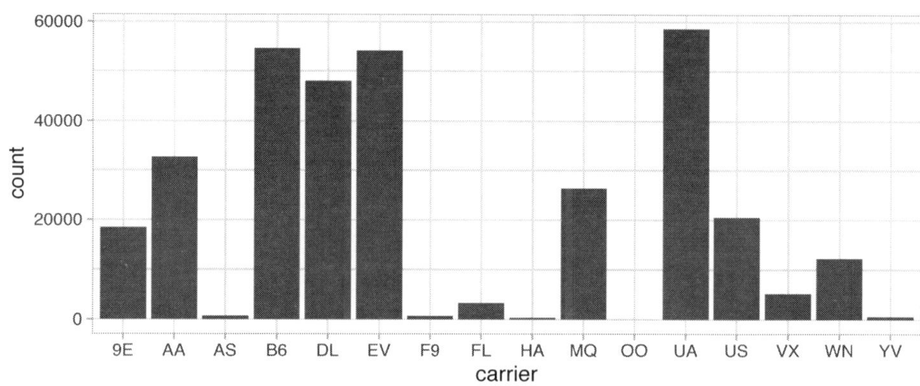

그림 2.21 geom_bar()를 사용해 시각화 한 항공사별 2013년 뉴욕 출발 항공편 수

<**그림 2.21**>에서 2013년 뉴욕에서 출발하는 항공편이 가장 많은 항공사가 유나이티드 항공(UA), 젯블루 항공(B6), 익스프레스젯 항공(EV)임을 확인할 수 있습니다. 만약 항공사가 어떤 항공사 코드에 해당하는지 모르겠다면 **View(airlines)**를 실행해서 항공사 디렉토리를 확인하세요. 예컨대 B6은 제트블루 항공입니다. 아니면, <**표 2.3**>과 같이 각 항공사의 항공편 수가 사전 집계된 데이터 프레임 **carrier**이 있다고 가정하겠습니다.

표 2.3 항공사별 사전 집계된 항공편 수

항공사	항공편 수
9E	18460
AA	32729
AS	714
B6	54635
DL	48110
EV	54173
F9	685
FL	3260
HA	342
MQ	26397
OO	32
UA	58665
US	20536
VX	5162
WN	12275
YV	601

이 경우 범주형 변수 `carrier`의 분포를 시각화하는 막대그래프를 만들려면 `geom_bar()` 대신 `geom_col()`을 사용하고, `x = carrier` 위에 미적 매핑에 `y = number`를 추가합니다. 그러면 <**그림 2.21**>과 동일한 막대그래프가 만들어집니다.

| 학습 확인 |

(LC2.26) 히스토그램이 범주형 변수를 시각화하기에 부적절한 이유는 무엇인가요?

(LC2.27) 히스토그램과 막대그래프의 차이점은 무엇인가요?

(LC2.28) 2013년 뉴욕(NYC)에서 출발한 엔보이 에어(Envoy Air) 항공편은 몇 편인가요?

(LC2.29) 2013년 뉴욕(NYC)에서 출발한 항공편이 7번째로 많은 항공사는 어디인가요? 이 답을 빠르게 얻기 위한 방법은 무엇인가요?

2.8.2 파이 차트는 생각하지 마!

범주형 데이터의 분포를 시각화하는 데 사용되는 가장 일반적인 그래프 중 하나는 파이 차트입니다. 파이 차트는 얼핏 봤을 때는 문제가 없어 보일지 몰라도, 실제로는 사람이 각도를 정확하게 판단할 수 없다는 문제를 가지고 있습니다. 나오미 로빈스(Naomi Robbins)가 자신의 저서인 『더 효과적인 그래프 만들기』(*Creating More Effective Graphs*)(Robbins, 2013)에서 설명한 것처럼, 우리는 90도 이상의 각도는 과대평가하고 90도 미만의 각도는 과소평가합니다. 즉, 우리가 파이의 한 조각과 다른 조각의 상대적인 크기를 판단하기 어렵다는 뜻이죠.

<**그림 2.21**>의 막대형 차트에서 사용된 것과 동일한 항공사별 뉴욕(NYC) 출발 항공편 수 데이터를 살펴보겠습니다. 이번에는 <**그림 2.22**>의 파이 차트를 사용하겠습니다. 다음 질문에 답해 보세요.

- 익스프레스젯 항공(**EV**)의 파이 비중이 US 에어웨이즈(**US**)에 비해 얼마나 더 큰가요?
- 출발 항공편 수에서 세 번째로 큰 항공사는 무엇인가요?
- 유나이티드 항공(**UA**)보다 항공편 수가 더 적은 항공사는 몇 개인가요?

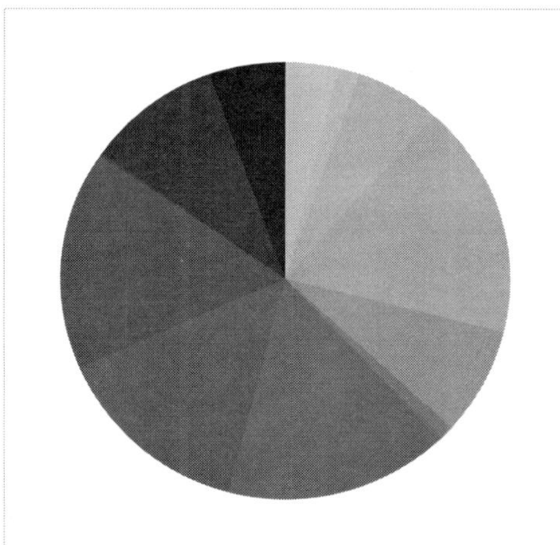

그림 2.22 무시무시한 파이 차트

<**그림 2.22**>의 파이 차트만 봐서는 질문에 답하기가 매우 어렵습니다. 하지만 <**그림 2.21**>의 막대그래프를 사용하면 훨씬 더 쉽게 답할 수 있습니다. 막대그래프는 단일 가로선으로 범주 간 비교가 가능한 방식으로 정보를 표시하는 반면, 파이 차트는 각도를 비교하는 방식으로 정보를 표시하기 때문입니다.

| 학습 확인 |

(LC2.30) 파이 차트 대신 막대그래프를 사용해야 하는 이유는 무엇인가요?

(LC2.31) 사람들이 파이 차트를 사용하는 이유는 무엇일까요?

2.8.3 두 개의 범주형 변수가 나오면?

막대그래프는 한 개의 범주형 변수의 다양한 범주 또는 수준(level)의 빈도를 시각화하는 매우 익숙한 방법입니다. 그리고 막대그래프는 두 범주형 변수의 **결합분포**(joint distribution)를 동시에 시각화하는 용도도 가집니다.

뉴욕(NYC)에서 출발하는 국내선 항공편의 `origin` 및 `carrier`에 따른 결합 분포를 살펴보겠습니다. 즉, 각 항공사 및 출발지 조합에 대한 항공편 수를 살펴보자는 말이죠.

예컨대 JFK에서 출발하는 웨스트젯(WestJet) 항공편 수, LGA에서 출발하는 웨스트젯 항공편 수, EWR에서 출발하는 웨스트젯 항공편 수, JFK에서 출발하는 아메리칸 항공(American Airlines) 항공편 수 등을 살펴볼 수 있습니다. <그림 2.21>에서 `carrier` 빈도의 막대그래프를 생성한 `ggplot()` 코드를 떠올려 보세요.

```
ggplot(data = flights, mapping = aes(x = carrier)) +
  geom_bar()
```

이제 `aes()` 미적 매핑 내에 `fill = origin`을 추가하여, 추가 변수 `origin`을 매핑할 수 있습니다.

```
ggplot(data = flights, mapping = aes(x = carrier, fill = origin)) +
  geom_bar()
```

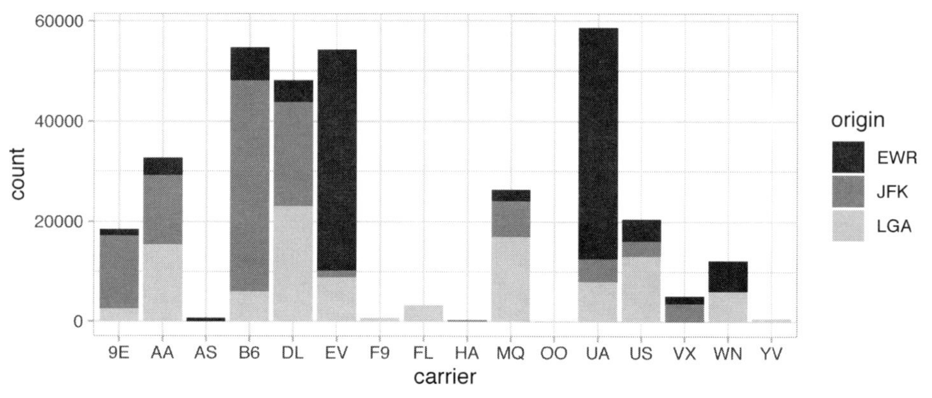

그림 2.23 항공사 및 출발지별 항공편 수를 표현한 누적 막대그래프

<그림 2.23>은 **누적 막대그래프**의 예시입니다. 만들기는 간단하지만 몇몇 상황에서는 적절하지 않습니다. 예를 들어, 항공사별로 출발하는 공항의 항공편 수를 비교하려면 막대 사이의 서로 다른 색상의 높이를 비교해야 하는데, 한눈에 파악하기가 힘듭니다.

계속 진행하기 전에 R을 처음 사용하는 사용자가 흔히 혼동하는 몇 가지 사항을 검토해 보겠습니다. 첫째, **fill** 미적 속성은 막대를 채우는 데 사용되는 색상에 해당하며, **color** 미적 속성은 막대의 윤곽선 색상에 해당합니다. 이는 2.5.1항에서 히스토그램에 색을 추가한 방법과 동일합니다. **color = "white"**를 설정하여 막대의 윤곽을 흰색으로 설정하고 **fill = "steelblue"**를 설정하여 막대의 색을 스틸블루로 설정했습니다. <**그림 2.24**>에서 **origin**을 **fill**이 아닌 **color**에 매핑하면 다른 색상의 윤곽선을 가진 회색 막대가 생성되는 것을 확인할 수 있습니다.

```
ggplot(data = flights, mapping = aes(x = carrier, color = origin)) +
  geom_bar()
```

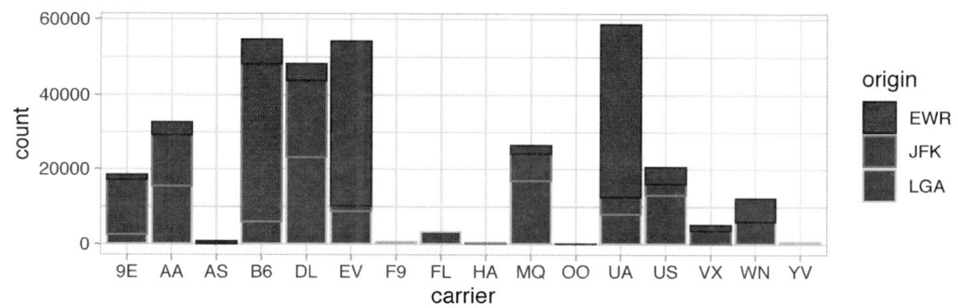

그림 2.24 채우기 대신 색상 미적 속성을 사용한 누적 막대그래프

둘째, **fill**는 x 위치와 매우 유사한 또 다른 미적 매핑입니다. 따라서 우리는 **fill**이 **aes()** 매핑의 괄호 안에 포함되도록 주의를 기울였습니다. **fill** 미적 속성을 **aes()** 매핑 외부에 지정한 다음 코드에서는 오류가 발생합니다. 이것은 **ggplot** 초보자가 흔히 범하는 오류입니다.

```
ggplot(data = flights, mapping = aes(x = carrier), fill = origin) +
  geom_bar()
```

<**그림 2.25**>에서 볼 수 있듯이 누적 막대형 막대그래프의 대안으로 **닷지**(dodge) **막대그래프**라고도 하는 **나란히 배치된**(side-by-side) 막대그래프가 있습니다. 나란히 배치된 막대그래프를 생성하는 코드는 누적 막대그래프를 생성하는 코드와 동일하지만 **position = "dodge"** 인수가 **geom_bar()**에 추가됩니다. 즉, 기본 막대그래프 유형인 누적 막대그래프를 재정의하면서, 나란히 배치된 막대그래프로 명시하는 것입니다.

```r
ggplot(data = flights, mapping = aes(x = carrier, fill = origin)) +
  geom_bar(position = "dodge")
```

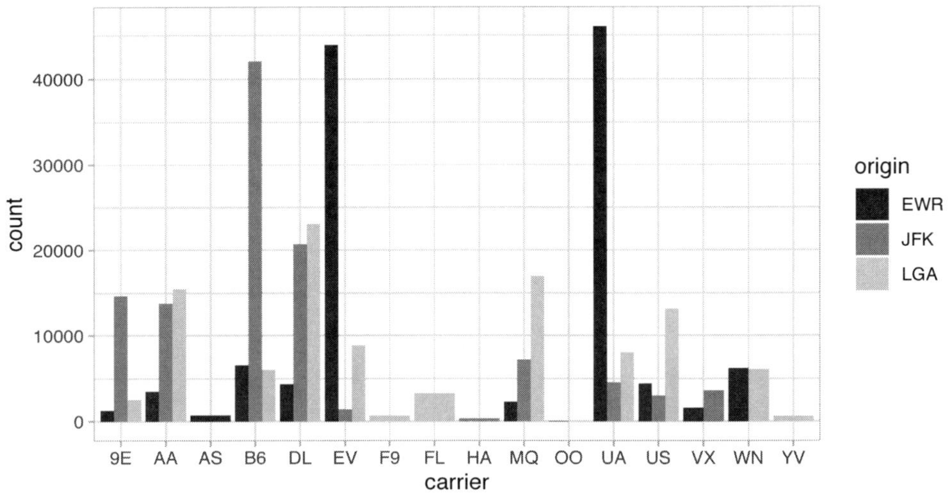

그림 2.25 항공사 및 출발지별 항공편 수를 비교한 나란히 배치된 막대그래프

AS, F9, FL, HA 및 YV의 막대 너비가 다른 막대와 다르다는 점을 유의하세요. 더 견고한 position_dodge() 함수를 사용하여 position 인수를 한 번 조정하면 모든 막대의 너비를 갈게 만들 수 있습니다.

```r
ggplot(data = flights, mapping = aes(x = carrier, fill = origin)) +
  geom_bar(position = position_dodge(preserve = "single"))
```

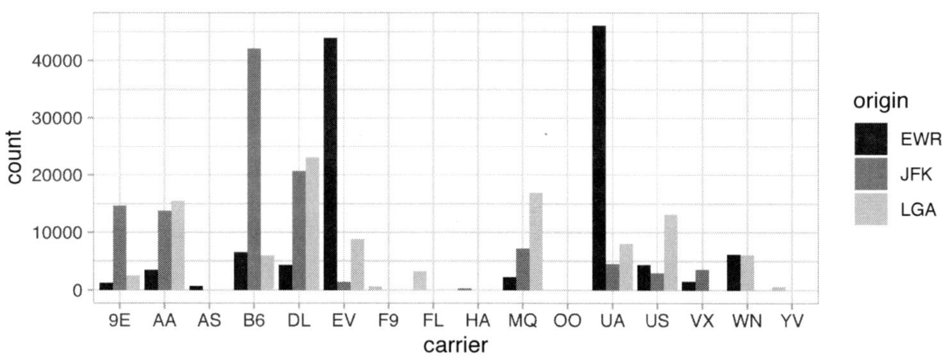

그림 2.26 항공사 및 출발지별 항공편 수를 비교한 나란히 배치된 막대형 차트(서식 조정 포함)

마지막으로, 또 다른 유형의 막대그래프는 **화면을 분할한 막대그래프**입니다. 2.6절에서 **화면 쪼개기**를 사용하여 뉴욕 3개 공항 시간별 기온 분포를 월별로 나누어 시각화했던 것을 떠올려 보세요. `origin`별로 분할된 `carrier`의 빈도를 시각화하는 막대그래프에도 동일한 원리를 적용할 수 있습니다. `origin`을 `fill` 미적 속성에 매핑하는 대신 `origin`을 그래프 화면을 `origin`의 수준 수만큼 분할하기 위한 변수로 포함해 보세요.

```
ggplot(data = flights, mapping = aes(x = carrier)) +
  geom_bar() +
  facet_wrap(~ origin, ncol = 1)
```

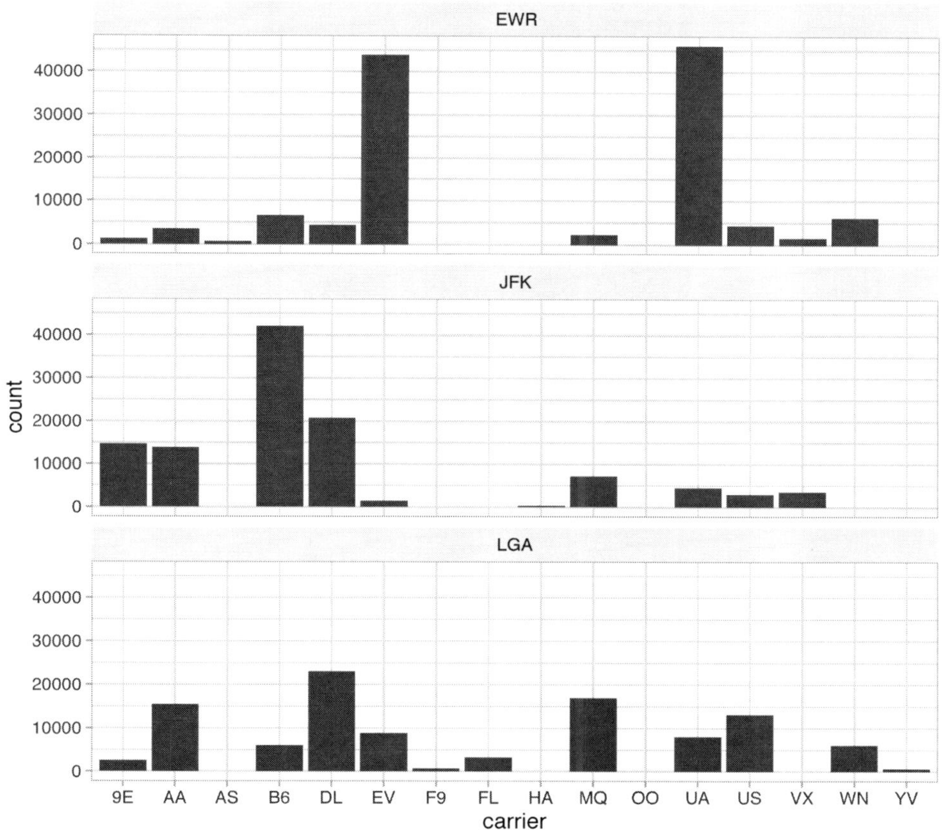

그림 2.27 항공사 및 출발지별 항공편 수를 비교한 화면을 분할한 막대형 차트

| 학습 확인 |

(LC2.32) 질문에 대한 답으로 <그림 2.23>이 적절하지 않은 경우는 언제일까요?

(LC2.33) 출발 항공편 수와 관련하여 2013년 뉴욕의 항공사와 공항 간의 관계를 어떻게 설명할 수 있나요?

(LC2.34) 이 경우 나란히 배치된 막대그래프가 누적 막대그래프보다 나은 이유는 무엇인가요?

(LC2.35) 닷지 막대그래프의 단점은 무엇인가요?

(LC2.36) 화면을 분할한 막대그래프가 나란히 배치된 누적 막대그래프보다 선호되는 이유는 무엇인가요?

(LC2.37) 화면을 분할한 막대그래프를 사용할 때 더 쉽게 볼 수 있는 다른 공항의 다른 항공사에 대한 정보는 무엇인가요?

2.8.4 요약

막대형 막대그래프는 범주형 변수의 분포, 즉 다양한 범주(**수준**[level]이라고도 함)가 발생하는 빈도를 표시하는 일반적인 방법입니다. 막대그래프는 이해하기 쉽고 여러 수준을 쉽게 비교할 수 있습니다. 또한 두 범주형 변수의 관계를 시각화하려고 할 때 누적 막대그래프, 나란히 배치된 막대그래프, 화면을 분할한 막대그래프 등 다양한 옵션을 사용할 수 있습니다. 여러분은 스스로 강조하고자 하는 관계에 따라 이 세 가지 유형의 막대형 차트 중 하나를 선택해야 할 것입니다. 그리고 그 선택은 오롯이 여러분에게 달려 있습니다.

2.9 이 장의 결론

2.9.1 핵심 내용 요약표

5대 그래프(5NG)가 가진 특징이 <**표 2.4**>에 요약 정리되어 있습니다. 여러분은 5NG를 사용해서 다양한 데이터셋에 포함된 변수의 분포와 관계를 시각화할 수 있습니다. 각 `geom` 객체의 미적 속성 옵션에 더 많은 변수를 매핑하기 시작하면 그 가능성은 더욱 커지며, 그때까지도 감춰져 있던 `ggplot2` 패키지의 놀라운 성능이 비로소 빛을 발하게 될 것입니다.

표 2.4 5대 그래프 요약

	그래프명	그래프가 보여주는 특징	geom 개체	참고
1	산점도	2개의 수치형 변수 간의 관계	geom_point()	
2	선 그래프	2개의 수치형 변수 간의 관계	geom_line()	X 변수에 순서가 있는 경우(예: 시간) 사용됨
3	히스토그램	1개의 수치형 변수의 분포	geom_histogram()	화면을 쪼개는 히스토그램은 하나의 수치형 변수를 다른 변수 값으로 나눈 분포를 표시함.
4	박스 플롯	하나의 수치형 변수를 다른 변수의 값으로 나눈 분포	geom_boxplot()	
5	막대그래프	하나의 범주형 변수의 분포	개수가 미리 카운트되지 않은 경우 geom_bar(), 개수가 미리 카운트된 경우 geom_col()	누적, 병렬 및 화면을 쪼개는 막대형 막대그래프는 두 범주형 변수의 공동 분포를 표시함.

2.9.2 함수 안에 인수를 넣을 때 주의할 점들

함수에 인수(즉, 입력)을 지정할 때 몇 가지 주의할 점을 살펴보겠습니다. 다음 코드의 두 부분을 실행합니다.

```
# Segment 1:

ggplot(data = flights, mapping = aes(x = carrier)) +
  geom_bar()

# Segment 2:

ggplot(flights, aes(x = carrier)) +
  geom_bar()
```

두 번째 세그먼트에서 `data =` 및 `mapping =` 코드 인수 이름을 생략했음에도 불구하고 두 코드 세그먼트가 동일한 막대그래프를 생성하였습니다. 기본적으로 `ggplot()` 함수는 `data` 인수가 먼저 오고 나서 `mapping` 인수가 두 번째로 온다고 가정하며 실행되기 때문입니다. 사용자가 해당 데이터 프레임을 먼저 지정하고 aes() 매핑을 두 번째로 지정하면 인수 이름 data = 및 mapping =에 대한 명시적 설명을 생략해도 됩니다.

이 책의 나머지 부분에서는 모든 ggplot() 코드가 두 번째 세그멘트와 같고, data = 및 mapping = 인수의 명시적 입력을 생략하겠습니다. 대신 여러분이 인수를 입력하는 기본 순서는 지켜야 오류를 막을 수 있습니다. 이런 방식은 다른 R 사용자의 코드를 검토할 때도 흔히 볼 수 있는 스타일입니다. 더 간결하게 표현할 수 있으므로, 앞으로는 코드를 이렇게 입력할 것입니다.

2.9.3 추가로 활용할 수 있는 리소스

모든 **학습 확인**에 대한 해답은 온라인으로 확인할 수 있습니다.[xiv]

이 장에서 사용된 모든 R 코드의 R 스크립트 파일은 https://www.moderndive.com/scripts/02-visualization.R 에서 확인 가능합니다.

데이터 시각화를 위한 ggplot2 패키지의 기능을 더 잘 활용하려면 RStudio의 "ggplot2를 사용한 데이터 시각화" 치트시트를 참고하시길 바랍니다. 이 치트시트에는 이 장에서 설명한 내용보다 훨씬 더 많은 시각화와 관련한 내용이 정리되어 있습니다. 특히, 이 장에서 다룬 5가지 geom 개체보다 더 많은 개체를 제시하면서 빠르고 쉽게 읽을 수 있는 시각적 설명을 제공합니다. 치트시트에는 모든 geom 개체를 손쉽게 조정할 수 있는 모든 가능한 미적 속성도 목록으로 만들어 놨습니다. 2019년 말 현재 버전의 RStudio에서 이 치트시트는 RStudio Menu Bar -> Help -> Cheatsheets -> "Data Visualization with ggplot2"로 이동하여 액세스할 수 있습니다.

2.9.4 다음 단계는?

2.3절의 <**그림 2.2**>에서 알래스카 항공 항공편의 출발 지연과 도착 지연 간의 관계를 시각화했던 것을 기억하실 겁니다. 이를 위해 flights 먼저 데이터 프레임을 carrier == AS 항공편으로만 구성된 새로운 데이터 프레임 alaska_flights로 추려야 했습니다.

```
alaska_flights <- flights %>%
  filter(carrier == "AS")

ggplot(data = alaska_flights, mapping = aes(x = dep_delay, y = arr_delay)) +
  geom_point()
```

또한 2.4절의 <**그림 2.7**>에서 2013년 1월 첫 15일 동안 뉴어크 공항의 시간별 온도 기록을 시각화한 것을 떠올려 보세요. 이를 위해 weather 데이터 프레임을 origin == "EWR", month == 1, 날짜가 15일 이하인 경우를 조건으로 시간별 온도 기록으로만 구성된 새로운 데이터 프레임 early_january_weather로 추리는 과정이 필요했습니다.

```
early_january_weather <- weather %>%
  filter(origin == "EWR" & month == 1 & day <= 15)

ggplot(data = early_january_weather, mapping = aes(x = time_hour, y = temp)) +
  geom_line()
```

이 두 코드 세그먼트는 dplyr 패키지를 사용한 데이트 랭글링를 배우는 3장의 맛보기입니다. 데이터 랭글링은 분석 목적에 더 적합하게 만들기 위해 기존 데이터를 변환하고 수정하는 프로세스입니다. 예를 들어, 이 두 코드 세그먼트에서는 filter() 함수를 사용하여 기존 데이터 프레임(flights 및 weather)의 부분집합 행만 선택하여 새로운 데이터 프레임(alaska_flights 및 early_january_weather)을 만들었습니다. 다음 장에서는 filter() 및 기타 데이트 랭글링 함수와 여러 데이트 랭글링 작업을 하나의 순차적인 작업 **고리**(chains)로 결합할 수 있는 **파이프 연산자**(pipe operator) %>%를 정식으로 소개할 겁니다. 3장에서 데이트 랭글링를 해봅시다!

3장 데이터 전처리 혹은 데이터 랭글링 (Data Wrangling)

지금까지 1장에서는 glimpse() 및 View() 함수를 사용하여 데이터 프레임에 저장된 데이터를 살펴보는 방법을, 2장에서 ggplot2 패키지를 사용하여 데이터 시각화 하는 방법을 알아보았으며, 특히 '5대 그래프(5NG)'에 대해 자세히 알아보았습니다.

1. geom_point()를 통한 산점도
2. geom_line()을 통한 선 그래프
3. geom_boxplot()을 통한 박스 플롯
4. geom_histogram()을 통한 히스토그램
5. geom_bar() 또는 geom_col()을 통한 막대그래프

데이터 프레임의 변수를 5가지 geom 개체 중 하나의 미적 속성에 매핑하는 그래픽 문법을 사용하여 이렇게 시각화를 했습니다. <그림 2.1>의 Gapminder 데이터 예제에서 볼 수 있듯이 크기와 색상과 같은 기하학적 객체의 다른 미적 속성도 제어할 수 있습니다.

그러나 두 시각화의 경우 먼저 기존 데이터 프레임을 약간 변형/수정해야 했다는 점에 주목해야 합니다. 예를 들어, <그림 2.2>에서 알래스카 항공 항공편의 출발 및 도착 지연 부분**만** 뽑아서 그린 산점도를 떠올려 보세요. 이 시각화를 위해 먼저 flights 데이터 프레임을 carrier == "AS" 항공편으로만 구성된 alaska_flights 데이터 프레임으로 추려야만 했습니다. 따라서 alaska_flights는 flights보다 더 적은 행을 갖게 됩니다. 우리는 filter() 함수를 사용하여 이 작업을 수행했습니다.

```
alaska_flights <- flights %>%
  filter(carrier == "AS")
```

이 장에서는 이 예제를 확장하여 데이터 프레임을 가져와 필요에 맞게 '랭글링'[1](변형)할 수 있는 데이터 랭글링용 dplyr 패키지의 일련의 함수를 소개합니다. 이러한 함수는 다음과 같습니다.

1 데이터 랭글링은 데이터와 씨름한다는 의미이다. 실제 데이터 분석의 많은 과정은 내가 원하는 대로 생기지 않은 데이터와 씨름해 내가 원하는 형식으로 변형하는 것이 시작이고, 대부분이다.

1. filter() 함수를 통해 데이터 프레임의 기존 행에서 필요한 하위 집합만 골라낼 수 있습니다. 예를 들어, alaska_flights 데이터 프레임이 여기에 속합니다.
2. summarize()를 통해 하나 이상의 열/변수를 **요약통계** 형태로 만듭니다. 요약통계의 예로는 2.7절 박스 플롯에서 본 것처럼 온도의 중앙값 및 사분위수 범위가 있습니다.
3. group_by()로 행을 묶습니다. 즉, 서로 다른 행을 같은 **그룹**의 일부로 할당합니다. 그 다음 group_by()를 summarize()와 결합하면 각 그룹에 대한 요약통계를 **개별적으로** 보고할 수 있습니다. 예를 들어 세 origin 공항 모두의 평균 출발 지연을 합산해 dep_delay를 계산하는 것이 아니라, 세 origin 공항 각각에 대해 하나씩 따로 계산된 세 개의 개별 평균 출발 지연 dep_delay을 원한다고 가정합니다.
4. 기존 열/변수를 mutate()하여 새 열/변수를 만듭니다. 예를 들어 시간별 온도 기록을 화씨(Fahrenheit)에서 섭씨(Celsius)로 변환합니다.
5. 행을 arrange()합니다. 예를 들어, weather 행을 온도의 오름차순 또는 내림차순으로 정렬합니다.
6. '키' 변수에 맞춰 다른 데이터 프레임과 join()합니다. 즉, 이 두 데이터 프레임을 병합합니다.

데이터 프레임에서 수행하려는 작업을 설명하기 위해 작업마다 computer_code 글꼴을 사용하였습니다. 데이터 랭글링을 위한 dplyr 패키지가 기억하기 쉬운 직관적인 동사 이름의 함수를 가지고 있기 때문입니다.

데이터 랭글링을 위해 dplyr 패키지를 사용하는 방법에는 또 다른 이점이 있습니다. 데이터베이스 쿼리 언어인 SQL('시퀄'이라고 읽거나 'S', 'Q', 'L'의 철자를 하나씩 읽어 발음합니다)과 유사하다는 점입니다. SQL('구조화된 쿼리 언어'의 약자)은 대규모 데이터베이스를 빠르고 효율적으로 관리하는 데 사용되며, 많은 데이터를 보유한 다양한 기관에서 널리 사용되고 있습니다. SQL은 데이터베이스 관리에 관한 책이나 강좌에서 다루어야 할 주제이지만, dplyr을 배우면 SQL을 쉽게 배울 수 있다는 점을 명심하세요. 이 두 가지의 유사점에 대해서는 3.7.4항에서 자세히 설명하겠습니다.

필요한 패키지

이 장에 필요한 모든 패키지를 불러와 보겠습니다(이미 설치했다고 가정합니다). 자세한 내용은 1.3절에서 소개한 R 패키지를 설치하고 불러오는 방법을 참조하세요.

```
library(dplyr)
library(ggplot2)
library(nycflights13)
```

3.1 파이프 연산자: %>%

데이터 랭글링을 시작하기 전에 먼저 dplyr 패키지와 함께 제공되는 멋진 도구인 파이프 연산자 %>%[2]를 소개하겠습니다. 파이프 연산자를 사용하면 여러 작업을 R에서 하나의 순차적인 작업 **체인**으로 결합할 수 있습니다.

가상의 예부터 시작해 봅시다. 가상의 함수 f(), g(), h()를 사용하여 가상의 데이터 프레임 x에 대해 가상의 일련의 연산을 수행하려고 한다고 가정해 보겠습니다.

1. x를 취한 다음
2. x를 f() 함수에 대한 입력으로 사용하고
3. f(x)의 출력을 함수 g()의 입력으로 사용해서
4. g(f(x))의 출력을 함수 h()의 입력으로 사용합니다.

이 연산 순서를 작성하는 한 방법은 다음과 같이 괄호를 중첩해서 사용하는 것입니다:

```
h(g(f(x)))
```

이 코드는 f(), g(), h()의 세 가지 함수만 적용하고 각 함수의 이름이 짧기 때문에 읽기가 그리 어렵지는 않습니다. 또한 이러한 각 함수에는 인수가 하나만 있습니다. 하지만 시퀀스에 적용되는 함수의 수가 증가하고 각 함수의 인수 역시 증가하므로 점점 더 읽기 어려워질 것입니다. 이럴 때 유용한 것이 파이프 연산자 %>%입니다. 파이프 연산자 %>%는 한 함수의 출력을 가져와서 다음 함수의 입력으로 사용되도록 '파이프처럼 연결'합니다. %>%를 'then' 또는 'and then'으로 읽는 것 또한 유용합니다. 예를 들어 다음과 같이 가상의 함수 시퀀스와 동일한 출력을 얻을 수 있습니다.

2 Alt + Shift + M 키를 누르면 파이프 연산자가 나온다.

```
x %>%
  f() %>%
   g() %>%
  h()
```

이 출력은 다음과 같이 읽을 수 있습니다.

1. x를 가져다가
2. 이 출력을 다음 함수 f()의 입력으로 사용하고
3. 이 출력을 다음 함수 g()의 입력으로 사용해서
4. 이 출력을 다음 함수 h()의 입력으로 사용합니다.

두 가지 접근 방식 모두 결과는 동일합니다. 하지만 작업 순서를 한 줄씩 명확하게 읽을 수 있는 후자 쪽이 더 가독성이 높습니다. 그런데 가상의 x, f(), g(), h()는 무엇일까요? 데이터 랭글링을 다루는 이번 장에서 아래의 내용을 익힐 수 있습니다.

1. 시작 값 x는 데이터 프레임이 될 것입니다. 예를 들어, 1.4절에서 살펴본 **flights** 데이터 프레임입니다.
2. 함수 시퀀스(여기서는 f(), g(), h())는 대부분 이 장의 도입부에서 나열한 6개의 데이터 랭글링 동사 이름 함수 중 원하는 수의 시퀀스가 될 것입니다. 예를 들어, 앞서 살펴본 **filter**(carrier == "AS") 함수와 지정된 인수가 있습니다.
3. 그 결과는 원하는 대로 변형/수정된 데이터 프레임이 됩니다. 우리의 예제에서는 <- 할당 연산자를 사용하여 **alaska_flights** <-를 통해 **alaska_flights**라는 이름으로 결과를 새 데이터 프레임에 저장합니다.

```
alaska_flights <- flights %>%
  filter(carrier == "AS")
```

\+ 기호를 사용하여 **ggplot()**에 레이어를 추가할 때와 마찬가지로, 동사-이름의 함수를 파이프 연산자 **%>%**를 사용하여 단일 시퀀스로 결합하여 데이터 랭글링 작업을 하나의 **체인**으로 엮어 구성할 수 있습니다. 또한, 그래프를 만들 때 **+** 기호가 줄 끝에 와야 하는 것과 마찬가지로 파이프 연산자 **%>%**도 줄 끝에 와야 합니다.

이 장의 소개에 나열된 6가지 함수 외에도 더 많은 고급 데이터 랭글링 함수가 있으며, 3.8절에서 몇 가지 예제를 살펴보겠습니다. 하지만 이 6가지 함수만 알아도 이 책의 나머지 부분에 나오는 다양한 데이터 랭글링 작업을 충분히 수행할 수 있습니다.

3.2 filter로 원하는 행만 추리기

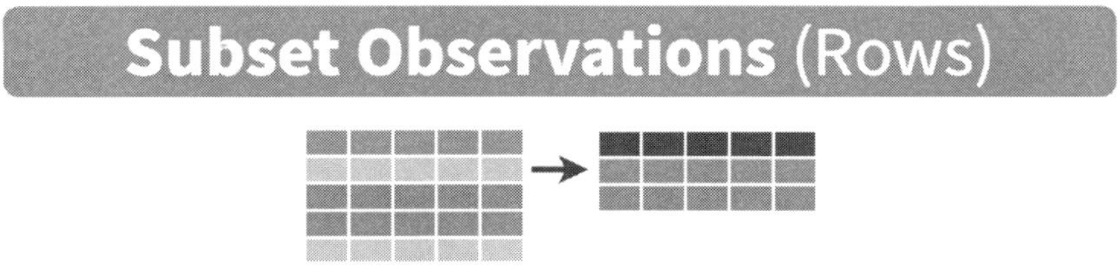

그림 3.1 filter()를 통한 행 계산의 다이어그램

filter() 함수는 Microsoft Excel의 '필터' 옵션과 비슷합니다. **filter()**로 데이터셋의 변수에서 필요한 부분을 살피기 위한 기준을 정하고, 해당 기준과 일치하는 행만 추려낼 수 있거든요.

먼저 뉴욕시에서 오리건주 포틀랜드로 가는 항공편에만 주목해보겠습니다. 오리건주 포틀랜드의 목적지 코드 **dest**(또는 공항 코드)는 **"PDX"**입니다. 아래의 코드를 실행하고 RStudio의 스프레드시트 뷰어에서 결과를 확인해, 포틀랜드로 향하는 항공편만 선택되도록 합니다.

```
portland_flights <- flights %>%
  filter(dest == "PDX")
View(portland_flights)
```

코드를 입력할 때 순서에 유의하세요. 먼저 **flights** 데이터 프레임 항공편을 가져와서 목적지(**dest**) 값이 **"PDX"**인 항공편만 포함되도록 데이터 프레임을 **filter()**합니다. 변수값과 기준의 동일성 여부를 테스트하려면 등호 한 개(=)가 아닌 등호 두 개(==)를 사용해야 합니다. 즉, **filter(dest = "PDX")**는 오류를 생성합니다. 이런 방식은 프로그래밍 언어에서 흔히 사용되는 규칙입니다. 등호 두 개(==) 입력하는 것을 자꾸 잊어버릴 수 있으니 연습하면서 익숙해지도록 합시다.

더불어 동일성을 검사하는 **==** 연산자 외에 다른 연산자도 사용할 수 있습니다.

- **>** : '보다 큼'
- **<** : '보다 작음'
- **>=** : '보다 크거나 같음'
- **<=** : '보다 작거나 같음'
- **!=** : '같지 않음'. **!**는 많은 프로그래밍 언어에서 '아님'을 의미합니다.

또한 비교를 수행하는 연산자를 사용하여 여러 기준을 결합할 수 있습니다.

- | : '또는(or)'
- & : '및(and)'

이러한 다양한 기능을 실제로 사용해 보기 위해, **flights** 데이터셋에서 JFK 공항에서 출발하여 버몬트주 벌링턴("BTV") 또는 워싱턴주 시애틀("SEA")로 **향하고**(and), 10월, 11월 또는 12월에 출발하는 모든 항공편 행을 추려 보겠습니다. 아래의 코드를 실행해 보세요.

```
btv_sea_flights_fall <- flights %>%
  filter(origin == "JFK" & (dest == "BTV" | dest == "SEA") & month >= 10)
View(btv_sea_flights_fall)
```

말로는 "버몬트주 벌링턴과 워싱턴주 시애틀에서 출발하는 모든 항공편"이라고 할 수 있지만, 컴퓨터 연산에서는 "버몬트주 벌링턴에서 출발**하거나**(or) 워싱턴주 시애틀에서 출발하는 모든 항공편"으로 읽힌다는 점에 유의하세요. 데이터의 주어진 행에 대해 목적지(dest)는 "BTV", "SEA" 또는 다른 것일 수 있지만, "BTV"와 "SEA"가 동시에 될 수는 없습니다. 또한, dest == "BTV" | dest == "SEA"를 입력할 때 문자열을 둘러싼 괄호를 주의해서 사용해야 합니다.

종종 &를 사용하는 대신 쉼표로 조건을 구분합니다. 이전 코드는 다음 코드와 동일한 결과값 btv_sea_flights_fall을 출력합니다.

```
btv_sea_flights_fall <- flights %>%
  filter(origin == "JFK", (dest == "BTV" | dest == "SEA"), month >= 10)
View(btv_sea_flights_fall)
```

!('아님[not]') 연산자를 사용하여 조건과 **일치하지 않는** 행을 추려내는 예시를 살펴보겠습니다. 앞서 언급했듯이 ! 연산자는 'not'으로 읽을 수 있습니다. 여기서는 버지니아주 벌링턴 또는 워싱턴주 시애틀에 도착하지 않은 항공편에 해당하는 행을 추려내고 있습니다.

```
not_BTV_SEA <- flights %>%
  filter(!(dest == "BTV" | dest == "SEA"))
View(not_BTV_SEA)
```

다시 말하지만, (dest == "BTV" | dest == "SEA")를 입력할 때 괄호를 주의해서 사용해야 합니다. 우리가 제대로 괄호를 사용하지 않은 경우,

```
flights %>% filter(!dest == "BTV" | dest == "SEA")
```

"BTV"로 향하지 않는 항공편이나 "SEA"로 향하는 항공편이 모두 출력되며, 이는 우리가 원했던 것과 완전히 다른 결과를 담은 데이터 프레임이 됩니다.

이제 필터링하려는 공항의 수가 더 많다고 가정해 보겠습니다. 예를 들어 "SEA", "SFO", "PDX", "BTV", "BDL"이 있습니다. 우리는 | (또는) 연산자를 연속으로 이어서 사용할 수 있습니다

```
many_airports <- flights %>%
  filter(dest == "SEA" | dest == "SFO" | dest == "PDX" |
           dest == "BTV" | dest == "BDL")
```

|를 계속 사용하는 건 가능하지만, 조건에 포함되도록 입력한 공항이 많아질수록 코드 작성이 힘들어질 것입니다. 코드를 좀 더 짧게 입력하기 위한 방법은 c() 함수와 함께 %in% 연산자를 사용하는 것입니다. 1.2.1항에서 c() 함수는 각각의 값을 하나의 값 **벡터**로 '결합' 또는 '연결'한다고 했던 것을 떠올려 보세요.

```
many_airports <- flights %>%
  filter(dest %in% c("SEA", "SFO", "PDX", "BTV", "BDL"))
View(many_airports)
```

이 코드가 수행하는 작업은 dest 값이 공항들의 벡터(집합) c("BTV", "SEA", "PDX", "SFO", "BDL")에 있는 모든 항공편 값을 통해 데이터프레임 flights를 추려내는 것입니다. 두 가지 방식으로 만든 many_airports의 출력은 모두 동일합니다. 하지만 여러분이 보기에도 후자의 방법이 코딩하는 데 훨씬 적은 에너지가 소요되지 않나요? %in% 연산자는 한 벡터/변수를 다른 벡터/변수와 비교해 공통적으로 일치하는 부분을 찾는 데 유용합니다.

마지막으로, 데이터에 적용할 명령어로 가장 먼저 추천했던 filter()를 살펴보겠습니다. filter()를 잘 쓰면, 데이터셋에서 여러분이 관심 있는 행만 추려낼 수 있습니다. 다르게 표현하자면, 데이터 프레임의 범위를 관심 있는 관측값으로만 좁힐 수 있습니다.

| 학습 확인 |

(LC3.1) flights 데이터 프레임에서 버지니아주 벌링턴(VT)이나 워싱턴주 시애틀(WA)에 가지 않는 행만 추려내기 위해 "not" 연산자 !를 사용하는 또 다른 방법은 무엇인가요? 이전 코드를 사용하여 테스트해 보세요.

3.3 변수의 요약통계량 뽑기

데이터 프레임으로 작업할 때, 다음 단계는 일반적으로 **요약통계**(summary statistics) 계산입니다. 요약통계는 많은 수의 값을 요약한 단일 숫자 값입니다. 잘 알려진 요약통계의 예로는 평균(mean, average이라고도 합니다)과 중앙값(중간값)이 있습니다. **합계**(sum), **최솟값**(minimum)이라고도 하는 가장 작은 값, **최댓값**(max)이라고도 하는 가장 큰 값, **표준편차**(standard deviation) 등도 요약통계에 속합니다. 요약통계에 대한 용어를 좀 더 알고 싶다면, 부록 A.1을 참조하세요.

weather 데이터 프레임의 temp 변수에 대한 두 가지 요약통계로 평균과 표준편차를 계산해 보겠습니다(1.4절에서 weather 데이터 프레임이 nycflights13 패키지에 포함되어 있다는 점을 잊지 마세요). 이러한 요약통계를 계산하려면 <**그림 3.2**>에 표시된 것처럼 R의 mean()과 sd() **요약함수**가 필요합니다. R의 요약함수는 여러 값을 입력받아 한 개의 값을 반환합니다.

그림 3.2 R의 요약함수를 설명하는 다이어그램

여기서는 dplyr 패키지의 summarize() 함수 안에 있는 mean()과 sd() 요약함수를 사용하겠습니다. 미국식 영어보다 영국식 영어가 편하다면, summarise()을 영국식 영어 철자로 써도 무방합니다[3]. <**그림 3.3**>에서 볼 수 있듯이 summarize() 함수는 여러 개의

행이 있는 데이터 프레임으로 요약통계에 해당하는 행 하나만 있는 데이터 프레임을 반환합니다.

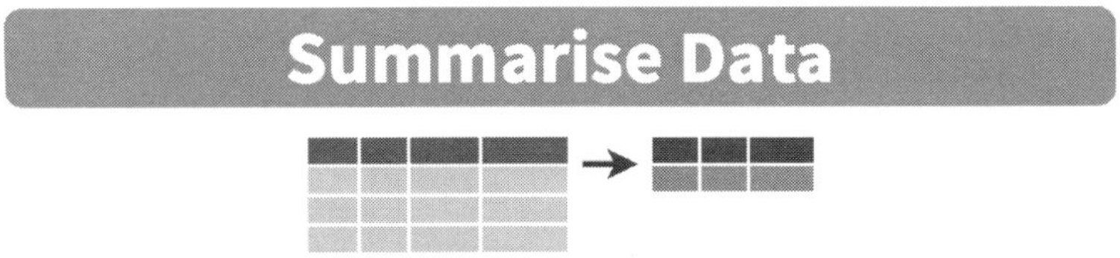

그림 3.3 summarize() 행의 다이어그램

이제 mean과 std_dev라는 두 개의 열/변수가 있는 summary_temp라는 새 데이터 프레임에 요약통계량을 저장해 보겠습니다.

```
summary_temp <- weather %>%
  summarize(mean = mean(temp), std_dev = sd(temp))
summary_temp
```

```
# A tibble: 1 x 2
   mean std_dev
  <dbl>   <dbl>
1   NA      NA
```

값이 NA라고 반환되는 이유는 무엇일까요? 2.3.1항에서 alaska_flights의 출발 및 도착 지연에 대한 산점도를 그릴 때 살펴본 것처럼, NA는 '사용할 수 없음' 또는 '해당 없음'을 나타내는 **결측값**을 R에서 인코딩하는 방식입니다. 특정 행과 특정 열에 값이 존재하지 않으면 NA가 대신 집계됩니다. 값이 누락되는 이유는 여러 가지입니다. 데이터가 수집되긴 했지만 입력을 잊어버렸을 수도 있고, 데이터 수집이 너무 어려워서 처음부터 수집하지 않았을 수도 있겠네요. 어쩌면 입력 값이 잘못되어 누락으로 처리되었을 수도 있습니다. 이처럼 실제 데이터(real data)로 작업할 때 결측값과 관련된 문제와 자주 부딪히게 됩니다.

summary_temp 출력으로 돌아가 봅시다. R에서는 기본적으로 하나 이상의 NA 결측값이 있는 변수의 요약통계를 계산하려고 할 때마다 NA가 반환되도록 설정되어 있습니다. 이 문제를 해결하려면 na.rm 인수를 TRUE로 설정하면 됩니다. 여기서 rm은 '제거

3 dplyr 패키지를 만든 해들리 위컴(Hadley Wickham)도 호주 출신이기 때문에, 그 역시 summarise라고 쓴다.

(remove)'의 약자입니다. 이렇게 설정하면 NA 결측값은 모두 무시되고, 누락되지 않은 값에 대한 요약값만 반환됩니다.

다음 코드는 temp의 모든 누락되지 않은 값의 평균과 표준편차를 계산합니다.

```
summary_temp <- weather %>%
  summarize(mean = mean(temp, na.rm = TRUE),
      std_dev = sd(temp, na.rm = TRUE))
summary_temp
```

```
# A tibble: 1 x 2
   mean std_dev
  <dbl>   <dbl>
1  55.3    17.8
```

이때, na.rm = TRUE가 어떻게 summarize() 함수가 아닌 mean()과 sd() 요약함수의 인수로 개별적으로 사용되는지 주목하세요.

하지만 지금처럼 결측값을 무시할 때는 항상 주의해야 합니다. 다음 확습 확인 문제에서는 결측값이 있는 행을 '결측의 이유를 무시한 채(under the rug)' 마구 쓸어버릴 경우 발생할 수 있는 결과를 고려할 것입니다. 사실 이것이 R의 요약통계 함수에 대한 na.rm 인수가 기본적으로 FALSE로 설정되어 있는 이유입니다. 즉, R은 기본적으로 결측값이 있는 행을 무시하지 않습니다. R은 누락된 데이터의 존재를 사용자에게 알려주며, 사용자는 분석 전반에 걸쳐 이러한 결측과 결측의 잠재적 원인을 염두에 두어야 합니다.

요약통계를 계산하기 위해 summarize() 동사 내에서 사용할 수 있는 다른 요약함수로는 어떤 것이 있을까요? <**그림 3.2**>의 다이어그램에서 볼 수 있듯이, 여러분은 R을 가지고 데이터 프레임의 여러 값을 취해 단 하나의 값으로 반환하는 함수를 무엇이든 사용할 수 있습니다. 다음은 몇 가지 예입니다.

- mean(): 평균
- sd(): 데이터의 퍼진 정도를 측정하는 척도인 표준편차
- min(), max(): 최솟값, 최댓값
- IQR(): 사분위범위수
- sum(): 여러 숫자를 더할 때의 총액
- n(): 각 그룹별 행의 개수. group_by()를 다루는 3.4절을 보면 한층 이해하기 쉬울 것입니다.

| 학습 확인 |

(LC3.2) 한 의사가 5년 간격으로 측정된 기록이 있는 환자들을 대상으로 흡연이 폐암에 미치는 영향을 연구하고 있다고 가정합시다. 이 의사는 환자가 사망함으로써 각 환자의 데이터 포인트에 결측값이 많다는 것을 발견하고, 이러한 환자들을 분석에서 제외하기로 결정합니다. 이 의사의 접근 방식에 어떤 문제가 있나요?

(LC3.3) `summarize()` 함수를 이용해 `n()` 요약함수를 사용한 `summary_temp`를 생성합니다: `summarize(count = n())`. 반환된 값은 무엇을 뜻하나요?

(LC3.4) 다음 코드가 작동하지 않는 이유는 무엇인가요? 코드를 한 번에 실행하지 말고 한 줄씩 실행한 다음 데이터를 살펴보세요. 즉, `summary_temp <- weather %>% summarize(mean = mean(temp, na.rm = TRUE))`를 먼저 실행하세요.

```
summary_temp <- weather %>%
  summarize(mean = mean(temp, na.rm = TRUE)) %>%
  summarize(std_dev = sd(temp, na.rm = TRUE))
```

3.4 ~변수에 따라서 행을 묶어주세요 : group_by

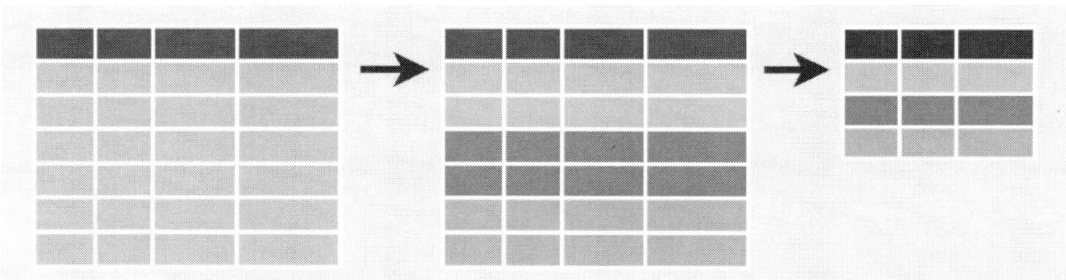

그림 3.4 group_by() 와 summarize() 다이어그램

1년 전체의 평균 기온이 아닌 열두 달 각각 12개의 평균 기온이 필요하다고 가정해 보겠습니다. 즉, 월별 평균 기온을 계산할 것입니다. 온도 관측값을 다른 변수 값(이 경우 변수 `month`의 12개 값)으로 '그룹화(묶기)'하면 이 작업을 수행할 수 있습니다. 다음 코드를 실행합니다.

```
summary_monthly_temp <- weather %>%
  group_by(month) %>%
  summarize(mean = mean(temp, na.rm = TRUE),
      std_dev = sd(temp, na.rm = TRUE))
summary_monthly_temp
```

```
# A tibble: 12 x 3
  month    mean  std_dev
  <int>   <dbl>    <dbl>
1     1    35.6     10.2
2     2    34.3     6.98
3     3    39.9     6.25
4     4    51.7     8.79
5     5    61.8     9.68
6     6    72.2     7.55
7     7    80.1     7.12
8     8    74.5     5.19
9     9    67.4     8.47
1    10    60.1     8.85
11   11    45.0     10.4
12   12    38.4     9.98
```

이 코드는 summary_temp를 생성한 이전 코드와 동일하지만, summarize() 앞에 group_by(month)가 추가되었다는 차이가 있습니다. weather 데이터셋을 month에 따라 그룹화한 다음 summarize() 함수를 적용하면 한 해의 열두 달로 나눈 평균 및 표준편차 온도를 표시하는 데이터 프레임이 생성됩니다.

group_by() 함수가 데이터 프레임 자체를 변경하지 않는다는 점에 유의해야 합니다. group_by 함수가 변경하는 것은 **메타 데이터**와 또는 데이터에 대한 데이터, 특히 그룹화 구조입니다. 데이터 프레임의 변경은 summarize() 함수를 적용한 후에야 가능합니다.

예를 들어, ggplot2 패키지에 포함된 diamonds 데이터 프레임을 고려해 봅시다. 이 코드를 실행하세요.

```
diamonds
```

```
# A tibble: 53,940 x 10
  carat cut      color clarity depth table price     x     y     z
```

```
   <dbl> <ord>     <ord> <ord>     <dbl>  <dbl> <int> <dbl> <dbl> <dbl>
 1 0.23  Ideal     E     SI2        61.5     55   326  3.95  3.98  2.43
 2 0.21  Premium   E     SI1        59.8     61   326  3.89  3.84  2.31
 3 0.23  Good      E     VS1        56.9     65   327  4.05  4.07  2.31
 4 0.290 Premium   I     VS2        62.4     58   334  4.2   4.23  2.63
 5 0.31  Good      J     SI2        63.3     58   335  4.34  4.35  2.75
 6 0.24  Very Good J     VVS2       62.8     57   336  3.94  3.96  2.48
 7 0.24  Very Good I     VVS1       62.3     57   336  3.95  3.98  2.47
 8 0.26  Very Good H     SI1        61.9     55   337  4.07  4.11  2.53
 9 0.22  Fair      E     VS2        65.1     61   337  3.87  3.78  2.49
10 0.23  Very Good H     VS1        59.4     61   338  4     4.05  2.39
# ... with 53,930 more rows
```

첫 번째 줄에 출력된 문구가 **# A tibble: 53,940 x 10**인 것에 주목하세요. 이것은 메타 데이터의 예인데, 이 경우 **diamonds** 데이터셋의 관측값/행 수와 변수/열이 표시됩니다. 실제 데이터 자체는 이어지는 값 테이블에 나타납니다. 이제 **diamonds** 데이터 프레임을 파이프를 통해 **group_by(cut)**와 연결해 봅시다.

```
diamonds %>%
  group_by(cut)
```

```
# A tibble: 53,940 x 10
# Groups:   cut [5]
   carat cut       color clarity depth table price     x     y     z
   <dbl> <ord>     <ord> <ord>   <dbl> <dbl> <int> <dbl> <dbl> <dbl>
 1 0.23  Ideal     E     SI2      61.5    55   326  3.95  3.98  2.43
 2 0.21  Premium   E     SI1      59.8    61   326  3.89  3.84  2.31
 3 0.23  Good      E     VS1      56.9    65   327  4.05  4.07  2.31
 4 0.290 Premium   I     VS2      62.4    58   334  4.2   4.23  2.63
 5 0.31  Good      J     SI2      63.3    58   335  4.34  4.35  2.75
 6 0.24  Very Good J     VVS2     62.8    57   336  3.94  3.96  2.48
 7 0.24  Very Good I     VVS1     62.3    57   336  3.95  3.98  2.47
 8 0.26  Very Good H     SI1      61.9    55   337  4.07  4.11  2.53
 9 0.22  Fair      E     VS2      65.1    61   337  3.87  3.78  2.49
10 0.23  Very Good H     VS1      59.4    61   338  4     4.05  2.39
# ... with 53,930 more rows
```

이제 추가 메타 데이터가 등장했습니다. **# Groups: cut [5]**는 범주형 변수 **cut**의 가능한 5가지 명목변수 값("**Fair**", "**Good**", "**Very Good**", "**Premium**", "**Ideal**")을 기준으로 그

룹화 구조 메타데이터가 설정되었음을 나타냅니다. 그런가 하면, 데이터가 변경되지도 않았습니다. **diamonds** 데이터 프레임은 여전히 **53,940 × 10** 값으로 구성된 테이블입니다.

group_by()를 다른 데이터 랭글링 연산(이 경우 **summarize()**)과 결합할 때에만 데이터가 실제로 변환됩니다.

```
diamonds %>%
  group_by(cut) %>%
  summarize(avg_price = mean(price))
```

```
# A tibble: 5 x 2
       cut   avg_price
    <ord>       <dbl>
1   Fair        4359.
2   Good        3929.
3   Very Good   3982.
4   Premium     4584.
5   Ideal       3458.
```

이 그룹화 구조 메타데이터를 제거하려면 연산의 결과로 나온 데이터 프레임을 **ungroup()** 함수로 파이프하면 됩니다.

```
diamonds %>%
  group_by(cut) %>%
  ungroup()
```

```
# A tibble: 53,940 x 10
   carat cut       color clarity depth table price     x     y     z
   <dbl> <ord>     <ord> <ord>   <dbl> <dbl> <int> <dbl> <dbl> <dbl>
 1 0.23  Ideal     E     SI2      61.5    55   326  3.95  3.98  2.43
 2 0.21  Premium   E     SI1      59.8    61   326  3.89  3.84  2.31
 3 0.23  Good      E     VS1      56.9    65   327  4.05  4.07  2.31
 4 0.290 Premium   I     VS2      62.4    58   334  4.2   4.23  2.63
 5 0.31  Good      J     SI2      63.3    58   335  4.34  4.35  2.75
 6 0.24  Very Good J     VVS2     62.8    57   336  3.94  3.96  2.48
 7 0.24  Very Good I     VVS1     62.3    57   336  3.95  3.98  2.47
 8 0.26  Very Good H     SI1      61.9    55   337  4.07  4.11  2.53
 9 0.22  Fair      E     VS2      65.1    61   337  3.87  3.78  2.49
10 0.23  Very Good H     VS1      59.4    61   338  4     4.05  2.39
# ... with 53,930 more rows
```

어떻게 # Groups: cut [5] 메타데이터가 더 이상 존재하지 않게 됐는지에 주목하세요. 이제 앞에서 간략하게 소개한 n() 카운트 요약함수를 다시 살펴보겠습니다. n() 함수는 행의 개수를 세는 것이었습니다. 이는 수치형 변수의 합계를 반환하는 sum() 요약함수와 반대되는 개념이죠. 예를 들어 뉴욕시의 세 공항에서 각각 출발한 항공편 수를 세고 싶다고 가정해 보겠습니다.

```
by_origin <- flights %>%
  group_by(origin) %>%
  summarize(count = n())
by_origin
```

```
# A tibble: 3 x 2
  origin  count
  <chr>   <int>
1 EWR    120835
2 JFK    111279
3 LGA    104662
```

2013년에 뉴어크("EWR")에서 출발하는 항공편이 가장 많았고, 그 다음이 "JFK", 마지막이 라과디아("LGA")였음을 알 수 있습니다. sum()과 n()에는 미묘하지만 중요한 차이점이 있습니다. sum()은 수치형 변수의 합계를 반환하는 반면, n()은 행/관찰 수의 개수를 반환합니다.

3.4.1 한 개 이상 변수로 행을 묶으려 할 때

데이터를 하나의 변수로만 그룹화할 수 있는 것은 아닙니다. **월별**로 뉴욕시 세 공항에서 각각 출발하는 항공편 수를 알고 싶다고 가정해 보겠습니다. group_by(origin, month)를 사용하여 두 번째 변수 month를 기준으로 그룹화할 수도 있습니다.

```
by_origin_monthly <- flights %>%
  group_by(origin, month) %>%
  summarize(count = n())
by_origin_monthly
```

```
# A tibble: 36 x 3
# Groups: origin [3]
```

```
   origin month  count
   <chr>  <int>  <int>
1   EWR     1     9893
2   EWR     2     9107
3   EWR     3     10420
4   EWR     4     10531
5   EWR     5     10592
6   EWR     6     10175
7   EWR     7     10475
8   EWR     8     10359
9   EWR     9     9550
10  EWR    10     10104
# ... with 26 more rows
```

3개의 공항(EWR, JFK, LGA)당 12개월을 가지므로 by_origin_monthly에 36개의 행이 있음을 관찰할 수 있습니다. 그런데 왜 group_by(origin)를 사용한 다음 group_by(month)가 아니라 group_by(origin, month)를 사용해야 할까요? 이어서 알아봅시다.

```
by_origin_monthly_incorrect <- flights %>%
  group_by(origin) %>%
  group_by(month) %>%
  summarize(count = n())
by_origin_monthly_incorrect
```

```
# A tibble: 12 x 2
  month  count
  <int>  <int>
1   1    27004
2   2    24951
3   3    28834
4   4    28330
5   5    28796
6   6    28243
7   7    29425
8   8    29327
9   9    27574
10  10   28889
11  11   27268
12  12   28135
```

두 번째 group_by(month)가 이전에 수행한 group_by(origin)의 그룹화 구조 메타데이터를 덮어써버려서 결국에는 month로만 그룹화하게 되었습니다. 이 결과로 우리는 한 가지를 확실하게 알 수 있습니다. 두 개 이상의 변수를 group_by()하려면 변수 이름 사이에 쉼표를 추가하여 모든 변수를 동일한 group_by()에 동시에 포함해야 한다는 것이죠.

| 학습 확인 |

(LC3.5) 2장에서 뉴욕의 월별 기온을 살펴보았습니다. summary_monthly_temp 데이터 프레임의 표준편차 열이 알려주는 연간 뉴욕시의 기온와 관련된 정보는 무엇일까요?

(LC3.6) 2013년 뉴욕시의 일별 기온의 평균 및 표준 편차를 구하기 위한 코드를 짜보세요.

(LC3.7) by_monthly_origin을 다시 만들되, group_by(origin, month)를 통해 그룹화하는 대신 변수를 다른 순서로 group_by(month, origin)로 그룹화해 봅시다. 각 결과 데이터셋은 어떤 차이를 갖나요?

(LC3.8) 각 carrier별로 세 공항에서 출발한 항공편 수를 어떻게 파악할 수 있나요?

(LC3.9) filter() 연산은 group_by() 뒤에 summarize()를 사용하는 방법과 어떤 점에서 다른가요?

3.5 기존 변수들로 새 변수 만들기: mutate

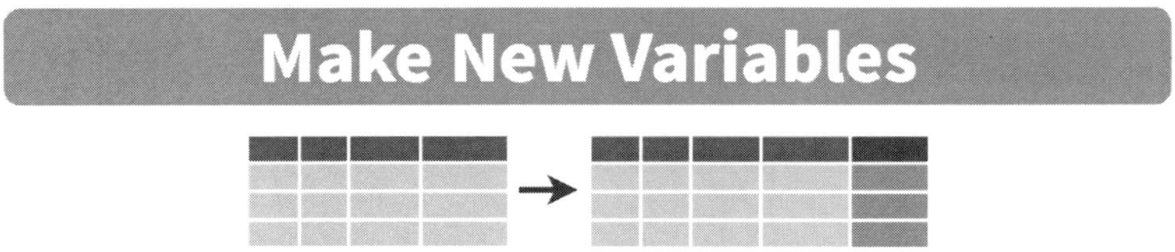

그림 3.5 mutate()로 열 만들기

흔히 쓰이는 또 다른 데이터의 변환 방식은 기존 변수를 기반으로 새로운 변수를 생성/계산하는 것입니다. 예를 들어 온도를 화씨(°F) 대신 섭씨(°C) 단위로 생각하는 게 더 편하다고 가정해 보겠습니다. 온도를 °F에서 °C로 변환하는 공식은 다음과 같습니다.

$$\text{temp in C} = \frac{\text{temp in F} - 32}{1.8}$$

기존 변수를 가져와 변형(mutate)시켜 새 변수를 생성하는 dplyr 패키지의 mutate() 함수를 사용함으로써 이 공식을 temp 변수에 적용할 수 있습니다.

```
weather <- weather %>%
  mutate(temp_in_C = (temp - 32) / 1.8)
```

이 코드에서는 날씨 데이터 프레임을 mutate()하여 새로운 변수 temp_in_C = (temp - 32)/ 1.8을 생성한 다음 원래의 weather 데이터 프레임에 덮어씁니다. weather_new와 같은 새 데이터 프레임에 결과를 할당하는 대신 weather 데이터 프레임에 덮어쓴 이유는 무엇일까요? 관행적으로, 나중에 필요할 수 있는 원본 정보가 유지되는 한 이렇게 기존 데이터 프레임을 업데이트된 데이터 프레임으로 덮어쓰는 것이 허용됩니다. 그런데 왜 temp 변수를 덮어쓰지 않고 temp_in_C라는 새 변수를 만들었을까요? 이렇게 하면 화씨 단위의 온도에 포함된 원본 정보 중 보존되어야 할 정보가 지워질 수 있기 때문입니다.

이제 3.4절에서 살펴본 group_by() 및 summarize() 코드를 사용하여 월별 평균 온도를 °F와 °C로 계산해 보겠습니다.

```
summary_monthly_temp <- weather %>%
  group_by(month) %>%
  summarize(mean_temp_in_F = mean(temp, na.rm = TRUE),
            mean_temp_in_C = mean(temp_in_C, na.rm = TRUE))
summary_monthly_temp
```

```
# A tibble: 12 x 3
 month  mean_temp_in_F  mean_temp_in_C
 <int>  <dbl>           <dbl>
1    1  35.6            2.02
2    2  34.3            1.26
3    3  39.9            4.38
4    4  51.7            11.0
5    5  61.8            16.6
6    6  72.2            22.3
7    7  80.1            26.7
8    8  74.5            23.6
9    9  67.4            19.7
10  10  60.1            15.6
11  11  45.0            7.22
12  12  38.4            3.58
```

다른 예를 살펴봅시다. 비행기의 출발이 지연되면 승객들은 불만을 갖지만, 결과적으로 조종사가 빨리 비행하여 전체 비행 시간을 단축시킨다면 그 불만은 줄어들 것입니다. 이를 항공 업계에서는 **이득(gain)**이라고 하며, mutate() 함수를 사용하여 만들어 보겠습니다.

```
flights <- flights %>%
  mutate(gain = dep_del - arr_delay)
```

<표 3.1>의 업데이트된 flights 데이터 프레임에서 처음 5개의 행에 대한 dep_delay, arr_delay, 결과 gain 변수만 살펴봅시다.

표 3.1 출발/도착 지연 및 이득 변수의 처음 다섯 행

dep_delay	arr_delay	gain
2	11	-9
4	20	-16
2	33	-31
-1	-18	17
-6	-25	19

첫 번째 행에 있는 비행기는 2분 늦게 출발했지만 11분 늦게 도착했습니다. 그러므로 "공중에서 얻은 시간"은 9분의 손실이기에 gain은 2 - 11 = -9입니다. 반면에 네 번째 행에 있는 비행기는 1분 일찍 출발했지만(dep_delay가 -1) 18분 일찍 도착했네요(arr_delay가 -18). 따라서 "공중에서 얻은 시간"은 -1 - (-18) = -1 + 18 = 17분이므로 gain은 +17이 됩니다.

이제 동일한 summarize() 코드에서 한 번에 여러 개의 요약함수를 사용해 gain 변수의 요약통계량을 살펴 보겠습니다.

```
gain_summary <- flights %>%
  summarize(
    min = min(gain, na.rm = TRUE),
    q1 = quantile(gain, 0.25, na.rm = TRUE),
    median = quantile(gain, 0.5, na.rm = TRUE),
    q3 = quantile(gain, 0.75, na.rm = TRUE),
    max = max(gain, na.rm = TRUE),
    mean = mean(gain, na.rm = TRUE),
```

```
    sd = sd(gain, na.rm = TRUE),
    missing = sum(is.na(gain))
  )
gain_summary
```

```
# A tibble: 1 x 8
    min    q1  median    q3   max  mean    sd  missing
  <dbl> <dbl>   <dbl> <dbl> <dbl> <dbl> <dbl>    <int>
1  -196    -3       7    17   109  5.66  18.0     9430
```

이로써 평균 이득은 +5분이고 최대 이득은 +109분이라는 것을 알 수 있습니다! 하지만 이 코드는 실제로 입력하는 시간이 좀 걸립니다. 5.1.1항의 뒷부분에서 다양한 일반적인 요약통계를 계산하는 훨씬 더 간결한 방법, 즉 **skimr** 패키지의 **skim()** 함수를 사용하는 방법을 살펴보겠습니다.

넘어가기 전에, 2.5절에서 **gain**은 수치형 변수이므로 히스토그램을 사용하여 분포를 시각화할 수 있다고 했던 것을 떠올려 봅시다.

```
ggplot(data = flights, mapping = aes(x = gain)) +
  geom_histogram(color = "white", bins = 20).
```

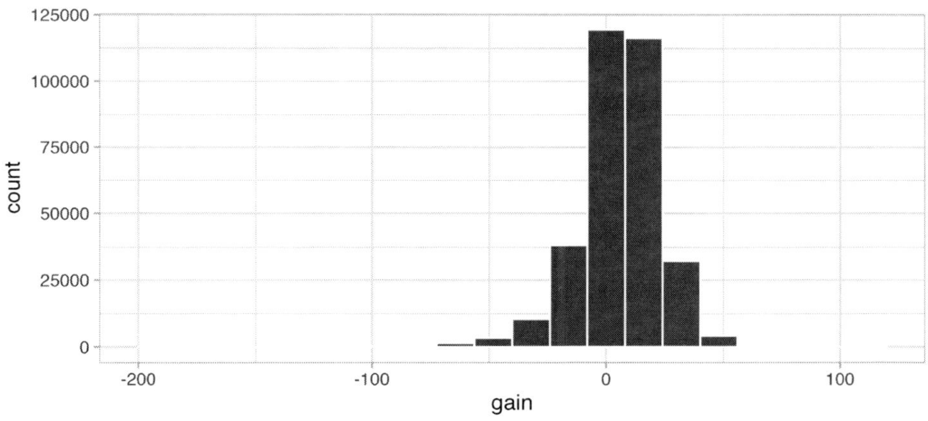

그림 3.6 gain 변수의 히스토그램

<**그림 3.6**>에 나타난 히스토그램의 **gain** 변수를 보면 앞서 계산한 요약통계와는 다릅니다. 예를 들어, 대부분의 **gain** 값이 0에 가깝다는 것을 알 수 있습니다.

이제 새 변수를 생성하는 **mutate()** 함수에 대한 논의를 마무리하겠습니다. 동일한

mutate()를 가지고 한 번에 여러 개의 새 변수를 생성할 수 있다는 점을 잊지 마세요. 또한 동일한 mutate() 코드 내에서 방금 생성한 새 변수를 참조할 수도 있습니다. 예를 들어, 『R을 활용한 데이터 과학(R for Data Science)』의 5장(Grolemund and Wickham, 2017)에서 해들리 위컴과 개럿 그롤먼드가 제시한 mutate() 코드를 살펴보겠습니다.

```
flights <- flights %>%
  mutate(
    gain = dep_delay - arr_delay,
    hours = air_time / 60,
    gain_per_hour = gain / hours
  )
```

| 학습 확인 |

(LC3.10) 비행에서 gain 변수의 양수 값은 무엇을 뜻하고, 음수 값은 무엇일까요? 그리고 0 값은 무엇일까요?

(LC3.11) sched_dep_time 변수에서 dep_time을 빼는 것만으로도 dep_delay나 arr_delay 열을 만들 수 있을까요? 도착도 비슷한 방식으로 만들 수 있나요? 코드를 짜본 후, 결과와 실제 flights에 표시되는 것 사이의 차이점을 설명하세요.

(LC3.12) gain의 분포를 설명할 수 있나요? 그래프과 gain_summary 데이터 프레임 값을 사용하여 간단히 설명하세요.

3.6 행을 배열(arrange)하고 정렬(sort)하기: arrange

가장 일반적으로 수행되는 데이터 랭글링 작업 중 하나는 데이터 프레임의 행을 변수 중 하나의 값을 기준으로 알파벳 및 숫자 순서로 정렬하는 것입니다. dplyr 패키지의 arrange() 함수를 사용하면 지정된 변수의 값에 따라 데이터 프레임의 행을 정렬/배열할 수 있습니다.

2013년 뉴욕에서 출발하는 모든 국내선 항공편이 가장 자주 찾는 목적지 공항을 파악하고 싶다고 가정해 보겠습니다.

```
freq_dest <- flights %>%
  group_by(dest) %>%
```

```
  summarize(num_flights = n())
freq_dest
```

```
# A tibble: 105 x 2
   dest  num_flights
   <chr>       <int>
 1 ABQ           254
 2 ACK           265
 3 ALB           439
 4 ANC             8
 5 ATL         17215
 6 AUS          2439
 7 AVL           275
 8 BDL           443
 9 BGR           375
10 BHM           297
# ... with 95 more rows
```

결과로 나오는 **freq_dest** 데이터 프레임의 행은 기본 설정값(default)이며 **dest**(목적지) 기준으로 알파벳 순서로 정렬됩니다. 만약 항공편이 가장 많은 값부터 가장 적은 값 순으로 **num_flights** 변수에 따라 정렬된 데이터를 보고 싶으면 어떻게 할까요?

```
freq_dest %>%
  arrange(num_flights)
```

```
# A tibble: 105 x 2
   dest  num_flights
   <chr>       <int>
 1 LEX             1
 2 LGA             1
 3 ANC             8
 4 SBN            10
 5 HDN            15
 6 MTJ            15
 7 EYW            17
 8 PSP            19
 9 JAC            25
10 BZN            36
# ... with 95 more rows
```

그러자 우리와 원하는 결과는 반대의 결과가 나왔습니다. 가장 빈도가 낮은 목적지 공항이 먼저 표시되도록 행이 정렬되었군요. `arrange()`가 기본적으로 항상 오름차순으로 정렬시켜 행을 반환하기 때문입니다. '내림차순'으로 순서를 전환하려면 다음과 같이 `desc()` 함수를 추가합니다.[4]

```
freq_dest %>%
  arrange(desc(num_flights))
```

```
# A tibble: 105 x 2
   dest  num_flights
   <chr>       <int>
1   ORD        17283
2   ATL        17215
3   LAX        16174
4   BOS        15508
5   MCO        14082
6   CLT        14064
7   SFO        13331
8   FLL        12055
9   MIA        11728
10  DCA         9705
# ... with 95 more rows
```

3.7 데이터 프레임 연결하고 합치기: join

일반적으로 많이 쓰는 또 다른 데이터 변환 작업은 서로 다른 두 데이터셋을 '연결(joining)' 또는 '병합(merging)'하는 것입니다. 예를 들어, flights 데이터 프레임에서 carrier 변수는 여러 항공편의 항공사 코드 값을 나열해 놓았습니다. "UA"나 "AA"에 해당하는 항공사 이름은 유나이티드 항공과 아메리칸 항공으로 어느 정도 쉽게 추측할 수 있지만, "VX", "HA", "B6" 코드가 있는 항공사는 어떤 항공사일까요? 이 정보는 데이터 프레임 `airlines`에 별도로 담겨 있습니다.

4 `desc()` 대신 -를 써도 같은 결과가 나온다. 단, 다른 함수에서도 꼭 그런 것은 아니다.

```
View(airlines)
```

airports 데이터 프레임을 살펴보면서 carrier는 항공사 코드이고 name은 항공사의 약자가 아닌 전체 이름이라는 사실을 확인할 수 있습니다. View 함수로 화면에 출력된 표를 사용하면 "VX", "HA", "B6" 값이 각각 버진 아메리카(Virgin America), 하와이 항공(Hawaiian Airlines), 제트 블루(Jet Blue)에 해당한다는 것을 알 수 있습니다. 그런데 이왕이면 이 모든 정보를 두 개의 개별 데이터 프레임이 아닌 하나의 데이터 프레임에 담는 게 더 좋지 않을까요? flights과 airlines 데이터 프레임을 '연결(joining)'하면 됩니다.

flights 데이터 프레임의 변수 carrier 값이 airlines 데이터 프레임의 변수 carrier 값과 일치한다는 점을 유의하세요. 이 경우 carrier 변수를 **열쇠변수**(key variable)[5]로 사용해 두 데이터 프레임의 행을 짝지을 수(match) 있습니다. 열쇠변수는 1.4.4항에서 살펴본 것처럼 거의 항상 관찰 단위(observational unit)를 고유하게 식별하는 **식별변수**입니다. 이렇게 하면 데이터 연결 중에 두 데이터 프레임의 행이 적절하게 짝지어집니다.

Hadley와 Garrett(Grolemund and Wickham, 2017)은 <**그림 3.7**>에 표시된 다이어그램을 작성하여 nycflights13 패키지의 여러 데이터 프레임이 다양한 열쇠변수에 의해 어떻게 연결되는지 보여주었습니다.

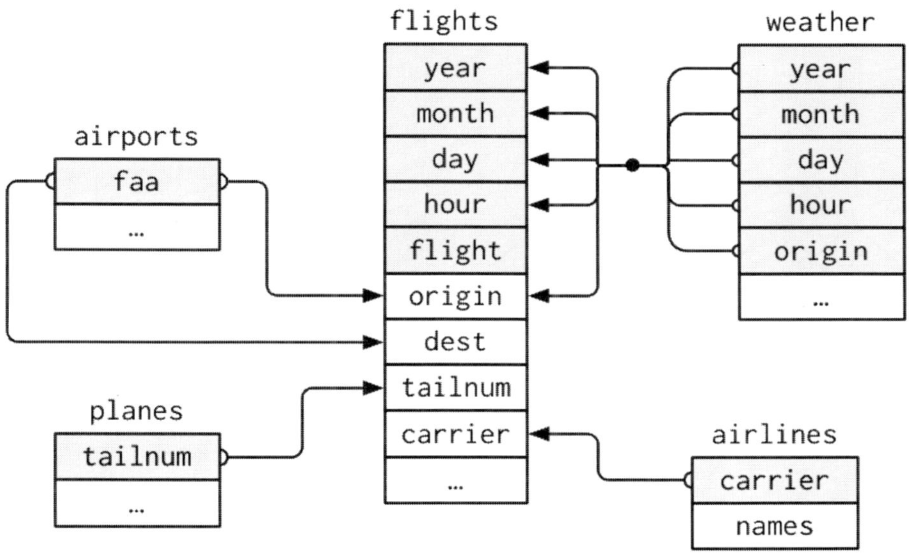

(출처: 『R을 활용한 데이터 과학』(2017))

그림 3.7 nycflights13의 데이터 관계

5 Key variable를 핵심, 키로 번역하는 대신 연결의 열쇠라는 촉감을 살리고자 이 책에서는 열쇠변수로 번역한다.

3.7.1 '열쇠변수' 이름이 일치할 때 두 자료 짝짓기

flights과 airlines 데이터 프레임 모두, 행을 연결/병합/짝짓기(join/merge/match) 시키려는 열쇠변수의 이름은 carrier로 동일합니다. inner_join 함수를 사용해서 carrier 변수를 기준으로 행의 값이 일치하는 두 데이터 프레임을 연결한 다음 결과물로 나온 데이터 프레임을 비교해 보겠습니다.

```
flights_joined <- flights %>%
  inner_join(airlines, by = "carrier")

View(flights)
View(flights_joined)
```

flights과 flights_joined 데이터 프레임을 살펴보고, flights_joined에 추가 변수 name 외에 나머지 값이 동일한지 확인합니다. name의 값은 airlines데이터 프레임에서 보이는 항공사 이름과 일치합니다.

inner_join()의 시각적 표현은 <그림 3.8>에 나와 있습니다(Grolemund and Wickham, 2017). left_join(), right_join(), outer_join(), anti_join() 등 다른 유형의 연결 함수도 사용할 수 있지만, 이 책에서 다루는 대부분의 문제는 inner_join()으로 해결할 수 있습니다.

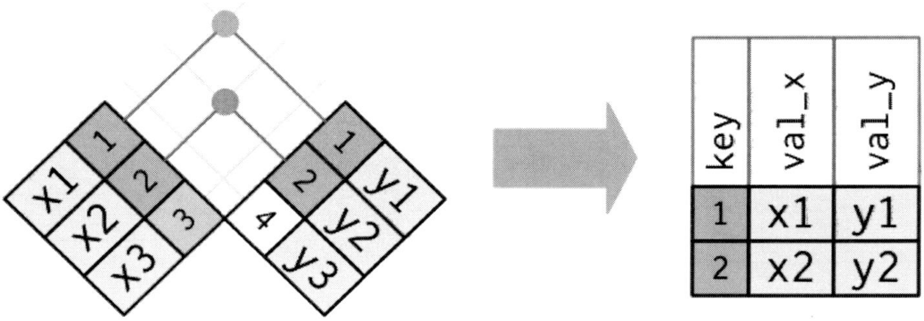

(출처: 『R을 활용한 데이터 과학』(2019))

그림 3.8 inner_join 다이어그램

3.7.2 '열쇠변수' 이름이 다를 때 두 자료 합치기

여러분, 2013년에 뉴욕(NYC)에서 출발하는 모든 국내선 항공편의 목적지를 알고 싶다고 가정하고 다음과 같은 질문을 던져 보세요. "이 공항들은 어느 도시에 있나요?",

“"ORD"는 올랜도인가요?”, “"FLL"은 어디에 있나요?” 같은 질문을 할 수 있겠죠.

airports 데이터 프레임에는 각 공항의 공항 코드가 포함되어 있습니다.

```
View(airports)
```

그런데 airports과 flights 데이터 프레임을 살펴보면, 두 데이터프레임에서 공항 코드를 뜻하는 변수가 각각 다른 이름으로 설정되어 있다는 사실을 알 수 있습니다. airports의 경우 공항 코드는 faa로 되어 있는 반면, flights의 경우 공항 코드는 origin와 dest로 되어 있습니다. 이 사실은 이러한 데이터 프레임 간의 관계를 시각적으로 표현한 <**그림 3.7**>에서 더욱 강조되어 있습니다.

이 두 데이터 프레임을 공항 코드로 연결하기 위해 inner_join() 연산은 수정된 코드 문법과 함께 by = c("dest" = "faa") 인수를 사용하여 열쇠변수의 이름이 다른 두 데이터 프레임을 연결할 수 있도록 합니다.

```
flights_with_airport_names <- flights %>%
  inner_join(airports, by = c("dest" = "faa"))

View(flights_with_airport_names)
```

뉴욕에서 각 목적지까지 향하는 항공편 수를 계산하고 각 목적지 공항에 대한 정보도 포함하는 파이프 연산자 %>%의 체인을 구성해 보겠습니다.

```
named_dests <- flights %>%
  group_by(dest) %>%
  summarize(num_flights = n()) %>%
  arrange(desc(num_flights)) %>%
  inner_join(airports, by = c("dest" = "faa")) %>%
  rename(airport_name = name)
named_dests
```

```
# A tibble: 101 x 9
   dest  num_flights airport_name       lat   lon   alt   tz    dst   tzone
   <chr> <int>       <chr>              <dbl> <dbl> <dbl> <dbl> <chr> <chr>
 1 ORD   17283       Chicago Ohare I~   42.0  -87.9  668  -6    A     Ameri~
 2 ATL   17215       Hartsfield Jack~   33.6  -84.4  1026 -5    A     Ameri~
```

```
3  LAX  16174    Los Angeles Intl   33.9  -118.   126  -8   A    Ameri~
4  BOS  15508    General Edward ~   42.4  -71.0   19   -5   A    Ameri~
5  MCO  14082    Orlando Intl       28.4  -81.3   96   -5   A    Ameri~
6  CLT  14064    Charlotte Dougl~   35.2  -80.9   748  -5   A    Ameri~
7  SFO  13331    San Francisco I~   37.6  -122.   13   -8   A    Ameri~
8  FLL  12055    Fort Lauderdale~   26.1  -80.2   9    -5   A    Ameri~
9  MIA  11728    Miami Intl         25.8  -80.3   8    -5   A    Ameri~
10 DCA  9705     Ronald Reagan W~   38.9  -77.0   15   -5   A    Ameri~
# ... with 91 more rows
```

이제 두 데이터프레임을 연결해서 **"ORD"**가 시카고 오헤어 공항(Chicago O'Hare airport)의 공항 코드이고 **"FLL"**가 플로리다 주 포트 로더데일(Fort Lauderdale, Florida)의 주 공항인 것을 **airport_name** 변수에서 확인할 수 있습니다.

3.7.3 다수의 '열쇠변수'를 통해 두 자료 합치기

이번에는 **여러 열쇠변수**를 사용해서 두 데이터 프레임을 연결한다고 가정해 보겠습니다. 예를 들어, <그림 3.7>에서 **flights**와 **weather** 데이터 프레임을 연결하려면 **year, month, day, hour, origin** 등 하나 이상의 열쇠변수가 필요합니다. 이 5가지 변수의 조합이 weather 데이터 프레임에서 각 관측 단위(뉴욕 3개 공항의 시간별 날씨 기록)를 고유하게 식별하는 역할을 하기 때문입니다.

이를 위해 **c()** 함수를 사용하여 연결할 주요 변수의 **벡터**를 지정합니다. 1.2.1항에서 **c()**는 '결합' 또는 '연결'의 줄임말이라고 배운 내용을 상기해 보세요.

```
flights_weather_joined <- flights %>%
  inner_join(weather, by = c("year", "month", "day", "hour", "origin"))
View(flights_weather_joined)
```

| 학습 확인 |

(LC3.13) <그림 3.7>을 보면 flights과 weather를 결합할 때(즉, 시간별 날씨 값을 각 항공편과 일치시킬 때) hour 만 열쇠변수로 쓰는 게 아니라 year, month, day, hour, origin 변수까지 열쇠변수로 삼아 연결해야 하는 이유는 무엇인가요?

(LC3.14) 여러분은 2013년 뉴욕에서 출발하는 상위 10개 목적지 중 어떤 곳이 가장 뜻밖이었나요[6]?

3.7.4 정규형(normal form)

nycflights13 패키지에 포함된 데이터 프레임은 데이터 값의 중복을 최소화하는 형태로 되어 있습니다. 예를 들어 flights 데이터 프레임은 항공사의 carrier 코드만 저장하며 실제 항공사 이름은 포함하지 않습니다. 즉, flights의 첫 번째 행에는 항공사 코드가 UA이지만 항공사 이름인 "United Air Lines Inc."는 포함되지 않습니다.

항공사 이름은 항공사 데이터 프레임의 name 변수에 포함됩니다. flights 데이터프레임에 항공사 이름을 포함하려면 이 두 개의 데이터 프레임을 다음과 같이 연결할 수 있습니다.

```
joined_flights <- flights %>%
  inner_join(airlines, by = "carrier")
View(joined_flights)
```

이렇게 데이터를 연결할 수 있는 이유는 각 데이터 프레임에 서로를 연결하는 공통의 **열쇠**, 즉 flights 및 airlines 데이터 프레임 모두에 carrier 변수가 있기 때문입니다. 연결의 기반이 되는 열쇠변수는 앞서 언급한 대로 식별변수인 경우가 많습니다.

이는 **정규형 데이터**(normal forms of data)의 중요한 속성입니다. 정보 손실 없이 데이터 프레임을 중복이 적은 테이블로 분해하는 과정을 **정규화**(normalization)라고 합니다. 자세한 내용은 Wikipedia[xvi]에서 확인할 수 있습니다.

이 장의 소개 부분에서 언급한 dplyr과 SQL[xvii]은 모두 이러한 **정규형**을 사용합니다. 이 도구들은 비슷하기 때문에 하나를 배워 두면 다른 하나도 쉽게 사용할 수 있습니다.

| 학습 확인 |

(LC3.15) 정규형 데이터의 장단점은 무엇인가요?

6 미국 사람 한정으로 흥미로운 주제!

3.8 다른 명령어들

다음은 몇 가지 유용한 데이터 랭글링 동사입니다.

- select()는 변수/열의 하위 집합만 선택합니다.
- rename()는 변수/열에 새 이름을 지정합니다.
- top_n(): 변수의 가장 높은 순위부터 차례대로 n개의 값을 반환합니다.

3.8.1 원하는 열(변수)만 select해서 보기

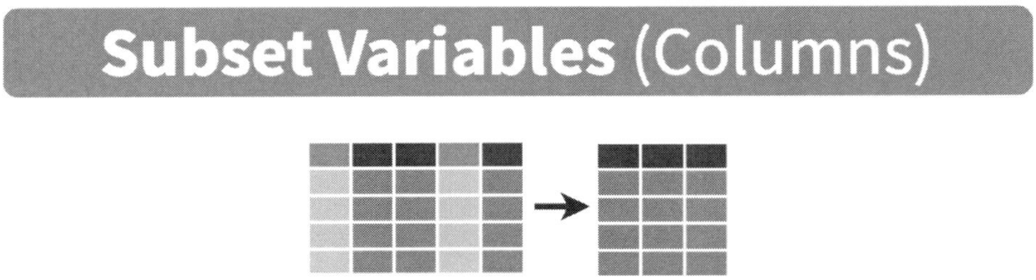

그림 3.9 열을 select()로 선택하는 것을 보여주는 다이어그램

앞서 nycflights13 패키지의 flights 데이터 프레임에 19개의 서로 다른 변수가 포함되어 있음을 확인했습니다. 이제 dplyr 패키지에 있는 glimpse() 함수를 실행하면 이 19개 변수의 이름을 확인할 수 있습니다.

```
glimpse(flights)
```

그런데 이 19개의 변수 중 carrier나 flight와 같은 두 개 변수만 필요하다고 가정해 보겠습니다. 그럴 때는 이 두 변수를 select()하면 됩니다.

```
flights %>%
  select(carrier, flight)
```

select() 함수를 사용하면 가장 관심 있는 변수로만 데이터의 범위를 추려낼 수 있기에 대규모 데이터셋을 더 쉽게 탐색할 수 있습니다. 예를 들어, <**그림 3.9**>에 표시된 것처럼 적은 수의 변수만 **select()**하면 RStudio의 스프레드시트 뷰어에서 데이터 집합을 더 이해하기 쉽게 볼 수 있습니다.

이번에는 특정 변수를 삭제하거나 선택 해제하고 싶다고 가정해 보겠습니다. 예를 들어 **flights** 데이터 프레임에서 변수 year를 생각해 보겠습니다. 이 변수는 항상 값이 2013년으로 고정되어 있어 '변수[7]'라고 보기 어렵습니다. 그래서 데이터 프레임에서 이 변수를 제거하려고 한다고 가정하겠습니다. - 기호를 사용하면 연도를 선택 해제할 수 있습니다.

```
flights_no_year <- flights %>% select(-year)
```

열/변수를 선택하는 또 다른 방법은 열의 범위를 지정하는 것입니다.

```
flight_arr_times <- flights %>% select(month:day, arr_time:sched_arr_time)
flight_arr_times
```

그러면 month과 day 사이의 모든 열과 arr_time과 sched_arr_time 사이에 있는 모든 열을 select()하고 나머지는 삭제합니다.

select() 함수는 everything() 도우미 함수와 함께 사용하면 열의 순서를 변경하는 데에도 사용할 수 있습니다. 예를 들어 year, month, day 변수 바로 뒤에 hour, minute, time_hour 변수를 표시하되, 나머지 변수를 삭제하고 싶지 않다고 가정해 보겠습니다. 다음 코드에서 everything()은 나머지 변수를 모두 가져옵니다.

```
flights_reorder <- flights %>%
  select(year, month, day, hour, minute, time_hour, everything())
glimpse(flights_reorder)
```

마지막으로, 도우미 함수 starts_with(), ends_with(), contains()를 사용하여 해당 조건과 일치하는 변수/열을 선택할 수 있습니다. 예를 들어 아래와 같습니다.

```
flights %>% select(starts_with("a"))
flights %>% select(ends_with("delay"))
flights %>% select(contains("time"))
```

7 변하지 않는 수는 **상수**(constant)라 부른다.

3.8.2 변수 이름 바꾸기: rename

또 다른 유용한 함수는 짐작할 수 있듯이 변수 이름을 변경하는 rename()입니다. 우리가 데이터 프레임 flights에서 dep_time, arr_time에만 추출한 flights_time 데이터 프레임을 가지고 dep_time과 arr_time을 departure_time, arrival_time으로 변경한다고 가정해 보겠습니다.

```
flights_time_new <- flights %>%
  select(dep_time, arr_time) %>%
  rename(departure_time = dep_time, arrival_time = arr_time)
glimpse(flights_time_new)
```

이때 rename() 명령어 속에 한 개의 = 기호만 사용했다는 것에 주목할 필요가 있습니다. 예컨대 departure_time = dep_time을 입력하면 dep_time 변수의 이름을 새롭게 departure_time으로 바꿔줍니다. 한 개의 =만 쓰는 이유는, 우리가 ==을 사용해 동등성을 검정하는 것이 아니기 때문입니다. 그보다는 dep_time과 같은 값을 가지는 새로운 변수 departure_time을 할당하고 기존 변수 dep_time을 지우고 싶을 따름입니다. dplyr을 처음 사용해 아직 익숙하지 않을 때는 새로운 변수 이름이 = 기호 앞(기호 왼쪽)에 온다는 사실을 잊곤 하니 주의합시다.

3.8.3 변수에서 가장 높은 순위부터 n개만 보기: top_n

top_n() 함수를 이용하면 상위 n개의 값을 뽑아낼 수 있습니다. 예를 들어, 3.7.2절에 나온 예제를 이용해서 도착 기준 상위 10개 공항의 데이터 프레임을 뽑아낼 수 있습니다. 반환할 값의 수를 n = 10와 wt = num_flights로 설정하여 num_flights의 상위 10개 값에 해당하는 행을 표시할 수 있습니다. 자세한 내용은 ?top_n을 실행하여 top_n()에 대한 도움말 파일을 참조하세요.

```
named_dests %>% top_n(n = 10, wt = num_flights)
```

이 결과를 내림차순으로 arrange()해 보겠습니다.

```
named_dests %>%
  top_n(n = 10, wt = num_flights) %>%
  arrange(desc(num_flights))
```

| 학습 확인 |

(LC3.16) `flights` 데이터 프레임에서 `dest`, `air_time`, `distance` 변수 세 가지를 모두 선택하는 방법은 무엇인가요? 세 가지 이상의 각기 다른 방법으로 이를 수행하는 코드를 작성해 보세요.

(LC3.17) `flights` 데이터 프레임에서 열을 선택하기 위해 `starts_with()`, `ends_with()`, `contains()`를 어떻게 사용할 수 있나요? `starts_with()`, `ends_with()`, `contains()` 함수별로 각각 하나씩, 모두 세 가지 예제를 만들어 보세요.

(LC3.18) 데이터 프레임에서 `select` 함수를 사용해야 하는 이유는 무엇인가요?

(LC3.19) 2013년에 뉴욕에서 출발하는 도착 지연이 가장 큰 상위 5개 공항을 보여주는 새로운 데이터 프레임을 만들어 보세요.

3.9 이 장의 결론

3.9.1 핵심 내용 요약

<표 3.2>에 데이터 랭글링 동사를 요약하였습니다. 이 동사들과 3.1절의 파이프 **%>%** 연산자를 사용하세요.. 그러면 이 책의 나머지 부분에서 필요한 거의 모든 데이터 랭글링과 데이터 변환을 수행할 수 있는 읽기 쉬운 코드를 작성할 수 있습니다.

표 3.2 데이터 랭글링 동사 요약

함수	데이터 랭글링 작업
filter()	행의 하위 집합 선택
summarize()	mean(), median() 등과 같은 요약통계함수를 사용하여 여러 값을 하나로 요약
group_by()	데이터 프레임의 행에 그룹화 구조를 추가. 이 경우 데이터 프레임의 값은 변경되지 않고 메타데이터만 변경됩니다.
mutate()	기존 변수를 변경하여 새 변수 만들기
arrange()	데이터 변수의 행을 오름차순(기본값) 또는 내림차순으로 정렬
inner_join()	두 데이터 프레임을 연결/병합하여 열쇠변수를 기준으로 행을 짝지음

| 학습 확인 |

(LC3.20) 이제 새로 배운 데이터 랭글링 기술을 시험해 보겠습니다!
항공 업계에서 여객 항공사의 수용 능력을 측정하는 척도는 가용 좌석 마일이며, 이는 가용 좌석 수에 모든 항공편의 비행 거리를 합산한 마일 또는 킬로미터를 곱한 값입니다.
예를 들어 <**그림 3.10**>의 시나리오를 고려해 보겠습니다. 비행기의 좌석 수가 4개이고 200마일을 이동하므로 사용 가능한 좌석 마일은 4 × 200 = 800마일입니다.

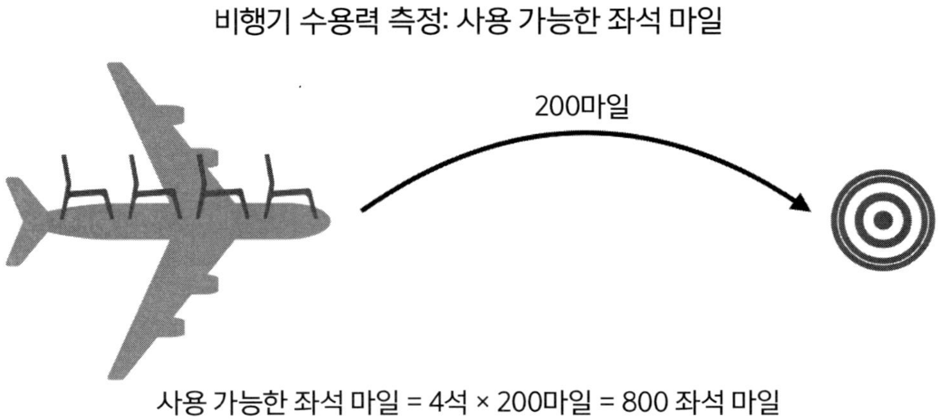

그림 3.10 한 항공편당 가용 좌석 마일리지 예시

이 아이디어를 확장하여 한 항공사가 500마일을 비행한 10석의 비행기를 사용한 항공편이 2회, 1000마일을 비행한 20석의 비행기를 사용한 항공편이 3회 있다고 가정하면 가용 좌석 마일은 $2 \times 10 \times 500 + 3 \times 20 \times 1000 = 70{,}000$좌석 마일이 됩니다.

`nycflights13` 패키지에 포함된 데이터셋을 사용해서 내림차순으로 정렬된 각 항공사의 사용 가능한 좌석 마일을 계산합니다. 필요한 모든 데이터 랭글링 단계를 완료한 후, 결과를 담은 데이터 프레임에는 16개의 행(각 항공사별로 하나씩)과 2개의 열(항공사 이름 및 사용 가능한 좌석 마일)이 있어야 합니다. 다음은 몇 가지 힌트입니다.

1. **핵심**: 만약 이게 맞는지 확신이 서지 않는다면 바로 코딩을 시작하지 않는 것이 좋습니다. 그보다는, 비공식적인 방법이지만, 수행 중인 작업을 명확하게 표현할 수 있을 수준의 개략적인 코드를 사용하여 필요한 모든 데이터 랭글링 단계를 종이에 스케치하세요. 이렇게 하면 **무엇**을 수행하려 하는지(알고리즘)와 **어떻게** 수행 하려는지(`dplyr` 코드 작성)를 혼동하지 않을 수 있습니다(`dplyr` 코드 작성).
2. `View()` 함수를 사용해서 모든 데이터셋을 면밀히 살펴보고, `flights`, `weather`, `planes`, `airports`, `airlines`에서 가용 좌석 마일을 계산하는 데 필요한 변수를 식별해 보세요.
3. 다양한 데이터셋을 연결하는 방법을 보여주는 <**그림 3.7**>도 유용할 것입니다.
4. <**표 3.2**>의 데이터 랭글링 동사를 여러분의 도구 상자로 생각해 보세요!

3.9.2 추가로 활용할 수 있는 리소스

모든 **학습 확인**의 해답은 온라인으로 확인할 수 있습니다.[xix]

이 장에서 사용된 모든 R 코드의 R 스크립트 파일은 https://www.moderndive.com/scripts/03-wrangling.R에서 확인할 수 있습니다.

데이터 랭글링을 위한 **dplyr** 패키지의 강력한 기능을 더 활용하고 싶다면 RStudio의 "**dplyr**을 활용한 데이터 변환" 치트시트를 확인하는 것을 추천합니다. 이 치트시트에는 이 장에서 설명한 내용보다 훨씬 더 많은 내용, 특히 중급 및 고급 데이터 랭글링 기능이 요약되어 있으며, 빠르고 읽기 쉬운 시각적 묘사가 제공됩니다. 실제로 이 장에서 데이터 랭글링 작업을 설명하는 **filter()**에 대한 <**그림 3.1**>과 같은 많은 다이어그램이 이 치트시트에서 유래했습니다.

2019년 말 현재 버전의 RStudio에서 이 치트시트는 RStudio 메뉴바 -> Help -> Cheatsheets -> "Data Transformation with dplyr."으로 이동하여 액세스할 수 있습니다.

이 장에서 제시한 데이터 랭글링 동사 및 예제 외에도 데이터 랭글링에 **dplyr** 패키지를 사용하는 더 많은 예제를 보고 싶다면 『R을 활용한 데이터 과학』(2019)의 5[xx]장을 참고하세요.

3.9.3 다음 단계는?

지금까지 데이터 프레임에 저장된 데이터를 탐색하고, 시각화하고, 랭글링하는 방법을 살펴봤습니다. 이러한 데이터 프레임은 스프레드시트와 유사한 형식, 즉 관찰에 해당하는 특정 수의 행과 이러한 관찰을 설명하는 변수에 해당하는 특정 수의 열이 있는 직사각형 모양으로 저장되었습니다.

이어지는 4장에서 스프레드시트형 직사각형 형식으로 데이터를 표현하는 방법에는 실제로 (1) '넓은' 형식과 (2) '길고/좁은' 형식의 두 가지가 있다는 것을 알게 될 것입니다. 길고/좁은 형식은 R 사용자 그룹에서 **'tidy'** 형식이라고도 합니다. 'tidy' 형식의 데이터와 'tidy'하지 않은 형식의 데이터의 구분은 미묘하지만, 우리가 진행하는 데이터 과학 작업에는 엄청난 영향을 미칩니다. 이 책에서 사용하는 거의 모든 패키지(데이터 시각화를 위한 **ggplot2** 패키지, 데이터 랭글링을 위한 **dplyr** 패키지 등)의 모든 데이터 프레임을 'tidy' 형식이라고 가정하기 때문입니다.

또한 지금까지는 R 패키지 내에 저장된 데이터를 탐색, 시각화 및 랭글링하는 작업만 수행했습니다. 하지만 Microsoft Excel, Google Sheets 또는 '쉼표로 구분된 값'(CSV) 형식 파일로 저장한 데이터를 분석하려면 어떻게 해야 할까요? 4.1절에서는 **readr** 패키지를 사용하여 이러한 데이터를 R로 불러오는 방법을 보여드리겠습니다.

4장 데이터 불러오기와 'tidy'하게 만들기

1.2.1항에서 우리는 행이 관측값에 해당하고 열이 각 관측값을 설명하는 변수에 해당하는 직사각형 스프레드시트 모양의 데이터 표현인 R의 데이터 프레임 개념을 소개했습니다. 1.4장에서는 첫 번째 데이터 프레임인 `nycflights13` 패키지에 포함된 `flights` 데이터 프레임을 탐색해 보았죠. 2장에서는 `flights`에 포함된 데이터와 `weather`와 같은 다른 데이터 프레임을 기반으로 시각화를 진행했습니다. 3장에서는 기존 데이터 프레임을 가져와서 우리의 목적에 맞게 변환/수정하는 방법을 배웠습니다.

1부 <**tidyverse**를 사용한 데이터 과학>의 마지막 장인 4장에서 우리는 'tidy' 데이터라는 데이터 형식의 유형을 논의함으로써 이러한 아이디어 중 일부를 확장하려 합니다. 여러분들은 데이터를 'tidy' 형식으로 저장하는 것이 'tidy(깔끔하다)'라는 용어의 일상적인 정의, 즉 데이터를 '깔끔하게 정리'하는 것 이상의 의미라는 사실을 알게 될 것입니다. 단, R을 사용하는 데이터 과학자가 사용하는 'tidy'라는 용어는 데이터가 저장되는 일련의 규칙을 설명하는 것으로 정의합니다.

2장의 데이터 시각화와 3장의 데이터 랭글링을 다루는 데는 이러한 유형의 데이터 형식에 대한 지식이 필요하지 않았습니다. 사용된 모든 데이터가 이미 'tidy' 형식이었기 때문입니다. 이 장에서 우리는 이 'tidy' 형식이 지금까지 다룬 도구를 사용하는 데 필수적이라는 것을 알게 될 것입니다. 또한 'tidy' 형식은 책의 모든 후속 장에서 회귀 및 통계적 추론을 다룰 때도 유용합니다. 하지만 일단 R에서 스프레드시트 데이터를 가져오는 방법부터 알려드리겠습니다.

필요한 패키지

이 장에 필요한 모든 패키지를 불러와 보겠습니다(이미 설치했다고 가정합니다). 자세한 내용은 1.3절에서 소개한 R 패키지를 설치하고 불러오는 방법을 참조하세요.

```
library(dplyr)
library(ggplot2)
library(readr)
library(tidyr)
library(nycflights13)
```

```
library(fivethirtyeight)
```

4.1 자료 불러오기

지금까지는 거의 전적으로 R 패키지 안에 내장된 데이터를 사용했습니다. 이번에는 그 대신 분석하려는 데이터가 컴퓨터나 온라인 어딘가에 저장되어 있다고 가정해 보겠습니다. 이 데이터를 R에서 어떻게 분석할 수 있을까요? 일단 데이터 파일 형식부터 알아야 합니다. 스프레드시트 데이터는 보통 다음 세 가지 형식 중 하나로 저장됩니다.

첫째, **쉼표로 구분된 값** `.csv` 파일. 여러분은 `.csv` 파일을 단순한 스프레드시트라고 생각하면 됩니다.

- 파일의 각 행은 데이터 한 행/관찰 한 개에 해당합니다.
- 각 행의 값은 쉼표로 구분됩니다. 즉, 각 행에서 서로 다른 변수의 값은 쉼표로 구분됩니다.
- 첫 번째 줄은 열/변수의 이름을 나타내는 헤더 행인 경우가 많습니다. 하지만 항상 그런 것은 아니니 주의하세요.

둘째, Excel `.xlsx` 스프레드시트 파일입니다. 이 형식은 Microsoft의 Excel 소프트웨어를 기반으로 합니다. 단순한 `.csv` 파일과 달리 `.xlsx` Excel 파일에는 많은 메타 데이터(데이터에 대한 데이터)가 포함되어 있습니다. 3.4절에서 `group_by()` 동사를 사용해서 데이터 프레임에 '그룹 구조' 메타데이터를 추가할 때, 메타데이터로 표현된 앞선 예시를 떠올려 보세요. Excel 스프레드시트에 포함된 메타데이터의 몇 가지 예로는 굵은(bold) 글꼴 및 기울임(italic) 글꼴, 색깔을 입힌 셀, 다양한 열 너비 및 수식 매크로를 사용하는 것이 있습니다.

셋째, '클라우드' 또는 온라인 기반의 스프레드시트 작업을 위한 Google 스프레드시트[xxi] 파일입니다. 여러분은 Google 스프레드시트에서 쉼표로 구분된 값인 `.csv`와 Excel `.xlsx` 형식으로 된 데이터를 다운로드할 수 있습니다. Google 스프레드시트 메뉴 모음 -> 파일 -> 다운로드 -> 'Microsoft Excel' 또는 '쉼표로 구분된 값'을 선택한 다음 해당 데이터를 R로 로드하는 것이 한 가지 방법입니다. R에서 Google 스프레드시트 데이터를 가져오는 다른 방법은 googlesheets[xxii] 패키지를 사용하는 것인데, 이 책에서는 다루지 않습니다.

여기서는 R에서 .csv 및 .xlsx 스프레드시트 데이터를 가져오기 위해 콘솔을 활용하는 방법과 'GUI'로 약칭하는 RStudio의 그래픽 사용자 인터페이스를 사용하는 두 가지 방법을 다뤄보겠습니다.

4.1.1 콘솔 활용하기

먼저 인터넷에 존재하는 쉼표로 구분된 값 .csv 파일을 가져와 봅시다. **dem_score.csv** 파일에는 1952년부터 1992년까지 여러 국가의 민주주의 수준을 평가하는 등급이 포함되어 있으며 https://moderndive.com/data/dem_score.csv에서 액세스할 수 있습니다. 이제 **readr**(Wickham et al., 2018) 패키지의 **read_csv()** 함수를 사용하여 웹에서 이 파일을 읽어 R로 가져온 다음, **dem_score**라는 데이터 프레임에 저장해 봅시다.

```
library(readr)
dem_score <- read_csv("https://moderndive.com/data/dem_score.csv")
dem_score
```

```
# A tibble: 96 x 10
     country    `1952` `1957` `1962` `1967` `1972` `1977` `1982` `1987` `1992`
     <chr>       <dbl>  <dbl>  <dbl>  <dbl>  <dbl>  <dbl>  <dbl>  <dbl>  <dbl>
1    Albania        -9     -9     -9     -9     -9     -9     -9     -9      5
2    Argentina      -9     -1     -1     -9     -9     -9     -8      8      7
3    Armenia        -9     -7     -7     -7     -7     -7     -7     -7      7
4    Australia      10     10     10     10     10     10     10     10     10
5    Austria        10     10     10     10     10     10     10     10     10
6    Azerbaij~      -9     -7     -7     -7     -7     -7     -7     -7      1
7    Belarus        -9     -7     -7     -7     -7     -7     -7     -7      1
8    Belgium        10     10     10     10     10     10     10     10     10
9    Bhutan        -10    -10    -10    -10    -10    -10    -10    -10    -10
10   Bolivia        -4     -3     -3     -4     -7     -7      8      9      9
# ... with 86 more rows
```

이 **dem_score** 데이터 프레임에서 최솟값인 **-10**은 매우 독재적인 국가에 해당하고, 10은 매우 민주적인 국가에 해당합니다. 또한 백틱(`)이 각각의 변수 이름을 둘러싸고 있다는 점에 유의하세요. 기본적으로 R의 변수 이름은 숫자로 시작하거나 공백을 포함할 수 없지만, 열 이름을 백틱으로 둘러싸면 그런 제약을 피할 수 있습니다. 이어질 4.3절의 사례 연구에서 **dem_score** 데이터 프레임을 다시 살펴보겠습니다.

readr 패키지에 포함된 **read_csv()** 함수는 R과 함께 설치되어 있는 **read.csv()** 함수와

다르다는 것을 기억하세요. 이름이 다르다는 것 자체는 사소해 보일 수 있지만(. 대신 _), **read_csv()** 함수가 웹에서 데이터를 더 쉽게 읽을 수 있고 일반적으로 훨씬 빠른 속도로 데이터를 가져오기 때문에 더 사용하기 쉽다고 보면 됩니다. 또한 **readr**에 포함된 **read_csv()** 함수는 기본적으로 데이터 프레임을 티블로 저장한다는 점도 다릅니다.

4.1.2 RStudio의 인터페이스 활용하기

이번에는 컴퓨터에 저장된 Excel 파일에서 똑같은 데이터를 읽어와 봅시다. 또한 우리는 콘솔에서 **read_csv()**를 실행하는 대신 RStudio의 그래픽 인터페이스(GUI)를 사용하여 이 작업을 수행해보려 합니다. 먼저 https://moderndive.com/data/dem_score.xlsx으로 이동하여 **dem_score.xlsx** Excel 파일을 다운로드한 다음 다음을 수행합니다.

1. RStudio의 Files 패널로 이동합니다.
2. 다운로드한 **dem_score.xlsx Excel** 파일이 저장된 디렉토리(즉, 여러분의 컴퓨터 폴더)로 이동합니다. 예를 들면 다운로드 폴더에 저장되었을지도 모르겠네요.
3. **dem_score.xlsx**를 클릭합니다.
4. 'Import Dataset'를 클릭합니다.

이 시점에서 <**그림 4.1**>과 같은 화면 팝업이 표시됩니다. <**그림 4.1**>의 오른쪽 하단에 있는 '가져오기' 버튼을 클릭하면 RStudio가 이 스프레드시트의 데이터를 **dem_score**라는 데이터 프레임에 저장하고 스프레드시트 뷰어에 해당 내용을 표시합니다.

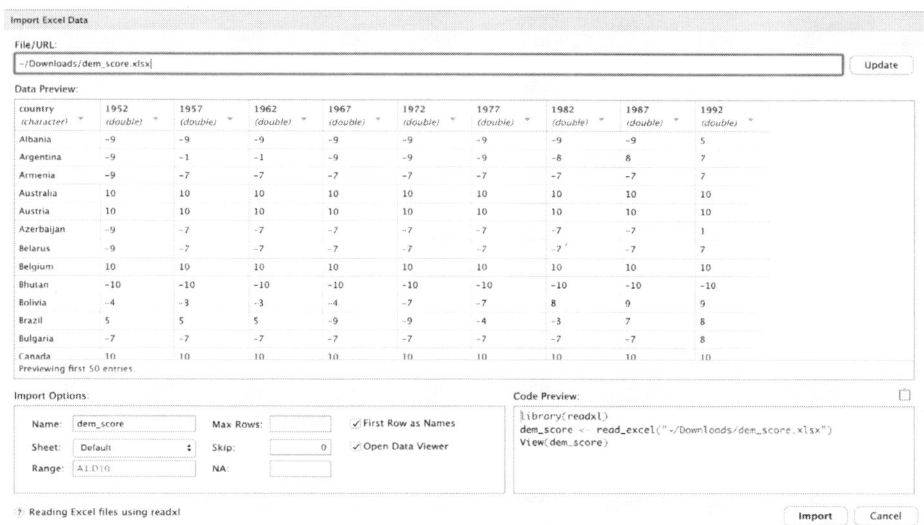

그림 4.1 Excel 파일을 R로 가져오기

또한, <**그림 4.1**>의 오른쪽 하단에 있는 '코드 미리보기(Code Preview)' 블록에 주목하세요. 이 코드를 복사하여 붙여 넣으면 수동으로 포인트-앤드-클릭 프로세스를 반복하는 대신, 나중에 프로그래밍 방식으로 데이터를 다시 불러올 수 있습니다.

4.2 'tidy'하게 데이터 만들기

이제 주제를 전환하여 'tidy' 데이터 형식의 개념을 **fivethirtyeight** 패키지의 흥미진진한 예시를 통해 알아보겠습니다. **fivethiryeight** 패키지는 데이터 저널리즘 웹사이트인 FiveThirtyEight.com[xxiii]에서 발행하는 많은 기사에 사용된 데이터셋에 대한 액세스를 제공합니다(Kim et al., 2019). **fivethiryeight** 패키지에 포함된 127개 데이터셋의 전체 목록은 패키지 웹페이지(https://fivethirtyeight-r.netlify.com/articles/fivethirtyeight.html)에서 확인할 수 있습니다.

이제 **drinks** 데이터 프레임에 초점을 맞춰 처음 5개의 행을 살펴보겠습니다.

```
# A tibble: 5 x 5
  country    beer_servings spirit_servings wine_servings total_litres_of_pu~
  <chr>              <int>           <int>         <int>               <dbl>
1 Afghanis~              0               0             0                   0
2 Albania               89             132            54                 4.9
3 Algeria               25               0            14                 0.7
4 Andorra              245             138           312                12.4
5 Angola               217              57            45                 5.9
```

?drinks를 실행하여 도움말 파일을 읽으면 **drinks**가 193개 국가에서 소비되는 맥주, 증류주 및 와인의 평균 서빙 횟수에 대한 설문조사 결과가 담긴 데이터 프레임이라는 사실을 알 수 있습니다. 이 데이터는 FiveThirtyEight.com에 실린 모나 찰라비(Mona Chalabi)의 <모나의 후속 기사: 사람들이 맥주, 와인, 증류주를 가장 많이 마시는 곳은 어디일까요?>[xxiv]에 기반한 것입니다.

자, 이제 우리가 3장에서 배운 데이터 랭글링 동사 중 일부를 음료 데이터 프레임에 적용해 봅시다.

1. **drinks** 데이터 프레임을 **filter()**하여 미국, 중국, 이탈리아, 사우디아라비아의 4개 국가만 추려냅니다.

2. - 기호를 사용하여 total_litres_of_pure_alcohol 변수를 제외한 모든 열을 select()합니다.
3. beer_servings, spirit_servings, wine_servings 변수를 각각 beer, spirit, wine으로 rename()합니다.

그리고 결과를 담은 데이터 프레임을 drinks_smaller에 저장합니다.

```
drinks_smaller <- drinks %>%
 filter(country %in% c("USA", "China", "Italy", "Saudi Arabia")) %>%
 select(- total_litres_of_pure_alcohol) %>%
 rename(beer = beer_servings, spirit = spirit_servings, wine = wine_servings) drinks_smaller
```

```
# A tibble: 4 x 4
  country        beer    spirit   wine
  <chr>          <int>   <int>    <int>
1 China             79     192       8
2 Italy             85      42     237
3 Saudi Arabia       0       5       0
4 USA              249     158      84
```

이제 다음과 같은 질문을 던져 봅시다. "어떻게 하면 **drinks_smaller** 데이터 프레임을 사용해서 <**그림 4.2**>의 나란히 배치된 막대그래프를 만들 수 있을까요?" 2.8.3항에서 보았던 두 개의 범주형 변수를 표시하는 막대그래프를 떠올려 보세요.

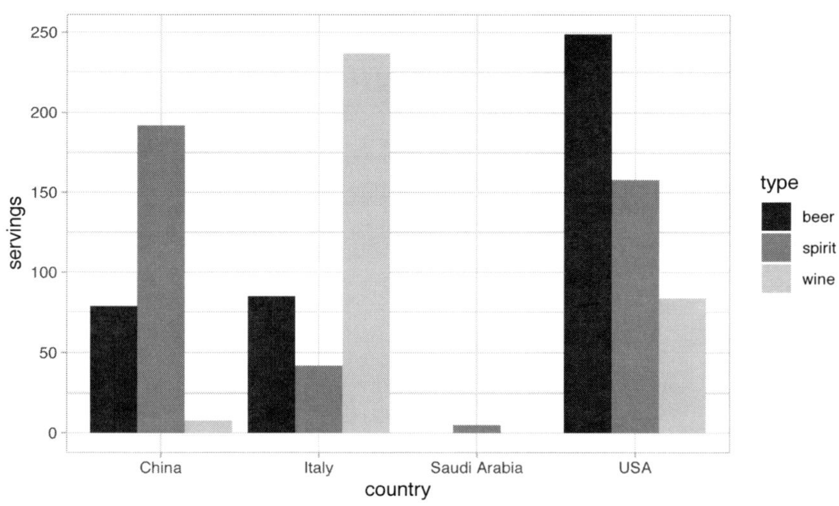

그림 4.2 4개국의 알코올 소비량 비교

자, 2.1절에서 소개한 그래픽 문법을 세분화해 살펴봅시다.

1. 4개 수준의 속성(중국, 이탈리아, 사우디아라비아, 미국)을 갖고 있는 범주형 변수 **country**를 막대의 **x** 위치에 매핑해야 합니다.
2. 수치형 변수 **servings**는 막대의 **y** 위치(막대의 높이)에 매핑해야 합니다.
3. 세 가지 수준의 속성(beer, spirit, wine)이 있는 범주형 변수 **type**은 막대의 색상 채우기(**fill**)에 매핑해야 합니다.

하지만 여기서 주의할 점이 있습니다. **drinks_smaller**에는 **beer**, **spirit**, **wine**이라는 세 개의 개별 변수가 있으니까요. <**그림 4.2**>의 막대그래프를 다시 만들기 위해 **ggplot()** 함수를 사용하려면, **beer**, **spirit**, **wine**의 세 가지 값을 가진 **단일변수 type**이 필요합니다. 그래야 우리가 이 유형 변수를 그래프 **fill**의 미적 속성에 매핑할 수 있습니다. 즉, <**그림 4.2**>의 막대그래프를 다시 만들려면 데이터 프레임이 아래와 같은 모양이어야 합니다.

```
drinks_smaller_tidy
```

```
# A tibble: 12 x 3
   country        type      servings
   <chr>          <chr>        <int>
1  China           beer           79
2  Italy           beer           85
3  Saudi Arabia    beer            0
4  USA             beer          278
5  China           Spirit        192
6  Italy           Spirit         42
7  Saudi Arabia    Spirit          5
8  USA             spirit        158
9  China          wine             8
10 Italy          wine           237
11 Saudi Arabia   wine             0
12 USA            wine            84
```

drinks_smaller와 **drinks_smaller_tidy**는 모두 직사각형 모양이고 동일한 12개의 숫자 값(4개 국가별 3개 주류 유형)을 포함하지만 형식이 다르다는 사실에 주목하세요. **drinks_smaller**는 '넓은(wide)'[xxv] 형식인 반면, **drinks_smaller_tidy**는 '길고/좁은(long/narrow)'[xxvi] 형식입니다.

R을 가지고 데이터 과학을 수행하는 맥락에서, 길고/좁은 형식은 'tidy' 형식이라고도

합니다. 데이터 시각화 및 데이터 랭글링에 `ggplot2`나 `dplyr` 패키지를 사용하려면 입력할 데이터 프레임이 'tidy' 형식이어야 합니다. 따라서 'tidy' 형식이 아닌 모든 데이터는 우선적으로 'tidy' 형식으로 변환해야 합니다. `drinks_smaller`와 같은 'tidy'하지 않은 데이터 프레임을 `drinks_smaller_tidy`와 같은 'tidy' 데이터 프레임으로 변환해야 합니다. 그런데 이에 앞서 'tidy' 데이터를 정의해 볼 필요가 있습니다.

4.2.1 'tidy'한 데이터란?

여러분은 살면서 '깔끔하다'라는 말을 들어본 적이 있을 것입니다. 아래처럼요.

- "방을 깔끔히 정리해!"
- "더 쉽게 검토할 수 있도록, 깔끔하게 작성해서 제출하세요."
- 콘도 마리의 베스트셀러 『인생을 바꾸는 깔끔한 정리의 마법: 일본식 정리 정돈의 기술』[xxvii], 넷플릭스 TV 시리즈 『마리 콘도와 함께 깔끔하게 정리하기』[xxviii].
- "저는 생각처럼 깔끔한 사람이 아니에요. 보조 테이블과 침대 옆에는 읽지 않은 책들이 쌓여 있는데, 그걸 보다 보면 책들이 저에게 '제발 읽어주세요'라고 간곡하게 애원하는 것 같더라니까요." – 린다 그랜트(Linda Grant)

데이터가 '깔끔하다(tidy)'는 것은 어떤 의미일까요? 'tidy'라는 영어 단어는 '정리된(organized)'이라는 명확한 의미가 있지만, R을 사용하는 데이터 과학에서 'tidy'라는 단어는 데이터가 표준화된 형식을 따른다는 것을 의미합니다. 우리는 여기서 **<그림 4.3>**에도 나와 있는 해들리 위컴의 '**tidy**' 데이터에 대한 정의(Wickham, 2014)를 따를 것입니다.

데이터셋은 일반적으로 숫자(정량적 데이터인 경우) 또는 문자열, 즉 텍스트 데이터(정성적/범주적 데이터인 경우)로 구성된 값들의 모음입니다. 값은 두 가지 방식으로 구성됩니다. 모든 값은 변수와 관측값으로 나타납니다. 변수는 여러 단위에서 동일한 기본 속성(예: 높이, 온도, 지속 시간)을 측정하는 모든 값을 포함합니다. 관측값은 여러 속성에서 동일한 단위(예: 사람, 하루, 도시)로 측정된 모든 값을 포함합니다.

'tidy' 데이터는 데이터셋의 의미를 구조에 매핑하는 표준 방식입니다. 데이터셋은 행, 열, 테이블이 관측값, 변수 및 유형과 어떻게 일치하는지에 따라 지저분하거나 tidy합니다. **tidy 데이터**의 경우

1. 각 변수가 열을 형성합니다.
2. 각 관측값이 행을 형성합니다.
3. 각 관측 단위 타입이 표를 형성합니다.

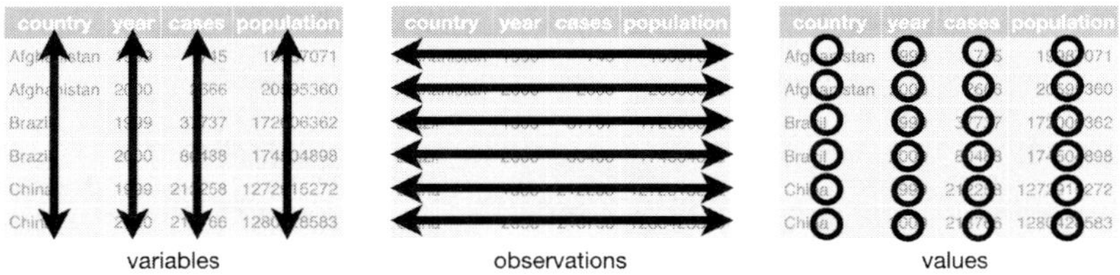

그림 4.3 『R을 활용한 데이터 과학』의 깔끔한 데이터 그래픽

예를 들어 <**표 4.1**>에 다음과 같은 주가 표가 있다고 가정해 보겠습니다.

표 4.1 주가(깔끔하지 않은 형식)

일시	보잉 주가	아마존 주가	구글 주가
2009-01-01	$173.55	$174.90	$174.34
2009-01-02	$172.61	$171.42	$170.04

위의 데이터는 직사각형 스프레드시트 형식으로 깔끔하게 정리되어 있지만, 'tidy' 형식의 데이터 정의를 따르지 않습니다. 세 가지 고유 정보(날짜, 종목명, 주가)에 해당하는 세 가지 변수가 있지만 열이 세 개가 아닙니다. 'tidy' 데이터 형식은 <**표 4.2**>에 표시된 것처럼 각 변수가 고유한 열이어야 합니다. 두 표 모두 동일한 정보를 제공하지만 형식이 다르다는 것을 알 수 있습니다.

표 4.2 주가(tidy 형식)

일시	주식 이름	주가
2009-01-01	보잉	$173.55
2009-01-01	아마존	$174.90
2009-01-01	구글	$174.34
2009-01-02	보잉	$172.61
2009-01-02	아마존	$171.42
2009-01-02	구글	$170.04

이제 필수 열인 Date, Stock Name, Stock Price이라는 세 개의 열이 생겼습니다. 이어서 <**표 4.3**>의 데이터를 살펴봅시다.

표 4.3 tidy 데이터의 예

일시	보잉 가격	날씨
2009-01-01	$173.55	맑음
2009-01-02	$172.61	흐림

이 경우 <**표 4.1**>의 'tidy'하지 않은 데이터에서와 같이 'Boeing Price' 변수가 발생하지만, 세 가지 고유 정보에 대응하는 Date, Boeing Price, 특정한 날짜의 날씨를 뜻하는 Weather까지 세 개의 변수가 있으므로 이 데이터는 'tidy' 데이터입니다.

| 학습 확인 |

(LC4.1) 'tidy' 데이터 프레임의 공통적인 특징은 무엇인가요?

(LC4.2) 'tidy' 데이터 프레임이 데이터 정리에 유용한 이유는 무엇인가요?

4.2.2 'tidy'하게 데이터 만드는 방법

지금까지는 오로지 'tidy' 형식의 데이터 프레임만 다루었습니다. 또한, 이 책의 나머지 부분에서도 대부분 'tidy' 형식의 데이터 프레임만 보게 될 것입니다. 하지만 세상의 모든 데이터셋이 항상 그런 것은 아닙니다. 원본 데이터 프레임이 와이드('tidy'하지 않은) 형식이고 `ggplot2` 또는 `dplyr` 패키지를 사용하고자 한다면 먼저 'tidy' 형식으로 변환해야 합니다. 따라서 `tidyr` 패키지의 `pivot_longer()` 함수를 사용하는 것이 좋습니다(Wickham and Henry, 2019).

이제 앞서 살펴본 `drinks_smaller` 데이터 프레임으로 돌아가 봅시다.

```
drinks_smaller
```

```
# A tibble: 4 x 4
  country       beer  spirit  wine
  <chr>        <int>   <int> <int>
1 China           79     192     8
2 Italy           85      42   237
3 Saudi Arabia     0       5     0
4 USA            249     158    84
```

우리는 다음과 같이 `tidyr` 패키지의 `pivot_longer()` 함수를 사용하여 'tidy' 형식으로 변환할 것입니다.

```
drinks_smaller_tidy <- drinks_smaller %>%
  pivot_longer(names_to = "type",
               values_to = "servings",
               cols = -country)
drinks_smaller_tidy
```

```
# A tibble: 12 x 3
     country         type         servings
     <chr>           <chr>           <int>
1    China           beer               79
2    China           Spirit            192
3    China           wine                8
4    Italy           beer               85
5    Italy           Spirit             42
6    Italy           wine              237
7    Saudi Arabia    beer                0
8    Saudi Arabia    Spirit            158
9    Saudi Arabia    wine                0
10    USA            beer              249
11    USA            Spirit            158
12    USA            wine               84
```

pivot_longer()의 인수는 다음과 같이 설정합니다.

1. 여기서 names_to는 원래 데이터의 열 이름을 포함할 새로운 'tidy'/long 데이터 프레임의 변수 이름에 해당합니다. names_to = "type"을 어떻게 설정했는지 확인해 보세요. 결과로 도출된 drinks_smaller_tidy에서 열 유형에는 beer, spirit, wine의 세 가지 알코올 유형이 포함됩니다. type은 drinks_smaller에 나타나지 않는 변수 이름이므로 따옴표를 사용합니다. 따옴표를 빼고 names_to = type라고 입력하면 오류가 발생합니다.
2. values_to는 원래 데이터의 값을 포함할 새 'tidy' 데이터 프레임의 변수 이름입니다. drinks_smaller 데이터의 beer, spirit, wine 열에 있는 각 숫자 값이 servings 값에 해당할 때 어떻게 values_to = "servings"으로 설정하는지 유심히 살펴보세요. 결과로 나오는 drinks_smaller_tidy에서 servings 열에는 4 × 3 = 12개의 수치 값이 포함됩니다. 아까와 마찬가지로, servings는 drinks_smaller에 변수로 표시되지 않으므로 values_to 인수에 따옴표로 묶어야 한다는 점에 주의합시다.
3. 세 번째 인수 cols는 'tidy'하거나 하지 않을 drinks_smaller 데이터 프레임의 열입니다. -country로 설정한 값을 보면 drinks_smaller의 country 변수를 'tidy'하지 않고 beer, spirit, wine만 'tidy'하려는 것을 알 수 있습니다. country는 drinks_smaller에 표시되는 열이므로 따옴표를 붙이지 않습니다.

여기서 세 번째 인수인 cols는 미묘한 차이가 있으므로 약간 다르게 작성해도 동일한 결과물을 출력하는 코드를 만들어 보겠습니다.

```
drinks_smaller %>% pivot_longer(names_to = "type",
                                values_to = "servings",
                                cols = c(beer, spirit, wine))
```

이제 세 번째 인수로 c(beer, spirit, wine)를 입력해서 'tidy'하고 싶은 열을, -country를 사용하여 'tidy'하고 싶지 않은 열을 지정합니다. c() 함수를 사용하면 drinks_smaller에서 'tidy'하고자 하는 열의 벡터를 만들 수 있습니다. 이 세 개의 열은 drinks_smaller 데이터 프레임에 순차적으로 나타나기 때문에, cols 인수를 다음처럼 입력할 수도 있습니다.

```
drinks_smaller %>%
  pivot_longer(names_to = "type",
               values_to = "servings",
               cols = beer:wine)
```

이제 drinks_smaller_tidy라는 'tidy' 형식의 데이터 프레임을 사용하여 <**그림 4.2**>에서 본 막대그래프를 geom_col()을 사용하여 생성할 수 있게 됐습니다. 그 결과를 <**그림 4.4**>에서 확인할 수 있습니다. 2.8절에서 막대그래프 그리는 방법에서 확인했듯이, '미리 계산된' servings 변수를 막대의 y축에 매핑할 것이기에 geom_bar()가 아닌 geom_col()을 사용해야 한다는 점을 기억하세요.

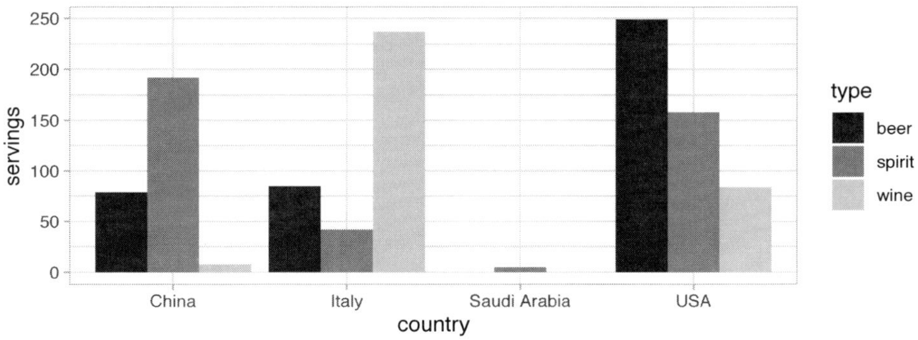

그림 4.4 geom_col()을 사용한 4개국의 알코올 소비량 비교 그래프

'넓은' 형식의 데이터를 'tidy' 형식으로 변환하는 작업은 초보 R 사용자에게 쉽지 않은 일입니다. 그럼에도 pivot_longer() 함수에 익숙해지는 유일한 방법은 다양한 데이터셋

을 사용하여 연습하고, 연습하고, 계속 연습하는 것입니다. 하다가 너무 이해가 안 되면, **?pivot_longer**를 실행하고 도움말 파일 하단에 있는 예제를 살펴보며 따라해 보는 것도 도움이 될 겁니다. 앞으로 이어질 4.3절에서 **pivot_longer()**를 사용하여 '넓은' 형식의 데이터 프레임을 'tidy' 형식으로 변환하는 또 다른 예제를 보여드리겠습니다.

그런데 'tidy' 데이터 프레임을 '넓은' 형식으로 변환해야 할 때도 있습니다. 그럴 때는 **pivot_wider()** 함수를 대신 사용해야 합니다. **?pivot_wider**를 실행하고 도움말 파일 하단에 있는 예제를 참조하세요.

답답할 때마다 tidyverse.org[xxix] 웹페이지에서 **pivot_longer()**와 **pivot_wider()**의 예제를 살펴보는 것도 방법입니다. 해당 웹페이지에는 데이터 정리에 사용할 수 있는 다양한 함수와 세계보건기구(WHO)의 데이터를 사용한 사례 연구를 확인할 수 있는 좋은 예제가 있습니다. 또한, 매주 #TidyTuesday 이벤트[xxx]로 데이터셋을 하나씩 게시하는 R4DS 온라인 학습 커뮤니티도 다양한 데이터를 탐색하고 변환하는 데에 도움이 될 것입니다.

| 학습 확인 |

(LC4.3) **fivethirtyeight** 데이터 패키지에 포함된 **airline_safety** 데이터 프레임을 살펴보고, 다음을 실행합니다.

```
airline_safety
```

?airline_safety를 실행해서 도움말 파일을 읽어보면, **airline_safety**가 여러 항공사의 안전 기록에 대한 정보가 포함된 데이터 프레임이라는 것을 알 수 있습니다. 이 데이터는 원래 데이터 저널리즘 웹사이트인 FiveThirtyEight.com에 "여행자는 과거에 추락 사고가 있었던 항공사를 이용해선 안 되는 걸까?"[xxxi]라는 네이트 실버의 기사에서 보도된 것입니다. 여기서는 단순화를 위해 **airlines**와 사망자 수 그리고 나머지 관련된 변수만 고려해 보겠습니다.

```
airline_safety_smaller <- airline_safety %>%
  select(airline, starts_with("fatalities"))
airline_safety_smaller
```

```
# A tibble: 56 x 3
    airline                    fatalities_85_99 fatalities_00_14
    <chr>                      <int>            <int>
1   Aer Lingus                 0                0
2   Aeroflot                   128              88
3   Aerolineas Argentinas      0                0
```

```
4   Aeromexico          64          0
5   Air Canada          0           0
6   Air France          79          337
7   Air India           329         158
8   Air New Zealand     0           7
9   Alaska Airlines     0           88
10  Alitalia            50          0
# ... with 46 more rows
```

이 데이터 프레임은 'tidy' 형식이 아닙니다. 이 데이터 프레임을 'tidy' 형식으로 변환하려면 어떻게 해야 할까요? 특히 사고 연도를 나타내는 변수 **fatalities_years**와 사망자 수의 변수 **count**가 포함되도록 하려면 어떻게 해야 할까요?

4.2.3 nycflights13 패키지를 통한 실습

1.4절에서 소개한, 2013년 뉴욕시에서 출발하는 모든 국내선 항공편에 대한 데이터를 포함한 **nycflights13** 패키지를 떠올려 보세요. **View(flights)**를 실행해서 **flights** 데이터 프레임을 다시 살펴봅시다. **flights**은 직사각형 모양으로, 336,776개의 행은 각각 항공편에 해당하고 22개의 열은 각 항공편의 다양한 특성/측정에 해당하는 것을 알 수 있습니다. 이는 4.2.1항의 'tidy' 데이터 정의의 처음 두 가지 기준, 즉 '각 변수가 열을 형성한다'와 '각 관측값이 행을 형성한다'를 충족합니다. 하지만 '각 유형의 관찰 단위가 테이블을 형성한다'는 'tidy' 데이터의 세 번째 속성은 어떨까요?

1.4.3항에서 **flights** 데이터 프레임의 관찰 단위가 개별 항공편이라는 것을 보았습니다. 즉, **flights** 데이터 프레임의 행은 개별 항공편의 특성/측정값을 나타냅니다. 또한 **nycflights13** 패키지에는 행이 다른 관측 단위를 나타내는 다른 데이터 프레임도 포함되어 있습니다(Wickham, 2019a).

- **airlines**: 두 글자로 된 IATA 항공사 코드와 항공사 회사명(총 16개) 사이의 번역. 관측 단위는 항공사 회사입니다.
- **planes**: 사용된 3,322대의 각 비행기에 대한 항공기 정보. 관측 단위는 항공기입니다.
- **weather**: 뉴욕의 세 공항 각각에 대한 시간별 기상 데이터(약 8,705개 관측). 관측 단위는 세 공항 중 한 곳의 시간별 날씨 측정값입니다.
- **airports**: 공항 이름과 위치. 관측 단위는 공항입니다.

이 다섯 가지 데이터 프레임으로 정보를 구성하는 것은 세 번째 'tidy' 데이터 속성을 따릅니다. 동일한 관측 단위에 해당하는 관측값은 동일한 테이블, 즉 데이터 프레임에 저장되어야 합니다. 이 속성을 오래된 속담에 빗대어 생각해 볼 수 있습니다: "가재는 게 편이다."

4.3 사례 연습: 과테말라의 민주주의

이 절에서 'tidy' 형식('와이드' 형식)이 아닌 데이터 프레임을 'tidy' 형식('길고/좁은' 형식)인 데이터 프레임으로 변환하는 또 다른 예시를 보여드리겠습니다. 이 작업은 **tidyr** 패키지의 pivot_longer() 함수를 다시 사용하여 수행할 것입니다.

또한 ggplot2와 dplyr 패키지의 함수를 사용하여 과테말라의 민주주의 점수가 1952년부터 1992년까지 40년 동안 어떻게 변화했는지를 보여주는 **시계열 그래프**를 만들겠습니다. 2.4장에서 살펴본, geom_line()을 사용해 시계열을 보여주는 선 그래프를 만드는 방법을 떠올려 보세요.

4.1절에서 가져온 dem_score 데이터 프레임을 사용하되 과테말라에 해당하는 데이터만 추려보겠습니다.

```
guat_dem <- dem_score %>%
  filter(country == "Guatemala")
guat_dem
```

```
# A tibble: 1 x 10
  country   `1952` `1957` `1962` `1967` `1972` `1977` `1982` `1987` `1992`
  <chr>      <dbl>  <dbl>  <dbl>  <dbl>  <dbl>  <dbl>  <dbl>  <dbl>  <dbl>
1 Guatemala      2     -6     -5      3      1     -3     -7      3      3
```

이제 2.1절에서 살펴본 그래픽 문법을 정리해 보겠습니다.

data = guat_dem을 설정하고 geom_line() 레이어를 사용해야 하지만 그 전에 잠깐 생각해 봅시다. 변수의 미적 속성 매핑이 뭐였나요? 민주주의 점수가 수년에 걸쳐 어떻게 변화했는지 볼 것이므로 아래처럼 매핑을 해야 합니다.

- year을 x 축에 매핑합니다. 그런 다음,
- democracy_score를 y 축에 매핑합니다.

이렇게 하자니 4.2절의 **drinks_smaller** 예제 때 그랬던 것처럼 곤란한 상황에 봉착했습니다. **country**라는 이름의 변수가 있지만 그 값은 **"과테말라"**뿐입니다. 그리고 다른 연도 값(`1952`, `1957`, …)으로 표시된 다른 변수들이 있네요. 안타깝게도 **guat_dem** 데이터 프레임은 'tidy'하지 않기 때문에 그래픽 문법을 적용하기에 적절한 형식이 아닙니다. 따라서 아직 **ggplot2** 패키지를 사용할 수 없습니다.

우리는 **guat_dem**에서 연도에 해당하는 열의 값을 가져와서 **year**라는 새로운 "이름" 변수로 변환해야 합니다. 또한 데이터 프레임 내부에 있는 democracy score 값을 가져다가 **democracy_score**라는 새로운 "값" 변수로 변환해야 합니다. 결과로 도출되는 데이터 프레임에는 **country**, **year**, **democracy_score**라는 세 개의 열이 있습니다. 고맙게도 **tidyr** 패키지의 **pivot_longer()** 함수가 이 작업을 수행해준다는 점을 기억하세요.

```
guat_dem_tidy <- guat_dem %>%
  pivot_longer(names_to = "year",
         values_to = "democracy_score",
         cols = -country,
         names_ptypes = list(year = integer()))
guat_dem_tidy
```

```
# A tibble: 9 x 3
  country    year democracy_score
  <chr>      <int>           <dbl>
1 Guatemala  1952               2
2 Guatemala  1957              -6
3 Guatemala  1962              -5
4 Guatemala  1967               3
5 Guatemala  1972               1
6 Guatemala  1977              -3
7 Guatemala  1982              -7
8 Guatemala  1987               3
9 Guatemala  1992               3
```

pivot_longer()의 인수는 다음과 같이 설정하세요.

1. **names_to**는 원래 데이터의 열 이름을 포함할 새로운 'tidy' 데이터 프레임의 변수 이름입니다. **names_to = "year"**를 어떻게 설정하는지 살펴보세요. 결과로 만들어지는 **guat_dem_tidy**에서 **year** 열에는 과테말라의 democracy score가 측정된 연도가 포함됩니다.

2. values_to는 원래 데이터의 값을 포함하게 될 새로운 'tidy' 데이터 프레임의 변수 이름입니다. values_to = "democracy_score"를 어떻게 설정했는지 살펴보세요. 결과물인 guat_dem_tidy에서 democracy_score 열에는 1 × 9 = 9개의 민주주의 점수가 숫자 값으로 포함됩니다.
3. 세 번째 인수는 'tidy'하고 싶거나 정리하고 싶지 않은 열입니다. 이 인수를 cols = -country로 설정하여 guat_dem의 country 변수를 'tidy'하지 않고 1952년부터 1992년까지의 변수만 'tidy'하려는 것을 알 수 있습니다.
4. 마지막 인수 **names_ptypes**는 변수 year를 어떤 유형의 측정으로 설정해야 하는지 R에 알려줍니다. 이처럼 **정수(integer())**로 지정하지 않으면 pivot_longer()는 기본적으로 문자 값으로 설정됩니다.

이제 <**그림 4.5**>의 시계열 그래프를 만들어 1952년부터 1992년까지 과테말라의 민주주의 점수가 어떻게 변화했는지 geom_line()을 통해 시각화할 수 있습니다. 또한 ggplot2 패키지의 labs() 함수를 사용하여 그래프의 모든 aes() 속성(이 경우 x 및 y 위치)에 정보 레이블을 추가합니다.

```
ggplot(guat_dem_tidy, aes(x = year, y = democracy_score)) +
  geom_line() +
  labs(x = "Year", y = "Democracy Score")
```

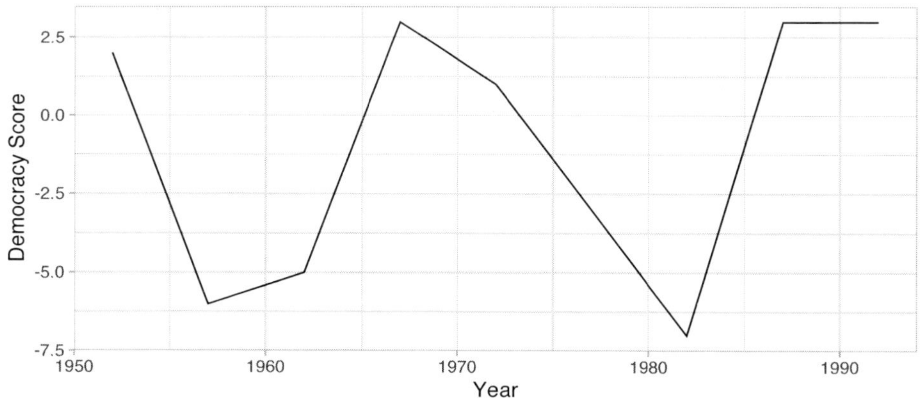

그림 4.5 과테말라의 민주주의 점수 1952~1992

만약 year가 문자 타입이 아님을 지정하는 names_ptypes 인수를 입력하지 않았다면, geom_line()이 year의 문자 값을 올바른 순서로 정렬하지 못해 오류가 발생할 수도 있습니다.

| 학습 확인 |

(LC4.4) dem_score 데이터 프레임을 'tidy' 데이터 프레임으로 변환하고, 그 결과 긴 형식의 데이터 프레임에 dem_score_tidy라는 이름을 할당해 보세요.

(LC4.5) https://moderndive.com/data/le_mess.csv에 저장된 기대 수명 데이터를 읽어와서 'tidy' 데이터 프레임으로 변환합니다.

4.4 tidyverse 패키지

이 장의 도입부에서 데이터 과학에 가장 자주 사용되는 네 가지 R 패키지 중 하나인 다음 네 가지 패키지를 탑재했습니다.

```
library(ggplot2)
library(dplyr)
library(readr)
library(tidyr)
```

ggplot2는 데이터 시각화용, dplyr은 데이터 랭글링용, reader는 스프레드시트 데이터를 R로 가져오기용, tidyr는 데이터를 'tidy' 형식으로 변환하기 위한 패키지라는 걸 기억하세요. 이러한 패키지를 개별적으로 탑재하는 것보다 훨씬 빠르게 불러올 수 있는 방법이 있는데, 바로 tidyverse 패키지를 설치하여 불러오는 것입니다. tidyverse 패키지는 '우산(umbrella)'[1] 패키지 역할을 하며, 이를 설치/탑재하면 여러 패키지를 한 번에 설치/탑재할 수 있습니다.

1.3절에서 설명했듯이, 일반 패키지를 설치할 때와 마찬가지로 tidyverse 패키지를 설치한 후 실행하면 됩니다.

```
library(tidyverse)
```

tidyverse 패키지를 불러오는 것은 아래의 코드 전체를 불러오는 것과 동일한 결과를 만들어 냅니다.

1 패키지들을 모아 놓은 메타(상위) 패키지를 의미한다.

```
library(ggplot2)
library(dplyr)
library(readr)
library(tidyr)
library(purrr)
library(tibble)
library(stringr)
library(forcats)
```

purrr, **tibble**, **stringr**, **forcats**은 고급 교재에서 다루도록 남겨두겠습니다. 만약 이 패키지들에 대해 더 알고 싶다면 『R을 활용한 데이터 과학』[xxxii]을 참고하세요.

다음 장부터는 다양한 구성 요소 패키지를 개별적으로 불러오는 대신 **library(tidyverse)**를 실행하는 것으로 시작하겠습니다. '우산' 패키지로서 **tidyverse**의 이름은 내부에 포함되어 있는 모든 패키지의 모든 함수가 공통된 입력과 출력, 즉 데이터 프레임이 'tidy' 형식으로 설계되어 있다는 사실에서 출발했습니다. 이러한 입력 및 출력 데이터 프레임을 표준화한 덕택에 여러 패키지의 서로 다른 함수로 가공하는 데이터를 최대한 원활하게 교류하고 전환할 수 있습니다. 더 자세한 내용은 tidyverse.org[xxxiii] 웹페이지의 패키지 설명 부분을 참조하세요.

4.5 이 장의 결론

4.5.1 추가로 활용할 수 있는 리소스

모든 **학습 확인**에 대한 해답은 온라인으로 볼 수 있습니다.[xxxiv]

이 장에서 사용된 모든 R 코드의 R 스크립트 파일은 https://www.moderndive.com/scripts/04-tidy.R에서 사용할 수 있습니다.

만약 **readr** 및 **tidyr** 패키지 사용법에 대해 자세히 알고 싶다면, RStudio의 'Data Import Cheat Sheet.' 페이지를 참고해 보세요. 2023년 4월 현재 버전의 RStudio에서는 RStudio Menu Bar -> Help -> Cheatsheets -> "Browse Cheatsheets"로 이동한 뒤, "Posit Cheatsheets" 항목을 선택해 아래로 스크롤바를 내려 2페이지를 클릭합니다. 다시 스크롤바를 내려 "Data Import with readr, readxl, and googlesheets4 cheatsheet"를 클릭하면 데이터를 불러오기 위한 치트시트를 다운 받을 수 있습니다. 이 치트시트에는 **readr** 패키지를 비롯해 다양한 데이터를 가져오는 방법에 대한 정보가 있습니다.

`readr` 오른쪽에 위치한 “Data tidying with tidyr cheatsheet”를 클릭하면 `tidyr` 패키지를 사용하여 데이터를 ‘tidy’하게 만드는 방법이 담긴 치트시트를 다운로드 할 수 있습니다.

4.5.2 다음 단계는?

축하합니다! 여러분은 이 책의 <**tidyverse** 패키지와 함께 데이터 사이언스하기>을 마쳤습니다. 이제 이 책의 5장과 6장에서는 데이터 시각화 및 랭글링 기술을 활용하여 데이터 프레임의 서로 다른 변수 간 관계를 모델링하는 <moderndive 패키지를 활용한 데이터 모델링>으로 넘어가겠습니다.

하지만 ‘회귀를 위한 추론’에 관한 10장은 7장, 8장, 9장에서 통계적 추론을 다룬 후에 다루도록 하겠습니다. 이제 <**그림 4.6**>과 같이 데이터 모델링으로 넘어가 보겠습니다!

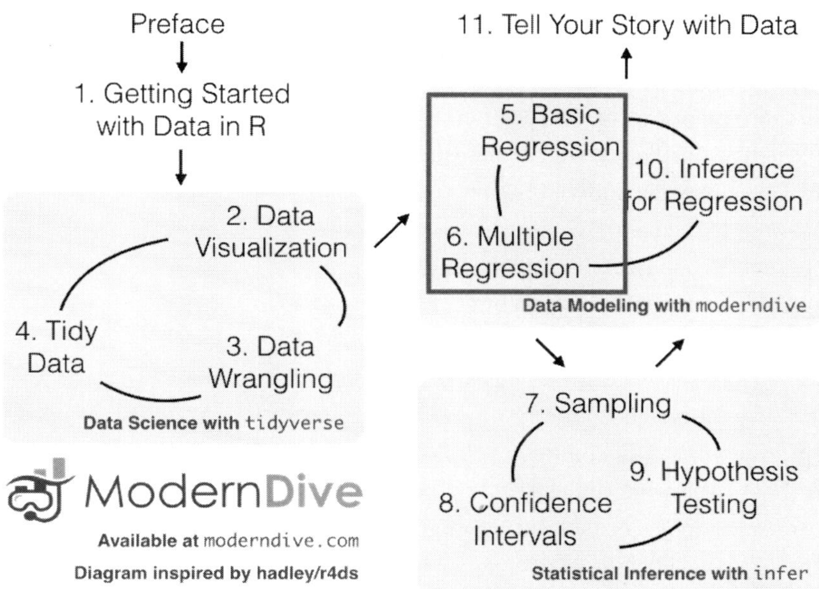

그림 4.6 모던 다이브 순서도 – 이제 2부로 넘어갑시다!

1부_주석

i https://en.wikipedia.org/wiki/Point_and_click
ii https://en.wikipedia.org/wiki/Interpreted_language
iii https://jamesclear.com/deliberate-practice-theory
iv https://ubc-dsci.github.io/introduction-to-datascience/
v https://r4ds.had.co.nz/dates-and-times.html
vi http://rmarkdown.rstudio.com/lesson-1.html
vii https://moderndive.com/D-appendixD.html
viii https://rbasics.netlify.com/
ix https://plot.ly/
x https://www.tableau.com/
xi https://www.ted.com/talks/hans_rosling_shows_the_best_stats_you_ve_ever_seen
xii http://www.gapminder.org/tools/#_locale_id=en;&chart-type=bubbles
xiii http://r4ds.had.co.nz/data-visualisation.html#aesthetic-mappings
xiv https://moderndive.com/D-appendixD.html
xv https://en.wikipedia.org/wiki/SQL
xvi https://en.wikipedia.org/wiki/Database_normalization
xvii https://en.wikipedia.org/wiki/SQL
xviii https://en.wikipedia.org/wiki/Available_seat_miles
xix https://moderndive.com/D-appendixD.html
xx http://r4ds.had.co.nz/transform.html
xxi https://www.google.com/sheets/about/
xxii https://cran.r-project.org/web/packages/googlesheets/vignettes/basic-usage.html
xxiii https://fivethirtyeight.com/
xxiv https://fivethirtyeight.com/features/dear-mona-followup-where-do-people-drink-the-most-beer-wine-and-spirits/
xxv https://en.wikipedia.org/wiki/Wide_and_narrow_data
xxvi https://en.wikipedia.org/wiki/Wide_and_narrow_data#Narrow
xxvii https://www.powells.com/book/-9781607747307
xxviii https://www.netflix.com/title/80209379
xxix https://tidyr.tidyverse.org/dev/articles/pivot.html#pew
xxx https://github.com/rfordatascience/tidytuesday
xxxi https://fivethirtyeight.com/features/should-travelers-avoid-flying-airlines-that-have-had-crashes-in-the-past/
xxxii http://r4ds.had.co.nz/
xxxiii https://www.tidyverse.org/
xxxiv https://moderndive.com/D-appendixD.html

2부

moderndive 패키지를 활용한 데이터 모델링

5장 회귀분석 기초

이제 우리는 2장의 데이터 시각화 기술, 3장의 데이터 랭글링 기술, 4장의 데이터 불러오기 방법과 'tidy' 데이터 형식의 개념에 대한 이해를 갖추었습니다. 이제 데이터 모델링을 진행해 보겠습니다. 데이터 모델링의 기본 전제는

- 종속변수 또는 응답변수라고도 하는 결과변수 y, 그리고
- 독립변수 또는 공변량이라고도 하는 설명/예측변수 x

사이 관계를 명확히 만드는 것입니다.

이를 수학 용어로 설명하는 또 다른 방법도 있습니다. 우리는 결과변수 y를 설명/예측 변수 x의 '함수로서' 모델링할 겁니다. 여기서 '함수'는 `ggplot()` 함수와 같은 R의 함수/명령어가 아니라 수학적 함수를 의미합니다. 그런데 왜 변수 x에 설명과 예측이라는 두 개의 다른 이름들이 있을까요? 그 이유는 이 두 용어가 종종 같은 의미로 사용되지만, 데이터 모델링이 크게 아래의 두 가지 목적 중 하나에 부합하고 각 단어가 하나의 목적에 대응하기 때문입니다.

1. **설명을 위한 모델링**: 결과변수 y와 설명변수 x 집합 간의 관계를 명시적으로 설명하고 정량화하고 싶을 경우, 어떤 관계이든 그 중요성을 결정하고, 이러한 관계를 요약하는 측정값을 갖고, 변수 간의 **인과** 관계를 식별할 수 있습니다.
2. **예측을 위한 모델링**: 예측 변수 x 집합에 포함된 정보를 기반으로 결과변수 y를 예측하고자 할 때 사용합니다. 그러나 설명을 위한 모델링과 달리 여러분은 모든 변수가 서로 어떻게 연관되고 상호 작용하는지 이해하는 데 크게 신경 쓰지 않습니다. 대신 x의 정보를 사용하여 y에 대해 올바른 예측을 할 수 있는지 여부에만 신경 씁니다.

예를 들어, 환자의 폐암 발병 여부에 대한 결과변수 y와 흡연 습관, 나이, 사회경제적 상태와 같은 위험 요인에 대한 정보 x에 관심이 있다고 가정해 보겠습니다. 우리가 설명을 위한 모델링을 한다면, 다양한 위험 요인의 효과를 설명하고 정량화하는 데 집중할 것입니다. 예를 들어 특정 연령대의 흡연자를 대상으로 금연 프로그램 광고를 게재하는 등 특정 인구집단의 폐암 발병률을 낮추기 위한 개입을 설계하고자 하겠지요. 그러나 예측을 위한 모델링이라면, 모든 개별 위험 요인이 폐암에 어떻게 기여하는지를 이해하

는 데 별 신경을 쓰지 않을 겁니다. 대신 어떤 사람이 폐암에 걸릴지, 정확히 예측할 수 있을지에만 관심을 기울일 것입니다.

이 책에서 우리는 설명을 위한 모델링에 초점을 맞추므로 x를 설명변수로 지칭합니다. 예측을 위한 모델링에 대해 배우고 싶으시다면, 『*An Introduction to Statistical Learning with Applications in R(ISLR)*[i]』(James et al., 2017)과 같은 머신 러닝 분야의 책과 강좌를 참고해 보세요. 또한 트리 기반 모델, 신경망 등 모델링을 위한 많은 기법이 존재하지만, 이 책에서는 **선형회귀(linear regression)**라는 특정 기법에 초점을 맞춥니다. 선형회귀는 가장 일반적으로 사용되며 이해하기 쉬운 모델링 접근법 중 하나입니다.

선형회귀에는 **수치형** 결과변수 y와 **수치형** 또는 **범주형** 설명변수 x가 포함됩니다. 또한 y와 x 사이의 관계는 선형, 즉 선으로 가정합니다. 이때, 여러분은 '선'을 구성하는 방식은 설명변수 y의 특성에 따라 달라진다는 사실을 알게 될 것입니다.

5장 <회귀분석 기초>에서는 설명변수 x가 하나인 모델만 고려하겠습니다. 5.1절에서는 설명변수가 수치형이 될 것입니다. 이 시나리오를 단순선형회귀라고 합니다. 5.2절에서는 설명변수가 범주형입니다.

6장 <다중회귀>에서는 기본 회귀에 대한 아이디어를 확장하여 두 개의 설명변수 x_1과 x_2를 가진 회귀모델을 다룰 것입니다. 6.1절에서는 두 개의 수치형 설명변수를 사용하겠습니다. 6.2절에서는 하나의 수치형 설명변수와 하나의 범주형 설명변수를 다룹니다. 특히 우리는 **상호작용** 모델과 **평행 기울기** 모델이라는 두 가지 모델을 고려할 것입니다.

10장 <회귀 추론>에서는 7장, 8장, 9장에서 다루는 표집, 붓스트랩 및 신뢰구간, 가설검정 및 p값을 다루면서 개발한 **통계적 추론**을 위한 도구를 사용할 겁니다. 이를 통해 앞서 다룬 회귀모델을 다시 살펴보고 결과를 분석할 것입니다.

이제 설명변수 x가 하나인 선형회귀모형을 의미하는 기본회귀부터 시작하겠습니다. 또한 **상관 계수**, '상관관계가 반드시 인과관계는 아니다'라는 점이나 선이 '최적합(가장 잘 적합)(best-fitting)'하다는 의미 등 중요한 통계적 개념에 대해서도 논의할 것입니다.

필요한 패키지

이제 이 장에 필요한 모든 패키지를 불러와 보겠습니다(이미 설치했다고 가정합니다). 이 장에서는 몇 가지 새로운 패키지를 소개합니다.

1. `tidyverse` '우산'(Wickham, 2019b) 패키지. 4.4절에서 `library(tidyverse)`를 실행하여 `tidyverse` 패키지를 불러오면 아래와 같이 일반적으로 사용되는 데이터 과학 패키지가 한꺼번에 로드되었던 것을 기억하실 겁니다.

- 데이터 시각화를 위한 `ggplot2`

- 데이터 랭글링을 위한 dplyr
- 데이터를 'tidy' 형식으로 변환하는 tidyr
- 스프레드시트 데이터를 R로 가져오기 위한 readr
- 더불어 고급 분석 패키지인 purrr, tibble, stringr, forcats

2. tidyverse 친화적으로 만들어져 깔끔한 입문용 선형회귀를 위한 데이터셋 및 함수를 담은 moderndive 패키지
3. 일반적으로 사용되는 다양한 요약통계를 빠르게 계산할 수 있는 사용하기 쉬운 함수를 제공하는 skimr(Quinn et al., 2019) 패키지

자세한 내용은 1.3절에서 소개한 R 패키지를 설치하고 불러오는 방법을 참조하세요.

```
library(tidyverse)
library(moderndive)
library(skimr)
library(gapminder)
```

5.1 설명변수가 한 개의 수치형 변수일 때

4년제 대학 및 전문대학에서 어떤 교수와 강사는 학생들에게 높은 강의 평가 점수를 받는 반면, 다른 교수와 강사는 낮은 점수를 받는 이유는 무엇인가요? 강사들이 속한 인구통계학적 그룹(성별, 학력, 지역, …)이 다를 때 강의 평가에 차이가 있을까요? 학생의 편견으로 인한 영향이 있을 수 있나요? 교수 평가는 어떤 강사와 교수를 승진시킬지 결정할 때 고려하는 여러 기준 중 하나이기 때문에 이러한 질문은 모두 대학/대학 관리자가 관심을 가질 만한 질문입니다.

미국 텍사스주 오스틴에 있는 텍사스주립대학교의 연구자들은 다음과 같은 연구 질문에 답하려고 했습니다. "강사별 강의 평가 점수의 차이를 설명하는 요인은 무엇인가?" 이들은 연구를 위해 463개 과정에 대한 강사와 강의 정보를 수집했습니다. 연구에 대한 전체 설명은 openintro.org[ii]에서 확인할 수 있습니다.

이 절에서 우리는 일단 간단하게 강의 평가 점수 차이를 강사의 '미모(beauty)' 점수(이 점수가 어떻게 결정되었는지 곧 설명하겠습니다)라는 한 가지 수치형 변수의 함수로

설명해 보려고 합니다. '미모' 점수가 높은 강사가 강의 평가도 더 높게 받을 수 있을까요? 오히려 '미모' 점수가 높은 강사가 강의 평가를 낮게 받는 경향이 있는 건 아닐까요? 아니면 '미모' 점수와 강의 평가 사이에는 아무런 관계가 없을까요? 이러한 질문에 대한 답은 강의 평가 점수와 '미모' 점수 사이의 관계를 단순선형회귀를 통해 모델링함으로써 얻을 수 있습니다. 이 모델은 아래의 변수들을 채택합니다.

1. 수치형 결과변수 y(교수자의 강의 점수)
2. 단일 수치형 설명변수 x(강사의 '미모' 점수)

5.1.1 탐색적 데이터 분석(EDA)

텍사스 오스틴 대학의 463개 과정에 대한 데이터는 `moderndive` 패키지에 포함된 `evals` 데이터 프레임에서 찾을 수 있습니다. 그러나 더 간단하게 하기 위해, 이 장에서 작업할 변수의 하위 집합만 `select()`해서 이 데이터를 `evals_ch5`라는 새 데이터 프레임에 저장해 보겠습니다.

```
evals_ch5 <- evals %>%
  select(ID, score, bty_avg, age)
```

모든 종류의 분석이나 모델링을 수행하기 전에 중요한 단계는 **탐색적 데이터 분석**(exploratory data analysis), 줄여서 EDA를 수행하는 것입니다. EDA를 통해 데이터에 있는 개별 변수의 분포, 변수 간 잠재적 관계, 이상값 및/또는 결측값 존재 여부를 확인할 수 있고, (가장 중요한) 모델을 구축하는 방법을 파악할 수 있습니다. 다음은 EDA의 일반적인 세 가지 단계입니다.

1. 원자료 값 살펴보기(가장 중요).
2. 평균, 중앙값, 사분위수 범위와 같은 요약통계 계산하기.
3. 데이터 시각화 만들기.

탐색적 데이터 분석의 첫 번째 일반적인 단계인 원자료 값 살펴보기를 수행해 봅시다. 매우 사소해 보이는 단계여서인지, 많은 데이터 분석가들이 이 단계를 생략하곤 합니다. 그러나 원자료가 어떤 모습인지 조기에 파악해두면 나중에 발생할지도 모르는 큰 문제를 예방할 수 있으니 잊지 말고 살펴봅시다.

여러분은 RStudio의 스프레드시트 뷰어를 사용하거나 데이터 프레임 탐색에 대한 1.4.3항에 소개된 대로 `glimpse()` 함수를 사용하여 이 작업을 수행할 수 있습니다.

```
glimpse(evals_ch5)
```

```
Observations: 463
Variables: 4
$ ID      <int> 1, 2, 3, 4, 5, 6, 7, 8, 9, 10, 11, 12, 13, 14, 15, 16,...
$ score   <dbl> 4.7, 4.1, 3.9, 4.8, 4.6, 4.3, 2.8, 4.1, 3.4, 4.5, 3.8,...
$ bty_avg <dbl> 5.00, 5.00, 5.00, 5.00, 3.00, 3.00, 3.00, 3.33, 3.33, ...
$ age     <int> 36, 36, 36, 36, 59, 59, 59, 51, 51, 40, 40, 40, 40, 40...
```

Observations 값부터 살펴보겠습니다. 463은 evals_ch5에 463행/관측값이 있음을 나타내며, 각 행은 텍사스 오스틴 대학교에서 **개설된 강좌** 하나에 해당합니다. **관측 단위**는 개별 강사가 아니라 개별 과목이라는 점에 유의하세요. 1.4.3항에서 관찰 단위가 변수로 측정되는 '사물의 유형'이라는 점을 떠올려 봅시다. 한 명의 강사는 한 학년도에 두 개 이상의 강좌를 맡기 때문에 동일한 강사가 데이터에 두 번 이상 나타납니다. 따라서 evals_ch5에 표시되는 고유한 강사는 463명 미만입니다. 우리는 이 아이디어를 10.3절에서 회귀 추론에 대한 '독립성 가정'에 대해 설명할 때 다시 살펴보겠습니다.

evals에 포함된 모든 변수에 대한 전체 설명은 open-intro.org[iii] 또는 관련 도움말 파일(콘솔에서 ?evals 실행)에서 확인할 수 있습니다. 하지만 여기서는 evals_ch5에서 선택한 4개 변수에 대해서만 자세히 설명하겠습니다.

1. ID: 데이터셋의 1~463 강좌를 구분하는 데 사용되는 식별변수.
2. score: 강의를 담당하는 강사의 평균 강의 점수를 나타내는 수치형 변수. 평균은 해당 강좌를 수강하는 모든 학생의 평가 점수로 계산됩니다. 강의 평가 점수는 1이 가장 낮고 5가 가장 높습니다. 이것이 우리가 관심 갖는 결과변수 y입니다.
3. bty_avg: 강사의 평균 '미모' 점수의 수치형 변수. 평균은 6명의 학생으로 구성된 별도의 패널에서 계산됩니다. '미모' 점수는 1이 가장 낮고 10이 가장 높습니다. 이것이 우리가 관심 갖는 설명변수 x입니다.
4. age: 과정을 담당하는 강사의 나이를 나타내는 수치형 변수. 이 항의 마지막에 있는 학습 확인에서 사용할 또 다른 설명변수 x입니다.

원자료 값을 확인하는 다른 방법은 dplyr 패키지의 sample_n() 함수에 파이프를 써서 evals_ch5에 있는 행의 무작위로 표본을 추출하는 것입니다. 우리가 원하는 것은 5개 행의 무작위 표본이므로 size 인수를 5로 설정합니다. 결과는 <**표 5.1**>에 나타내었습니다. 표집의 무작위 특성으로 인해 5행의 다른 하위 집합이 나올 수 있다는 것을 확인하세요[1].

```
evals_ch5 %>%
  sample_n(size = 5)
```

표 5.1 텍사스 오스틴 대학교의 463개 강좌 중 5개 강좌의 무작위 표본

ID	score	bty_avg	age
129	3.7	3.00	62
109	4.7	4.33	46
28	4.8	5.50	62
434	2.8	2.00	62
330	4.0	2.33	64

이와 같이 **evals_ch5** 데이터 프레임의 원자료 값을 살펴보고 데이터에 대한 예비적인 이해를 얻었습니다. 일반적으로 EDA의 다음 단계에서 수행하는 요약통계 계산으로 넘어가겠습니다. 수치형 결과변수인 **score**와 수치형 설명변수 '미모' 점수(**bty_avg**로 표시됨)의 평균과 중앙값을 계산하는 것부터 시작해 봅시다. 이를 위해 3.3절에서 살펴본 **mean()** 및 **median()** 요약함수와 함께 **dplyr** 패키지의 **summarize()** 함수를 사용하겠습니다.

```
evals_ch5 %>%
  summarize(mean_bty_avg = mean(bty_avg),
            mean_score = mean(score),
            median_bty_avg = median(bty_avg),
            median_score = median(score))
```

```
# A tibble: 1 x 4
  mean_bty_avg mean_score median_bty_avg median_score
         <dbl>      <dbl>          <dbl>        <dbl>
1         4.42       4.17           4.33          4.3
```

하지만 표준편차(퍼진 정도의 척도), 최솟값과 최댓값, 다양한 백분위수 등 다른 요약통계도 구하고 싶다면 어떻게 해야 할까요?

이러한 요약통계함수를 모두 **summarize()**에 입력하려면 시간이 오래 걸리고 지루할

1 set.seed(특정한 숫자)를 입력하고 sample_n(size = 5) 명령어를 실행할 경우 모든 사람이 똑같은 값을 확인할 수 있다. set.seed는 동일한 난수표를 쓰게 해주는 명령어이다.

것입니다. 대신, skimr 패키지의 편리한 skim() 함수를 사용해 보겠습니다. 이 함수는 데이터 프레임을 가져와서 '훑어본(skim)' 다음 일반적으로 사용되는 요약통계를 산출합니다. evals_ch5 데이터 프레임을 가져와서 결과 및 설명변수인 가르치는 점수 및 bty_avg만 select()한 다음 이를 skim() 함수로 엮어 파이프 해 보겠습니다.

```
evals_ch5 %>% select(score, bty_avg) %>% skim()
```

```
Skim summary statistics
  n obs: 463
  n variables: 2
```

```
── Variable type:numeric
variable missing complete.  n mean   sd.  p0  p25  p50 p75 p100
bty_avg        0      463 463 4.42 1.53 1.67 3.17 4.33 5.5 8.17
  score        0      463 463 4.17 0.54  2.3  3.8  4.3 4.6 5
```

(여기서는 종이책의 양식을 따르기 때문에 보통 skim()으로 화면에 출력되는 인라인 히스토그램이 제거되었습니다. 이 작업은 skimr 버전 1.0.6에서 skim() 함수를 사용하기 전에 skim_with(numeric = list(hist = NULL))를 사용하여 수행할 수 있습니다.)

수치형 변수 강의 score와 bty_avg의 경우 다음과 같이 반환합니다.

- missing: 누락된 값(결측지)의 수
- complete: 누락되지 않았거나 완전한 값의 수
- n: 값의 총수
- mean: 평균
- sd: 표준편차
- p0: 0번째 백분위수: 관측값의 0%가 이 값보다 작은 값(**최솟값**)
- p25: 25번째 백분위수: 관측값의 25%가 이 값보다 작은 값(**1사분위수**)
- p50: 50번째 백분위수: 관측값의 50%가 이 값보다 작은 값(**2사분위수** 이며 일반적으로 **중앙값**이라고 함)
- p75: 75번째 백분위수: 관측값의 75%가 이 값보다 작은 값(**3사분위수**)
- p100: 100번째 백분위수: 관측값의 100%가 이 값보다 작은 값(**최댓값**)

이 결과를 보면, 두 변수의 값이 어떻게 분포되어 있는지 알 수 있습니다. 예를 들어, 평균 강의 점수는 5점 만점에 4.17점인 한편, 평균 '미모' 점수는 10점 만점에 4.42점이었

습니다. 또한 교육 점수의 중간 50%는 3.80~4.6점(1~3사분위수)인 한편, '미모' 점수의 중간 50%는 10점 만점에 3.17~5.5점에 해당합니다.

`skim()` 함수는 **일변량**(univariate) 요약통계, 즉 한 개의 변수를 받아 해당 변수에 대한 수치 요약을 반환하는 함수만 취해 결과를 보여줍니다. 그러나 **이변량**(bivariate) 요약통계, 즉 두 개의 변수를 받아 두 변수에 대한 요약을 반환하는 함수도 존재합니다. 특히 두 변수가 수치형인 경우 상관 계수를 계산할 수 있습니다. 일반적으로 **계수**(coefficient)는 특정 현상에 대한 정량적 표현입니다. **상관 계수**(correlation coefficient)는 **두 수치형 변수 사이의 선형 관계의 강도**를 정량적으로 표현한 것입니다. 값은 -1에서 1 사이의 범위입니다.

- -1은 완벽한 **음의 관계**를 나타냅니다: 한 변수가 증가하면 다른 변수의 값은 직선을 따라 감소하는 경향이 있습니다.
- 0은 관계가 없음을 나타냅니다: 두 변수의 값이 서로 독립적으로 상승/하락합니다.
- 1은 완벽한 **양의 관계**를 나타냅니다: 한 변수의 값이 올라가면 다른 변수의 값도 선형적인 방식으로 올라가는 경향이 있습니다.

<**그림 5.1**>은 가설적인 수치형 변수 x와 y에 대한 9가지 상관 계수 값의 예를 보여줍니다. 예를 들어 오른쪽 상단 그래프에서 상관 계수가 -0.75인 경우 x와 y 사이에 음의 선형 관계가 있지만 상관 계수가 -0.9 또는 -1인 경우 x와 y 사이의 음의 선형 관계만큼 강하지는 않다는 것을 알 수 있습니다.

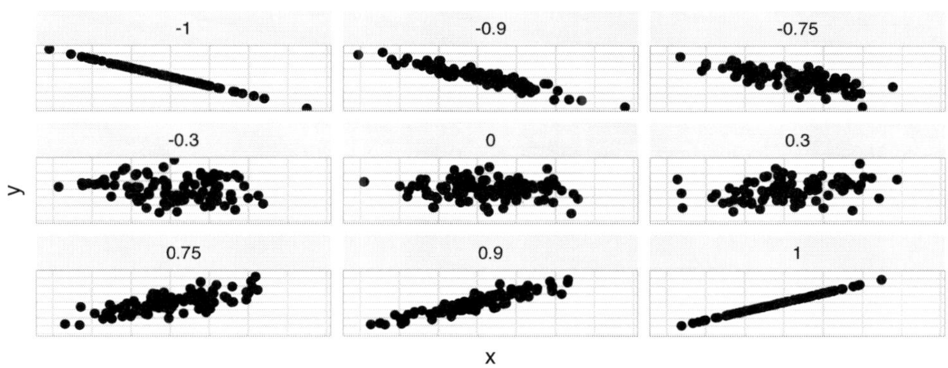

그림 5.1 9가지 형태의 상관 계수

상관 계수는 `moderndive` 패키지의 `get_correlation()` 함수를 사용하여 계산할 수 있습니다. 이 경우 함수에 필요한 입력 인수는 상관 계수를 계산하려는 두 개의 수치형 변수입니다.

~ '물결표' 기호 왼쪽에 결과변수의 이름을 넣고 오른쪽에 설명변수의 이름을 넣습니다. 이를 R의 **공식 표기법**이라고 합니다. 이 장의 뒷부분에서 다루는 회귀분석에도 동일한 '공식' 구문을 사용할 것입니다.

```
evals_ch5 %>%
  get_correlation(formula = score ~ bty_avg)
```

```
# A tibble: 1 x 1
    cor
  <dbl>
1 0.187
```

상관관계를 계산하는 다른 방법은 `summarize()` 내에서 `cor()` 요약함수를 사용하는 것입니다.

```
evals_ch5 %>%
  summarize(correlation = cor(score, bty_avg))
```

우리가 다루는 문제에서 상관 계수 0.187은 강의 평가 점수와 '미모' 평균 간의 관계가 '약한 양의 관계'임을 나타냅니다. 상관 계수, 특히 -1, 0, 1의 극단적인 값에 가깝지 않은 상관 계수를 해석하는 데는 어느 정도 주관적인 요소가 있습니다. 상관 계수에 대한 직관을 키우려면 5.4.1항에서 언급한 1980년대 스타일의 비디오 게임인 <상관 관계 맞추기>를 플레이해 보세요.

이제 탐색적 데이터 분석의 마지막 단계인 데이터 시각화 만들기를 수행해 보겠습니다. `score`와 `bty_avg` 변수는 모두 수치형 변수이므로 이 데이터를 시각화하기에 적절한 그래프는 산점도입니다. `geom_point()`를 사용하여 이 작업을 수행하고 그 결과를 <**그림 5.2**>에 표시해 보겠습니다. 또한, 시각화의 오른쪽 상단에 있는 6개의 점을 상자에 강조 표시해 보겠습니다.

```
ggplot(evals_ch5, aes(x = bty_avg, y = score)) +
  geom_point() +
  labs(x = "Beauty Score",
       y = "Teaching Score",
       title = "Scatterplot of relationship of teaching and beauty scores")
```

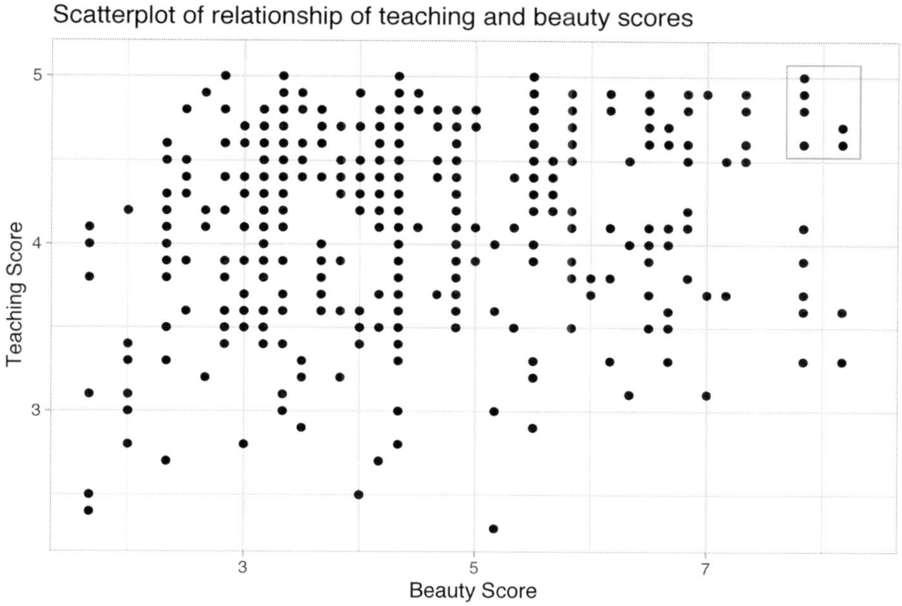

그림 5.2 텍사스 오스틴 대학교의 강사 평가 점수

대부분의 '미모' 점수는 2~8점 사이인 반면, 대부분의 강의 점수는 3~5점 사이입니다. 또한, 다른 분석을 제시할 수도 있지만, 강의 점수와 '미모' 점수의 관계는 '약한 양의 관계'를 가지는 것으로 보입니다. 이는 앞서 계산한 상관 계수 0.187과 일치합니다.

또한 이 플롯의 오른쪽 상단에 박스 안에 강조 표시된 6점이 있는 것처럼 보입니다. 그러나 이 플롯에는 **오버플로팅** 문제가 있으므로 실제로는 그렇지 않습니다. 2.3.2항에서 다뤘듯이, 오버플로팅은 여러 점이 서로 바로 위에 겹쳐져 있어 구분하기 어려울 때 발생한다는 점을 기억하세요. 따라서 상자 안에 점이 6개만 있는 것처럼 보일 수 있지만 실제로는 더 많은 점이 있습니다. 이 사실은 `geom_point()` 대신 `geom_jitter()`를 사용할 때만 분명해집니다. <**그림 5.2**>에서와 동일한 작은 상자와 함께 <**그림 5.3**>에 결과 그래프를 표시합니다.

```
ggplot(evals_ch5, aes(x = bty_avg, y = score)) +
  geom_jitter() +
  labs(x = "Beauty Score", y = "Teaching Score",
       title = "Scatterplot of relationship of teaching and beauty scores")
```

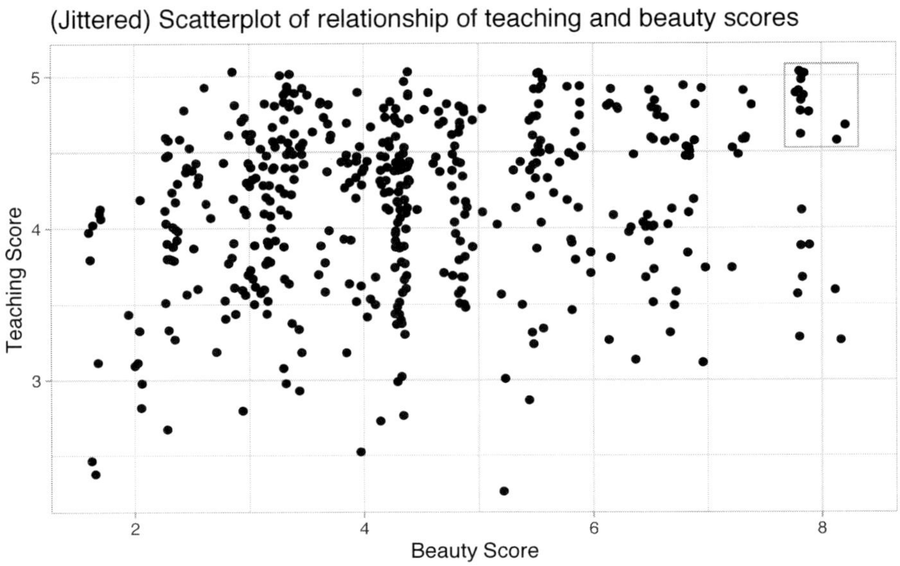

그림 5.3 텍사스 오스틴 대학교의 강사 평가 점수

이제 <**그림 5.2**>에서 원래 제안된 6개가 아니라 상자에 강조 표시된 영역에 12개의 점이 있음이 명확히 드러납니다. 오버플로팅에 대한 2.3.2항에서 지터링이 각 점에 약간의 무작위 '넛지'를 추가하여 이러한 연결 고리를 끊는다는 점을 기억하세요. 또한 지터링은 엄밀히 말해 시각화 도구일 뿐 데이터 프레임 `evals_ch5`의 원래 값을 변경하지 않는다는 점에 주의하세요. 그러나 앞으로는 간단하게 하기 위해 지터링이 적용된 산점도 대신 일반(순정) 산점도만 제시하겠습니다.

<**그림 5.2**>의 지터링이 없는 산점도에 '최적합(best-fitting)' 선을 추가하여 이 산점도에 그릴 수 있는 모든 선 중에서 점의 구름 사이를 통과하는 '가장 잘 맞는' 선을 만들어 보겠습니다. 이 작업은 <**그림 5.2**>에서 산점도를 생성한 `ggplot()` 코드에 새로운 `geom_smooth(method = "lm", se = FALSE)` 레이어를 추가함으로써 수행할 수 있습니다. `method = "lm"` 인수는 라인을 '선형 모델'로 설정합니다. `se = FALSE` 인수는 **표준오차** 불확실성 막대가 그려지지 않도록 제어합니다(표준오차 개념은 나중에 7.3.2항에서 정의하겠습니다).

```
ggplot(evals_ch5, aes(x = bty_avg, y = score)) +
  geom_point() +
  labs(x = "Beauty Score", y = "Teaching Score",
       title = "Relationship between teaching and beauty scores") +
  geom_smooth(method = "lm", se = FALSE)
```

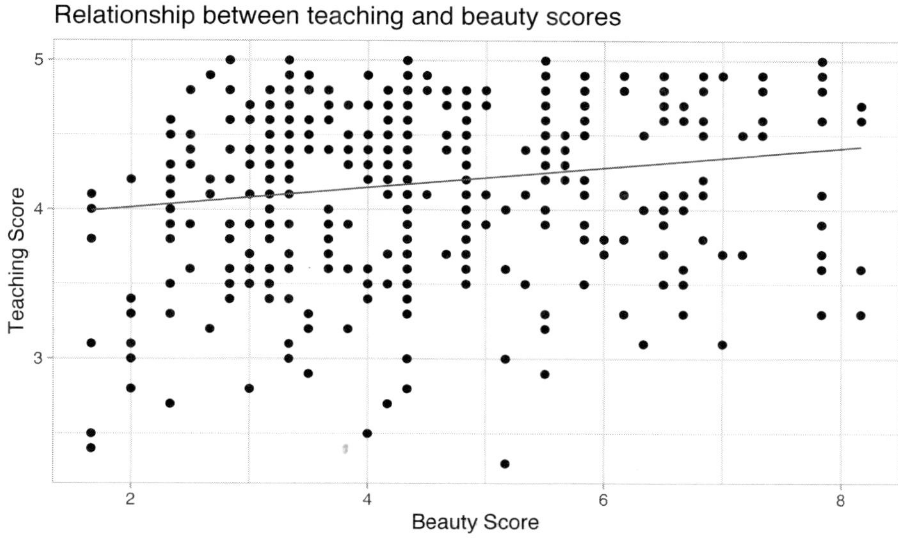

그림 5.4 회귀선

결과 <**그림 5.4**>의 선을 '회귀선'이라고 합니다. 회귀선은 두 개의 수치형 변수(이 경우 결과변수 `score`와 설명변수 `bty_avg`) 간의 관계를 시각적으로 요약한 것입니다. 직선의 양의 기울기는 앞서 관찰한 상관 계수 0.187과 부합하며, 이 두 변수 간에 양의 관계가 있음을 나타냅니다. 즉, 강사의 '미모' 점수가 높을수록 강의 평가도 높게 나온다는 것을 알 수 있습니다. 그러나 상관 계수와 회귀선의 기울기는 항상 같은 부호(양수 또는 음수)를 갖지만 그 값은 보통 다르다는 점에 대해서는 앞으로 살펴볼 예정입니다.

또한 회귀선은 몇 가지 수학적 기준을 최소화한다는 점에서 '최적합' 값을 표현합니다. 5.3.2항에서 이러한 수학적 기준에 대해 살펴볼 텐데, 하나의 수치형 설명변수를 사용한 회귀에 대한 이 항의 나머지 부분을 먼저 읽은 후에 읽는 것을 권해드립니다.

| 학습 확인 |

(LC5.1) 결과변수 y는 **score**로 동일하지만 **age**를 새로운 설명변수 x로 사용하여 새로운 탐색적 데이터 분석을 수행합니다. 여기에는 다음 세 가지가 포함됩니다.

(a) 원자료 값 보기

(b) 요약통계 계산

(c) 데이터 시각화 만들기

이 분석을 바탕으로 나이와 강의 점수 사이의 관계에 대한 정보 값을 구할 수 있나요?

5.1.2 단순선형회귀(SLR)

중고등학교 수학에서 지석의 방정식이 $y = a + b \cdot x$라고 배운 것을 기억하실 것입니다(· 기호는 × '곱하기' 수학 기호와 동일하다는 것도 기억하시죠? 앞으로는 더 간결한 · 기호를 사용하겠습니다). 직선의 방정식은 두 개의 계수 a와 b로 정의됩니다. 절편 계수 a는 x가 0일 때의 y 값입니다. b는 x가 1 증가할 때마다 증가하는 y의 값입니다. 이를 '기울기'라고도 합니다.

하지만 <**그림 5.4**>의 회귀선과 같은 회귀선을 정의할 때는 약간 다른 표기를 사용합니다. 회귀선의 방정식은 $\hat{y} = b_0 + b_1 \cdot x$입니다. 절편 계수는 b_0이므로 b_0은 $x = 0$일 때 $\hat{y}$의 값입니다. x의 기울기 계수는 b_1, 즉 x가 1 증가할 때마다 증가하는 $\hat{y}$의 값입니다. y 위에 '모자(hat)'를 붙이는 이유는 무엇일가요? 이는 회귀분석에서 일반적으로 사용되는 표기법으로, 주어진 x 값에 대한 회귀 선에 적합한 y의 값(fitted value)이 있음을 나타냅니다. 이에 대해서는 다음 5.1.3항에서 자세히 설명하겠습니다.

우리는 <**그림 5.4**>의 회귀선이 설명변수 `bty_avg`와 상관관계가 있는 양의 기울기 b_1를 갖고 있음을 알고 있습니다. 그 이유는 무엇일까요? 강사의 `bty_avg` 점수가 높을수록 강의 평가 점수도 높아지는 경향이 있기 때문입니다. 그런데 기울기 b_1의 수치는 어떻게 될까요? 절편 b_0은 어떨까요? 이 두 값을 손 대신 컴퓨터를 사용하여 계산해 봅시다!

선형회귀표(linear regression table)를 출력하여 절편 b_0과 `btg_avg` b_1의 기울기 값을 구할 수 있습니다. 이 작업은 두 단계로 진행됩니다.

1. 먼저 `lm()` 함수를 사용하여 '적합'한 선형회귀모델을 만들어 `score_model`에 저장합니다.
2. `moderndive` 패키지의 `get_regression_table()` 함수를 `score_model`에 적용하여 회귀표를 구합니다.

```
# Fit regression model(적합한 선형회귀 모형 만들기):
score_model <- lm(score ~ bty_avg, data = evals_ch5)
# Get regression table(회귀표 구하기):
get_regression_table(score_model)
```

표 5.2 선형회귀표

term	estimate	std_error	statistic	p_value	lower_ci	upper_ci
intercept	3.880	0.076	50.96	0	3.731	4.030
bty_avg	0.067	0.016	4.09	0	0.035	0.099

먼저 <**표 5.2**>의 출력된 회귀표를 해석하는 데 집중해 봅시다. 그리고 그 뒤에 이를 생성한 코드를 다시 살펴보겠습니다. <**표 5.2**>의 **estimate** 열에는 **bty_avg**에 대한 절편 b_0 = 3.88과 기울기 b_1 = 0.067이 있습니다. 따라서 <**그림 5.4**>의 회귀선 방정식은 다음과 같습니다.

$$\hat{y} = b_0 + b_1 \cdot x$$
$$\widehat{score} = b_0 + b_{\text{bty\_avg}} \cdot \text{bty\_avg}$$
$$= 3.880 + 0.067 \cdot \text{bty\_avg}$$

절편 b_0 = 3.88은 강사의 '미모' 점수 **bty_avg**가 0인 코스의 평균 강의 점수 $\hat{y} = \widehat{score}$입니다. 또는 그래픽 용어로 x = 0일 때 선이 y축과 교차하는 지점을 나타냅니다. 그러나 회귀선의 중앙값은 수학적 해석이 가능하지만, 여기서는 1에서 10까지 6명의 패널리스트의 '미모' 점수의 평균인 0을 관찰할 수 없기 때문에 실제적인 해석은 불가능합니다. 또한 <**그림 5.4**>의 회귀선이 있는 산점도를 보면 0에 가까운 미모 점수를 받은 강사는 없습니다.

더 흥미로운 부분은 강의 점수와 '미모' 점수 변수 간의 관계를 요약한 기울기 $b_1 = b_{\text{bty_avg}}$의 0.067입니다. 부호가 양수이므로 이 두 변수 간에 양의 관계가 있음을 의미하며, 이는 '미모' 점수가 높은 교사일수록 강의 점수도 높은 경향이 있음을 의미합니다. 앞서 상관 계수가 0.187이었다는 것을 상기해 보세요. 두 변수 모두 같은 양의 부호를 갖지만 값은 다릅니다. 상관 관계의 해석은 '선형 연관성의 강도'라는 점을 기억하세요. 기울기의 해석은 조금 다릅니다.

---

bty_avg가 1 단위 증가할 때마다 평균적으로 0.067 단위의 **score**가 증가합니다.

사실 이러한 관계에 대해 **연관된**(associated) 증가가 있다는 것만 밝힐 수 있을 뿐, 필연적으로 인과관계가 있다고 말할 수 있는 건 아닙니다. 예를 들어, '미모' 점수가 높다고 해서 강의 점수 자체가 높아지는 것은 아닐 수 있습니다. 대신, 부유한 환경에서 자란 개인이 더 높은 교육적 환경을 누리는 경향이 있으므로 강의 점수가 더 높고, 동시에 이러한 부유한 개인이 '미모' 점수도 더 높은 경향을 가질 수도 있습니다. 즉, 두 변수가 밀접하게 연관되어 있다고 해서 반드시 한 변수가 다른 변수의 원인이 되어 인과를 발생시키는 것(cause)은 아닙니다. 이러한 인식을 '상관관계가 반드시 인과관계는 아니다'라는 널리 알려진 문구로 요약할 수 있습니다. 이 개념에 대해서는 5.3.1항에서 자세히 설명하겠습니다.

또한 이 연관된 증가가 평균 0.067점의 강의 **score** 증가라고 말하는 이유는 **bty_avg**

점수가 1점 차이 나는 두 명의 강사가 있을 수 있지만 이들의 강의 점수 차이가 반드시 정확히 0.067점이 될 필요는 없기 때문입니다. 0.067의 기울기가 의미하는 바는 가능한 모든 과정에서 '미모' 점수가 1점씩 다른 두 강사의 평균 강의 점수 차이가 0.067이라는 것입니다.

지금까지 <**표 5.2**>의 estimate 열에 있는 값을 사용하여 <**그림 5.4**>의 회귀선에 대한 방정식을 계산하는 방법과, 그 결과인 절편과 기울기를 해석하는 방법을 배웠습니다. 이제 이 표를 생성한 코드를 다시 살펴봅시다.

```
# Fit regression model:
score_model <- lm(score ~ bty_avg, data = evals_ch5)
# Get regression table:
get_regression_table(score_model)
```

먼저, lm() 함수를 사용해 선형회귀모델을 데이터에 '적합(fit)'하고 이를 score_model에 저장합니다. 여기서 '적합'이란 '이 데이터에 가장 잘 맞는 선(최적합선)을 찾는다'는 의미입니다. lm()은 '선형 모델'을 의미하며 다음과 같이 사용됩니다: lm(y ~ x, data = data_frame_name)

이때 참고할 점은 아래와 같습니다.

- y는 결과변수이고 그 뒤에 물결(~)이 붙습니다. 이 경우 y는 점수로 설정되어 있습니다.
- x는 설명변수입니다. 이 경우 x는 bty_avg로 설정됩니다.
- y ~ x의 조합을 **모델 공식**이라고 합니다(y와 x의 순서에 주의하세요). 이 경우 모델 공식은 score ~ bty_avg입니다. 앞서 5.1.1항의 get_correlation() 함수를 사용하여 상관 계수를 계산할 때 이러한 모델 공식을 보았습니다.
- 여기서 data_frame_name은 변수 y와 x가 포함된 데이터 프레임의 이름이고, 이 경우 evals_ch5 데이터 프레임입니다.

둘째, score_model에 저장된 모델을 가져와 moderndive 패키지의 get_regression_table() 함수를 적용해 <**표 5.2**>의 회귀표를 얻습니다. 이 함수는 컴퓨터 프로그래밍에서 **래퍼 함수**(wrapper function)로 알려져 있습니다. 래퍼 함수는 기존의 다른 함수를 가져와서 내부 작동을 숨기는 단일 함수로 '래핑'하는 것입니다. 이 개념은 <**그림 5.5**>에 설명되어 있습니다.

그림 5.5 래퍼 함수의 개념

여러분은 입력이 어떻게 생겼는지, 출력이 어떻게 생겼는지만 고민하면 됩니다. 다른 모든 세부 사항은 '자동차의 후드 아래'에 남겨두세요. 회귀모델링 예제에서 `get_regression_table()` 함수는 저장된 `lm()` 선형회귀모델을 입력으로 받고 회귀표의 데이터 프레임을 출력으로 산출합니다. `get_regression_table()` 함수의 내부 작동 방식에 대해 자세히 알아보려면 5.3.3항을 확인하세요.

마지막으로 <표 5.2>의 나머지 5개 열인 `std_error`, `statistic`, `p_value`, `lower_ci`, `upper_ci`가 무엇인지 궁금할 수 있습니다. 각각은 **표준오차**, **검정통계**, p**값**, 95% **신뢰구간 하한**, 95% **신뢰구간 상한**을 뜻합니다. 이 값들은 우리가 계산한 결과의 **통계적 유의성**과 **실질적 유의성** 모두를 알려줍니다. 통계적 유의성과 실질적 유의성은 회귀에 대한 통계 추론을 다루는 10장에서 다시 살펴볼 테니 지금은 잠시 내버려두겠습니다. 7장에서 표준오차, 8장에서 신뢰구간, 9장에서 가설검정과 p값을 살펴보고 나면, 그때 그 개념을 잘 이해할 수 있게 될 겁니다.

| 학습 확인 |

(LC5.2) `age`를 새로운 설명변수 x로 하는 `lm(score~age, data = evals_ch5)`를 사용하여 새로운 단순선형회귀를 적합해 보세요. `get_regression_table()` 함수를 적용해서 회귀표에 '최적합' 하는 선에 대한 정보도 확인해 보세요. 회귀 결과가 이전에 수행했던 탐색적 데이터 분석의 결과와 어떻게 일치하나요?

5.1.3 관측된 값과 적합값, 그리고 잔차

지금까지 `get_regression_table()` 함수로 생성된 회귀표의 `estimation` 열에 절편 값과 회귀선의 기울기를 구해서 나타내는 방법을 살펴보았습니다. 이제 개별 관측값에 대한 정보가 필요하다고 가정해 봅시다. 예를 들어 <표 5.3>의 `evals_ch5` 데이터 프레임에 있는 463개 강좌 중 21번째 강좌에 주목해 보겠습니다.

표 5.3 463개 강좌 중 21번째 강좌에 대한 데이터

ID	score	bty_avg	age
21	4.9	7.33	31

회귀선상의 값 $\hat{y}$인 이 강사의 bty_avg, 즉 '미모' 점수인 7.333에 해당하는 값은 무엇인가요? <**그림 5.6**>에서 이 21번째 강좌의 강사와 상관 관계가 있는 세 개의 값을 표시하고 통계적 이름을 지정해보겠습니다.

- 동그라미: **관찰된 값** y = 4.9는 강사의 실제 강의 점수입니다.
- 정사각형: **적합값** $\hat{y}$는 x = bty_avg = 7.333일 때의 회귀선상의 값입니다. 이 값은 이전 회귀표의 절편과 기울기를 사용하여 계산됩니다.

$$\hat{y} = b_0 + b_1 \cdot x = 3.88 + 0.067 \cdot 7.333 = 4.369$$

- 화살표: 이 화살표의 길이는 **잔차**(residual)이며 관찰된 값 y에서 적합값 $\hat{y}$을 빼서 계산합니다. 잔차는 특정 관측값에 대한 모델의 오차 또는 '적합에서 부족한 수준'으로 생각할 수 있습니다. 이 강좌를 담당하는 강사의 경우 $y - \hat{y}$ = 4.9 – 4.369 = 0.531입니다.

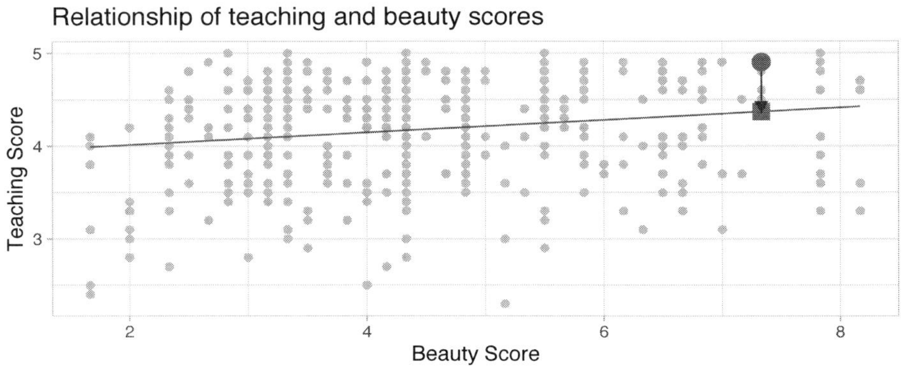

그림 5.6 관측값, 적합값, 잔차의 예시

이제 연구의 모든 463개 강좌에 대한 적합 값 $\hat{y} = b_0 + b_1 \cdot x$와 잔차 $y - \hat{y}$를 모두 계산하고 싶다고 가정해 봅시다. 각 강좌는 `evals_ch5` 데이터 프레임의 463개 행 중 하나에 해당하며 <**그림 5.6**>의 회귀 플롯에서 463개 점 중 하나에 해당합니다.

앞서 수작업으로 수행했던 계산을 463번 반복할 수도 있지만, 이 방법은 너무 지루하고 시간이 많이 걸리죠. 대신 컴퓨터에서 `get_regression_points()` 함수를 사용하여 이 작업을 수행해봅시다. `get_regression_table()` 함수와 마찬가지로 `get_regression_`

points() 함수는 '래퍼' 함수이긴 하지만 이 함수는 다른 출력을 반환합니다. 이전 장에서 **lm()** 모델을 저장한 **score_model**에 **get_regression_points()** 함수를 적용해 보겠습니다. <**표 5.4**>에서는 간결성을 위해 21~24번째 강좌의 결과만 살펴보겠습니다.

```
regression_points <- get_regression_points(score_model)
regression_points
```

표 5.4 회귀 지점(21~24번째 강좌만 해당)

ID	score	bty_avg	score_hat	residual
21	4.9	7.33	4.37	0.531
22	4.6	7.33	4.37	0.231
23	4.5	7.33	4.37	0.131
24	4.4	5.50	4.25	0.153

이제 개별 열을 조사해서 <**그림 5.6**>의 요소들과 일치시켜 보겠습니다.

- **score** 열은 관찰된 결과변수 y를 나타내며, 463개의 검은색 점의 **y** 위치입니다.
- **bty_avg** 열은 설명변수 x의 값을 나타내며, 463개의 검은색 점의 **x** 위치입니다.
- **score_hat** 열은 적합값 $\hat{y}$을 나타내며, 463개의 x 값에 대한 회귀선상의 해당 값입니다.
- **residual** 열은 잔차 $y - \hat{y}$를 나타내며, 463개의 검은색 점과 회귀선 사이의 수직 거리입니다.

evals_ch5 데이터셋의 21번째 강좌의 강사에 대해 수행한 것처럼(표의 첫 번째 행) 24번째 강좌의 강사(<**표 5.4**>의 네 번째 행)에 대해서도 계산을 반복해 보겠습니다.

- **score** = **4.4**는 이 강좌의 강사에 대한 관찰된 강의 점수 y입니다.
- **bty_avg** = **5.50**은 이 강좌의 강사에 대한 설명변수 **bty_avg** x의 값입니다.
- **score_hat** = **4.25** = **3.88** + **0.067**·**5.50**은 이 강좌의 강사에 대한 회귀선의 적합 값 $\hat{y}$입니다.
- **residual** = **0.153** = **4.4** - **4.25**는 이 강사에 대한 잔차 값입니다. 즉, 이 강좌의 강사에 대한 모델의 적합값이 0.153점 단위로 벗어났습니다.

만약 '가장 잘 적합하는' 회귀선을 만드는 프로세스에 대해 알고 싶다면, 5.3.2항으로 건너뛰어도 됩니다. 그 전에 간단히 설명해 보자면, '가장 잘 적합하는' 선이란 점을 통해 그릴 수 있는 모든 가능한 선 중에서 잔차의 제곱합을 최소화하는 선을 말합니다. 5.2절에서는 범주형 설명변수와 수치형 결과변수가 있는 또 다른 일반적인 시나리오에 대해 살펴보겠습니다.

| 학습 확인 |

(LC5.3) age를 설명변수 x로 사용한 모델의 잔차를 포함한 데이터 프레임을 생성합니다.

5.2 설명변수가 한 개의 범주형 변수일 때

전 세계 모든 국가의 기대 수명이 동일하지 않다는 것은 안타까운 사실입니다. 국제 개발 기구들은 정부가 이 문제를 해결하려면 자원을 어떻게 배분해야 하는지 파악하기 위해 이러한 기대 수명의 차이를 연구하는 데 관심을 갖고 있습니다. 이 절에서는 기대 수명의 차이를 두 가지 방법으로 살펴볼 것입니다.

1. 대륙 간의 차이: 인구가 많은 세계 5대 대륙(아프리카, 아메리카, 아시아, 유럽, 오세아니아) 간 평균 기대 수명에 큰 차이가 있을까요?
2. 대륙 내 차이: 세계 5대 대륙 내에서 기대 수명은 어떻게 다를까요? 예를 들어, 아프리카 국가 간의 기대수명 격차가 아시아 국가 간의 기대수명 격차보다 더 클까요?

이러한 질문에 답하기 위해 `gapminder` 패키지에 포함된 `gapminder` 데이터 프레임을 사용하겠습니다. 이 데이터셋에는 1952년부터 2007년까지 5년 간격으로 142개국의 기대 수명, 1인당 GDP, 인구 등의 국제 개발 통계가 포함되어 있습니다. 그래픽 문법에 대한 2.1.2절의 <**그림 2.1**>에서 이 데이터 중 일부를 시각화했던 것을 떠올려 보세요.

또한 `gapminder` 데이터를 기본회귀에 다시 사용하되, 이전 5.1절에서 사용한 수치 설명변수 모델과 달리 이번에는 범주형 설명변수 x를 사용하겠습니다.

1. 수치형 결과변수 y(국가의 기대 수명)
2. 단일 범주형 설명변수 x(해당 국가가 속한 대륙)

설명변수 x가 범주형인 경우, '가장 잘 맞는' 회귀선의 개념은 앞서 5.1절에서 설명변수 x가 숫자였던 경우와 약간 다릅니다. 이러한 차이점은 5.2.2항에서 곧 살펴보겠지만, 일단 탐색적 데이터 분석부터 수행해 보겠습니다.

5.2.1 탐색적 데이터 분석(EDA)

142개 국가에 대한 데이터는 **gapminder** 패키지에 포함된 **gapminder** 데이터 프레임에서 찾을 수 있습니다. 그러나 작업을 단순화하기 위해 2007년도에 해당하는 관측치/행만 **filter()**해 보겠습니다. 또한, 이 장에서 고려할 변수의 하위 집합만 **select()**해 보겠습니다. 이 데이터는 **gapminder2007**이라는 새 데이터 프레임에 저장하겠습니다.

```
library(gapminder)
gapminder2007 <- gapminder %>%
  filter(year == 2007) %>%
  select(country, lifeExp, continent, gdpPercap)
```

탐색적 데이터 분석의 첫 번째 일반적인 단계인 원자료 값 보기를 수행해 보겠습니다. 이 작업은 RStudio의 스프레드시트 뷰어를 사용하거나 데이터 프레임 탐색에 대해 1.4.3항에 소개된 대로 **glimpse()** 명령을 사용하여 수행할 수 있습니다.

```
glimpse(gapminder2007)
```

```
Observations: 142
Variables: 4
$ country   <fct> Afghanistan, Albania, Algeria, Angola, Argentina, Au...
$ lifeExp   <dbl> 43.8, 76.4, 72.3, 42.7, 75.3, 81.2, 79.8, 75.6, 64.1...
$ continent <fct> Asia, Europe, Africa, Africa, Americas, Oceania, Eur...
$ gdpPercap <dbl> 975, 5937, 6223, 4797, 12779, 34435, 36126, 29796, 1...
```

`Observations: 142` 부분은 **gapminder2007**에 각각이 한 국가에 해당하는 142개의 행/관측값이 있음을 나타냅니다. 즉, **관측 단위**(observational unit)는 개별 국가입니다. 또한 변수 **continent**가 범주형 변수를 인코딩하는 R의 방식인 **팩터**를 나타내는 **<fct>** 유형임에 주목하세요.

gapminder에 포함된 모든 변수에 대한 상세한 설명은 관련 도움말 파일(콘솔에서 **?gapminder** 실행)에서 확인할 수 있습니다. 하지만 여기서는 **gapminder2007**에서 우리가 선택한 4개의 변수에 대해서만 자세히 설명하겠습니다.

1. **country**: 데이터셋의 142개 국가를 구분하는 데 사용되는 문자/텍스트 유형의 식별 변수입니다.

2. `lifeExp`: 해당 국가의 출생 시 기대 수명을 나타내는 수치형 변수입니다. 이것이 관심 있는 결과변수 y입니다.
3. `continent`: 5개의 수준으로 구성된 범주형 변수입니다. 여기서 '수준'은 가능한 범주와 상관 관계가 있습니다: Africa, Asia, America, Europe, Oceania. 이것이 관심 있는 설명변수 x입니다.
4. `gdpPercap`: 이 항의 마지막에 있는 학습 확인에서, 또 다른 결과변수 y로 사용할 미국 인플레이션 조정 달러로 표시된 해당 국가의 1인당 GDP의 수치형 변수입니다.

<표 5.5>의 142개국 중 5개국의 무작위로 추출된 표본을 살펴볼까요?

```
gapminder2007 %>% sample_n(size = 5)
```

표 5.5 142개국 중 5개국의 무작위 추출 표본

country	lifeExp	continent	gdpPercap
Togo	58.4	Africa	883
Sao Tome and Principe	65.5	Africa	7598
Congo, Dem. Rep.	46.5	Africa	278
Lesotho	42.6	Africa	7569
Bulgaria	73.0	Europe	10681

임의 표집을 사용하면 표시된 것과 다른 5개의 행 하위 집합이 생성될 수 있습니다. `gapminder2007` 데이터 프레임의 원자료 값을 살펴보고 데이터를 파악했으므로, 이제 요약통계 계산으로 넘어가겠습니다. 다시 한 번 `skimr` 패키지의 `skim()` 함수를 적용해 보겠습니다. 이 함수는 데이터 프레임을 가져와서 '스키밍'한 다음 일반적으로 사용되는 요약통계를 반환한다는 것을 이전 EDA 결과에서 떠올려 보세요. `gapminder2007` 데이터 프레임을 가져와서 결과 및 설명변수인 `lifeExp`와 `continent`만 `select()`한 다음 이를 `skim()` 함수에 파이프해 보겠습니다.

```
gapminder2007 %>% select(lifeExp, continent) %>% skim()
```

```
Skim summary statistics
 n obs: 142
 n variables: 2
```

```
── Variable type:factor
  variable missing complete   n n_unique                          top_counts ordered
 continent    0         142 142 5 Afr: 52, Asi: 33, Eur: 30, Ame: 25   FALSE

── Variable type:numeric
variable missing complete   n  mean    sd    p0   p25   p50   p75 p100
 lifeExp       0       142 142 67.01 12.07 39.61 57.16 71.94 76.41 82.6
```

이제 skim() 출력은 범주형 변수(Variable type:factor)에 대한 요약을 수치형 변수(Variable type:numeric)와 별도로 보고합니다. 범주형 변수 continent의 경우, 아래 사항을 보고합니다.

- 각각 이전과 같이 누락된 값, 완료된 값, 값의 총수에 해당하는 **missing**, **complete**, **n**
- n_unique: 이 변수의 고유 수준 숫자. Africa, Asia, America, Europe, Oceania에 해당하며, 각 대륙별 데이터에 포함된 국가 수를 나타냅니다.
- top_counts: 이 경우 상위 4개가 포함되는데, Africa는 52개국, Asia는 33개국, Europe은 30개국, America는 25개국입니다. 2개 국가가 있는 Oceania는 표시되지 않습니다.
- ordered: 범주형 변수가 '순서형'인지, 즉 인코딩된 계층 구조(예: 낮음, 중간, 높음)가 있는지 여부를 알려줍니다. 이 경우 continent은 정렬되지 않습니다.

수치형 변수 lifeExp의 요약통계로 관심을 돌리면, 2007년 전 세계 기대 수명의 중앙값이 71.94세였음을 알 수 있습니다. 이로써 전 세계 국가 중 절반(71개국)의 기대 수명이 71.94세 미만인 것을 확인했습니다. 그런데 평균 기대 수명은 67.01로 더 낮습니다. 평균 기대 수명이 중앙값보다 낮은 이유는 무엇일까요?

탐색적 데이터 분석의 세 가지 일반적인 단계 중 마지막 단계인 데이터 시각화 만들기를 수행하여 이 질문에 답할 수 있습니다. <**그림 5.7**>에서 결과변수 y = lifeExp의 분포를 시각화해 보겠습니다.

```
ggplot(gapminder2007, aes(x = lifeExp)) +
  geom_histogram(binwidth = 5, color = "white") +
  labs(x = "Life expectancy", y = "Number of countries",
       title = "Histogram of distribution of worldwide life expectancies")
```

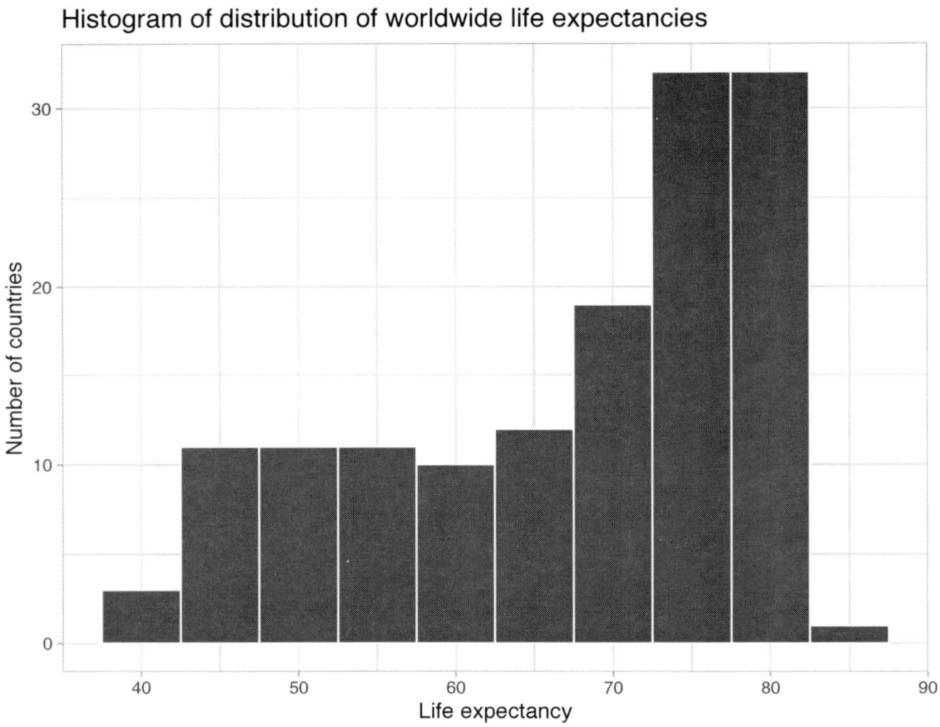

그림 5.7 2007년 기대 수명 히스토그램

이 데이터는 **왼쪽으로 치우쳐 있으며**(left-skewed), **음으로 치우쳐**(negatively skewed) 있다고도 합니다. 기대 수명이 낮은 몇몇 국가가 평균 기대 수명을 낮추고 있기 때문입니다. 그러나 중앙값은 이러한 이상치의 영향에 덜 민감하므로 이 경우 중앙값이 평균보다 큽니다.

그러나 우리가 대륙 간 및 대륙 내 기대 수명을 비교하고자 한다는 점을 기억하세요. 즉, 우리의 시각화에는 변수 `continent`에 대한 개념이 포함되어야 합니다. 이 작업은 패싯 히스토그램으로 쉽게 수행할 수 있습니다. 2.6절에서 화면 분할을 사용하면 다른 변수의 다른 값으로 시각화를 분할할 수 있었습니다. <그림 5.8>에 `facet_wrap(~ continent, nrow = 2)` 레이어를 추가하여 결과 시각화를 표시합니다.

```
ggplot(gapminder2007, aes(x = lifeExp)) +
  geom_histogram(binwidth = 5, color = "white") +
  labs(x = "Life expectancy",
       y = "Number of countries",
       title = "Histogram of distribution of worldwide life expectancies") +
  facet_wrap(~ continent, nrow = 2)
```

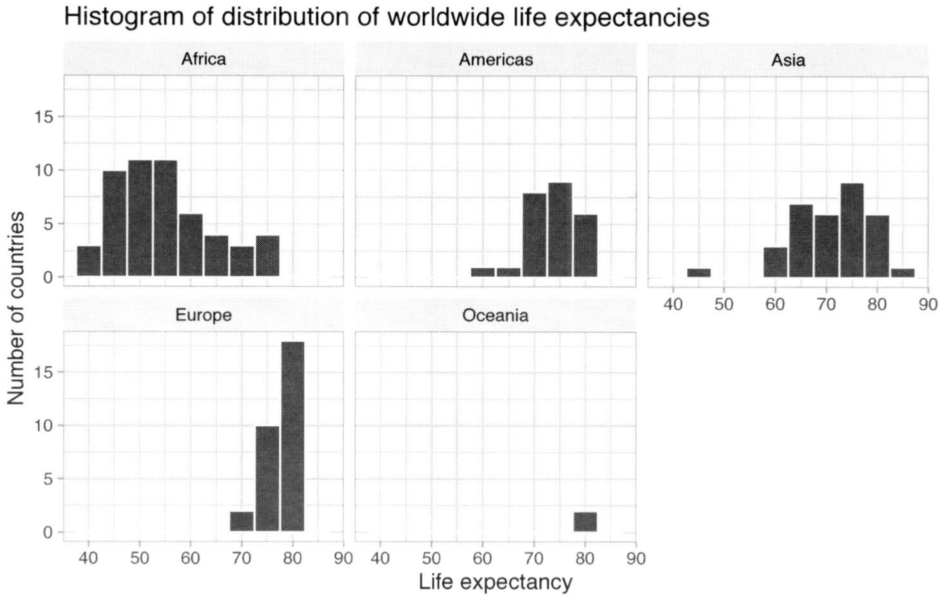

그림 5.8 2007년 기대 수명(히스토그램)

아프리카의 기대 수명 분포는 안타깝게도 다른 대륙에 비해 훨씬 낮은 반면, 유럽에서는 기대 수명이 더 높은 경향이 있으며 그다지 차이가 나지 않는다는 것을 알 수 있습니다. 반면에 아시아와 아프리카는 기대 수명의 편차가 가장 큽니다. 오세아니아의 편차가 가장 적지만 오세아니아에는 단 두 개의 국가(호주와 뉴질랜드)만 있다는 점도 명심하세요.

범주형 변수로 분할된 수치형 변수의 분포를 시각화하는 또 다른 방법은 나란히 놓인 박스 플롯을 사용하는 것입니다. <**그림 5.9**>에서 범주형 변수 대륙을 y축에, 각 대륙 내의 다양한 기대 수명을 y축에 매핑해 보겠습니다.

```
ggplot(gapminder2007, aes(x = continent, y = lifeExp)) +
  geom_boxplot() +
  labs(x = "Continent", y = "Life expectancy",
       title = "Life expectancy by continent")
```

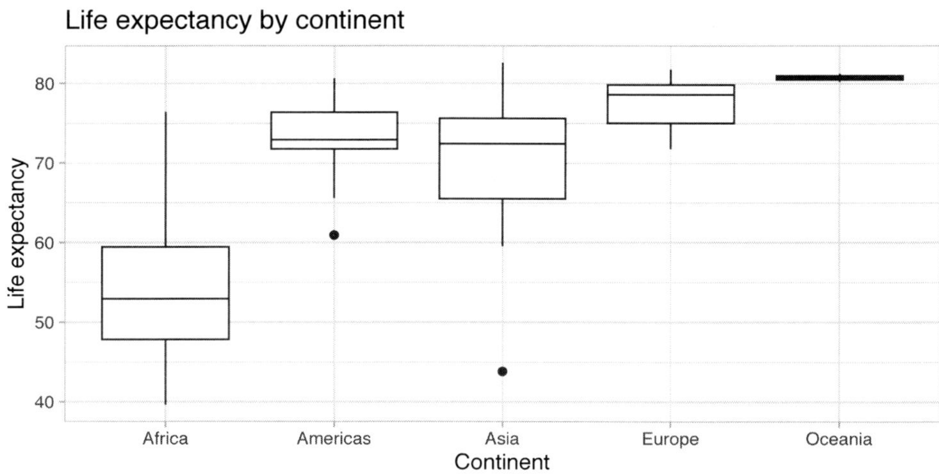

그림 5.9 2007년 기대 수명(박스 플롯)

어떤 사람들은 화면 분할된 히스토그램 대신 박스 플롯을 사용하여 범주형 변수의 여러 수준 가운데 수치형 변수의 분포를 비교하는 것을 선호합니다. 가상의 수평선을 사용하여 범주형 변수의 수준 사이를 빠르게 비교할 수 있기 때문입니다. 예를 들어, <**그림 5.9**>에서 y = 80에 가상의 수평선을 그려서 오세아니아의 평균 기대 수명이 가장 높다는 것을 빠르게 확인할 수 있습니다. 또한 <**그림 5.8**>의 화면 분할된 히스토그램에서 볼 수 있듯이 사분위수 범위(상자의 높이)가 큰 아프리카와 아시아는 기대 수명의 편차가 가장 큽니다.

그러나 상자 중앙의 실선은 평균(평균)이 아니라 중앙값(중간 값)에 해당한다는 사실을 유념해야 합니다. 예컨대 아시아에서 실선은 평균 기대 수명이 약 72세임을 나타냅니다. 이는 아시아 전체 국가의 절반은 기대 수명이 72세 미만인 반면, 절반은 기대 수명이 72세 이상이라는 것을 의미합니다.

데이터 랭글링을 조금 더 수행하여 각 대륙의 기대 수명 중앙값과 평균 기대 수명을 계산하고, 그 결과를 <**표 5.6**>에 표시해 보겠습니다.

표 5.6 대륙별 기대 수명

continent	median	mean
Africa	52.9	54.8
Americas	72.9	73.6
Asia	72.4	70.7
Europe	78.6	77.6
Oceania	80.7	80.7

```
lifeExp_by_continent <- gapminder2007 %>%
  group_by(continent) %>%
  summarize(median = median(lifeExp),
            mean = mean(lifeExp))
```

두 번째 median 열의 기대 수명 순서를 관찰해 보세요. 아프리카가 가장 낮고, 미주와 아시아가 비슷한 중앙값, 그 다음으로 유럽, 오세아니아 순입니다. 이 순서는 <**그림 5.9**>의 나란한 박스 플롯에서 상자 안의 검은색 실선의 순서와 일치합니다.

이제 세 번째 열 mean의 값에 주목해 봅시다. 아프리카의 평균 기대 수명 54.8세를 **비교 기준으로 삼아**(baseline for comparison) 다른 4개 대륙의 평균 기대 수명과 비교를 시작하고 이 값을 <**표 5.7**>에 넣어 이 장의 뒷부분에서 다시 살펴보겠습니다.

1. 아메리카 대륙의 경우 73.6 − 54.8 = 18.8년 더 높습니다.
2. 아시아의 경우 70.7 − 54.8 = 15.9년 더 높습니다.
3. 유럽의 경우 77.6 − 54.8 = 22.8년 더 높습니다.
4. 오세아니아의 경우 80.7 − 54.8 = 25.9년 더 높습니다.

표 5.7 대륙별 평균 기대 수명 및 아프리카의 평균과의 상대적 차이

continent	median	Difference versus Africa
Africa	54.8	0.0
Americas	73.6	18.8
Asia	70.7	15.9
Europe	77.6	22.8
Oceania	80.7	25.9

| 학습 확인 |

(LC5.4) 설명변수 x는 continent로 동일하지만 다른 결과변수 y로 gdpPercap을 사용하여 새로운 탐색적 데이터 분석을 수행해 보세요. 그러면 대륙별 1인당 GDP의 차이에 대해 어떤 사실을 알 수 있나요?

5.2.2 선형회귀

5.1.2항에서는 수치형 결과변수 y와 수치형 설명변수 x 사이의 관계를 모델링하는 단순선형회귀를 소개했습니다. 우리가 다룬 기대 수명의 예에는 이제 `continent`라는 범주형 설명변수가 생겼습니다. 이 모델은 <그림 5.4>에서와 같이 '최적합' 회귀선을 만들어 내는 것이 아니라 비교를 위한 기준선에 비례해 **상쇄**(offset)합니다.

5.1.3항에서는 교육 점수와 '미모' 점수 간의 관계를 연구할 때와 마찬가지로 이 모델에 대한 회귀표를 출력해 보겠습니다. 이 작업이 두 단계로 수행된다는 점을 기억하세요.

1. 먼저 `lm(y ~ x, data)` 함수를 사용하여 선형회귀모델을 '적합'하고 이를 `lifeExp_model`에 저장합니다.
2. `moderndive` 패키지의 `get_regression_table()` 함수를 `lifeExp_model`에 적용하여 회귀표를 가져옵니다.

```
lifeExp_model <- lm(lifeExp ~ continent, data = gapminder2007) get_regression_
table(lifeExp_model)
```

표 5.8 선형회귀표

term	estimate	std_error	statistic	p_value	lower_ci	upper_ci
intercept	54.8	1.02	53.45	0	52.8	56.8
continentAmericas	18.8	1.80	10.45	0	15.2	22.4
continentAsia	15.9	1.65	9.68	0	12.7	19.2
continentEurope	22.8	1.70	13.47	0	19.5	26.2
continentOceania	25.9	5.33	4.86	0	15.4	36.5

자, <표 5.8>의 `term`과 `estimate` 열의 값을 다시 한 번 집중해서 살펴봅시다. 왜 5개의 행이 있을까요? 하나씩 분석해 보겠습니다.

1. `intercept`은 아프리카 국가들의 평균 기대 수명인 54.8년에 해당합니다.
2. `continentAmericas`는 아메리카 대륙의 국가에 해당합니다. +18.8이란 값은 <표 5.7>에 표시된 아프리카 대비 평균 기대 수명의 차이와 동일합니다. 즉, 아메리카 대륙 국가들의 평균 기대 수명은 54.8 + 18.8 = 73.6년입니다.
3. `continentAsia`는 아시아 국가에 해당합니다. +15.9이란 값은 <표 5.7>에 표시된 아프리카 대비 평균 기대 수명의 차이와 동일합니다. 즉, 아시아 국가들의 평균 기대 수명은 54.8 + 15.9 = 70.7년입니다.

4. `continentEurope`은 유럽에 있는 국가에 해당합니다. +22.8이란 값은 <**표 5.7**>에 표시된 아프리카 대비 평균 기대 수명 차이와 동일합니다. 즉, 유럽 국가들의 평균 기대 수명은 54.8 + 22.8 = 77.6년입니다.
5. `continentOceania`는 오세아니아의 국가에 해당합니다. +25.9라는 값은 <**표 5.7**>에 표시된 아프리카 대비 평균 기대 수명의 차이와 동일합니다. 즉, 오세아니아 국가의 평균 기대 수명은 54.8 + 25.9 = 80.7년입니다.

요약하면, <**표 5.8**>의 `estimate` 열에 있는 5개의 값은 '비교 기준' 대륙인 아프리카(중간값), 그리고 나머지 4개 대륙인 아메리카, 아시아, 유럽, 오세아니아에 대해 이 기준에서 4개의 '오프셋'을 적용하여 계산한 값입니다.

이 시점에서 여러분은 왜 아프리카를 '비교 기준' 그룹으로 선택했는지 궁금할지도 모르겠습니다. 이는 아프리카가 5개 대륙 중 알파벳순으로 첫 번째이기 때문입니다. 기본적으로 R에서는 요인/범주 변수를 영문자와 숫자 순서로 정렬합니다. `forcats` 패키지를 사용하여 가변 대륙의 요인 '수준(levels)'을 조작하면 이 기준 그룹을 다른 대륙으로 변경할 수 있습니다. 예제는 『데이터 과학을 위한 R』의 15장[iv](Grolemund and Wickham, 2017)을 참조하세요.

이제 적합값 $\hat{y} = \widehat{life\ \ exp}$에 대한 방정식을 작성해 보겠습니다.

$$\hat{y} = \widehat{life\ \ exp} = b_0 + b_{\text{Amer}} \cdot \mathbb{1}_{\text{Amer}}(x) + b_{\text{Asia}} \cdot \mathbb{1}_{\text{Asia}}(x) + b_{\text{Euro}} \cdot \mathbb{1}_{\text{Euro}}(x) + b_{\text{Ocean}} \cdot \mathbb{1}_{\text{Ocean}}(x)$$
$$= 54.8 + 18.8 \cdot \mathbb{1}_{\text{Amer}}(x) + 15.9 \cdot \mathbb{1}_{\text{Asia}}(x) + 22.8 \cdot \mathbb{1}_{\text{Euro}}(x) + 25.9 \cdot \mathbb{1}_{\text{Ocean}}(x)$$

후아 정말 끔찍할 정도로 복잡하네요! 하지만 각 요소가 무엇을 의미하는지 이해하고 보면 꽤나 단순하니 걱정마세요. 먼저, $\mathbb{1}_A(x)$는 수학에서 '지표 함수'라고 부르는 함수입니다. 이 함수는0과 1의 두 가지 가능한 값 중 하나를 아래 조건을 충족할 때 각각 반환합니다.

$$\mathbb{1}_A(\text{x}) = \begin{cases} 1 & \text{if } x \text{ is in } A \\ 0 & \text{if otherwise} \end{cases}$$

통계 모델링의 맥락에서는 이를 **더미 변수**(dummy variable)라고도 합니다. 이 경우 첫 번째 지표변수인 $\mathbb{1}_{\text{Asia}}(x)$를 고려해 보겠습니다. 이 지표함수는 국가가 아메리카 대륙에 있으면 1을 반환하고, 그렇지 않으면 0을 반환합니다.

$$\mathbb{1}_{\text{Amer}}(\text{x}) = \begin{cases} 1 & \text{if country } x \text{ is in Americas} \\ 0 & \text{otherwise} \end{cases}$$

둘째, b_0은 이전과 마찬가지로 절편에 해당하고, 이 경우 아프리카 전체 국가의 평균 기대 수명입니다. 셋째, b_{Amer}, b_{Asia}, b_{Euro}, b_{Ocean}은 <표 5.8>의 회귀표 출력에서 대륙 아메리카, 대륙 아시아, 대륙 유럽 및 대륙 오세아니아의 4개의 '비교 기준선 대비 오프셋'을 나타냅니다.

이 모든 것을 종합하여 아프리카의 한 국가에 대한 적합 값 $\hat{y} = \widehat{life\ exp}$를 계산해 보겠습니다. 이 국가는 아프리카에 있으므로 네 개의 지표 함수 $\mathbb{1}_{\text{Amer}}(x)$, $\mathbb{1}_{\text{Asia}}(x)$, $\mathbb{1}_{\text{Euro}}(x)$, $\mathbb{1}_{\text{Ocean}}(x)$은 모두 0이 되므로 $\hat{y}$는 0이 됩니다.

$$
\begin{aligned}
\widehat{life\ exp} &= b_0 + b_{\text{Amer}} \cdot \mathbb{1}_{\text{Amer}}(x) + b_{\text{Asia}} \cdot \mathbb{1}_{\text{Asia}}(x) + b_{\text{Euro}} \cdot \mathbb{1}_{\text{Euro}}(x) + b_{\text{Ocean}} \cdot \mathbb{1}_{\text{Ocean}}(x) \\
&= 54.8 + 18.8 \cdot \mathbb{1}_{\text{Amer}}(x) + 15.9 \cdot \mathbb{1}_{\text{Asia}}(x) + 22.8 \cdot \mathbb{1}_{\text{Euro}}(x) + 25.9 \cdot \mathbb{1}_{\text{Ocean}}(x) \\
&= 54.8 + 18.8 \cdot 0 + 15.9 \cdot 0 + 22.8 + 25.9 \cdot 0 \\
&= 54.8
\end{aligned}
$$

이렇게 해서 남은 것은 아프리카 국가의 평균 기대 수명인 54.8년에 해당하는 절편 b_0 뿐입니다. 이제, 다음으로 아메리카 대륙의 한 국가를 고려한다고 가정해 보겠습니다. 이 경우 아메리카 대륙에 대한 지표 함수 $\mathbb{1}_{\text{Amer}}(x)$만 1이 되고 다른 모든 지표 함수는 0이 됩니다.

$$
\begin{aligned}
\widehat{life\ exp} &= 54.8 + 18.8 \cdot \mathbb{1}_{\text{Amer}}(x) + 15.9 \cdot \mathbb{1}_{\text{Asia}}(x) + 22.8 \cdot \mathbb{1}_{\text{Euro}}(x) + 25.9 \cdot \mathbb{1}_{\text{Ocean}}(x) \\
&= 54.8 + 18.8 \cdot 1 + 15.9 \cdot 0 + 22.8 \cdot 0 + 25.9 \cdot 0 \\
&= 54.8 + 18.8 \\
&= 73.6
\end{aligned}
$$

<표 5.7>의 아메리카 대륙 국가의 평균 기대 수명인 73.6세입니다. '비교를 위한 기준선과의 오프셋'은 +18.8년입니다.

한 가지 더 해보겠습니다. 아시아의 한 국가를 고려한다고 가정해 보겠습니다. 이 경우 아시아에 대한 지표 함수 $\mathbb{1}_{\text{Asia}}(x)$만 1이 되고 다른 모든 지표 함수는 0이 됩니다.

$$
\begin{aligned}
\widehat{life\ exp} &= 54.8 + 18.8 \cdot \mathbb{1}_{\text{Amer}}(x) + 15.9 \cdot \mathbb{1}_{\text{Asia}}(x) + 22.8 \cdot \mathbb{1}_{\text{Euro}}(x) + 25.9 \cdot \mathbb{1}_{\text{Ocean}}(x) \\
&= 54.8 + 18.8 \cdot 0 + 15.9 \cdot 1 + 22.8 \cdot 0 + 25.9 \cdot 0 \\
&= 54.8 + 15.9 \\
&= 70.7
\end{aligned}
$$

<표 5.7>의 아시아 국가의 평균 기대 수명인 70.7세입니다. 여기서 '비교를 위한 기준선과의 오프셋'은 +15.9년입니다.

여기서 알게 된 아이디어를 조금 일반화해 보겠습니다. k개의 가능한 범주가 있는 범주형 설명변수 k를 사용하여 선형회귀모델을 맞추면 회귀표는 중앙값과 $k - 1$의 '오프셋'을 반환합니다. 이 경우 대륙이 $k = 5$개이므로 회귀모델은 비교 그룹인 아프리카에

해당하는 기준값과 아메리카, 아시아, 유럽, 오세아니아에 해당하는 $k - 1 = 4$의 오프셋을 반환합니다.

범주형 설명변수를 사용할 때, 회귀를 처음 접하는 사람들은 출력된 회귀표의 내용을 이해하기 어려워합니다. 이러한 어려움을 해결할 수 있는 유일한 해결책은 연습, 연습, 연습입니다! 하지만 범주형 설명변수를 사용하여 회귀모델을 만드는 방법을 이해하고 나면, 전 세계의 많은 데이터가 범주형인 점을 감안하여 모델에 많은 새로운 변수를 통합할 수 있게 됩니다. 하지만 아직 어렵게 느껴진다면, <표 5.7>과 <표 5.8>을 면밀히 비교하고 다른 테이블의 값을 사용하여 한 테이블의 모든 값을 계산할 수 있는 방법에 주목하시기 바랍니다.

| 학습 확인 |

(LC5.5) `lm(gdpPercap ~ continent, data = gapminder2007)`을 사용하여 새로운 선형회귀를 적합시키세요. 여기서 `gdpPercap`은 새로운 결과변수 y입니다. 그런 다음 `get_regression_table()` 함수를 적용하여 회귀표에서 '가장 잘 적합된'선에 대한 정보를 얻어 보세요. 회귀 결과가 이전 탐색적 데이터 분석의 결과와 어떻게 일치하나요?

5.2.3 관측된 값과 적합값, 그리고 잔차

5.1.3항에서 다음 세 가지 개념을 정의했습니다.

1. 관찰된 값 y 또는 결과변수의 관찰된 값
2. 적합값 $\hat{y}$ 또는 주어진 x 값에 대한 회귀선의 값
3. 잔차 $y - \hat{y}$ 또는 관측값과 적합값 사이의 오차

우리는 이러한 값과 다른 값을 `moderndive` 패키지의 `get_regression_points()` 함수를 사용하여 얻었습니다. 하지만 이번에는 `ID = "country"`를 설정하는 인수를 추가해 보겠습니다. 이 인수는 함수가 출력의 **식별변수**로 `gapminder2007`의 변수 `country`를 사용하도록 지시합니다. 이렇게 하면 값을 국가에 일치시켜 분석의 맥락을 파악하는 데 도움이 됩니다.

```
regression_points <- get_regression_points(lifeExp_model, ID = "country")
regression_points
```

표 5.9 회귀 점(142개 국가 중 상위 10개 국가)

country	lifeExp	continent	lifeExp_hat	residual
Afghanistan	43.8	Asia	70.7	-26.900
Albania	76.4	Europe	77.6	-1.226
Algeria	72.3	Africa	54.8	17.495
Angola	42.7	Africa	54.8	-12.075
Argentina	75.3	Americas	73.6	1.712
Australia	81.2	Oceania	80.7	0.515
Austria	79.8	Europe	77.6	2.180
Bahrain	75.6	Asia	70.7	4.907
Bangladesh	64.1	Asia	70.7	-6.666
Belgium	79.4	Europe	77.6	1.792

<표 5.9>를 보면 `lifeExp_hat`에 $\hat{y} = \widehat{lifeExp}$라는 적합값이 포함되어 있는 것을 확인할 수 있습니다. 자세히 살펴보면 `lifeExp_hat`에 가능한 값의 종류는 5개뿐입니다. 이런 값은 <표 5.7>에 표시된 5개 대륙의 평균 기대 수명 5개 값에 해당하며, <표 5.8>의 회귀표 `estimation` 열에 있는 값을 사용하여 계산한 것입니다.

`residual` 열은 간단히 계산할 수 있는데, $y - \hat{y}$ = `lifeExp` - `lifeExp_hat`입니다. 이 값은 한 국가의 기대 수명과 해당 대륙의 평균 기대 수명의 편차로 해석할 수 있습니다. 예를 들어 <표 5.9>의 아프가니스탄에 해당하는 첫 번째 행을 살펴보겠습니다. $y - \hat{y}$ = 43.8 - 70.7 = -26.9로 계산되는 잔차는 아프가니스탄의 기대 수명이 아시아 전체 국가의 평균 기대 수명보다 무려 26.9년 낮다는 것을 말해줍니다. 이는 부분적으로 아프가니스탄 국민들이 겪었던 오랜 전쟁 경험을 통해 설명할 수 있습니다.

| 학습 확인 |

(LC5.6) RStudio 스프레드시트 뷰어의 정렬 기능을 사용하거나 3장에서 배운 데이터 랭글링 도구를 사용하여 잔차가 가장 작은(대부분 음수인) 5개 국가를 찾을 수 있나요? 이러한 음수 잔차를 해당 대략의 기대 수명과 비교하면 어떤 정보를 알 수 있나요?

(LC5.7) 이 과정을 반복하되, 잔차값이 가장 큰(대부분 양수인) 5개 국가를 찾아보세요. 이 양수 잔차는 해당 대륙의 기대 수명 대비 기대 수명에 대해 무엇을 알려주나요?

5.3 관련 주제들

5.3.1 상관관계는 인과관계가 아니라고요

지금까지 우리는 회귀 기울기 계수를 해석할 때 주의를 기울였고, 설명변수 x가 결과변수 y에 미치는 '연관' 효과에 대해 논의했습니다. 예를 들어, 5.1.2항에서 'bty_avg가 1단위 증가할 때마다 평균 0.067단위 score가 증가한다'고 설명했지요. 우리는 인과관계를 암시하지 않도록 각별히 주의하기 위해 '연관'이라는 용어를 포함시켰습니다. 따라서 bty_avg의 '미모' 점수가 강의 점수와 양의 상관관계가 있는 것은 사실이지만, 이 연구가 어떻게 수행되었는지에 대한 자세한 정보 없이는 '미모' 점수가 강의 점수에 직접적인 인과적 영향을 미친다고 단언할 수 없습니다. 또 다른 예를 들어보겠습니다. 별로 신통치 않은 의사가 의료 기록을 살펴본 결과 신발을 신고 잠을 잔 환자가 두통으로 더 많이 깨는 경향이 있다는 사실을 발견했습니다. 그래서 이 의사는 "신발을 신고 자면 두통이 생긴다!"라고 선언합니다.

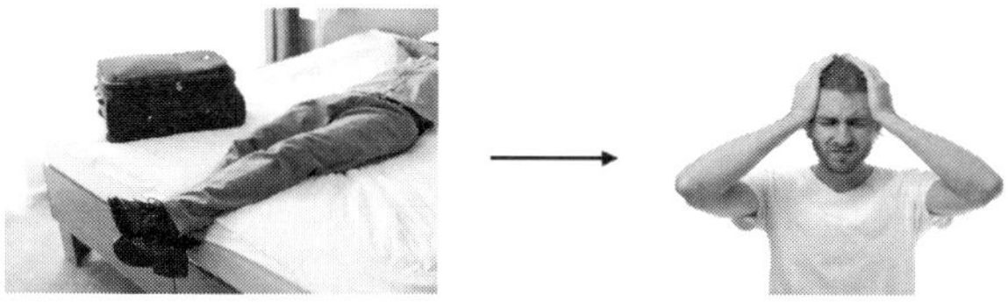

그림 5.10 신발을 신고 자면 두통이 생기나요?

하지만 신발을 신은 채로 잠을 자는 사람은 술에 취해 잠을 자고 있을 가능성이 높습니다. 또한, 음주량이 많을수록 숙취가 심해져 두통이 더 심해집니다. 여기서 알코올 섭취량은 **교란/잠복변수**(confounding/lurking variable)로 알려져 있습니다. 이 변수는 '신발을 신고 자는 것'과 '두통을 느끼며 깨어나는 것'의 인과 관계(있는 경우)를 혼동시켜 뒤에서 '잠복한다'고 할 수 있습니다. <**그림 5.11**>에서 이 내용을 **인과 그래프**로 요약하면 다음과 같습니다.

- Y는 **반응변수**이며, 여기서는 '두통을 느끼며 깨어남'입니다.
- X는 우리가 관심 있는 인과적 효과를 나타내는 **처치변수**이며, 여기서는 '신발을 신고 잠'입니다.

Y와 X의 관계를 연구하기 위해, 내내 해온 것처럼 결과변수를 Y로 설정하고 설명변수를 X로 설정하는 회귀모델을 사용할 수 있습니다. 그러나 <**그림 5.11**>에는 X와 Y를 모두 가리키는 화살표가 있는 세 번째 변수도 포함되어 있습니다.

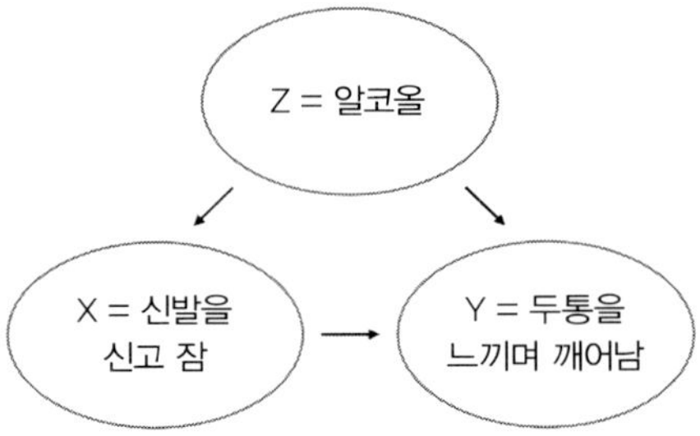

그림 5.11 인과 그래프

- Z는 X와 Y 모두에 영향을 미쳐 두 변수의 관계를 '혼동'시키는 교란변수입니다. 여기서 중첩변수는 알코올입니다.

술을 마시면 사람들이 신발을 신고 잠을 잘 가능성이 높아질 뿐만 아니라 두통을 느끼며 잠에서 깨어날 가능성도 높아집니다. 따라서 X와 Y 사이의 관계에 대한 회귀모델도 Z를 설명변수로 사용해야 합니다. 즉, 의사는 전날 밤 누가 술을 마셨는지 고려해야 합니다. 다음 장에서는 회귀모델에 둘 이상의 변수를 통합할 수 있는 다중회귀모델에 대해 다루겠습니다.

인과 관계를 설정하는 것은 까다로운 문제입니다. 그래서 연구자들은 신중하게 설계된 실험이나 교란변수의 영향을 통제하는 방법을 사용해야 하는 경우가 많습니다. 이 두 가지 접근 방식은 가능한 모든 교란변수를 고려하거나 그 영향을 무효화하기 위해 최선을 다합니다. 이를 통해 연구자는 관심 있는 관계, 즉 결과변수 Y와 처치변수 X 사이의 관계에만 집중할 수 있습니다.

뉴스 기사를 읽을 때, 상관관계가 반드시 인과관계를 의미한다고 오해하는 함정에 빠지지 않도록 주의하세요! 가짜 상관관계[v] 웹사이트에서 상관관계는 있지만 인과관계는 전혀 없는 변수의 우스꽝스러운 예를 볼 수 있으니 참고하세요.

5.3.2 가장 잘 적합된 선

회귀선은 '최적합' 선이라고도 합니다. 하지만 '최선'이란 무엇을 의미할까요? 회귀에서 '최선'을 결정하기 위해 사용되는 기준을 살펴봅시다. 미모 점수가 $x = 7.333$인 강사의 경우 **관찰된 값** y를 원으로, **적합값** $\hat{y}$를 사각형으로, 잔차 $y - \hat{y}$를 화살표로 표시한 <**그림 5.6**>을 떠올려 보세요. 이제 <**그림 5.12**>의 왼쪽 상단 그래프에 <**그림 5.6**>을 다시 표시하고 임의로 선택한 세 명의 강사를 더 추가해 보겠습니다.

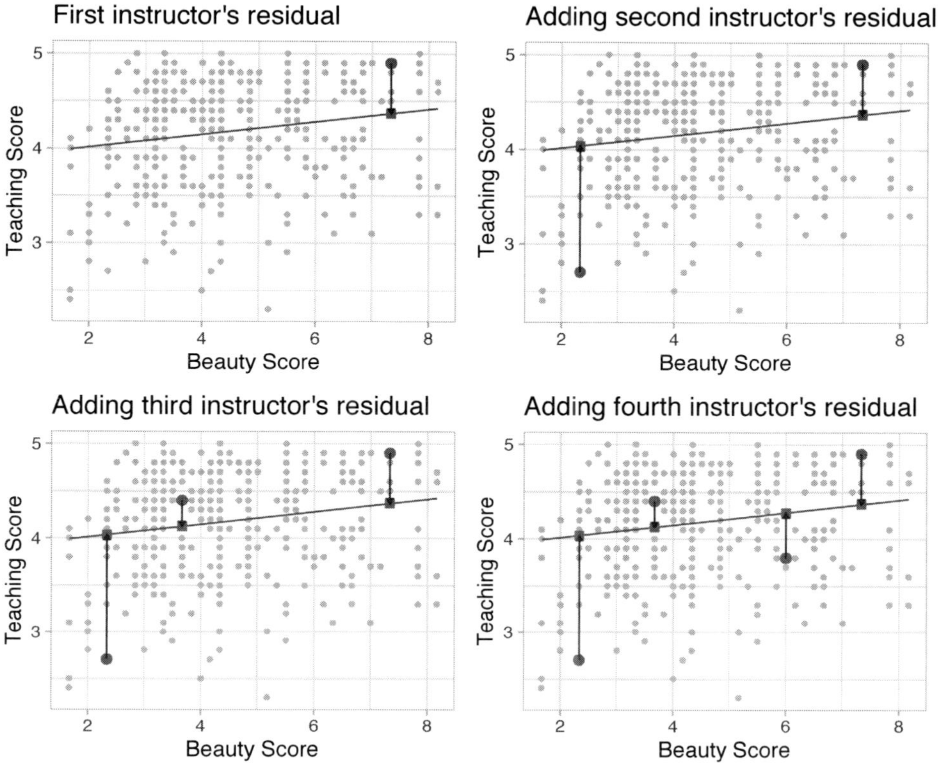

그림 5.12 관측값, 적합값, 잔차의 예시

세 가지 그래프는 다음을 가리킵니다.

1. 강사의 '미모' 점수가 x = 2.333이고 강의 점수는 y = 2.7인 강의입니다. 이 경우 잔차는 **`2.7 - 4.036 = -1.336`**이며, 오른쪽 상단 그래프에서 새 화살표로 표시합니다.
2. 강사의 '미모' 점수가 x = 3.667이고 강의 점수는 y = 4.4인 강의입니다. 이 경우 잔차는 **`4.4 - 4.125 = 0.2753`**이며, 왼쪽 하단 그래프에 새 화살표로 표시합니다.
3. 강사의 '미모' 점수가 x = 6이고 강의 점수는 y = 3.8인 강의입니다. 이 경우 잔차는 **`3.8 - 4.28 = -0.4802`**이며, 오른쪽 아래 그래프에 새 화살표로 표시합니다.

이제 463개 강의의 모든 강사에 대해 이 과정을 반복하여 잔차를 계산하고 모든 잔차를 제곱한 뒤, 합산한다고 가정합니다. 이를 **잔체제곱합**(sum of squared residuals)이라고 하며 모델의 **적합도의 부족한 정도**를 나타내는 척도입니다. 잔차제곱합의 값이 클수록 적합도 부족이 더 크다는 의미가 되며, 적합도가 낮은 모델에 해당합니다.
만약 회귀선이 모든 점에 완벽하게 맞는다면 잔차제곱합은 0입니다. 회귀선이 모든 점에 완벽하게 맞는다면 모든 경우에 맞는 값 $\hat{y}$는 관찰된 값 y와 같으므로 모든 경우에 잔차 $y - \hat{y} = 0$이 되고, 많은 수의 0으로 합계를 구해봐야 여전히 0이 되기 때문입니다. 또한 우리가 463개의 점으로 이루어진 구름을 통해 그릴 수 있는 모든 가능한 선 가운데 회귀선은 잔차제곱합을 최소화는 특성을 지닙니다. 즉, 회귀선과 그에 해당하는 적합값 $\hat{y}$는 잔차제곱합을 최소화합니다.

$$\sum_{i=1}^{n}(y_{i-}\hat{y}_i)^2$$

3장에서 배운 데이터 랭글링 도구를 사용하여 잔차제곱합을 정확히 계산해 봅시다.

```
# Fit regression model:
score_model <- lm(score ~ bty_avg, data = evals_ch5)
# Get regression points:
regression_points <- get_regression_points(score_model)
regression_points
```

```
# A tibble: 463 x 5
        ID      score   bty_avg   score_hat   residual
        <int>   <dbl>   <dbl>     <dbl>       <dbl>
1       1       4.7     5         4.21         0.486
2       2       4.1     5         4.21        -0.114
3       3       3.9     5         4.21        -0.314
4       4       4.8     5         4.21         0.586
5       5       4.6     3         4.08         0.52
6       6       4.3     3         4.08         0.22
7       7       2.8     3         4.08        -1.28
8       8       4.1     3.33      4.10        -0.002
9       9       3.4     3.33      4.10        -0.702
10      10      4.5     3.17      4.09         0.409
# ... with 453 more rows
```

```
# Compute sum of squared residuals
regression_points %>%
  mutate(squared_residuals = residual^2) %>%
  summarize(sum_of_squared_residuals = sum(squared_residuals))
```

```
# A tibble: 1 x 1
  sum_of_squared_residuals
```

```
                  <dbl>
1                   132.
```

위의 그림에 조금이라도 틀어진 다른 직선을 그리면 잔차제곱합이 132보다 커집니다. 이는 미적분과 선형 대수를 사용하여 증명할 수 있는 수학적으로 보장된 사실입니다. 그렇기 때문에 선형회귀선을 **최적합선**(best-fitting line)과 **최소제곱선**(least-squares line)이라고도 합니다. 잔차(즉, 화살표 길이)를 제곱하는 이유는 무엇일까요? 같은 수량의 양수 편차와 음수 편차가 모두 동등하게 취급되도록 만들기 위해서입니다.[2]

| 학습 확인 |

(LC5.8) 아래의 <**그림 5.13**>에는 점으로 표시된 3개의 점과

- '최선의' 실선 회귀선
- 임의로 선택한 점선(dotted line)
- 임의로 선택한 또 다른 파선(dashed line)

이 있습니다.

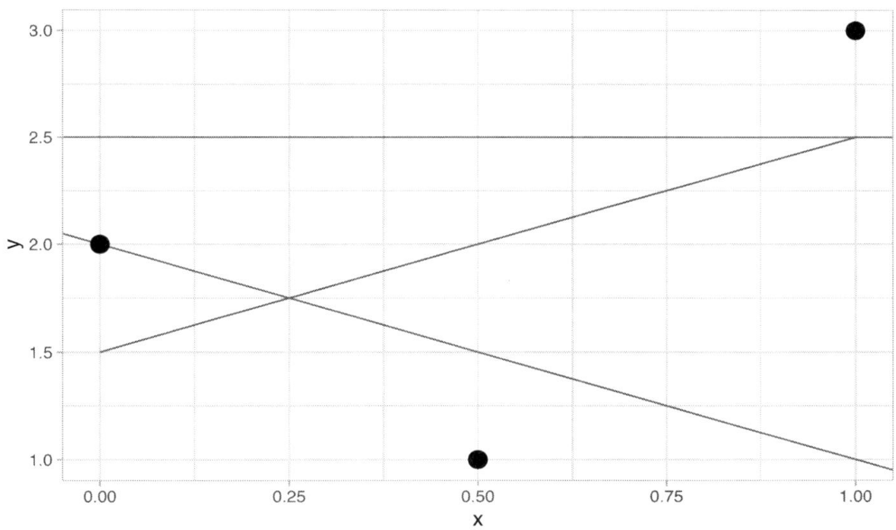

그림 5.13 관측값, 적합값, 잔차의 예시

각 직선의 잔차제곱합을 직접 계산하고 이 세 직선 중 회귀선의 값이 가장 작은 것을 표시해 보세요.

---

2 비슷한 예로 편차(관측값-평균)를 제곱하지 않고 더하면 0이 되지만, 제곱한 후 합계를 구함으로써 분산과 표준편차의 개념을 도출할 수 있다.

5.3.3 get_regression_x() 함수

이 장에서 moderndive 패키지의 두 가지 함수를 소개하였습니다.

1. 회귀 테이블을 반환하는 **get_regression_table()**(5.1.2항)
2. 회귀모델에서 포인트별 정보를 반환하는 **get_regression_points()**(5.1.3항)

get_regression_table()과 get_regression_points() 함수의 뒷배경에서는 어떤 일이 일어나고 있을까요? 5.1.2항에서 이러한 함수는 **래퍼 함수**의 종류라고 언급했습니다. 이러한 함수는 기존의 다른 함수를 가져와서 내부 동작을 사용자에게 숨기는 단일 함수로 '래핑'합니다. 이렇게 하면 사용자는 입력이 어떻게 생겼는지, 출력이 어떻게 생겼는지만 신경 쓰면 됩니다. 이 항에서는 이러한 함수의 '내부'를 들여다보고 래퍼 함수의 '엔진'이 어떻게 작동하는지 살펴보겠습니다.

5.1.2항에서 배웠던 회귀 테이블을 생성하는 2단계 프로세스를 떠올려 보세요.

```
# Fit regression model:
score_model <- lm(formula = score ~ bty_avg, data = evals_ch5)
# Get regression table:
get_regression_table(score_model)
```

표 5.10 회귀표

term	estimate	std_error	statistic	p_value	lower_ci	upper_ci
intercept	3.880	0.076	50.96	0	3.731	4.030
bty_avg	0.067	0.016	4.09	0	0.035	0.099

get_regression_table() 래퍼 함수는 다른 R 패키지에 있는 두 개의 기존 함수를 사용합니다.

- broom 패키지[vi]의 tidy()
- janitor 패키지[vii]의 **clean_names()**(Firke, 2019)

저장된 lm() 선형 모델 모델(여기서는 score_model)을 받아들여 'tidy' 데이터 프레임으로 저장된 회귀표를 반환하는 단일 함수로 '래핑'합니다. 다음은 우리가 <표 5.11>을 생성하기 위해 tidy()와 clean_names() 함수를 사용한 방법입니다.

```
library(broom)
library(janitor)
score_model %>%
  tidy(conf.int = TRUE) %>%
  mutate_if(is.numeric, round, digits = 3) %>%
  clean_names() %>%
  rename(lower_ci = conf_low, upper_ci = conf_high)
```

표 5.11 broom 패키지의 tidy()를 사용해 만든 회귀표

term	estimate	std_error	statistic	p_value	lower_ci	upper_ci
(intercept)	3.880	0.076	50.96	0	3.731	4.030
bty_avg	0.067	0.016	4.09	0	0.035	0.099

이런! 코드가 너무 기네요. 그래서 여러분의 작업을 간소화하기 위해, 우리는 모든 코드를 **get_regression_table()**로 '래핑'하여 함수의 내부 작동을 이해할 필요가 없도록 내용을 편집하기로 했습니다. **mutate_if()** 함수는 **dplyr** 패키지에서 가져온 것으로, 수치형 변수에 대해서만 소수점 셋째 자리까지 정밀하게 표현하는 **round()** 함수를 적용한다는 점에 유의하세요.

마찬가지로 **get_regression_points()** 함수도 또 다른 래퍼 함수이지만 이번에는 적합값, 관측값, 잔차 등 회귀모델에 관련된 개별 요소에 대한 정보를 반환합니다. **get_regression_points()**는 **get_regression_table()**과 마찬가지로 **tidy()** 함수 대신 **broom** 패키지[viii]의 **augment()** 함수를 사용하여 아래 <표 5.12>와 같은 데이터를 생성합니다.

```
library(broom)
library(janitor)
score_model %>%
  augment() %>%
  mutate_if(is.numeric, round, digits = 3) %>%
  clean_names() %>%
  select(-c("se_fit", "hat", "sigma", "cooksd", "std_resid"))
```

표 5.12 broom 패키지에서 augment()를 사용해 만든 회귀 점

score	bty_avg	fitted	resid
4.7	5.00	4.21	0.486
4.1	5.00	4.21	−0.114
3.9	5.00	4.21	−0.314
4.8	5.00	4.21	0.586
4.6	3.00	4.08	0.520
4.3	3.00	4.08	0.220
2.8	3.00	4.08	−1.280
4.1	3.33	4.10	−0.002
3.4	3.33	4.10	−0.702
4.5	3.17	4.09	0.409

이 표는 회귀를 배우는 학생이 관심을 갖는 변수만 출력합니다. 결과변수 y(`score`), 모든 설명/예측변수(`bty_avg`)와, `bty_avg`에 회귀선의 방정식을 적용하여 만들어진 모든 결과 적합값(`fitted value`), $\hat{y}$, 잔차(`residual`) $y - \hat{y}$ 등을 말이죠.

이러한 래퍼 함수와 다른 래퍼 함수의 작동 방식이 더 궁금하다면 GitHub[ix]에서 해당 함수의 소스 코드를 살펴보세요.

5.4 이 장의 결론

5.4.1 추가로 활용할 수 있는 리소스

모든 **학습 확인**에 대한 해결책은 온라인으로 확인할 수 있습니다.

이 장에서 사용된 모든 R 코드의 R 스크립트 파일은 https://www.moderndive.com/scripts/05-regression.R에서 확인할 수 있습니다.

5.1.1항에서 제안했듯이 -1, 0, 1 같은 극단값에 가깝지 않은 계수를 해석하는 것은 다소 주관적일 수 있습니다. 만약 상관 계수에 대한 감각을 키우고 싶다면, 80년대 스타일의 비디오 게임인 <상관 관계 맞추기>(http://guessthecorrelation.com/)를 플레이해 보기를 권해드립니다.

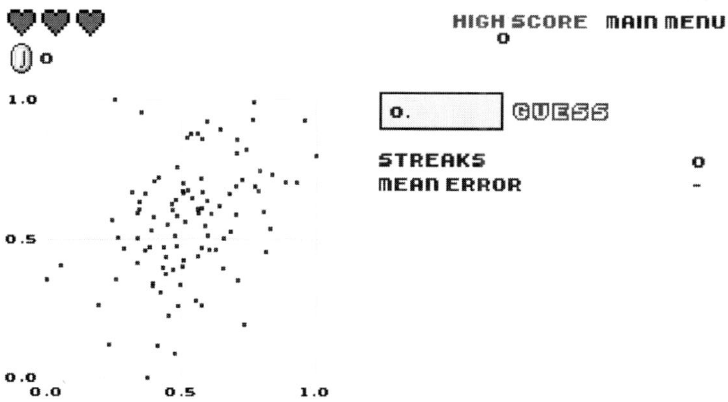

그림 5.14 '상관관계 맞추기' 게임 미리보기

5.4.2 다음 단계는?

이 장에서는 설명변수가 하나만 있는 모델에 적합시키는 **기본회귀**에 대해 공부했습니다. 6장에서는 회귀모델에 설명변수가 두 개 이상 포함될 수 있는 다중회귀를 다뤄보겠습니다. 하나의 수치형 설명변수와 하나의 범주형 설명변수가 있는 회귀모델과 두 개의 수치형 설명변수가 있는 회귀모델이라는 두 가지 시나리오를 고려할 것입니다. 이를 통해 여러분은 결과변수 y를 더 잘 설명하기 위해 더 정교하고 강력한 모델을 구성할 수 있습니다.

6장 다중회귀

5장에서 우리는 설명을 위한 모델링과 관련된 아이디어, 특히 모델링의 목표가 결과변수 y와 설명변수 x 사이의 관계를 명확하게 하는 것이라는 점을 소개했습니다. 모델링에는 여러 가지 접근 방식이 있지만, 우리는 모델링에 가장 일반적으로 사용되고 이해하기 쉬운 접근 방식 중 하나인 **선형회귀**라는 특정 기법에 중점을 두었습니다. 또한, 설명을 간단히 하기 위해 5.1절에서는 수치형, 5.2절에서는 범주형인 설명변수이면서 x가 하나뿐인 모델만 고려했습니다.

이번 다중회귀 장에서는 설명변수 x가 두 개 이상 포함된 모델을 고려하겠습니다. 여러분은 5.1절의 교육 평가 점수나 5.2절의 기대 수명과 같은 특정 결과변수를 모델링하려고 할 때 설명변수에 하나 이상의 정보를 포함하는 것이 유용하다고 여길 것입니다.

이제 회귀모델에서 두 개 이상의 설명변수를 고려하므로, 한 개 설명변수의 관련 효과를 해석할 때는 모델에 포함된 다른 설명변수와 함께 해석해야 합니다. 자, 이제 시작하겠습니다!

필요한 패키지

이 장에 필요한 모든 패키지를 불러와 보겠습니다(이미 설치했다고 가정합니다). 4.4장에서 `library(tidyverse)`를 실행하여 `tidyverse` 패키지를 불러오면, 다음과 같이 일반적으로 사용되는 데이터 과학 패키지를 한꺼번에 불러올 수 있다고 했습니다.

- 데이터 시각화를 위한 `ggplot2`
- 데이터 랭글링을 위한 `dplyr`
- 데이터를 'tidy' 형식으로 변환하기 위한 `tidyr`
- 스프레드시트 데이터를 R로 가져오기 위한 `readr`
- 고급 `purrr`, `tibble`, `stringr`, `forcats` 패키지도 사용할 수 있습니다.

자세한 내용은 1.3절에서 소개한 R 패키지를 설치하고 불러오는 방법을 참조하세요.

```
library(tidyverse)
library(moderndive)
```

```
library(skimr)
library(ISLR)
```

6.1 설명변수 중 한 개가 수치형이고 한 개가 범주형일 경우

5.1절에서 소개한 텍사스 오스틴 대학교의 교수 평가 데이터를 다시 살펴보겠습니다. 학생들이 부여한 강의 평가 점수와 '미모' 점수 간의 관계를 연구했습니다. 교수 평가 점수(score) 변수는 수치형 결과변수 y이고, '미모' 점수(bty_avg) 변수는 수치형 설명변수 x입니다.

이 절에서는 다른 모델을 고려해 보겠습니다. 결과변수는 여전히 강의 점수가 되겠지만, 이제 나이와 (이진변수) 성별이라는 두 가지 설명변수를 포함할 것입니다. 나이가 많은 강사가 학생들로부터 더 좋은 강의 평가를 받을 수 있을까요? 아니면 젊은 강사가 더 좋은 평가를 받을까요? 강사의 성별이 다를 때 학생의 평가에 차이가 있을까요? 우리는 **다중회귀(multiple regression)**를 사용해 여러 변수 간의 관계를 모델링함으로써 이러한 질문에 답해 보겠습니다.

1. 수치형 결과변수 y: 강사의 강의 점수(score)
2. 두 개의 설명변수: 1) 수치형 설명변수 x_1, 강사의 나이 2) 범주형 설명변수 x_2, 강사의 성별(이진변수)

이 연구를 할 당시에는 성별에 대한 고전적이고 일반적인 인식을 기반으로 변수의 측정을 이진 변수로 기록하는 경우가 많았습니다. 이처럼 성별을 지나치게 2개로 단순화하였기에 모델의 결과가 불완전할 수 있지만, 이 연구 결과가 오늘날에도 여전히 적절하고 관련성이 있음을 확인하였습니다.

6.1.1 탐색적 데이터 분석(EDA)

텍사스 오스틴 대학교의 463개 코스에 대한 데이터는 moderndive 패키지에 포함된 evals 데이터 프레임에서 찾을 수 있습니다. 하지만 데이터를 단순하게 만들기 위해 이 장에서 고려할 변수의 하위 집합만 select()하고 이 데이터를 evals_ch6라는 새 데이터 프레임에 저장해 보겠습니다. 이 장에서 사용하는 evals의 변수는 5장에서 선택한 변수와 다르다는 점에 유의하세요.

```
evals_ch6 <- evals %>%
  select(ID, score, age, gender)
```

5.1.1항에서 살펴본 탐색적 데이터 분석의 세 가지 일반적인 단계를 기억하세요.

1. 원자료 값 보기
3. 요약통계 계산하기
3. 데이터 시각화 만들기

먼저 RStudio의 스프레드시트 뷰어를 사용하여 **evals_ch6**를 보거나 **dplyr** 패키지의 **glimpse()** 함수를 사용하여 원자료값을 살펴봅니다.

```
glimpse(evals_ch6)
```

```
Observations: 463
Variables: 4
$ ID     <int> 1, 2, 3, 4, 5, 6, 7, 8, 9, 10, 11, 12, 13, 14, 15, 16, ...
$ score  <dbl> 4.7, 4.1, 3.9, 4.8, 4.6, 4.3, 2.8, 4.1, 3.4, 4.5, 3.8, ...
$ age    <int> 36, 36, 36, 36, 59, 59, 59, 51, 51, 40, 40, 40, 40, 40,...
$ gender <fct> female, female, female, female, male, male, male, male,...
```

또한 <**표 6.1**>에서 서로 다른 강의에 해당하는 463개 행 가운데 5개 행의 무작위 표본을 표시해 보겠습니다. 표집의 무작위 특성으로 인해 여러분과 제 화면에 5행의 다른 하위 집합이 나올 수 있다는 점을 기억하세요[1].

```
evals_ch6 %>% sample_n(size = 5)
```

표 6.1 텍사스 오스틴 대학교의 463개 과정 중에서 추출한 5개 과정의 무작위 표본

ID	score	age	gender
129	3.7	62	male
109	4.7	46	female
28	4.8	62	male
434	2.8	62	male
330	4.0	64	male

1 똑같은 결과물을 확인하고 싶다면 5장의 역주1을 참조.

이제 우리는 evals_ch6 데이터 프레임의 원자료 값을 살펴보고 데이터를 분석하였습니다. 이어서 요약통계를 계산해 보겠습니다. 이전 장의 5.1.1항과 5.2.1항의 탐색적 데이터 분석에서 했던 것처럼, 모델에서 관심 있는 변수만 select()해야 한다는 점에 유의하면서 skimr 패키지의 skim() 함수를 사용해 보겠습니다.

```
evals_ch6 %>% select(score, age, gender) %>% skim()
```

```
Skim summary statistics
  n obs: 463
  n variables: 3

── Variable type:factor
variable missing complete   n n_unique.              top_counts ordered
  gender          0      463 463        2 mal: 268, fem: 195, NA: 0   FALSE

── Variable type:integer
variable missing complete   n. mean sd.    p0 p25 p50 p75 p100
          age         0      463 463 48.37. 9.8   29  42  48  57   73

── Variable type:numeric
variable missing complete   n mean      sd   p0 p25 p50 p75 p100
   score          0      463 463 4.17 0.54 2.3 3.8 4.3 4.6    5
```

살펴볼까요? 결측(누락된) 데이터가 없고, 남성 강사가 가르치는 강의가 268개, 여성 강사가 가르치는 강의가 195개이며, 평균 강사 연령이 48.37세입니다. 각 행은 특정 강의를 나타내며 동일한 강사가 두 개 이상의 코스를 가르치는 경우가 많다는 것을 떠올려 보세요. 따라서 고유한 강사의 평균 연령은 다를 수 있습니다.

이어서 score와 age라는 두 가지 수치형 변수 간의 상관 계수를 계산해 보겠습니다. 5.1.1항에서 상관 계수는 수치형 변수 사이에만 존재한다고 언급했던 것을 기억하세요. 우리는 이 두 변수에 '약한 음의' 상관관계가 있음을 알 수 있습니다.

```
evals_ch6 %>%
  get_correlation(formula = score ~ age)
```

```
# A tibble: 1 x 1
      cor
    <dbl>
 1 -0.107
```

이제 탐색적 데이터 분석의 세 가지 일반적인 단계 중 마지막 단계인 데이터 시각화 만들기를 수행해 보겠습니다. 결과변수인 score와 설명변수인 age가 모두 수치형이므로 우리는 산점도를 사용하여 두 변수의 관계를 표시하겠습니다. 하지만 범주형 변수인 gender는 어떻게 포함할 수 있을까요? gender 변수를 색상 미학에 mapping하여 color로 구분되는 산점도를 만들면 됩니다. 다음 코드는 <**그림 5.2**>의 '미모' 점수에 따른 강의 점수 산점도를 생성한 코드와 유사하지만, color = gender가 aes()의 매핑에 추가되었습니다.

```
ggplot(evals_ch6, aes(x = age, y = score, color = gender)) +
  geom_point() +
  labs(x = "Age", y = "Teaching Score", color = "Gender") +
  geom_smooth(method = "lm", se = FALSE)
```

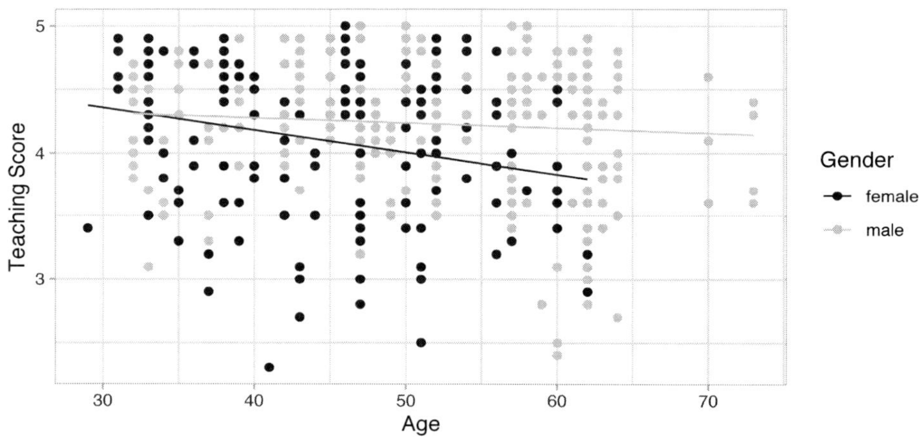

그림 6.1 교육과 연령의 관계를 그린 후 색조처리한 산점도

결과로 도출되는 <**그림 6.1**>에서 ggplot()이 female과 male의 두 가지 성별(gender) 수준과 관련된 점과 선에 기본 색 구성표를 할당하는 것을 살펴보세요. 또한 geom_smooth(method = "lm", se = FALSE) 레이어는 각 그룹에 대해 서로 다른 회귀선을 자동으로 맞춥니다.

여기서 몇 가지 흥미로운 추세를 발견할 수 있습니다. 첫째, $x = 60$ 이상의 어두운 색 점이 없는 것에서 알 수 있듯이, 60세 이상의 여성 교직원은 거의 없습니다. 둘째, 두 회귀선 모두 연령에 따라 음의 기울기를 갖지만(즉, 나이가 많은 강사일수록 점수가 낮은 경향이 있다는 뜻이죠), 여성 강사의 연령에 대한 기울기는 더 음의 기울기를 갖습니다. 즉, 여성 강사는 남성 강사보다 나이가 많을수록 더 가혹한 페널티를 지불하고 있습니다.

6.1.2 상호작용(interaction) 모델

이제 상호작용 모델이라고 하는 다중회귀모델의 한 유형을 사용하여 결과변수 y와 두 설명변수의 관계를 정량화해 보겠습니다. 이 항의 마지막 부분에서 '상호작용'이라는 용어가 어디에서 유래했는지도 설명하겠습니다.

특히 회귀표의 값을 사용해서 <**그림 6.1**>의 두 회귀선의 방정식을 작성해 보겠습니다. 하지만 이 작업을 수행하기 전에 범주형 설명변수 x가 있을 때의 회귀에 대해 간단히 다시 살펴봅시다.

5.2.2항에서 국가가 어느 대륙에 속해 있는지에 따라 국가별 기대 수명에 대한 회귀모델을 맞췄던 것을 떠올려보세요. 즉, 수치형 결과변수 y = `lifeExp`와 5단계로 구성된 범주형 설명변수 x = `continent`가 있었습니다: `Africa`, `Americas`, `Asia`, `Europe`, `Oceania`. <**표 5.8**>에서 본 회귀표를 다시 표시해 보겠습니다.

표 6.2 대륙별 기대 수명에 대한 회귀표

term	estimate	std_error	statistic	p_value	lower_ci	upper_ci
intercept	54.8	1.02	53.45	0	52.8	56.8
continentAmericas	18.8	1.80	10.45	0	15.2	22.4
continentAsia	15.9	1.65	9.68	0	12.7	19.2
continentEurope	22.8	1.70	13.47	0	19.5	26.2
continentOceania	25.9	5.33	4.86	0	15.4	36.5

`estimate` 열에 대한 해석을 상기해 보세요. `Africa`가 '비교를 위한 기준선' 그룹이고, `intercept` 항은 아프리카 전체 국가의 평균 기대 수명인 54.8년에 해당합니다. 다른 네 개의 `estimate` 값은 기준선 그룹에 대한 '오프셋'에 해당합니다. 예를 들어, 아메리카 대륙에 해당하는 '오프셋'은 비교 그룹 아프리카의 기준선 대비 +18.8입니다. 즉, 아메리카 대륙에 속한 국가의 평균 기대 수명이 18.8년 **더 높다는 의미**입니다. 따라서 아메리카 대륙 전체 국가의 평균 기대 수명은 54.8 + 18.8 = 73.6입니다. 아시아, 유럽, 오세아니아에서도 동일한 해석이 적용됩니다.

이제 우리는 <**그림 6.1**>의 `age`와 `gender`를 사용한 교육 `score`에 대한 다중회귀모델로 돌아가 5장에서와 동일한 2단계 접근 방식을 사용해서 회귀표를 생성할 것입니다. 먼저 `lm()` '선형 모델' 함수를 사용하여 모델을 '적합'한 다음 `get_regression_table()` 함수를 적용합니다. 그러나 이번에는 모델 공식이 `y ~ x` 형식이 아니라 `y ~ x1 * x2` 형식이 될 것입니다. 즉, 두 설명변수 `x1`과 `x2`는 `*` 기호로 구분됩니다.

```
# Fit regression model:
score_model_interaction <- lm(score ~ age * gender, data = evals_ch6)
# Get regression table:
get_regression_table(score_model_interaction)
```

표 6.3 상호 작용 모델의 회귀표

term	estimate	std_error	statistic	p_value	lower_ci	upper_ci
intercept	4.883	0.205	23.80	0.000	4.480	5.286
age	-0.018	0.004	-3.92	0.000	-0.026	-0.009
gendermale	-0.446	0.265	-1.68	0.094	-0.968	0.076
age:gendermale	0.014	0.006	2.45	0.015	0.003	0.024

<**표 6.3**>의 회귀표 출력을 보면 estimate 열에 네 행의 값이 있습니다. 바로 알 수는 없지만 이 네 개의 값을 사용하여 <**그림 6.1**>에 있던 두 선의 방정식을 작성할 수 있습니다. 첫째, female이라는 단어가 알파벳순으로 male 앞에 오므로 여성 강사가 '비교 기준' 그룹입니다. 따라서 intercept는 **여성 강사만**에 해당하는 절편입니다.

이는 age에서도 비슷하게 적용됩니다. **여성 강사만**의 연령에 대한 기울기입니다. 따라서 <**그림 6.1**>에서 더 어두운 색의 회귀선은 4.883의 절편과 -0.018의 연령 기울기를 갖습니다. 이 데이터의 경우, 이 절편은 수학적 해석이 가능하지만 강사의 나이가 0이 될 수 없기 때문에 **실질적인** 해석은 불가능하다는 점을 기억하세요.

<**그림 6.1**>의 밝은 색 선에 있는 남성 강사의 연령에 대한 절편과 기울기는 어떨까요? 여기서 '상쇄'라는 개념이 다시 한 번 작용합니다.

gendermale에 대한 값 -0.446은 남성 강사에 대한 절편이 아니라 여성 강사에 대한 남성 강사의 절편에 대한 오프셋입니다. 남성 강사에 대한 절편은 intercept + gendermale = 4.883 + (-0.446) = 4.883 - 0.446 = 4.437입니다.

마찬가지로 age:gendermale = 0.014는 남성 강사의 연령에 대한 기울기가 아니라 남성 강사의 기울기에 대한 오프셋입니다. 따라서 남성 강사의 연령에 대한 기울기는 age + age:gendermale = -0.018 + 0.014 = -0.004입니다. 따라서 <**그림 6.1**>의 더 밝은 색 회귀선은 절편이 4.437이고 연령에 대한 기울기가 -0.004입니다. <**표 6.4**>에 이러한 값을 요약하고 연령에 대한 두 가지 기울기에 초점을 맞춰 보겠습니다.

표 6.4 상호작용 모델에 대한 절편과 기울기 비교

Gender	Intercept	Slope for age
Female instructors	4.883	-0.018
Male instructors	4.437	-0.004

여성 강사의 연령에 대한 기울기가 -0.018이었으므로 평균적으로 한 살 더 많은 여성 강사의 강의 점수가 0.018 단위 더 낮다는 의미입니다. 그러나 남성 강사의 경우 감소량은 평균 0.004 단위에 불과했습니다. 연령에 대한 기울기는 모두 음수지만, 여성 강사의 연령에 대한 기울기가 더 음수였습니다. 이는 <**그림 6.1**>에서 관찰한 바와 일치하며, 이 모델은 나이가 남성 강사보다 여성 강사의 강의 점수에 더 큰 영향을 미친다는 것을 시사합니다.

이제 회귀선에 대한 방정식을 작성하여 적합 값 $\hat{y} = \widehat{score}$를 계산해 보겠습니다.

$$\begin{aligned}\hat{y} = \widehat{score} &= b_0 + b_{age} \cdot age + b_{male} \cdot \mathbb{1}_{\text{is male}}(x) + b_{age,male} \cdot age \cdot \mathbb{1}_{\text{is male}} \\ &= 4.883 - 0.018 \cdot age - 0.446 \cdot \mathbb{1}_{\text{is male}}(x) + 0.014 \cdot age \cdot \mathbb{1}_{\text{is male}}\end{aligned}$$

에휴! 5.2.2항의 대륙별 기대수명 함수에서 보았던 방정식보다 훨씬 더 복잡하네요! 하지만 '지표 함수'가 어떤 역할을 하는지 기억해두면 방정식이 크게 단순해집니다. 이전 방정식에는 관심 있는 지표 함수가 하나 있습니다.

$$\mathbb{1}_{\text{is male}}(x) = \begin{cases} 1 & \text{if instructor } x \text{ is male} \\ 0 & \text{otherwise} \end{cases}$$

둘째, 이전 방정식의 계수를 <**표 6.3**>의 회귀표의 `estimate` 열에 있는 값과 일치시켜 봅시다.

1. 여성 강사의 경우 b_0은 `intercept` = 4.883입니다.
2. b_{age}는 여성 강사의 `age`에 대한 기울기 = -0.018입니다.
3. b_{male}은 남성 강사에 대한 절편 = -0.446의 오프셋입니다.
4. $b_{\text{age,male}}$은 남성 강사의 연령에 대한 기울기의 오프셋 = 0.014입니다.

이 모든 것을 종합하여 여성 강사에 대한 적합값 $\hat{y} = \widehat{score}$를 계산해 보겠습니다. 여성 강사의 경우 $\mathbb{1}_{\text{is male}}(x) = 0$이므로 이전 방정식은 다음과 같습니다.

$$\begin{aligned}\hat{y} = \widehat{score} &= 4.883 - 0.018 \cdot age - 0.446 \cdot 0 + 0.014 \cdot age \cdot 0 \\ &= 4.883 - 0.018 \cdot age - 0 + 0 = 4.883 - 0.018 \cdot age\end{aligned}$$

이 식은 <**표 6.4**>의 여성 강사에 해당하는 <**그림 6.1**>의 어두운 색 회귀선의 방정식입니다. 이에 따라 남성 강사의 경우 $\mathbb{1}_{\text{is male}}(x) = 1$이므로 이전 방정식은 다음과 같습니다.

$$\begin{aligned}\hat{y} = \widehat{score} &= 4.883 - 0.018 \cdot age - 0.446 + 0.014 \cdot a \\ &= (4.883 - 0.446) + (-0.018 + 0.014) * age = 4.437 - 0.004 \cdot age\end{aligned}$$

이 식은 <**표 6.4**>의 남성 강사에 해당하는 <**그림 6.1**>의 밝은색 회귀선 방정식입니다.

휴! 수학 계산이 정말 많았습니다! 하지만 이 책에서 모델링하는 것만큼 어렵지 않으니 걱정하지 마세요. 만약 회귀모델에서 지표 함수와 범주형 설명변수를 사용하는 것이 아직 어렵다면, 5.2.2항을 복습해 보길 바랍니다. 여기에는 범주형 설명변수가 하나만 포함되므로 훨씬 더 간단합니다.

이 항을 끝내기 전에, 이러한 유형의 모델을 '상호작용 모델'이라고 부르는 이유를 설명해 보겠습니다. 적합값 $\hat{y} = \widehat{score}$에 대한 방정식의 $b_{\text{age,male}}$ 항은 통계 모델링에서 '상호작용 효과'로 알려져 있습니다. 상호작용 항은 <**표 6.3**>의 회귀표의 마지막 행에서 `age:gendermale` = 0.014에 해당합니다.

한 변수의 관련 효과가 **다른 변수의 값에 의존하는 경우** 상호작용 효과가 있다고 말합니다. 즉, 두 변수가 서로 '상호 작용'하고 있습니다. 여기서 age 변수의 연관 효과는 다른 변수 gender의 값에 따라 달라집니다. 이는 여성 강사에 비해 남성 강사의 연령에 대한 기울기 차이가 +0.014인 것으로 알 수 있습니다.

강의 점수에 대한 상호 작용 효과를 다음처럼 다른 방식으로도 생각해 볼 수 있습니다. 텍사스 오스틴 대학교의 특정 강사의 경우 나이 **자체**의 연관 효과가 있을 수 있고 성별 **자체**의 연관 효과도 있을 수 있지만, 나이와 성별을 **함께** 고려하면 두 가지 개별 효과를 넘어서는 **추가 효과**가 있을 수 있습니다.

6.1.3 평행 기울기(parallel slopes) 모델

수치형 설명변수와 하나의 범주형 설명변수로 회귀모델을 만들 때, 방금 살펴본 상호작용 모델만 만들 수 있는 건 아닙니다. 우리가 사용할 수 있는 또 다른 유형의 모델을 **평행 기울기 모델**이라고 합니다. 회귀선의 다른 절편과 다른 기울기를 가질 수 있는 상호작용 모델과 달리, 평행 기울기 모델은 여전히 다른 절편을 허용하지만 모든 회귀선이 동일한 기울기를 갖도록 **강제합니다**. 따라서 결과 회귀선은 평행합니다. 가장 잘 적합하는 평행 기울기 모델을 `evals_ch6`에 시각화해 봅시다.

안타깝게도 `ggplot2` 패키지의 `geom_smooth()` 함수에는 평행 기울기 모델을 그래프로 그릴 수 있는 편리한 방법이 없습니다. 그래서 Evgeni Chasnovski는 `moderndive` 패키지에 포함된 geom_parallel_slopes()라는 특수한 목적의 함수를 만들었습니다. 그런데

geom_parallel_slopes()는 ggplot2 패키지가 아닌 moderndive 패키지에서 찾을 수 있습니다. 따라서 이 함수를 사용하려면 ggplot2 패키지와 moderndive 패키지를 모두 불러와야 합니다. 이제 이 함수를 사용하여 강의 점수의 평행 기울기 모델을 그래프로 그려보겠습니다. 여러분, 코드가 <**그림 6.1**>의 상호작용 모델 시각화를 생성한 코드와 동일하지만, geom_smooth(method = "lm", se = FALSE) 레이어가 geom_parallel_slopes(se = FALSE)로 대체된 것이 보이시나요?

```
ggplot(evals_ch6, aes(x = age, y = score, color = gender)) +
  geom_point() +
  labs(x = "Age", y = "Teaching Score", color = "Gender") +
  geom_parallel_slopes(se = FALSE)
```

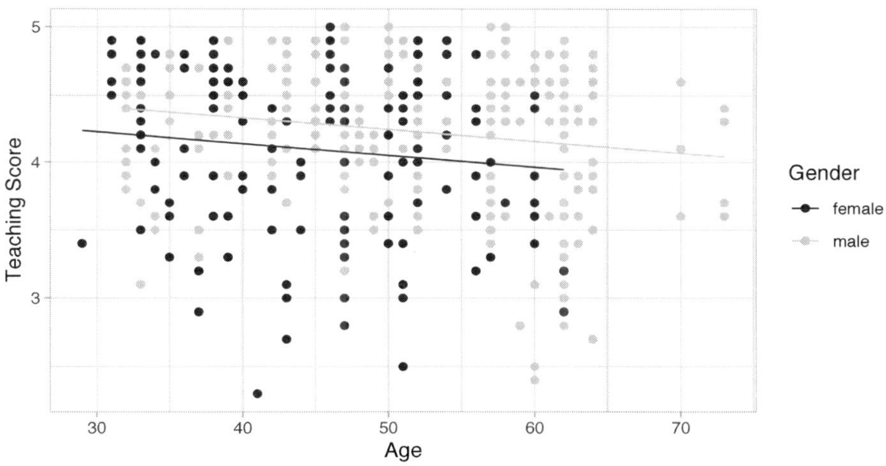

그림 6.2 연령 및 성별에 따른 점수의 평행 기울기 모델

<**그림 6.2**>에서 여성 강사와 남성 강사에 각각 해당하는 평행선이 있는 것을 확인해 보세요.. 여기서 평행선은 동일한 음의 기울기 값을 갖습니다. 이는 나이가 많은 강사가 젊은 강사보다 강의 점수를 낮게 받는 경향이 있다는 것을 의미합니다. 또한 선이 평행하므로 나이가 많다는 이유로 받는 페널티는 여성 강사와 남성 강사 모두에게 동일하다고 가정합니다.

하지만 <**그림 6.2**>에서 남성 강사에 해당하는 밝은색의 선이 여성 강사에 해당하는 어두운 색의 선보다 높기 때문에 이 두 선의 절편이 서로 다르다는 점도 알아낼 수 있습니다. 이는 연령에 관계없이 여성 강사가 남성 강사보다 강의 점수를 낮게 받는 경향이 있다는 것을 의미합니다.

두 개의 절편과 하나의 공통 기울기의 정확한 수치 값을 얻기 위해, 우리는 다시 한 번

lm() '선형 모델' 함수를 사용하여 모델을 '적합'시킨 다음 get_regression_table() 함수를 적용해 보겠습니다. 그러나 모델의 공식이 y ~ x1 * x2 형식이었던 상호작용 모델과 달리, 이제 평행 기울기 모델의 공식은 y ~ x1 + x2 형식입니다. 즉, 우리가 다루는 두 설명변수 x1과 x2는 + 기호로 구분됩니다.

```
# Fit regression model:
score_model_parallel_slopes <- lm(score ~ age + gender, data = evals_ch6)
# Get regression table:
get_regression_table(score_model_parallel_slopes)
```

표 6.5 평행 기울기 모델의 회귀표

term	estimate	std_error	statistic	p_value	lower_ci	upper_ci
intercept	4.484	0.125	35.79	0.000	4.238	4.730
age	−0.009	0.003	−3.28	0.001	−0.014	−0.003
gendermale	0.191	0.052	3.63	0.000	0.087	0.294

<**표 6.3**>의 상호작용 모델에 대한 회귀표와 유사하게, '비교 기준' 여성 강사 그룹에 해당하는 intercept 항과 여성 강사 대비 남성 강사 절편값이 **오프셋(상쇄)**한 만큼에 해당하는 gendermale 항이 있습니다. 즉, <**그림 6.2**>에서 여성 강사에 해당하는 어두운색의 회귀선은 4.484이고, 남성 강사에 해당하는 밝은색의 회귀선은 4.484 + 0.191 = 4.675입니다. 다시 한 번 말하지만, 0세 강사가 없기 때문에, 이 절편은 수학적 해석으로만 존재할 뿐 실제적인 해석은 불가능합니다.

그런데 <**표 6.3**>에서와 달리 이제 우리는 연령에 대해 단일한 기울기 −0.009를 얻었습니다. 이는 모델에서 여성 강사와 남성 강사 모두 연령에 대해 공통된 기울기를 갖도록 지시하기 때문입니다. 이 모델은 다른 강사보다 나이가 한 살 많은 강사가 평균 0.009점 **낮은** 강의 점수를 받았다는 것을 의미합니다. 나이에 따른 불이익은 여성 강사와 남성 강사 모두에게 동일하게 적용됩니다.

<**표 6.6**>에 이러한 값을 요약하여 절편은 다르지만, 공통의 기울기를 가진 점에 주목해 보겠습니다.

표 6.6 평행 기울기 모델의 절편과 기울기 비교

Gender	Intercept	Slope for age
Female instructors	4.484	−0.009
Male instructors	4.675	−0.009

이제 회귀선 방정식을 작성하여 적합값 $\hat{y} = \widehat{score}$를 계산하는 데 사용하겠습니다.

$$\begin{aligned}\hat{y} = \widehat{score} &= b_0 + b_{age} \cdot age + b_{male} \cdot \mathbb{1}_{\text{is male}}(x) \\ &= 4.484 - 0.009 \cdot age + 0.191 \cdot \mathbb{1}_{\text{is male}}(x)\end{aligned}$$

이 모든 것을 종합하여 여성 강사에 대한 적합값 $\hat{y} = \widehat{score}$를 계산해 보겠습니다. 여성 강사의 경우 지표 함수 $\mathbb{1}$가 male(x) = 0이므로 이전 방정식은 다음과 같이 됩니다.

$$\begin{aligned}\hat{y} = \widehat{score} &= 4.484 - 0.009 \cdot age + 0.191 \cdot 0 \\ &= 4.484 - 0.009 \cdot age\end{aligned}$$

이 식은 <**그림 6.2**>에서 더 어두운 색의 회귀선 방정식으로, 여성 강사에 해당합니다. 이에 따라 남성 강사의 경우 지표 함수 $\mathbb{1}$가 male(x) = 1이므로 이전 방정식은 다음과 같습니다.

$$\begin{aligned}\hat{y} = \widehat{score} &= 4.484 - 0.009 \cdot age + 0.191 \cdot 1 \\ &= (4.484 + 0.191) - 0.009 \cdot age \\ &= 4.675 - 0.009 \cdot age\end{aligned}$$

이 식은 <**그림 6.2**>의 밝은색 회귀선의 방정식으로, 남성 강사에 해당합니다.

훌륭해요! 이로써 데이터에 대해 상호 작용 모델과 평행 기울기 모델을 모두 살펴봤습니다. <**그림 6.3**>에서 두 모델의 시각화를 나란히 놓고 견주어 보겠습니다.

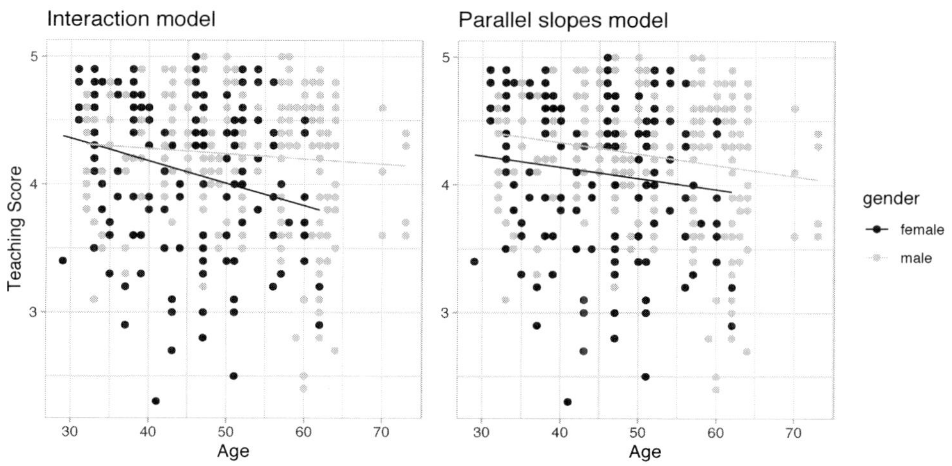

그림 6.3 상호작용 모델과 평행 기울기 모델 비교

이 시점에서 이런 의문이 들지도 모르겠네요. "왜 평행 기울기 모델을 사용해야 하지?" 하고요. <**그림 6.3**>의 왼쪽 그래프를 보면 두 선이 평행하지 않은 것처럼 보이는데 왜 굳

이 평행하게 만들까요? 이 데이터에 대해서는 맞습니다! 왼쪽의 상호 작용 모델이 더 적절하다고 쉽게 주장할 수 있습니다. 그러나 모델 선택에 대한 다음 6.3.1항에서는 평행 기울기 모델이 더 적합하다고 볼 수 있는 예시도 살펴보겠습니다.

6.1.4 관측된 값과 적합값, 그리고 잔차

간결성을 위해 이 항에서는 `score_model_interaction`에 저장한 상호작용 모델에 대한 관측값, 적합값, 잔차만 계산하겠습니다. 앞으로 나올 **학습 확인**에서 평행 기울기 모델에 해당하는 값을 학습할 수 있습니다.

여성으로 식별되며 36세인 강사가 있다고 가정해 보겠습니다. 이 모델을 사용하면 어떤 적합값($\hat{y}$ = $\widehat{score}$)이 산출될까요? 또 남성으로 식별되며 59세인 다른 강사가 있다고 가정해 보겠습니다. 이 강사의 적합값 $\hat{y}$은 어떻게 될까요?

먼저 우리는 이 질문에 대해 여성 강사의 경우 어두운 색의 회귀선과 x = age = 36에서 수직선의 교점을 찾아서 시각적 방법으로 답할 수 있습니다. <**그림 6.4**>에서 이 값을 어두운 색의 큰 점으로 표시합니다. 마찬가지로, 밝은색의 회귀선과 x = age = 59에서 수직선의 교점을 찾으면 남성 강사에 대한 적합값 $\hat{y}$ = $\widehat{score}$를 식별할 수 있습니다. <**그림 6.4**>에서 이 값을 더 밝은색의 큰 점으로 표시합니다.

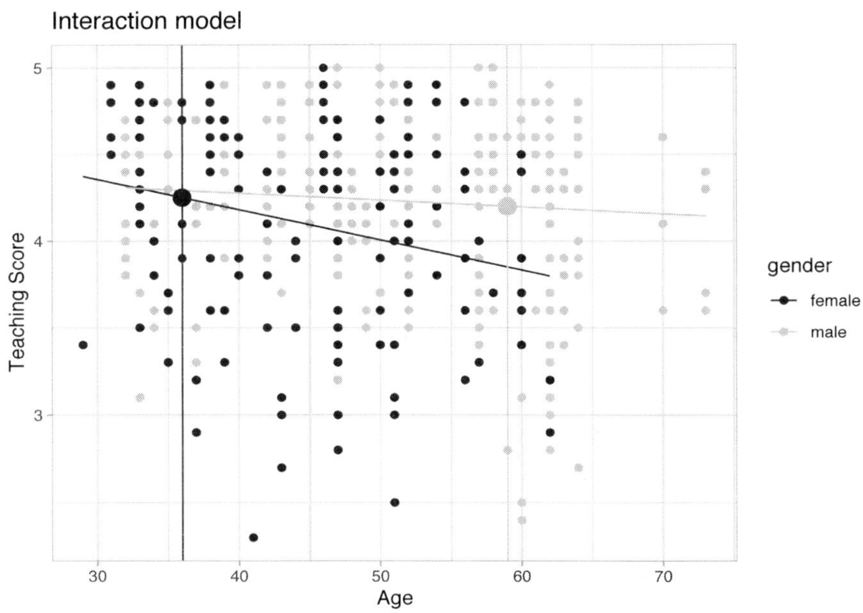

그림 6.4 두 명의 새로운 교수에 대한 적합 값

$\hat{y}$ = $\widehat{score}$의 두 값은 정확히 무엇일까요? 우리는 6.1.2항에서 계산한 두 회귀선의 방

정식을 사용할 수 있으며, 이는 <표 6.3>의 회귀표에 있는 값을 기반으로 했습니다.

- 모든 여성 강사의 경우: $\hat{y} = \widehat{score} = 4.883 - 0.018 \cdot \text{age}$
- 모든 남성 강사의 경우: $\hat{y} = \widehat{score} = 4.437 - 0.004 \cdot \text{age}$

따라서 적합값은 다음과 같습니다: $4.883-0.018 \cdot 36 = 4.25$와 $4.437-0.004 \cdot 59 = 4.20$

만약 이 두 강사뿐만 아니라 **evals_ch6** 데이터 프레임에 포함된 모든 463개 강의의 강사에 대한 적합값을 원한다면 어떻게 해야 할까요? 이 작업을 수작업으로 수행하면 시간이 오래 걸리고 지루할 겁니다. 이때 **moderndive** 패키지의 **get_regression_points()** 함수가 도움이 될 수 있습니다. 이 함수는 463개 강의 모두에 대해 위의 계산을 빠르게 자동화합니다. <표 6.7>으로 463개 중 처음 10개 행에 대한 미리 보기를 시현해 보겠습니다.

```
regression_points <- get_regression_points(score_model_interaction)
regression_point
```

표 6.7 회귀점(463개 강의 중 첫 10개)

ID	score	age	gender	score_hat	residual
1	4.7	36	female	4.25	0.448
2	4.1	36	female	4.25	-0.152
3	3.9	36	female	4.25	-0.352
4	4.8	36	female	4.25	0.548
5	4.6	59	male	4.20	0.399
6	4.3	59	male	4.20	0.099
7	2.8	59	male	4.20	-1.401
8	4.1	51	male	4.23	-0.133
9	3.4	51	male	4.23	-0.833
10	4.5	40	female	4.18	0.318

36세의 여성 강사가 처음 4개의 강의에서 가르쳤고, 남성 강사가 다음 3개의 강의를 담당한 것으로 나타났습니다. 결과 $\hat{y} = \widehat{score}$ 적합값은 **score_hat** 열에 있습니다. 또한 **get_regression_points()** 함수는 잔차 $y - \hat{y}$도 반환합니다. 예를 들어 36세의 여성 강사가 가르친 첫 번째 및 네 번째 강의는 양수 잔차를 가지며, 이는 학생들로부터 받은 실제 강의 점수가 적합된 점수인 4.25보다 크다는 것을 나타냅니다. 반면에 이 강사가 가르

친 두 번째와 세 번째 강의의 잔차는 음수로, 학생들로부터 받은 실제 강의 점수가 4.25보다 낮았음을 나타냅니다.

| 학습 확인 |

(LC6.1) 방금 한 것처럼 상호작용 모델이 아닌 `score_model_interaction`에 저장한 평행 기울기 모델에 대한 관측값, 적합도, 잔차를 계산해 보세요.

6.2 두 개의 설명변수가 모두 수치형일 때

이제 핸들을 살짝 꺾어 다른 골목으로 들어가볼까요? 하나의 수치형 설명변수와 하나의 범주형 설명변수 대신 두 개의 수치형 설명변수가 있는 다중회귀모델을 살펴보려고 합니다. 우리가 사용할 데이터셋은 통계 및 기계 학습에 관한 중급 수준의 교재(James et al., 2017)인 『*An Introduction to Statistical Learning with Applications in R(ISLR)*』[xi]에서 가져왔습니다. 함께 제공되는 ISLR R 패키지에는 저자가 다양한 기계 학습 방법을 적용한 데이터셋이 포함되어 있습니다.

이 책에서 자주 사용되는 데이터셋 중 하나는 `Credit` 데이터셋으로, 관심 있는 결과변수는 400명의 신용카드 부채입니다. 소득, 신용 한도, 신용등급, 나이와 같은 다른 변수들도 데이터셋에 포함되어 있습니다. `Credit` 데이터는 실제 개인의 금융 정보를 기반으로 하는 것이 아니라 교육 목적으로 사용되는 시뮬레이션 데이터셋이라는 점에 유의하세요.

이 절에서 우리는 다음과 같은 회귀모델을 적용해 볼 겁니다.

1. 수치형 결과변수 y: 카드 소지자의 신용카드 부채(카드값)
2. 두 개의 설명변수: 1) 하나의 수치 설명변수 x_1, 카드 소지자의 신용 한도, 2) 또 다른 수치형 설명변수 x_2, 카드 소유자의 수입(천 달러 단위)

6.2.1 탐색적 데이터 분석(EDA)

`Credit` 데이터셋을 불러오겠습니다. 간단한 작업을 위해 이 장에서 고려할 변수의 하위 집합을 `select()`하고 이 데이터를 새 데이터 프레임 `credit_ch6`에 저장해 봅시다. 여기서는 3.8.1항에서 소개한 것과는 약간 다른 방식으로 `select()` 동사를 사용합니다. 예를 들어 `Credit`에서 `Balance` 변수를 선택한 다음 `debt`라는 새 변수 이름으로 저장할

겁니다. '부채(debt)'라는 용어가 '잔액(balance)'보다 해석하기 쉽기 때문입니다.

```
library(ISLR)
credit_ch6 <- Credit %>% as_tibble() %>%
  select(ID, debt = Balance, credit_limit = Limit,
  income = Income, credit_rating = Rating, age = Age)
```

여러분은 탐색적 데이터 분석의 일반적인 첫 단계로 수행하는 **select()** 사용의 효과를RStudio의 스프레드시트 뷰어에서 원시 값을 보거나 **glimpse()**를 사용함으로써 관찰할 수 있습니다.

```
glimpse(credit_ch6)
```

```
Observations: 400
Variables: 6
$ ID            <int> 1, 2, 3, 4, 5, 6, 7, 8, 9, 10, 11, 12, 13, 14, 1...
$ debt          <int> 333, 903, 580, 964, 331, 1151, 203, 872, 279, 13...
$ credit_limit  <int> 3606, 6645, 7075, 9504, 4897, 8047, 3388, 7114, ...
$ income        <dbl> 14.9, 106.0, 104.6, 148.9, 55.9, 80.2, 21.0, 71....
$ credit_rating <int> 283, 483, 514, 681, 357, 569, 259, 512, 266, 491...
$ age <int> 34, 82, 71, 36, 68, 77, 37, 87, 66, 41, 30, 64, ...
```

또한 <**표 6.8**>의 400명의 신용카드 소지자 중 5명의 무작위로 표본을 추출해 살펴봅시다. 다시 한 번, 표집의 무작위적인 특성으로 인해 5개 행의 다른 하위 집합이 나올 수 있다는 점에 유의하세요[2].

```
credit_ch6 %>% sample_n(size = 5)
```

2 set.seed(공통의 숫자)를 통해 같은 값을 확인할 수 있다.

표 6.8 신용 카드 소지자 5명의 무작위 표본

ID	debt	credit_limit	income	credit_rating	age
272	436	4866	45.0	347	30
239	52	2910	26.5	236	58
87	815	6340	55.4	448	33
108	0	3189	39.1	263	72
149	0	2420	15.2	192	69

이제 credit_ch6 데이터 프레임의 원자료 값을 살펴보고 데이터에 대해 이해했으므로 탐색적 데이터 분석의 일반적인 다음 단계인 요약통계 계산으로 이동해 보겠습니다. 모델에서 관심 있는 열만 select()해야 한다는 점에 유의하면서 skimr 패키지의 skim() 함수를 사용해 보겠습니다.

```
credit_ch6 %>% select(debt, credit_limit, income) %>% skim()
```

```
Skim summary statistics
 n obs: 400
 n variables: 3

── Variable type:integer
variable    missing complete n   mean    sd     p0.  p25   p50    p75     p100
credit_limit     0       400 400 4735.6  2308.2  855  3088  4622.5  5872.75 13913
        debt     0       400 400 520.01  459.76  0    68.75 459.5   863     1999

── Variable type:numeric
variable missing complete   n   mean    sd     p0    p25   p50   p75    p100
  income    0           400 400 45.22   35.24  10.35 21.01 33.12 57.47  186.63
```

결과변수 debt에 대한 요약통계를 살펴보겠습니다. 신용카드 부채의 평균과 중앙값은 각각 $520.01과 $459.50이며 카드 소지자의 25%가 $68.75 이하의 부채를 가지고 있다는 것을 알 수 있습니다. 이제 설명변수 중 하나인 credit_limit을 살펴봅시다. credit_limit의 평균과 중앙값은 각각 $4735.6과 $4622.50이며, 카드 소지자의 75%는 57,470달러 이하의 소득을 가지고 있습니다.

결과변수인 debt와 설명변수인 credit_limit와 income은 수치형이므로 이러한 변수의 서로 다른 가능한 조합 간의 상관 계수를 계산할 수 있습니다. 먼저 5.1.1항에 표시된 get_correlation() 명령을 각 설명변수에 대해 한 번씩 두 번 실행하면 됩니다.

```
credit_ch6 %>% get_correlation(debt ~ credit_limit)
credit_ch6 %>% get_correlation(debt ~ income)
```

또는 <**표 6.9**>에 표시된 **상관관계 행렬**을 반환하여 동시에 계산할 수도 있습니다. 적절한 행/열 조합으로 변수를 조회하면 우리는 모든 변수 조합에 대한 상관 계수를 확인할 수 있습니다.

```
credit_ch6 %>%
  select(debt, credit_limit, income) %>% cor()
```

표 6.9 신용 카드 부채, 신용 한도 및 소득 간의 상관 계수

	debt	credit_limit	income
debt	1.000	0.862	0.464
credit_limit	0.862	1.000	0.792
income	0.464	0.792	1.000

예를 들어, 다음과 같습니다.

1. debt 변수와 debt 그 자체와의 상관 계수는 상관 계수의 정의에 따라 예상대로 1입니다.
2. credit_limit와 debt의 상관 계수는 0.862입니다. 이 값은 강한 양의 선형 관계를 나타내는데, 신용 한도가 큰 개인만이 큰 신용카드 부채를 쌓을 수 있다는 점을 생각하면 납득이 가는 결과입니다.
3. income과 debt는 0.464입니다. 이는 debt와 credit_limit 사이의 관계만큼 강하지는 않지만 또 다른 양의 선형 관계를 암시합니다.
4. 추가로 우리는 credit_limit와 income의 두 설명변수 간의 상관 계수가 0.792라는 것을 읽어낼 수 있습니다.

여기서 credit_limit과 income 설명변수 간에는 높은 수준의 **상관관계**가 있다고 할 수 있습니다. 공선형성(collinearity) 또는 다중공선성(multicollinearity)은 다중회귀모델에서 한 설명변수가 다른 설명변수와 높은 상관 관계를 갖는 현상을 뜻합니다.

예를 들어, credit_limit와 income은 상관관계가 높기 때문에 누군가의 신용 한도를 알고 있다면 그 사람의 소득에 대해서도 꽤 잘 추측할 수 있습니다. 따라서 이 두 변수는 다소 중복되는 정보를 제공합니다. 그러나 선형 설명변수로 작업하는 방법은 회귀모

델링에 대한 중급 수준의 책에 맡기고 이만 논의를 마치도록 하겠습니다.

자, <**그림 6.5**>에서 결과변수와 두 설명변수 각각의 관계를 두 개의 개별 그래프로 시각화해 봅시다.

```
ggplot(credit_ch6, aes(x = credit_limit, y = debt)) +
  geom_point() +
  labs(x = "Credit limit (in $)", y = "Credit card debt(in $)",
       title = "Debt and credit limit") + geom_smooth(method = "lm", se = FALSE)

ggplot(credit_ch6, aes(x = income, y = debt)) +
  geom_point() +
  labs(x = "Income (in $1000)", y = "Credit card debt(in $)",
       title = "Debt and income") +
  geom_smooth(method = "lm", se = FALSE)
```

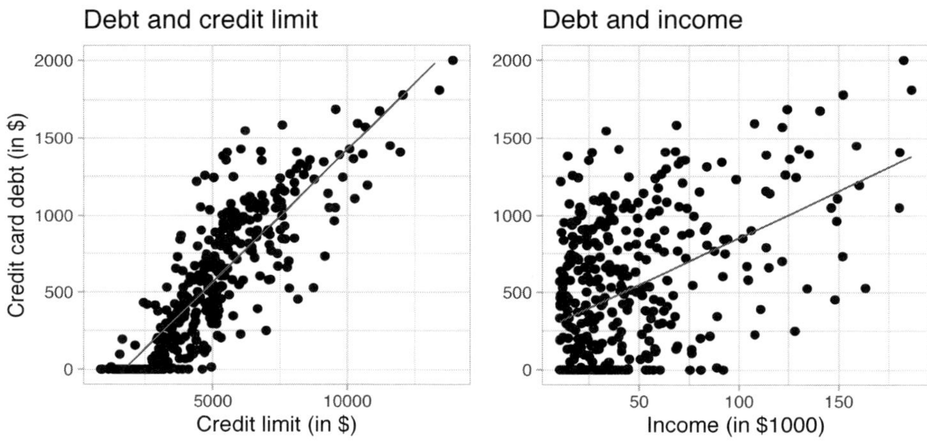

그림 6.5 신용 카드 부채와 신용 한도/소득의 관계

신용 한도와 신용카드 부채 사이에는 양의 관계가 있음을 관찰할 수 있습니다. 신용 한도가 증가하면 신용카드 부채도 증가합니다. 이는 앞서 계산한 0.862의 강한 양의 상관 계수와 부합하는 내용입니다. 소득의 경우 약한 양의 상관 계수인 0.464를 고려할 때 양의 관계가 그다지 강하게 나타나지 않습니다.

그러나 <**그림 6.5**>의 두 그래프는 결과변수와 두 설명변수 각각의 관계에만 **개별적으로** 초점을 맞추고 있습니다. 세 변수의 합동 관계를 동시에 시각화하려면 <**그림 6.6**>에서 보는 것처럼 3차원(3D) 산점도가 필요합니다. `credit_ch6` 데이터 프레임에 있는 400개의 관측값 각각은 다음 위치에 점으로 표시됩니다.

1. 수치형 결과변수 y debt는 수직 축에 있습니다.
2. 두 개의 수치형 설명변수인 x_1 income과 x_2 credit_limit라는 두 개의 수치형 설명변수가 아래쪽 평면을 구성하는 두 축에 있습니다.

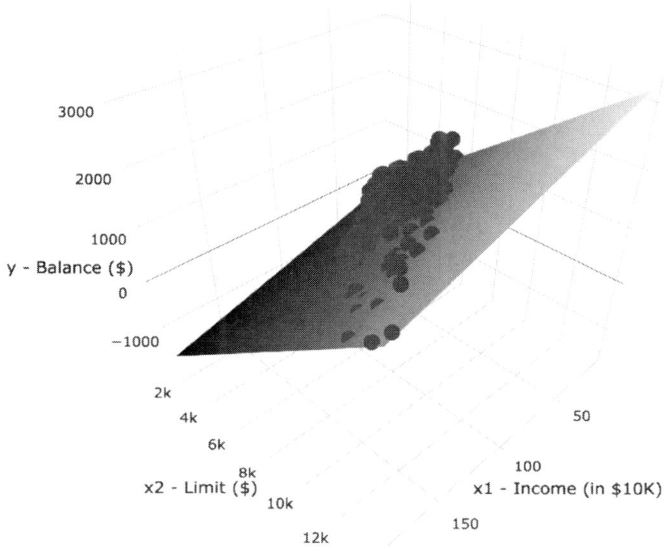

그림 6.6 3D 산점도와 회귀평면

또한 우리는 **회귀평면**(regression plane)도 포함합니다. 5.3.2항에서 회귀선은 점의 구름을 통해 그릴 수 있는 모든 선 중에서 잔차제곱합을 가장 최소화하기에 '가장 적합한' 선이라고 했습니다. 이 개념은 두 개의 수치형 설명변수가 있는 모델에도 적용됩니다. 차이점은 '가장 적합한 선' 대신 유사하게 잔차제곱합을 최소화하는 '가장 적합한 평면'이 있다는 것입니다. https://moderndive.com/regression-plane로 이동하여 브라우저에서 이 그래프의 대화형 버전을 열어보세요.

| 학습 확인 |

(LC6.2) 결과변수 y debt는 동일하지만 credit_rating과 age을 새로운 설명변수 x_1과 x_2로 사용하여 새롭게 탐색적 데이터 분석을 수행해 보세요. 신용카드 소지자의 부채와 신용 등급 및 연령 사이에 대한 어떤 관계가 도출되나요?

6.2.2 회귀평면(regression plane)

이제 회귀모델을 적합시키고 <**그림 6.6**>의 회귀평면에 해당하는 회귀표를 구해 보겠습니다. 간략한 설명을 위해, 6.1.2항과 달리 `score ~ age * gender`이라는 모델 공식을 사용한 두 개의 수치형 설명변수 **income**과 **credit_limit**에 대한 상호작용 모델을 사용하진 않겠습니다. 그 대신 **y ~ x1 + x2** 방식의 공식을 사용해 모델 적합도만 살필 겁니다. 하지만 혼란스럽게도, 이제 여러 개의 선이 아닌 회귀평면이 있으므로 두 개의 수치형 설명변수가 있는 경우 '평행 기울기'라는 명칭이 적용되지 않습니다. 5장과 이 장에서 여러 번 설명한 것처럼 2단계 프로세스를 사용하는 이 모델의 회귀표는 <**표 6.10**>에 나와 있습니다.

```
# Fit regression model:
debt_model <- lm(debt ~ credit_limit + income, data = credit_ch6)
# Get regression table:
get_regression_table(debt_model)
```

표 6.10 다중회귀표

term	estimate	std_error	statistic	p_value	lower_ci	upper_ci
intercept	−385.179	19.465	−19.8	0	−423.446	−346.912
credit_limit	0.264	0.006	45.0	0	0.253	0.276
income	−7.663	0.385	−19.9	0	−8.420	−6.906

1. 먼저 **lm(y ~ x1 + x2, data)** 함수를 사용하여 선형회귀모델을 '적합'시키고 **debt_model**에 저장합니다.
2. **moderndive** 패키지의 **get_regression_table()** 함수를 **debt_model**에 적용하여 회귀표를 구합니다.

자, **estimate** 열의 세 값을 해석해 봅시다. 먼저, **intercept**의 중앙값은 −$385.179입니다. 이 절편은 **credit_limit**이 $0이고 **income**이 $0인 개인의 신용카드 부채를 나타냅니다. 그러나 데이터에서 **credit_limit** 또는 **income** 값이 $0인 개인이 없기 때문에 이 절편은 실질적인 해석이 필요하지 않습니다. 오히려 이 절편은 회귀평면을 3D 공간에 위치시키는 데 사용됩니다.

둘째, **credit_limit** 값은 $0.264입니다. 모델의 다른 모든 설명변수를 고려할 때 **credit_limit**가 1달러 증가할 때마다 신용 카드 부채는 평균 0.26달러 증가합니다. 이미 5.1.2항에서 살펴본 것처럼, 인과관계를 은연중에 암시하지 않도록 신경 써야 합니다. 5.3.1항에서도 '상관관계가 반드시 인과관계는 아니다'라고 했었지요. 우리는 이런 점을 그저 **연관된**(associated) 증가가 있었다는 점을 명시할 뿐이라고 쓴 바 있습니다.

또한 우리는 '모델의 다른 모든 설명변수를 고려한 결과'라는 문구로 해석의 서두를 시작합니다. 여기서 다른 모든 설명변수는 income을 의미합니다. 이는 동일한 모델에서 여러 설명변수의 연관 효과를 동시에 함께 해석하고 있다는 점을 강조하기 위한 것입니다.

셋째, income = −$7.66입니다. 모델의 다른 모든 설명변수를 고려할 때, income이 1단위(실제 소득 $1,000) 증가할 때마다 신용카드 부채는 평균적으로 7.66달러 감소합니다.

이러한 결과를 종합하면 $\hat{y} = \widehat{debt}$라는 적합값을 제공하는 회귀평면의 방정식은 다음과 같습니다.

$$
\begin{aligned}
\hat{y} &= b_0 + b_1 \cdot x_1 + b_2 \cdot x_2 \\
\widehat{debt} &= b_0 + b_{limit} \cdot limit + b_{income} \cdot income \\
&= -385.179 + 0.263 \cdot limit - 7.663 \cdot income
\end{aligned}
$$

그러나 <**그림 6.5**>의 오른쪽 그림에서 debt와 income의 관계를 개별적으로 그릴 때는 양(+)의 관계가 있는 것처럼 보였다는 점을 떠올려 보세요. 그러나 앞에서 설명한 다중회귀에서 debt, credit_limit, income 간의 관계를 공동으로 모델링할 때 income의 음의 기울기 −7.663에서 알 수 있듯이 debt와 income은 음의 상관관계인 것으로 나타났습니다. 이러한 모순된 결과를 어떻게 설명하면 좋을까요? 이는 **심슨의 역설**(Simpson's Paradox)이라 알려진 현상으로, 데이터를 그룹으로 세분화하면 전체로 존재하는 전체 추세가 사라지거나 반전되는 현상입니다. 6.3.3항에서 우리는 credit_limit와 신용카드 debt의 관계를 income 구간별로 나누어 살펴봄으로써 이 개념을 자세히 설명해보겠습니다.

| 학습 확인 |

(LC6.3) 새로운 수치형 설명변수 x_1과 x_2가 credit_rating과 age인 lm(debt ~ credit_rating + age, data = credit_ch6) 명령을 사용해서 새로운 단순선형회귀를 적합시키세요. get_regression_table() 함수를 적용하여 회귀표에서 '가장 적합된' 회귀 평면에 대한 정보를 가져와 봅시다. 회귀 결과가 여러분이 수행했던 이전 탐색적 데이터 분석의 결과와 어떻게 일치하나요?

6.2.3 관측된 값과 적합값, 그리고 잔차

이어서 get_regression_points() 함수를 사용하여 회귀모델의 모든 적합값과 잔차를 계산하고 <**표 6.11**>에 처음 10개 행의 출력만 표시해 봅시다. <**그림 6.6**>의 3D 산점도에서 각 점의 좌표는 income, credit_limit, debt 열에서 찾을 수 있다는 점을 기억하세요. 회귀평면의 적합값은 debt_hat 열에서 찾을 수 있으며 이전 항의 회귀평면에 대한 방정식을 사용하여 계산합니다.

$$\hat{y} = \widehat{debt} = -385.179 + 0.263 \cdot limit - 7.663 \cdot income$$

```
get_regression_points(debt_model)
```

표 6.11 회귀 지점(400명 중 상위 10명의 신용카드 보유자)

ID	debt	credit_limit	income	debt_hat	residual
1	333	3606	14.9	454	-120.8
2	903	6645	106.0	559	344.3
3	580	7075	104.6	683	-103.4
4	964	9504	148.9	986	-21.7
5	331	4897	55.9	481	-150.0
6	1151	8047	80.2	1127	23.6
7	203	3388	21.0	349	-146.4
8	872	7114	71.4	948	-76.0
9	279	3300	15.1	371	-92.2
10	1350	6819	71.1	873	477.3

6.3 관련 주제들

6.3.1 회귀모델의 선택

상호작용 모형과 평행 기울기 모형은 언제 사용해야 할까요? 6.1.2항과 6.1.3항에서 수치형 설명변수 x_1(나이)와 범주형 설명변수 x_2(이진 변수로 기록된 성별)를 사용하여 결과변수 y(교육 점수)에 대해 상호작용 모델과 평행 경사 모델을 모두 적합시켰음을 떠올려 봅시다. 우리는 <**그림 6.3**>에서 이러한 모델을 비교했습니다. 이 내용을 지금 다시 표시해 보겠습니다.

이런 의문이 들었을지도 모르겠습니다. "선의 기울기가 분명히 다른데(왼쪽 그림에서 볼 수 있듯이) 왜 나는 선의 기울기를 억지로 평행(오른쪽 그림에서 볼 수 있듯이)하게 만들어야 하지?"

그 해답은 '오컴의 면도날(Occam's Razor)'이라는 철학적 원리에 있습니다. 이 원리는 '다른 모든 것이 동일하다면 복잡한 해법보다 단순한 해법이 더 정확할 가능성이 높다'고 말합니다. 모델링의 개념적 틀에서 오컴의 면도날을 다시 설명하면 '다른 모든 것이 동일하다면 복잡한 모델보다 단순한 모델을 선호해야 한다'고 할 수 있습니다. 즉, 복잡

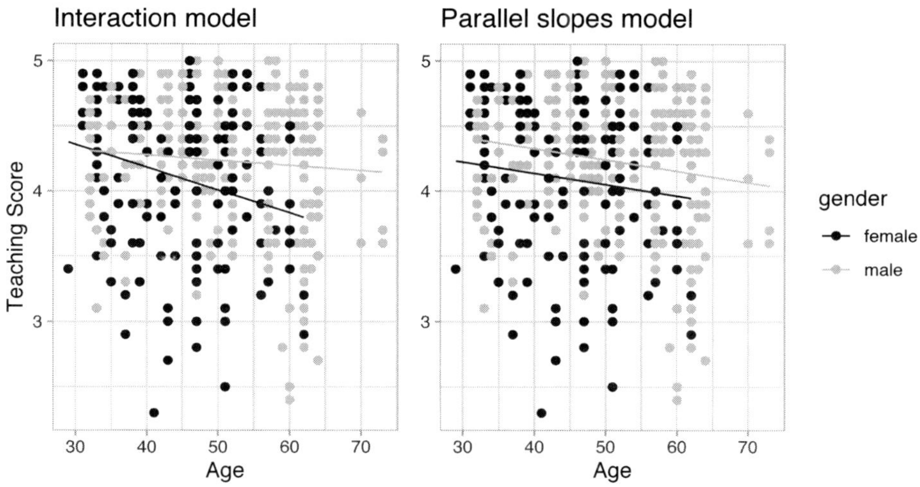

그림 6.7 앞서 살펴본 상호 작용 모델과 평행 기울기 모델의 비교

한 모델은 추가적인 복잡성이 **필요한 경우에만** 선호해야 한다는 뜻입니다.

상호작용 모델과 평행 기울기 모델 모두에 대한 회귀선 방정식을 다시 살펴봅시다.

Interaction: $\hat{y} = \widehat{score} = b_0 + b_{age} \cdot age + b_{male} \cdot \mathbb{1}_{\text{is male}}(x) + \text{b}_{\text{age,male}} \cdot \text{age} \cdot \mathbb{1}_{\text{is male}}$

Parallel slopes: $\hat{y} = \widehat{score} = b_0 + b_{age} \cdot age + b_{male} \cdot \mathbb{1}_{\text{is male}}(x)$

상호작용 모델은 평행 경사 모델에는 없는 $b_{\text{age, male}} \cdot \text{age} \cdot \mathbb{1}_{\text{is male}}$ 상호작용 항이 방정식에 추가로 존재한다는 점에서 '더 복잡하다'고 할 수 있습니다. 또는 다른 방식으로 보면 <**표 6.3**>의 상호작용 모델에 대한 회귀표에는 4개의 행이 있는 반면 <**표 6.5**>의 평행 기울기 모델에 대한 회귀표에는 3개의 행이 있습니다. 그런데 "이렇게 추가적인 복잡성이 왜 필요하지?"라는 의문이 들지도 모르겠습니다. 그렇다면 <**그림 6.7**>을 보세요. <**그림 6.7**>의 왼쪽 그래프에서 두 회귀한의 명확한 X 자형 패턴을 보면 왜 이런 추가적인 복잡성이 필요한지 알 수 있을 것입니다.

이와 달리 추가적인 복잡성이 필요하지 않은 예를 살펴보겠습니다. 매사추세츠주 교육청에서 제공하는 매사추세츠주 공립 고등학교의 2017년 데이터가 포함된 `moderndive` 패키지의 `MA_schools` 데이터를 살펴보겠습니다. 이 데이터에 대한 자세한 내용을 알고 싶다면 콘솔에서 `?MA_schools`를 실행하여 도움말 파일을 읽어보세요.

수치형 결과변수 y(특정 고등학교의 평균 SAT 수학 점수)를 두 가지 설명변수의 함수로 모델링해 봅시다.

1. 해당 고등학교 학생 중 경제적으로 취약한 학생 비율인 수치형 설명변수 x_1

2. 등록 학생 수로 측정한 학교 규모(소규모(13~341명), 중형(342~541명), 대형(542~4264명))를 담은 범주형 설명변수 x_2

다시 한 번 상호 작용 및 평행 기울기 모델을 시각화하고, <**그림 6.8**>에 그 출력을 표시해 보겠습니다. 6.1.3항에서 **ggplot2** 패키지의 **geom_smooth()** 메소드에 평행 기울기 모델을 그래프로 그려주는 편리한 방법이 없기 때문에 **moderndive** 패키지에 포함된 특수 목적 함수 **geom_parallel_slopes()** 함수를 써야 한다는 점도 잊지 마세요.

```
# Interaction model
ggplot(MA_schools,
       aes(x = perc_disadvan, y = average_sat_math, color = size)) +
  geom_point(alpha = 0.25) +
  geom_smooth(method = "lm", se = FALSE) +
  labs(x = "Percent economically disadvantaged", y = "Math SAT Score",
      color = "School size", title = "Interaction model")
# Parallel slopes model
ggplot(MA_schools,
       aes(x = perc_disadvan, y = average_sat_math, color = size)) +
  geom_point(alpha = 0.25) +
  geom_parallel_slopes(se = FALSE) +
  labs(x = "Percent economically disadvantaged", y = "Math SAT Score",
       color = "School size", title = "Parallel slopes model")
```

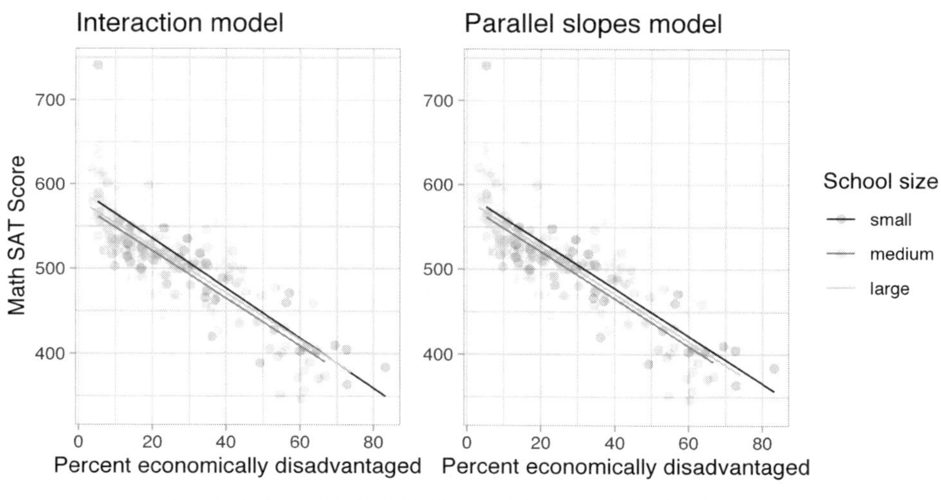

그림 6.8 매사추세츠주 공립 고등학교의 상호작용 모델과 평행 경사 모델 비교

상호작용 모델에 해당하는 <**그림 6.8**>의 왼쪽 그래프를 자세히 살펴보세요. 기울기가 실제로 다르기는 하지만 크게 다르지 않고 거의 동일합니다. 이제 왼쪽 그래프를 평행 경사 모델에 해당하는 오른쪽 그래프와 비교해 볼까요? 크게 다르지 않네요. 따라서 이 경우에는 상호 작용 모델의 추가적인 복잡성이 **필요하지 않다고** 주장할 수 있습니다. 즉, 오컴의 면도날에 따라 '더 간단한' 평행 기울기 모델을 선호해야 합니다. 이 경우 '더 단순하다'는 것이 무엇을 의미하는지 명시적으로 정의해 봅시다. <**표 6.12**>와 <**표 6.13**>의 상호작용 모델과 평행 기울기 모델에 대한 회귀표를 비교해 보겠습니다.

```
model_2_interaction <- lm(average_sat_math ~ perc_disadvan * size,
                          data = MA_schools)
get_regression_table(model_2_interaction)
```

표 6.12 상호 작용 모델 회귀표

term	estimate	std_error	statistic	p_value	lower_ci	upper_ci
intercept	594.327	13.288	44.726	0.000	568.186	620.469
perc_disadvan	-2.932	0.294	-9.961	0.000	-3.511	-2.353
sizemedium	-17.764	15.827	-1.122	0.263	-48.899	13.371
sizelarge	-13.293	13.813	-0.962	0.337	-40.466	13.880
perc_disadvan:sizemedium	0.146	0.371	0.393	0.694	-0.585	0.877
perc_disadvan:sizelarge	0.189	0.323	0.586	0.559	-0.446	0.824

```
model_2_parallel_slopes <- lm(average_sat_math ~ perc_disadvan + size,
                              data = MA_schools)
get_regression_table(model_2_parallel_slopes)
```

표 6.13 평행 기울기 모델 회귀표

term	estimate	std_error	statistic	p_value	lower_ci	upper_ci
intercept	588.19	7.607	77.325	0.000	573.23	603.15
perc_disadvan	-2.78	0.106	-26.120	0.000	-2.99	-2.57
sizemedium	-11.91	7.535	-1.581	0.115	-26.74	2.91
sizelarge	-6.36	6.923	-0.919	0.359	-19.98	7.26

상호 작용 모델의 회귀 테이블에 행이 2개 더 많은 것에 주목하세요(6개 대 4개). 이는 평행 기울기 모델에 비해 상호작용 모델의 추가적인 '복잡성'을 반영합니다.

또한 <**표 6.12**>에서 **소규모 학교의 기준 그룹에 대한 기울기**인 −2.932에 비해 기울기 `perc_disadvan:sizemedium`의 오프셋이 0.146, `perc_disadvan:sizelarge`의 오프셋이 0.189로 작은 것을 확인할 수 있습니다. 즉 소규모 학교의 경우 −2.932, 중형 학교의 경우 −2.786(= −2.932 + 0.146), 대규모 학교의 경우 −2.743(= −2.932 + 0.189)로, 세 기울기 모두 비슷하게 음수입니다. 이러한 결과는 학교 규모에 무관하게, 평균 수학 SAT 점수와 경제적으로 취약한 학생 비율 사이의 관계가 비슷하며 아쉽게도 상당히 음의 관계임을 시사합니다.

방금 수행한 작업은 후보 모델 집합 중에 데이터에 가장 잘 맞는 모델을 선택하는 기초적인 **모델 선택**입니다. 방금 사용한 모델 선택 접근 방식은 본질적으로 시각적이기에 다소 정성적이지만, 다중회귀 및 통계/머신 러닝 분야에서는 보다 통계적으로 엄격한 모델 선택 방법이 존재합니다.

6.3.2 상관 계수

<**표 6.9**>에서 달러로 표시된 `income`과 신용카드 `debt`의 상관 계수가 0.464라고 했습니다. 만약 `income`과 신용카드 `debt` 사이의 상관 계수를 살펴볼 때 `debt`이 수천 달러가 아닌 (한 자릿수) 달러로 표시된다면 어떨까요? 이 경우 `debt`에 1000을 곱하면 됩니다.

```
credit_ch6 %>% select(debt, income) %>%
  mutate(income = income * 1000) %>%
  cor()
```

표 6.14 소득(달러)과 신용카드 부채의 상관관계

	debt	income
debt	1.000	0.464
income	0.464	1.000

동일하네요! 상관 계수는 선형 변환에 불변이라고 말합니다. a와 y 사이의 상관관계는 모든 숫자 값 a와 b에 대해 $a \cdot x + b$와 y 사이의 상관관계와 동일합니다.

6.3.3 심슨의 역설

6.2절에서 신용카드 debt와 income의 관계를 연구할 때 서로 상반되는 두 가지 결과를 보았습니다. 한편으로 <**그림 6.5**>의 오른쪽 그래프는 신용카드 `debt`와 `income` 간의 관계가 **양(+)**임을 시사합니다. 이를 <**그림 6.9**>에 다시 표시해 보았습니다.

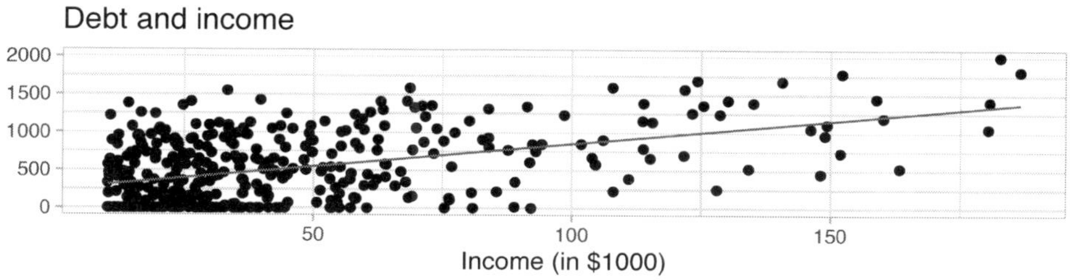

그림 6.9 신용카드 부채와 소득의 관계

반면에 <**표 6.10**>의 다중회귀 결과는 **debt**와 **income** 간의 관계가 **음(-)**인 것으로 나타났습니다. 이 정보를 <**표 6.15**>에 다시 나타냈습니다.

표 6.15 다중회귀 결과

term	estimate	std_error	statistic	p_value	lower_ci	upper_ci
intercept	-385.179	19.465	-19.8	0	-423.446	-346.912
credit_limit	0.264	0.006	45.0	0	0.253	0.276
income	-7.663	0.385	-19.9	0	-8.420	-6.906

income의 기울기는 -7.663이며, 일단은 음의 기울기를 가집니다. 중요한 부분이니 눈여겨 보세요. 이는 <**그림 6.9**>에서 관계가 양수라는 관찰 결과와 모순됩니다. 어떻게 이럴 수 있을까요? 다중회귀 모형의 맥락에서 **income** 기울기의 해석을 상기해 보면, **모형의 다른 모든 설명변수를 고려할 때 income**이 한 단위(즉, 1000달러) 증가할 때마다 **debt**가 평균 7.663달러 감소합니다.

즉, **debt**와 **income**의 관계만 따로 떼어놓고 보면 양(+)의 관계일 수 있지만, **credit_limit**까지 고려하면 이 관계는 음(-)의 관계가 됩니다. 이러한 역설적인 결과는 참으로 적절한 이름인 **심슨의 역설**[xii]이라는 현상 때문입니다. 심슨의 역설은 데이터를 그룹으로 분류하면 전체 데이터에 존재하는 추세가 사라지거나 역전될 때 발생합니다.

credit_ch6 데이터에서 심슨의 역설이 어떻게 나타나는지 살펴봅시다. 먼저 <**그림 6.10**>의 히스토그램을 사용하여 수치형 설명변수 **credit_limit**의 분포를 시각화해 보겠습니다.

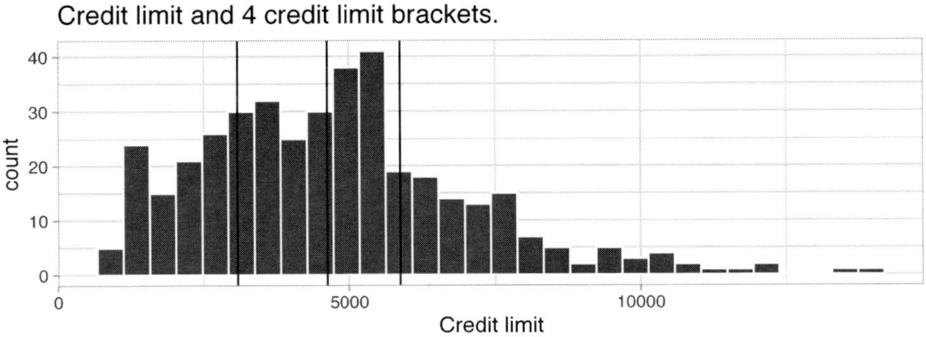

그림 6.10 신용 한도 및 구간별 히스토그램

히스토그램의 세로(수직) 점선은 변수를 동일한 크기의 4개 그룹으로 나누는 **사분위수**입니다. 이 사분위수를 가지고 수치형 변수 `credit_limit`을 4단계의 범주형 변수 '`credit_limit` 브래킷'으로 변환하는 작업을 생각해 봅시다. 이는 다음을 의미합니다.

1. 신용 한도의 25%가 $0에서 $3088 사이입니다. 이 100명을 '낮은' `credit_limit` 구간에 할당해 봅시다.
2. 신용 한도의 25%가 3088달러에서 4622달러 사이입니다. 이 100명을 '중간-낮음' `credit_limit` 구간에 할당하겠습니다.
3. 신용 한도의 25%가 4622달러에서 5873달러 사이였습니다. 이 100명을 '중간-높음' `credit_limit` 구간에 할당합니다.
4. 신용 한도의 25%가 5873달러를 초과했습니다. 이 100명을 '높은' `credit_limit` 구간으로 할당하겠습니다.

이제 <**그림 6.11**>에서 <**그림 6.9**>의 debt와 income의 두 가지 산점도 버전을 다시 표시하되 약간 변형하여 보겠습니다.

1. 왼쪽 그래프는 <**그림 6.9**>에서 본 것처럼 통상적인 산점도와 단일 회귀선을 보여줍니다.
2. 오른쪽 그래프는 **색조 처리된 산점도**로, 색상 미적 속성(aesthetic)이 '`credit_limit` 구간'에 매핑된 것을 보여줍니다. 또한 이제 4개의 개별 회귀선이 있습니다.

즉, 400점의 위치는 두 산점도에서 동일하지만 오른쪽 차트에는 `credit_limit` 구간이라는 추가 정보 변수가 표시됩니다.

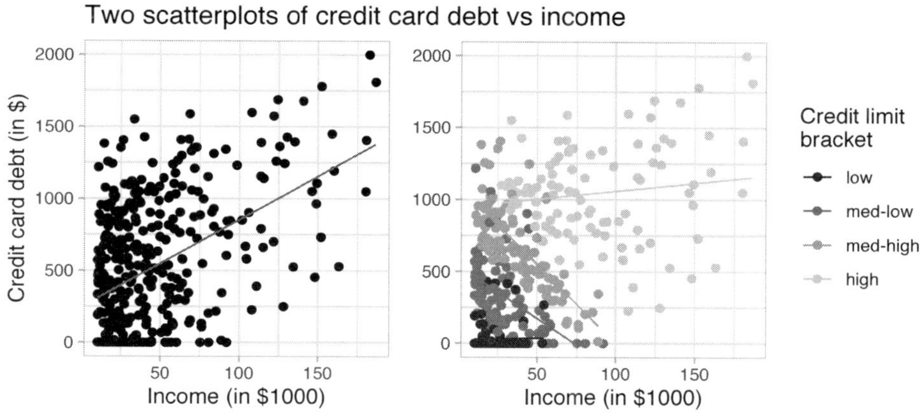

그림 6.11 신용 한도 구간별 신용 카드 부채와 소득의 관계

<그림 6.11>의 왼쪽 그래프는 `debt`와 `income`의 **총체적인**(aggregate) 관계에 초점을 맞추고 있습니다. 이는 전체적으로 `debt`와 `income` 사이에 양의 관계가 존재함을 시사합니다. 그러나 <그림 6.11>의 오른쪽 그림은 `debt`와 `income`의 관계를 `credit_limit` 구간별로 세분화한 것입니다. 즉, `debt`와 `income` 사이의 네 가지 **개별적인**(separate) 관계에 초점을 맞춥니다. 하나는 '낮음' `credit_limit` 구간, 다른 하나는 '중간-낮음' `credit_limit` 구간 등입니다.

오른쪽 그래프에서 `debt`와 `income`의 관계는 '중간-낮음' 및 '중간-높음' 신용 한도 구간에서는 분명히 음의 관계인 반면, '낮음' 신용 한도 구간에서는 관계가 다소 평평한 것을 확인할 수 있습니다. `credit_limit` 구간 중 유일하게 관계가 양수로 유지되는 `credit_limit` 구간은 '높은' 신용 한도 구간입니다. 그러나 이 관계는 왼쪽 플롯의 회귀선 기울기보다 기울기가 더 얕기(shallow) 때문에 총체적인 관계보다 덜 양수입니다.

이 심슨의 역설의 예에서 `credit_limit`는 5.3.1항에서 정의한 대로 신용카드 `debt`와 `income` 간의 관계에 **교란변수**입니다. 따라서 `credit_limit`는 `debt`와 `income` 간의 관계에 대한 적절한 모델에서 고려되어야 합니다.

6.4 이 장의 결론

6.4.1 추가로 활용할 수 있는 리소스

모든 **학습 확인**에 대한 해결책은 온라인으로 찾을 수 있습니다.[xiii]

이 장에서 사용된 모든 R 코드의 R 스크립트 파일은 https://www.moderndive.com/scripts/06-multiple-regression.R에서 확인할 수 있습니다.

6.4.2 다음 단계는?

축하합니다! <`moderndive`를 사용한 데이터 모델링>을 완료했습니다. 이제 3부 <`infer`를 사용한 통계적 추론>으로 넘어갈 준비가 되었습니다. 통계적 추론은 표집을 사용하여 미지의 수량에 대해 추론하는 과학입니다.

예를 들어 표집의 가장 잘 알려진 예로는 **여론 조사**(polls)가 있습니다. 전체 인구를 대상으로 의견을 묻는 것은 길고 힘든 작업[3]이기 때문에, 여론조사 기관에서는 인구를 대표할 수 있는 소규모 표본을 추출하는 경우가 많습니다. 여론조사 기관들은 이렇게 추출한 표본의 결과를 바탕으로 전체 인구집단에 대한 이야기를 하고자 하는 것입니다.

7장에서 표본추출, 8장에서 신뢰구간, 9장에서 가설검정을 다루고 나면 10장에서 회귀추론을 다루면서 5장과 6장에서 공부한 회귀모델을 다시 살펴볼 것입니다. 지금까지는 모든 회귀 테이블의 `estimate` 열만 공부했습니다. 이어지는 네 개의 장에서는 표준오차(`std_error`), 검정 `statistic, p_value`, 신뢰 구간의 하한과 상한(`lower_ci, upper_ci`) 등 나머지 열의 의미에 대해 집중적으로 살펴봅니다.

또한 10장에서 우리는 잔차 $y - \hat{y}$의 개념을 다시 살펴보고, 회귀 모형의 결과를 해석할 때 잔차가 어떤 중요성을 갖는지 논의할 것입니다. 모든 `get_regression_points()`의 결과로 출력되는 `residual` 변수에 대해 **잔차 분석**이라는 것을 수행하겠습니다. 잔차 분석은 여러분에게 **회귀추론**의 조건으로 알려진 것을 검증할 수 있게 해줄 겁니다. <**그림 6.12**>와 같이 3부의 표집에 관한 7장으로 넘어가겠습니다!

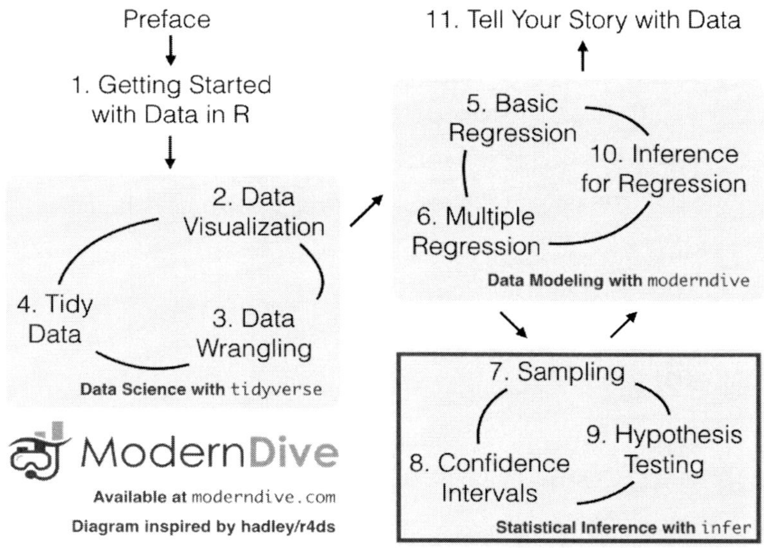

그림 6.12 모던 다이브 순서도 – 3부로 넘어갑니다!

3 비용도 많이 든다!

2부_주석

i http://www-bcf.usc.edu/~gareth/ISL/
ii https://www.openintro.org/stat/data/?data=evals
iii https://www.openintro.org/stat/data/?data=evals
iv https://r4ds.had.co.nz/factors.html
v http://www.tylervigen.com/spurious-correlations
vi https://broom.tidyverse.org/
vii https://github.com/sfirke/janitor
viii https://broom.tidyverse.org/
ix https://github.com/moderndive/moderndive/blob/master/R/regression_functions.R
x https://moderndive.com/D-appendixD.html
xi http://www-bcf.usc.edu/~gareth/ISL/
xii https://en.wikipedia.org/wiki/Simpson%27s_paradox
xiii https://moderndive.com/D-appendixD.html

3부

infer를 사용한 통계적 추론

7장 표집[1]

이 장에서는 **표집**에 대해 배우면서 통계적 추론에 관한 이 책의 3부를 시작합니다. 표집의 개념은 8장과 9장에서 다룰 신뢰구간과 가설검정의 기초를 형성합니다. 이 책의 데이터 과학 부분에서 배운 도구, 특히 데이터 시각화 및 데이터 랭글링도 여러분의 이해 수준을 높이는 데 중요한 역할을 할 것입니다. 앞서 언급했듯이, 이 책의 모든 개념은 여러분이 '데이터를 이용해 여러분의 이야기를 할' 수 있는 수준까지 끌어올리는 데 초점이 맞춰져 있습니다.

필요한 패키지

이 장에 필요한 모든 패키지를 불러와 보겠습니다(이미 설치했다고 가정합니다). 4.4절에서 `library(tidyverse)`를 실행하여 `tidyverse` 패키지를 불러오면 다음과 같이 일반적으로 사용되는 데이터 과학 패키지가 한꺼번에 로드된다는 점을 기억하세요.

- 데이터 시각화를 위한 `ggplot2`
- 데이터 랭글링을 위한 `dplyr`
- 데이터를 'tidy' 형식으로 변환하는 `tidyr`
- 스프레드시트 데이터를 R로 가져오기 위한 `readr`
- 고급 `purrr`, `tibble`, `stringr` 및 `forcats` 패키지

자세한 내용은 1.3에서 R 패키지를 설치하고 불러오는 방법을 참조하세요.

```
library(tidyverse)
library(moderndive)
```

1 표집은 표본추출, 샘플링이라고 부르기도 한다. 이 책에서는 표집으로 용어를 통일하고, 필요시에 샘플링이나 표본추출을 활용한다. 표본은 샘플이라고도 부르나 표본으로 통일한다.

7.1 그릇을 가지고 하는 표집 놀이

체험 활동부터 시작해 볼까요?

7.1.1 빨간 공을 뽑을 확률이 어떻게 되죠?

<**그림 7.1**>의 그릇을 살펴보세요. 이 그릇에는 모두 같은 크기의 빨간색 공과 흰색 공이 일정 수 들어 있습니다. 빨간색 공과 흰색 공은 일관된 패턴 없이 섞여 있군요. 우리가 보기 전에 이미 섞어 둔 모양입니다.

이제 한번 질문을 던져보겠습니다. 이 그릇에서 빨간색 공은 몇 퍼센트나 될까요?

그림 7.1 빨간색과 흰색 공이 있는 그릇

이 질문에 답하기 위해 공을 하나씩 꺼내서 공이 총 몇 개인지 세고, 그중 빨간색 공의 수를 전체 공의 수로 나누는 전수 계산을 수행할 수도 있을 것입니다. 하지만 이건 길고 지루한 과정일 테죠.

7.1.2 한 번만 삽질할 때

<**그림 7.2**>와 같이 공의 개수를 세는 대신 <**그림 7.3**>과 같이 삽을 그릇에 넣어 보겠습니다. <**그림 7.3**>과 같이 삽을 사용하여 $5 \cdot 10 = 50$개의 공을 한번에 꺼내 봅시다.

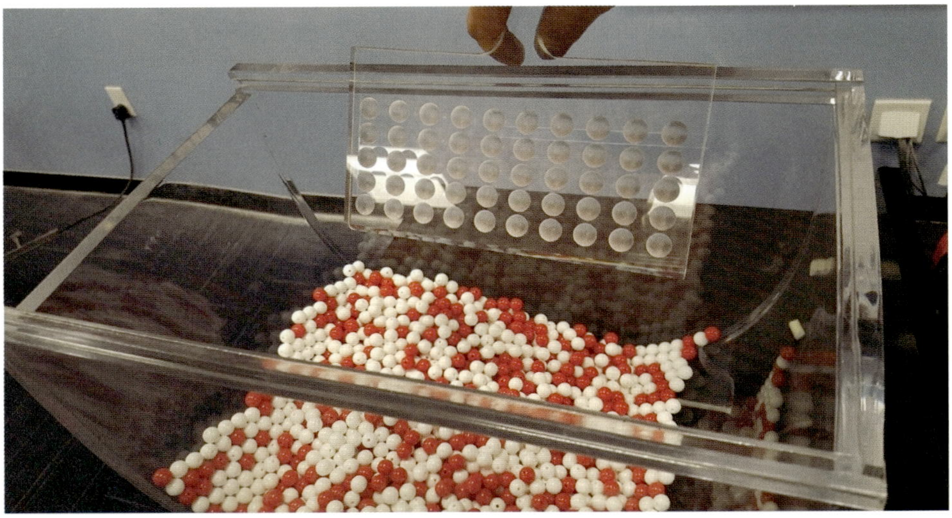

그림 7.2 그릇에 삽 넣기

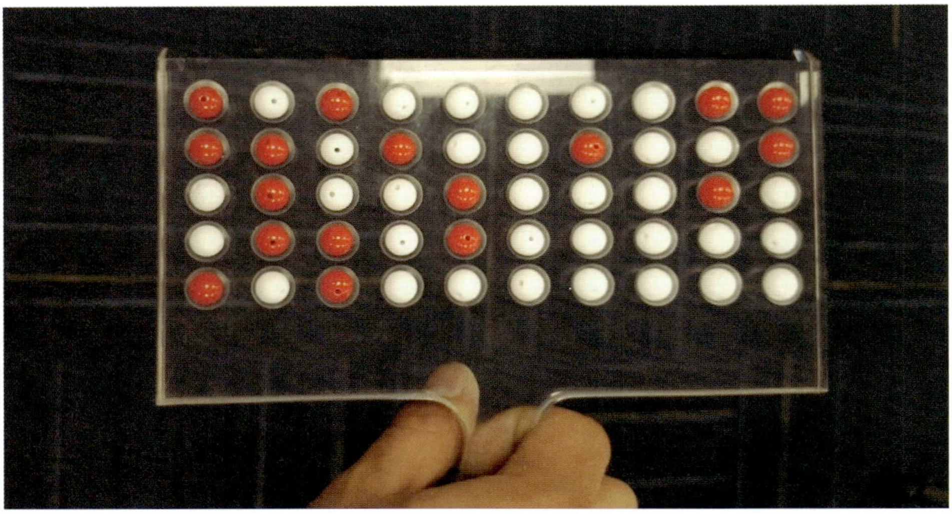

그림 7.3 그릇에서 50개의 공 꺼내기

17개의 공이 빨간색이므로 삽에 있는 공의 0.34 = 34%가 빨간색임을 확인할 수 있습니다. 이 삽에서 빨간색 공이 차지하는 비율로 전체 그릇에서의 빨간색 공의 비율을 추측해볼 수 있지 않을까요? 그릇에 있는 모든 공을 일일이 세는 것만큼 정확하지는 않겠지만 34%라는 추측을 내놓기까지 훨씬 적은 시간과 에너지가 소요됐습니다.

하지만 이 작업을 처음부터 다시 시작한다고 가정해 봅시다. 즉, 50개의 공을 도로 그릇에 넣고 같은 작업을 반복합니다. 이번에도 정확히 17개의 빨간 공을 꺼낼 수 있을까요? 다시 말해, 그릇의 공 중 빨간색 공의 비율을 다시 정확히 34%로 추측할 수 있을까요? 음, 잘하면요?

만약 <**그림 7.4**>에 표시된 프로세스에 따라 이 활동을 여러 번 반복하면 어떨까요? 매번 정확히 17개의 빨간색 공을 얻을 수 있을까요? 다시 말해, 그릇의 공에서 빨간색 공의 비율이 매번 정확히 34%라고 추측할 수 있을까요? 절대 그렇지 않습니다. 33명의 친구들의 도움을 받아 이 연습을 여러 번 반복해서, 반복할 때마다 값이 어떻게 달라지는지 이해해 봅시다.

7.1.3 33번 삽질을 할 때

33명의 친구들이 각각 그룹을 이루어 다음을 수행합니다.

- 삽을 사용하여 각각 50개의 공을 꺼냅니다.
- 빨간색 공의 개수를 세어 50개 중 빨간색 공이 몇 퍼센트의 비율을 차지하는지 계산합니다.
- 공을 다시 그릇에 넣습니다.
- 이전 그룹의 결과가 다음 그룹의 결과에 영향을 미치지 않도록 그릇의 내용물을 약간 섞습니다.

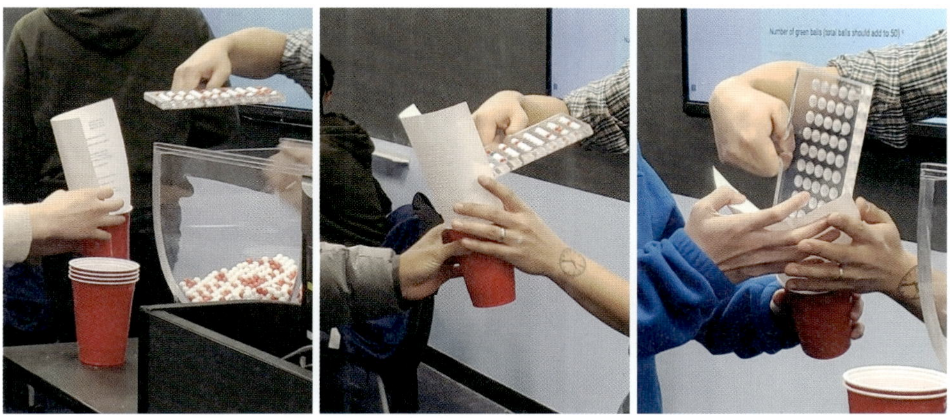

그림 7.4 표집 활동 33회 반복하기

33명의 그룹은 각각 수집한 표본에서 빨간색 공이 차지하는 비율을 기록합니다. 그런 다음 <**그림 7.5**>에 표시된 것처럼 50개의 공에서 빨간색 공이 차지하는 비율을 해당 칸에 히스토그램으로 표시합니다.

그림 7.5 비율 히스토그램 구성하기

2.5절에서 히스토그램을 통해 수치형 변수의 분포를 시각화할 수 있다고 했습니다. 특히 값의 중심이 어디에 있는지, 값이 어떻게 변화하는지 알 수 있습니다. 33개 그룹 중 처음 10개의 결과에 대한 부분적으로 완성된 히스토그램은 <**그림 7.6**>에서 볼 수 있습니다.

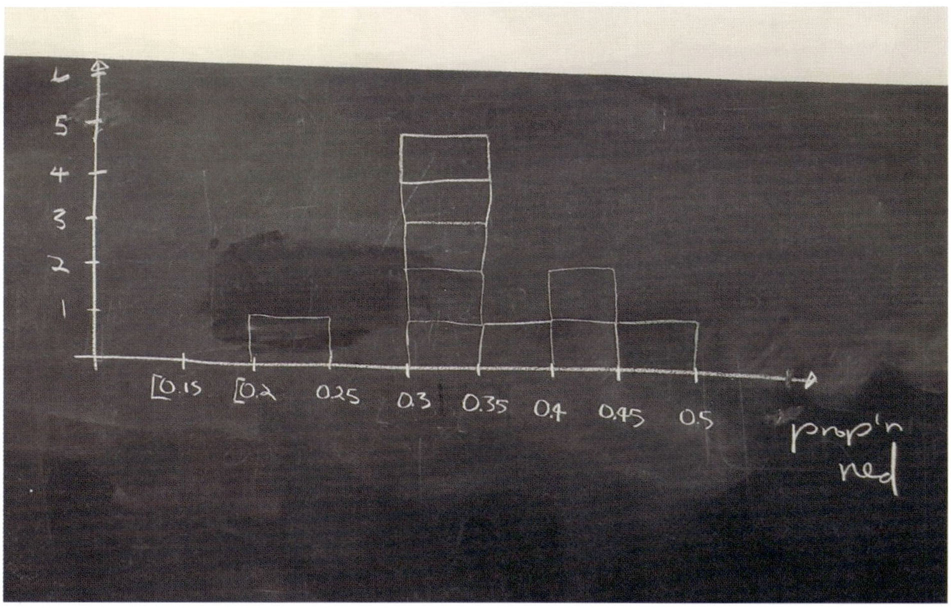

그림 7.6 33개 그룹 중 10개 그룹이 손으로 그린 히스토그램

<**그림 7.6**>의 히스토그램에서 다음을 관찰할 수 있습니다.

- 가장 비율이 낮은 한 명은 50개의 공을 꺼냈을 때 빨간색 비율이 0.20에서 0.25 사이로 나왔습니다.
- 가장 비율이 높은 한 명은 50개의 공을 꺼냈을 때 빨간색 비율이 0.45에서 0.5 사이로 나왔습니다.
- 그러나 가장 빈번하게 발생하는 비율은 분포의 중간인 0.30~0.35 사이의 빨간색이었습니다.
- 이 분포의 모양은 다소 종 모양입니다.

이제 2장에서 연마한 데이터 시각화 기술을 사용하여 R에서 손으로 그린 히스토그램과 동일한 그래프를 만들어 보겠습니다. 우리는 친구 그룹 33개의 결과를 `moderndive` 패키지에 포함된 `tactile_prop_red` 데이터 프레임에 저장해 뒀습니다. 다음을 실행하여 33개 행 중 처음 10개 행을 표시합니다.

```
tactile_prop_red
```

```
# A tibble: 33 × 4
   group              replicate red_balls prop_red
   <chr>              <int>     <int>     <dbl>
 1 Ilyas, Yohan        1        21        0.42
 2 Morgan, Terrance    2        17        0.34
 3 Martin, Thomas      3        21        0.42
 4 Clark, Frank        4        21        0.42
 5 Riddhi, Karina      5        18        0.36
 6 Andrew, Tyler       6        19        0.38
 7 Julia               7        19        0.38
 8 Rachel, Lauren      8        11        0.22
 9 Daniel, Caroline    9        15        0.3
10 Josh, Maeve        10        17        0.34
# … with 23 more rows
```

각 `group`의 이름, 획득한 `red_ball`의 개수, 50개의 공에서 `prop_red`라는 이름의 빨간색 공 비율을 관찰해 봅시다. 또한 33개 그룹을 각각 열거하는 `replicate` 변수도 있습니다. 그런데 왜 복제(replicate)라는 이름을 사용하였을까요? 각 행을 삽으로 꺼낸 50개의 공에서 빨간색 공이 차지하는 비율을 계산하는 복제된(즉, 반복되는) 활동의 한 예시(instance)로 볼 수 있기 때문입니다.

<그림 7.7>에서 binwidth=0.05인 geom_histogram()을 사용하여 이 33개 비율의 분포를 시각화해 보겠습니다. 이 히스토그램은 <그림 7.6>에서 본, 손으로 그려 부분적으로 완성했던 히스토그램이 전산화된 완전한 버전입니다. boundary = 0.4로 설정하면 구간들의 경계 중 하나가 0.4가 되도록 구간차원 체계를 계획합니다. 이렇게 하면 이 히스토그램과 <그림 7.6>의 히스토그램을 더 비슷하게 맞출 수 있습니다.

```
ggplot(tactile_prop_red, aes(x = prop_red)) +
  geom_histogram(binwidth = 0.05, boundary = 0.4, color = "white") +
  labs(x = "Proportion of 50 balls that were red",
       title = "Distribution of 33 proportions red")
```

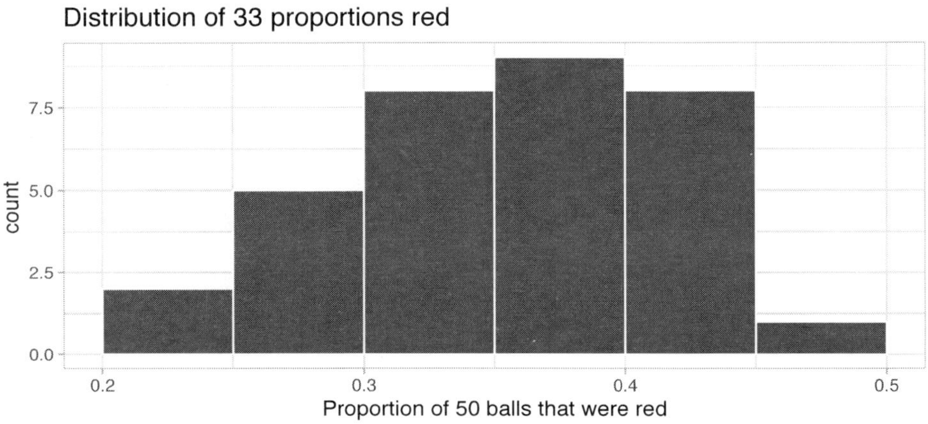

그림 7.7 크기 50의 표본 33개를 기준으로 한 33개의 비율 분포

7.1.4 지금까지 한 작업이 무엇인가요?

이 활동으로 우리는 **표집**의 통계적 개념을 설명했습니다. 우리는 그릇에 있는 공에서 빨간색 공이 차지하는 비율을 알고 싶습니다. 그릇에는 많은 수의 공이 있기 때문에 빨간색과 흰색 공을 모두 세는 것은 시간이 많이 소요됩니다. 따라서 삽을 사용하여 50개의 공 **표본**(sample)을 추출하여 **추정치**(estimate)를 만들었습니다. 이 50개의 공 표본을 사용하여 우리는 그릇에 있는 공에서 빨간색 공이 차지하는 비율을 34%로 추정했습니다.

또한 삽을 사용할 때마다 공을 섞었기 때문에 표본은 무작위로 추출되었습니다. 각 표본이 무작위로 추출되었기 때문에 표본이 서로 달랐습니다. 표본이 서로 다르기 때문에 <그림 7.7>에서 관찰된 빨간색과 다른 비율을 얻었습니다. 이는 **표집 변동**(sampling variation)이라는 개념으로 알려져 있습니다.

이 표집 활동의 목적은 표집과 관련된 두 가지 주요 개념에 대한 이해를 높이는 것이었습니다.

1. 표집 변동의 영향 이해하기
2. 표본 크기가 표집 변동에 미치는 영향 이해하기

7.2절에서는 방금 컴퓨터로 수행한 표집 실습 활동을 모방해 보겠습니다. 이렇게 하면 표집 연습을 33회 이상 반복할 수 있을 뿐만 아니라 50개가 아닌 다른 수의 슬롯을 가진 삽을 사용할 수 있습니다.

이후 7.3절에서 표집과 관련된 정의, 용어, 표기법에 대해 설명하겠습니다. 다른 많은 분야와 마찬가지로, 이러한 필수 배경 지식은 처음에는 접근하기 어렵고 복잡해 보일 수 있습니다. 그러나 늘 그래왔듯 기본 개념을 제대로 이해하고 연습에 연습을 거듭하면 숙달할 수 있습니다.

이 장의 내용을 실제 세계와 연결하기 위해 표집의 가장 잘 알려진 용도 중 하나인 여론조사의 예를 제시하겠습니다. 7.4절에서 우리는 하버드대학교 케네디스쿨 정치연구소에서 실시한 2013년 당시 미국 청년층의 버락 오바마 미국 대통령의 인기도에 대한 여론조사라는 구체적인 사례 연구를 살펴볼 겁니다. 이 장을 마무리하기 위해 '그릇에서 표집하기'를 다른 표집 시나리오로 일반화하고 **중심극한정리**(central limit theorem)라는 이론적 결과를 제시하겠습니다.

| 학습 확인 |

(LC7.1) 공을 표집하기 전에 그릇을 섞어야 하는 이유는 무엇인가요?

(LC7.2) 33명의 친구들이 꺼낸 빨간색 공의 개수가 각기 다르고, 빨간색 비율이 다르게 계산되는 이유는 무엇인가요?

7.2 가상 표집(virtual sampling)

이전 7.1절에서는 손으로 **촉각**(tactile) 표집 활동을 수행했습니다. 즉, 실제 공이 담긴 그릇과 실제 삽을 사용했습니다. 우리가 이 표집 활동을 손으로 먼저 수행한 이유는 이런 과정을 통해 표집의 기본 아이디어를 확실히 이해할 수 있도록 하기 위해서였습니다. 이 절에서는 이 촉각 표집 활동을 컴퓨터를 사용한 **가상**(virtual) 표집 활동으로 모방해 보겠습니다. 즉, 우리는 공을 담는 그릇과 삽을 대체하는 가상의 유사물(analog)을 사용하게 될 겁니다.

7.2.1 가상 삽을 한 번 쓸 때

7.1절에서 수행했던 촉각 표집 연습의 가상 유사물을 수행하는 것부터 시작하겠습니다. 먼저 <**그림 7.1**>에 표시된 그릇의 가상 유사물이 필요합니다. 이를 위해 우리는 `moderndive` 패키지에 `bowl`이라는 데이터 프레임을 포함해 뒀습니다. `bowl`의 행은 정확히 실제 그릇의 내용물에 해당합니다.

```
bowl
```

```
# A tibble: 2,400 x 2
   ball_ID color
     <int> <chr>
1        1 white
2        2 white
3        3 white
4        4 red
5        5 white
6        6 white
7        7 red
8        8 white
9        9 red
10      10 white
# ... with 2,390 more rows
```

`bowl`에 2400개의 행이 있으며, 그 그릇에 같은 크기의 공 2400개가 들어 있음에 주목하세요. 첫 번째 변수 `ball_ID`는 1.4.4항에서 설명한 대로 **식별변수**로 사용되며, 실제 그릇에 있는 공에는 숫자가 표시되어 있지 않습니다. 두 번째 변수 `color`는 특정 가상 공이 빨간색인지 흰색인지를 나타냅니다. RStudio의 데이터 뷰어에서 그릇의 내용을 보고 내용을 스크롤하여 <**그림 7.1**>에서 `bowl`이 실제 그릇의 가상 유사물임을 확인하세요.

이제 그릇의 가상 유사물이 생겼으므로 <**그림 7.2**>에 표시된 삽에 대한 가상 유사물이 있어야 50개의 공에 대한 가상 표본을 생성할 수 있습니다. 여기서는 `moderndive` 패키지에 포함된 `rep_sample_n()` 함수를 사용하겠습니다. 이 함수를 사용하면 `n` 크기의 `sample`을 `repeated` 또는 `replicate`할 수 있습니다.

```
virtual_shovel <- bowl %>%
  rep_sample_n(size = 50)
virtual_shovel
```

```
# A tibble: 50 x 3
# Groups:   replicate [1]
   replicate ball_ID color
       <int>   <int> <chr>
1          1    1970  white
2          1     842  red
3          1    2287  white
4          1     599  white
5          1     108  white
6          1     846  red
7          1     390  red
8          1     344  white
9          1     910  white
10         1    1485  white
# ... with 40 more rows
```

virtual_shovel에 크기 50의 가상 표본에 상응하는 50개의 행이 있습니다. ball_ID 변수는 bowl에 있는 2400개의 공에서 어떤 공이 50개의 공 표본에 포함되는지를 식별하고, color는 해당 공의 색상을 나타냅니다. 그러면 replicate 변수는 무엇을 나타낼까요? virtual_shovel의 경우, 50개 행 모두에 대해 replicate는 1입니다. 이는 이 50개의 행이 삽의 첫 번째 반복/복제 사용(이 경우 첫 번째 표본)에 해당한다는 것을 알려줍니다. 우리는 곧 33개의 표본을 '가상'으로 채취할 때 replicate는 1에서 33 사이의 값을 취한다는 사실을 알게 될 것입니다.

3장에서 배운 dplyr 데이터 랭글링 패키지를 사용하여 가상 표본에서 빨간색인 공의 비율을 계산해 봅시다. 먼저 표본으로 추출한 50개의 공 각각에 대해 ==로 동일성 테스트를 실시하여 빨간색인지 아닌지를 확인하겠습니다. 3.5절에 나왔던 mutate() 함수를 사용해 새로운 부울(Boolean) 변수 is_red를 만들어 봅시다.

```
virtual_shovel %>%
  mutate(is_red = (color == "red"))
```

```
# A tibble: 50 × 4
# Groups:   replicate [1]
   replicate ball_ID color is_red
       <int>   <int> <chr> <lgl>
 1         1    1970 white FALSE
 2         1     842 red   TRUE
 3         1    2287 white FALSE
 4         1     599 white FALSE
 5         1     108 white FALSE
 6         1     846 red   TRUE
 7         1     390 red   TRUE
 8         1     344 white FALSE
 9         1     910 white FALSE
10         1    1485 white FALSE
# … with 40 more rows
```

여러분은 color == "red"인 모든 행에 대해서는 부울(논리적) 값 TRUE가 반환되고 색상이 '빨간색'과 같지 않은 모든 행에 대해서 부울 값 FALSE가 반환되는 것을 관찰할 수 있을 겁니다.

둘째, summarize() 함수를 사용하여 빨간색인 공이 50개 중 몇 개인지 계산해 보겠습니다. 3.3절을 통해 summarize()는 많은 행이 있는 데이터 프레임을 받아 mean() 또는 median()과 같은 요약통계가 포함된 단일 행이 있는 데이터 프레임을 반환한다는 것을 배웠습니다. 이번 경우에는 sum()을 사용합니다.

```
virtual_shovel %>%
  mutate(is_red = (color == "red")) %>%
  summarize(num_red = sum(is_red))
```

```
# A tibble: 1 x 2
  replicate num_red
      <int>   <int>
1         1      12
```

왜 이렇게 될까요? R은 TRUE를 숫자 1처럼 취급하고 FALSE를 숫자 0처럼 취급하기 때문입니다. 따라서 TRUE와 FALSE의 수를 합산하는 것은 1과 0을 합산하는 것과 동일합니다. 결국 이 연산은 색깔(color)이 빨간색인 공의 개수를 세는 것입니다. 이 경우 50개의 공에서 12개가 빨간색이었습니다. 그러나 가상 표집의 무작위성 때문에 다른 숫자의 빨간색이 나왔을 수도 있습니다.

세번째이자 마지막으로, 표집된 50개의 공 중 빨간색인 공의 비율을 구하기 위해, num_red를 50으로 나누어 계산해 보겠습니다.

```
virtual_shovel %>%
  mutate(is_red = color == "red") %>%
  summarize(num_red = sum(is_red)) %>%
  mutate(prop_red = num_red / 50)
```

즉, 이 가상 표본의 공에서 24%가 빨간색입니다. 첫 번째 mutate() 함수와 summarize() 함수를 아래와 같이 결합하여 이 코드를 좀 더 간결하고 간결하게 만들어 보겠습니다.

```
virtual_shovel %>%
  summarize(num_red = sum(color == "red")) %>%
  mutate(prop_red = num_red / 50)
```

```
# A tibble: 1 x 3
  replicate num_red prop_red
      <int>   <int>    <dbl>
1         1      12     0.24
```

훌륭해요! **virtual_shovel**의 50개 공에서 24%가 빨간색이었네요! 따라서 50개의 공으로 구성된 이 특정 표본을 가지고, 우리는 그릇(bowl)의 공에서 빨간색이 차지하는 비율을 24%이라고 추측할 수 있습니다. 하지만 앞서 실시한 촉각 표집 활동에서 이 표집을 반복한다고 해서 반드시 24%라는 동일한 값을 다시 얻을 수 있는 것은 아니라고 했었지요. 약간의 차이가 있을 수 있습니다. 실제로 33명의 친구 그룹은 이러한 비율을 33개 계산했으며, 그 분포는 <**그림 7.6**>에 시각화되어 있습니다. 우리는 이러한 추정치가 **다양하다**는 것을 알 수 있었습니다. 이제 33개의 학생 그룹이 표집 삽을 사용하는 가상 상황을 유사물로 구현해 빨간 공의 확률을 구해 보겠습니다!

7.2.2 가상 삽을 33번 쓸 때

7.1절의 촉각 표집 연습에서 33개의 학생 그룹이 각각 삽을 사용하게 하여 크기가 50인 공 표본 33개를 얻었습니다. 그런 다음 이 33개의 표본을 사용하여 33개의 비율을 계산했습니다. 즉, 삽을 사용하여 33번 반복/복제한 겁니다. 이 반복/복제 표집은 가상 삽질

함수 rep_sample_n()을 사용하여 다시 한 번 가상으로 수행할 수 있지만, reps = 33 인수를 추가하면 됩니다. 그러면 표집을 33번 반복하고 싶다는 의미가 R에 전달됩니다.

우리는 이 결과를 virtual_samples라는 데이터 프레임에 저장할 겁니다. 다음과 같이 virtual_samples의 처음 10행에 대한 미리 보기를 제공하였습니다만, 이왕이면 RStudio의 스프레드시트 뷰어로 직접 View(virtual_samples)를 실행하여 내용을 스크롤해 보기를 추천합니다.

```
virtual_samples <- bowl %>%
  rep_sample_n(size = 50, reps = 33)
virtual_samples
```

```
# A tibble: 1,650 × 3
# Groups:   replicate [33]
   replicate ball_ID color
       <int>   <int> <chr>
 1         1     875 white
 2         1    1851 red
 3         1    1548 red
 4         1    1975 white
 5         1     835 white
 6         1      16 white
 7         1     327 white
 8         1    1803 red
 9         1     740 red
10         1     179 red
# … 1,640 more rows
```

스프레드시트 뷰어에서 처음 50개 행의 replicate이 1이고 다음 50개 행의 replicate이 2인 것을 관찰해 봅시다. 이는 처음 50개 행이 50개 공의 첫 번째 표본에 해당하고, 다음 50개 행이 50개 공의 두 번째 표본에 해당한다는 의미입니다. 이 패턴은 모든 reps = 33개 복제본에 대해 계속 유지되므로 virtual_samples는 33·50 = 1650개 행을 갖습니다.

이제 virtual_samples를 가져와서 33개 표본에서 빨간색 공의 비율을 계산해 보겠습니다. 이전과 동일한 dplyr 동사를 사용하되 이번에는 replicate 변수의 group_by()를 추가하겠습니다. 3.4절에서 summarize()를 실행하기 전에 group_by()로 그룹화 변수 'meta-data'를 할당하면 33개 표본의 서로 다른 빨간색 공의 비율을 얻을 수 있었다는 걸 떠올려 보세요. 그런 후 33개 행 중 처음 10개 행의 미리 보기를 표시합니다.

```
virtual_prop_red <- virtual_samples %>%
  group_by(replicate) %>%
  summarize(red = sum(color == "red")) %>%
  mutate(prop_red = red / 50)
virtual_prop_red
```

```
# A tibble: 33 x 3
    replicate   red prop_red
        <int> <int>    <dbl>
 1          1    23     0.46
 2          2    19     0.38
 3          3    18     0.36
 4          4    19     0.38
 5          5    15     0.3
 6          6    21     0.42
 7          7    21     0.42
 8          8    16     0.32
 9          9    24     0.48
10         10    14     0.28
# ... with 23 more rows
```

33개 친구 그룹의 촉각 표본과 마찬가지로, 33개의 가상 비율에 빨간색으로 표시된 결과에도 차이가 있습니다. <**그림 7.8**>에서 이 변화를 히스토그램으로 시각화해 봅시다. 히스토그램 메소드에 `binwidth = 0.05`와 `boundary = 0.4` 인수도 추가했습니다. `boundary = 0.4`로 설정하면 구간 경계 중 하나가 0.4인 구간 계획이 보장된다는 것을 명심하세요. `binwidth = 0.05`도 설정되었으므로 0.30, 0.35, 0.45, 0.5 등의 경계가 있는 구간으로 히스토그램이 생성됩니다.

```
ggplot(virtual_prop_red, aes(x = prop_red)) +
  geom_histogram(binwidth = 0.05, boundary = 0.4, color = "white") +
  labs(x = "Proportion of 50 balls that were red",
       title = "Distribution of 33 proportions red")
```

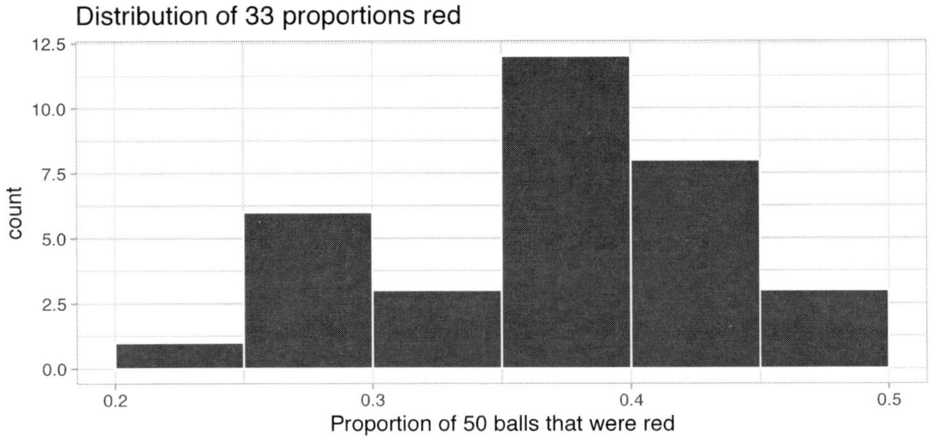

그림 7.8 크기 50의 표본 33개를 기준으로 해서 추출한 33개 비율의 분포

가끔 30% 미만의 빨간색 비율이 나올 때도 있군요. 그런가 하면 45%를 초과하는 비율도 간혹 가다 나오곤 하네요. 그러나 가장 자주 발생하는 비율은 35%에서 40% 사이였습니다(33개 표본 중 11개 표본). 이처럼 빨간색의 비율 차이가 나타나는 이유는 무엇일까요? **표집 변동**(sampling variation) 때문입니다.

이제 <**그림 7.9**>의 가상 결과와 이전 절의 촉각 결과를 비교해 봅시다. 두 히스토그램의 중심과 변동이 동일하지는 않지만 어느 정도 비슷하다는 것을 알 수 있습니다. 이러한 약간의 차이는 역시 임의 표집 변동으로 인한 것입니다. 또한 두 분포 모두 다소 종 모양인 것 역시 살펴보세요.

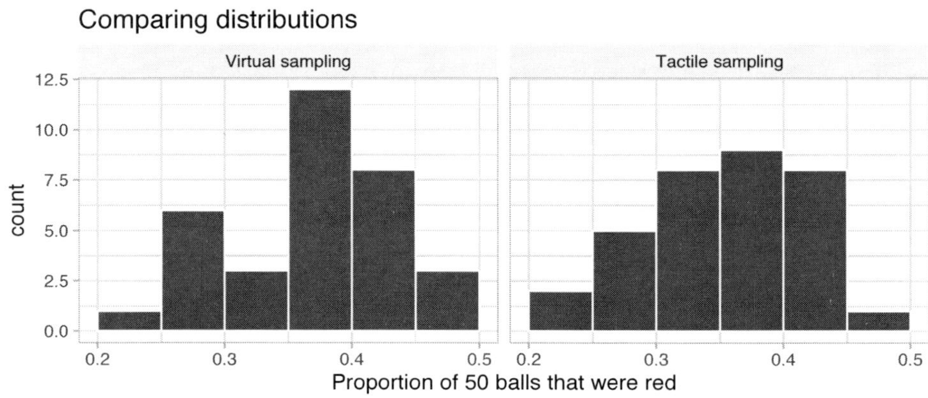

그림 7.9 33개의 가상 삽 연습과 33개의 촉각 실험에서 나타난 빨간색 비율의 비교

| 학습 확인 |

(LC7.3) 가상 삽을 한 번만 사용했을 때 표집 변동의 효과를 찾아낼 수 없었던 이유는 무엇인가요? 가상 표본을 두 개 이상(이 경우 33개의 가상 표본) 채취해야 했던 이유는 무엇인가요?

7.2.3 가상 삽을 1000번 쓴다고요?

이제 33개의 표본이 아닌 더 많은 수의 표본(예: 1000개)에 대한 표집 변동의 효과를 연구하고 싶다고 가정해 보겠습니다. 이 시점에서 우리에게는 두 가지 선택지가 있습니다. 먼저 우리는 친구 그룹에게 50개의 공(크기가 50)으로 구성된 1000개의 표본을 수동으로 채취하고 그에 해당하는 1000개의 비율을 계산하도록 할 수 있습니다. 하지만 이는 지루하고 시간이 많이 걸리는 작업입니다. 컴퓨터는 길고 반복적인 작업을 자동화하는 동시에 매우 빠르게 수행할 수 있다는 점에서 탁월한 능력을 발휘합니다. 따라서 이 시점에서 우리는 촉각 표집을 포기하고 가상 표집만 사용하겠습니다. 다시 한 번 표본 크기를 50으로 설정하고, 이번에는 복제 횟수를 1000으로 설정한 `rep_sample_n()` 함수를 사용해 봅시다. RStudio 뷰어에서 `virtual_samples`의 내용을 스크롤하여 확인하는 것도 잊지 말고요.

```
virtual_samples <- bowl %>%
  rep_sample_n(size = 50, reps = 1000)
virtual_samples
```

```
# A tibble: 50,000 × 3
# Groups:   replicate [1,000]
   replicate ball_ID color
       <int>   <int> <chr>
 1         1    1236 red
 2         1    1944 red
 3         1    1939 white
 4         1     780 white
 5         1    1956 white
 6         1    1003 white
 7         1    2113 white
 8         1    2213 white
 9         1     782 white
10         1     898 white
# …49,990 more rows
```

이제 virtual_samples의 행이 이전의 33·50 = 1650개 대신 1000·50 = 50,000개가 된 것을 살펴보세요. 이전과 동일한 데이터 랭글링 코드를 사용하여 1000·50 = 50,000개의 행이 있는 데이터 프레임 virtual_samples를 가져와서 빨간색 공의 비율 1000개를 계산해 봅시다.

```
virtual_prop_red <- virtual_samples %>%
  group_by(replicate) %>%
  summarize(red = sum(color == "red")) %>%
  mutate(prop_red = red / 50)
virtual_prop_red
```

```
# A tibble: 1,000 × 3
   replicate   red prop_red
       <int> <int>    <dbl>
 1         1    18     0.36
 2         2    19     0.38
 3         3    20     0.4
 4         4    15     0.3
 5         5    17     0.34
 6         6    16     0.32
 7         7    23     0.46
 8         8    23     0.46
 9         9    15     0.3
10        10    18     0.36
# … with 990 more rows
```

이제 우리는 공 50개 가운데 빨간 공의 비율인 prop_red의 복제본을 1000개 갖게 되었습니다. 이어서, 이전과 동일한 코드로 <**그림 7.10**>의 히스토그램에서 prop_red의 1000개 복제본의 분포를 시각화해 봅시다.

```
ggplot(virtual_prop_red, aes(x = prop_red)) +
  geom_histogram(binwidth = 0.05, boundary = 0.4, color = "white") +
  labs(x = "Proportion of 50 balls that were red",
       title = "Distribution of 1000 proportions red")
```

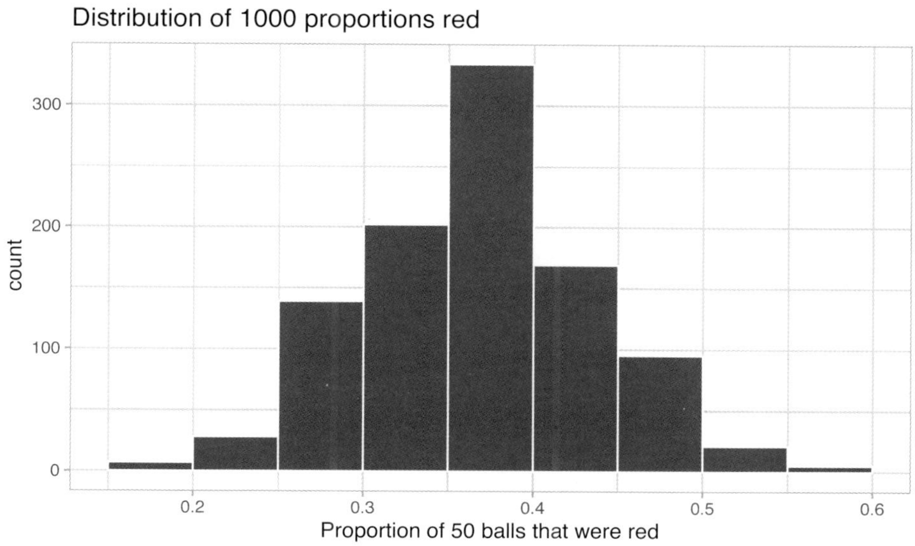

그림 7.10 크기 50의 표본 1000개를 기준으로 한 1000개의 비율 분포

다시 한 번 말하지만, 가장 빈번하게 발생하는 빨간색 공의 비율은 35%에서 40% 사이입니다. 간혹 20%에서 25% 사이의 낮은 비율과 55%에서 60% 사이의 높은 비율도 있습니다. 하지만 이런 경우는 매우 드뭅니다. 또한, 이제 훨씬 더 대칭적이고 부드러운 종 모양의 분포를 보이는 것을 관찰할 수 있습니다. 사실 이 분포는 정규분포에 잘 근접해 있습니다. 만약 정규분포의 속성에 대해 알고 싶다면 '정규분포' 절(부록 A.2)을 읽어 보세요.

| 학습 확인 |

(LC7.4) 크기 50인 표본을 '촉각(손)'으로 추출하지 않은 이유는 무엇인가요?

(LC7.5) <그림 7.10>을 보세요. 30%가 빨간색인 공 50개를 표집하는 것이 가능할까요? 10%가 빨간색인 공 50개를 표본으로 추출하는 것은 또 어떤가요?

7.2.4 다른 삽을 쓴다면?

이제 하나의 삽 대신 각각 공을 25, 50, 100개씩 집어넣을 수 있는 세 가지 삽으로 공의 표본을 추출할 수 있다고 가정해 보겠습니다.

목표가 여전히 그릇에 든 빨간색 공의 비율을 추정하는 것이라면, 이 중 어떤 삽을 선택할 건가요? 아마 대부분의 사람들은 100개를 넣을 수 있는 가장 큰 삽을 선택하겠지요. 왜냐하면 그것이 그릇에 든 공의 비율을 '가장 잘' 추측할 수 있을 것처럼 보이기 때문

25개를 넣을 수 있는 삽	50개를 넣을 수 있는 삽	100개를 넣을 수 있는 삽
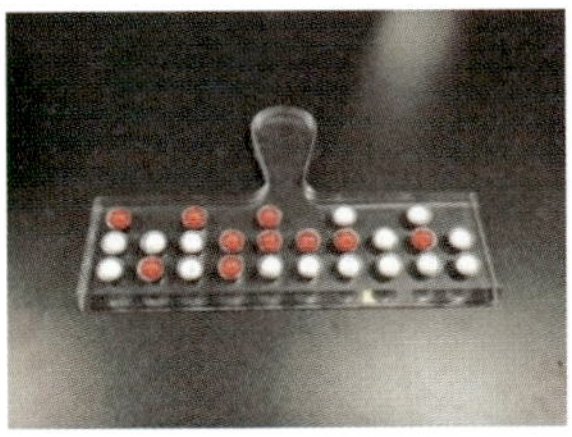	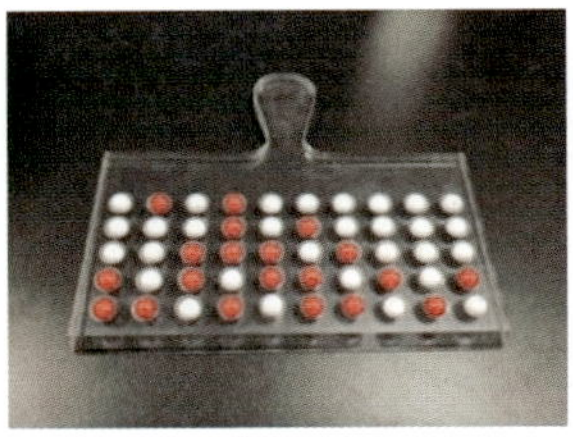	

그림 7.11 세 가지 표본 크기를 추출할 수 있는 위한 세 개의 삽

입니다. 이 절에서는 '가장 잘'의 기준을 몇 가지 정의해 봅시다.

우리가 새로 개발한 가상 표집 도구를 사용하여 표본 크기가 다를 때의 효과를 살펴 보자고요! 달리 말해, 반복/복제 표본 수를 1000으로 유지하면서 각 표본 크기를 각각 25, 50, 100으로 설정한 `rep_sample_n()`을 사용해 봅시다.

1. 가상적으로 적절한 삽을 사용해서 `size`의 공이 있는 표본 1000개를 생성합니다.
2. 삽의 공 중 빨간색 공의 비율에 대한 결과 1000개의 복제본을 계산합니다.
3. 히스토그램을 사용해 이 1000개의 빨간색 비율 분포를 시각화합니다.

다음 코드 구문(segment)을 각각 개별적으로 실행한 다음 세 개의 결과 히스토그램을 비교해 보세요.

```
# Segment 1: sample size = 25 ------------------------------
# 1.a) Virtually use shovel 1000 times
virtual_samples_25 <- bowl %>%
  rep_sample_n(size = 25, reps = 1000)

# 1.b) Compute resulting 1000 replicates of proportion red
virtual_prop_red_25 <- virtual_samples_25 %>%
  group_by(replicate) %>%
  summarize(red = sum(color == "red")) %>%
  mutate(prop_red = red / 25)

# 1.c) Plot distribution via a histogram
ggplot(virtual_prop_red_25, aes(x = prop_red)) +
  geom_histogram(binwidth = 0.05, boundary = 0.4, color = "white") +
  labs(x = "Proportion of 25 balls that were red", title = "25")
```

```
# Segment 2: sample size = 50 ------------------------------
# 2.a) Virtually use shovel 1000 times
virtual_samples_50 <- bowl %>%
  rep_sample_n(size = 50, reps = 1000)

# 2.b) Compute resulting 1000 replicates of proportion red
virtual_prop_red_50 <- virtual_samples_50 %>%
  group_by(replicate) %>%
  summarize(red = sum(color == "red")) %>%
  mutate(prop_red = red / 50)

# 2.c) Plot distribution via a histogram
ggplot(virtual_prop_red_50, aes(x = prop_red)) +
  geom_histogram(binwidth = 0.05, boundary = 0.4, color = "white") +
  labs(x = "Proportion of 50 balls that were red", title = "50")


# Segment 3: sample size = 100 ------------------------------
# 3.a) Virtually using shovel with 100 slots 1000 times
irtual_samples_100 <- bowl %>%
  rep_sample_n(size = 100, reps = 1000)

# 3.b) Compute resulting 1000 replicates of proportion red
virtual_prop_red_100 <- virtual_samples_100 %>%
  group_by(replicate) %>%
  summarize(red = sum(color == "red")) %>%
  mutate(prop_red = red / 100)

# 3.c) Plot distribution via a histogram
ggplot(virtual_prop_red_100, aes(x = prop_red)) +
  geom_histogram(binwidth = 0.05, boundary = 0.4, color = "white") +
  labs(x = "Proportion of 100 balls that were red", title = "100")
```

쉽게 비교할 수 있도록 <**그림** 7.12>에서 세 가지 결과 히스토그램을 일치하는 x축과 y축을 사용하여 한 행에 표시합니다.

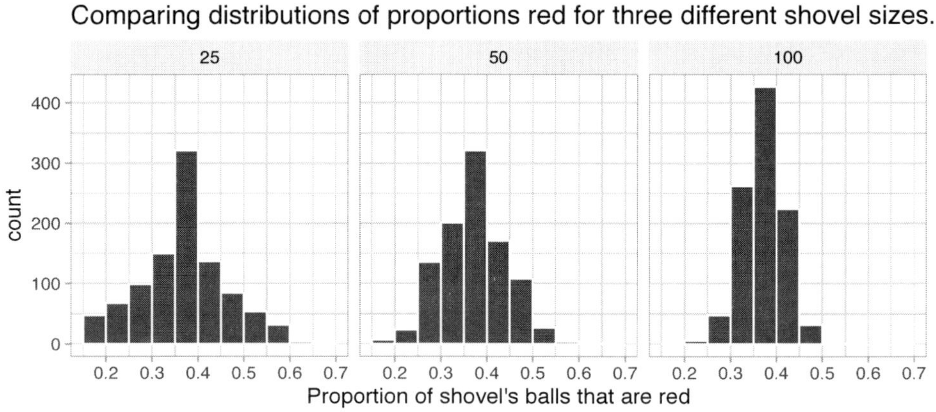

그림 7.12 다양한 표본 크기에 따른 빨간색 비율 분포 비교

표본 크기가 증가함에 따라 빨간색 비율의 1000개 복제본의 변동이 감소합니다. 즉, 표본의 크기가 커질수록 표집 변동으로 인한 차이가 줄어들고 분포가 동일한 값을 중심으로 더 촘촘하게 형성됩니다. <**그림 7.12**>를 보면 세 히스토그램 모두 약 40%의 중앙에 있는 것으로 보입니다.

우리는 **표준편차**를 사용하여 1000개의 `prop_red` 값으로 구성된 세트 세 개의 변동량을 수치로 명확히 알 수 있습니다. 표준편차는 수치형 변수 내의 변동량을 측정하는 요약통계입니다(표준편차의 속성에 대한 간략한 설명은 부록 A.1을 참조하세요). 세 가지 표본 크기 모두에 대해 `sd()` 요약함수를 사용하는 다음 데이터 랭글링 코드를 실행해서, 빨간색 비율 1000개의 표준편차를 계산해 보겠습니다.

```
# n = 25
virtual_prop_red_25 %>%
  summarize(sd = sd(prop_red))

# n = 50
virtual_prop_red_50 %>%
  summarize(sd = sd(prop_red))

# n = 100
virtual_prop_red_100 %>%
  summarize(sd = sd(prop_red))
```

<**표 7.1**>에서 이 세 가지 분포 변동의 측정값을 비교해 보겠습니다.

표 7.1 세 가지 다른 삽에 대한 빨간색 비율의 표준편차 비교

삽에 달린 슬롯의 갯수	빨간색 비율의 표준편차
25	0.094
50	0.069
100	0.045

<그림 7.12>에서 관찰한 바와 같이 표본 크기가 커질수록 변동이 감소합니다. 즉, 빨간색 비율의 1000개 값의 변동이 감소합니다. 따라서 표본 크기가 증가함에 따라 그릇에 담긴 빨간색 공의 실제 비율에 대한 추측이 더 정밀해집니다.

| 학습 확인 |

(LC7.6) <그림 7.12>에서는 삽을 사용해 각각 1000개의 표본을 뽑아, 그 삽의 공이 빨간색인 비율을 1000개 결과로 계산한 다음, 이 1000개 비율의 분포를 히스토그램으로 시각화했습니다. 우리는 각각 25개, 50개, 100개를 넣을 수 있는 삽으로 이 작업을 수행했습니다. 삽의 크기가 커질수록 히스토그램의 폭이 좁아졌습니다. 즉, 삽의 크기가 25개에서 50개, 100개로 증가했다면, 표본 1000개의 비율의 변동성은

- A. 더 적게
- B. 같은 양으로
- C. 더 크게

어느 쪽일까요?

(LC7.7) 1000개의 빨간색 비율이 얼마나 변동했는지를 정량화하기 위해 사용한 요약통계는 다음 중 무엇인가요?

- A. 사분위수 범위
- B. 표준편차
- C. 범위: 가장 큰 값에서 가장 작은 값을 뺀 값

7.3 표집 체계(sampling framework)

촉각 및 가상 표집 활동 모두 **추정**을 목적으로 표집을 사용했습니다. 그릇에 담긴 공에서 빨간색 공이 차지하는 비율을 추정하기 위해 표본을 추출했습니다. 표집은 모든 공을 전수 조사하는 것보다 시간이 덜 소요되는 접근 방식이었습니다. 가상 표집 활동은

<그림 7.12>와 <표 7.1>에 표시된 결과, 즉 크기 25, 50, 100의 표본을 기준으로 빨간색 비율 1000개를 비교하는 결과를 도출했습니다. 이 활동은 추정을 위한 표집과 관련된 두 가지 핵심 개념을 이해하려는 우리의 첫 번째 시도였습니다.

1. **표집 변동**(sampling variation)이 추정치에 미치는 영향
2. 표본 크기가 **표집 변동**(sampling variation)에 미치는 영향

이제 표집과 관련된 몇 가지 용어와 표기법, 그리고 통계적 정의를 소개하겠습니다. 새로 배워야 할 단어가 많다 보니 여러분은 이 절을 몇 번이나 복습해야 할 것입니다. 하지만 이러한 용어, 표기법을 비롯한 정의의 모든 개념은 촉각과 가상 표집 활동의 기반이 되는 개념과 직접적으로 연관되어 있다는 점을 명심하세요. 이러한 개념을 익히려면 시간과 연습이 필요하기 마련이니 너무 부담 가질 필요는 없습니다.

7.3.1 용어와 표기법

다음은 표집과 관련된 용어 및 수학적 표기법 목록입니다.

먼저, **모집단(population)**은 우리가 관심을 갖고 있는 개인이나 관찰 대상의 집합입니다. 이는 일반적으로 **연구 모집단(study population)**이라고도 합니다. 모집단의 크기는 대문자 N를 사용해서 수학적으로 표시합니다. 표집 활동에서 (연구) 모집단은 그릇에 들어 있는 N = 2400개의 동일한 크기의 빨간색과 흰색 공의 집합입니다.

둘째, **모수(population parameter)**는 알려지지 않았지만 알고 싶은 모집단에 대한 수치를 요약한 수량입니다. 예를 들어, 이 수량이 평균인 경우 관심 있는 모집단 매개변수는 **모집단 평균**(population mean)입니다. 이것은 수학적으로 '뮤(mu)'로 발음되는 그리스 문자 μ로 표시됩니다(8.1절에서 평균과 관련된 표집 활동을 살펴볼 것입니다). 그러나 앞서 그릇 활동에서 표집할 때는 그릇에 담긴 공에서 빨간색 공이 차지하는 비율에 관심이 있었으므로 모수는 **모비율**(population proportion)이었습니다. 이것은 수학적으로 문자 p로 표시됩니다.

셋째, **전수조사(census)**는 모수 값을 정확히 계산하기 위해 모집단의 모든 N 개인 또는 관측값을 철저하게 열거(enumeration)하거나 세어 보는(counting) 것입니다. 우리의 표집 활동에서, 전수조사는 N = 2400개 전체에서 빨간색 공의 수를 세고 빨간색 모비율 p를 정확히 계산하는 것에 해당합니다. 그릇의 경우처럼 모집단 내 개인 또는 관측수 N이 많을 경우 시간, 에너지, 비용 측면에서 상당히 많은 비용이 소요될 수 있습니다.

넷째, **표집(sampling)**은 전수조사를 수행할 수단이 없을 때 모집단에서 표본을 수집하는 행위입니다. 표본 크기는 모집단 크기를 나타내는 대문자 N과 달리 소문자 n을 사용하여 수학적으로 표시합니다. 일반적으로 표본 크기 n은 모집단 크기 N보다 훨씬 작

습니다. 따라서 표집은 전수조사를 실시하는 것보다 훨씬 저렴한 대안입니다. 우리의 표집 활동에서는 25개, 50개, 100개를 넣을 수 있는 삽을 사용하여 $n = 25$, $n = 50$, $n = 100$ 크기의 표본을 추출했습니다.

다섯째, **점추정치(일명 표본통계)**는 미지의 모수를 추정하는 **표본**으로부터 계산된 요약통계입니다. 우리의 표집 활동에서 알려지지 않은 모수는 모비율이며, 이는 수학적으로 p로 표시된다는 점을 기억하세요. 우리의 점추정치는 표본 비율, 즉 삽으로 떠낸 공에서 빨간색 공이 차지하는 비율입니다. 다시 말해, 삽으로 떠낸 공에서 빨간색 공이 차지하는 비율에 대한 추측입니다. 표본 비율은 $\hat{p}$를 사용하여 수학적으로 나타냅니다. p 위에 있는 '모자(hat)'는 미지의 모비율 p에 대한 추정치임을 나타냅니다.

여섯 번째는 **대표 표집(representative sampling)**의 개념입니다. 표본이 모집단과 대략적으로 닮았다면 **대표 표본**이라고 합니다. 즉, 표본의 특성이 모집단의 특성을 잘 대표할 수 있는가를 검토합니다. 표집 활동에서 삽을 사용하여 추출한 n개의 공 표본은 그릇의 $N = 2400$개의 공을 대표할 수 있을까요?

일곱 번째는 **일반화 가능성(generalizability)** 개념입니다. 표본을 기반으로 한 결과가 모집단으로 일반화될 수 있다면 표본이 일반화 가능하다고 말합니다. 다시 말해, 점추정치의 값이 모집단으로 **일반화**될 수 있는가 하는 것입니다. 표집 활동에서 삽의 표본 비율을 전체 그릇으로 일반화할 수 있을까요? 수학적 표기법을 빌리자면, $\hat{p}$가 p에 대한 '좋은 추정'인지 묻는 것과 비슷하지 않나요?

여덟째, 모집단의 특정 개인이나 관찰이 다른 개인이나 관찰보다 표본에 포함될 확률이 높은 경우 **편향된 표집(biased sampling)**이 발생한다고 말합니다. 모집단의 모든 관측값이 동일한 확률로 표본에 포함될 수 있다면 표본추출 절차가 **편향되지 않았다**고 합니다. 표집 활동에서는 각 그룹의 표집에 앞서 $N = 2400$개의 공을 모두 혼합했고, 크기가 같은 각각의 공이 표집될 확률이 같았으므로 표본은 편향되지 않았습니다.

아홉 번째이자 마지막으로 **임의표집(random sampling)**에 대한 개념이 있습니다. 모집단에서 편향되지 않은 방식으로 무작위로 표본을 추출하면 표본추출 절차가 무작위라고 말합니다. 우리의 표집 활동에서 임의표집은 삽을 사용하기 전에 그릇을 충분히 섞는 것에 해당합니다.

휴, 새로 배워야 할 용어와 표기법이 정말 많네요! 이 모든 것을 종합하여 표집의 패러다임을 설명해 보겠습니다.

일반적으로

- 크기가 n인 표본의 표집이 **무작위**로 수행됩니다.
- 표본은 **편향되지 않고** N 크기의 모집단을 **대표**합니다.
- 따라서 표본에 기반한 모든 결과는 모집단으로 일반화할 수 있습니다.

- 따라서 점추정치는 미지의 모수에 대한 '**좋은 추측**'입니다.
- 전수 조사를 수행하는 대신, 표집을 사용하여 모집단에 대해 **추론**할 수 있습니다.

우리의 표집 활동 관점에서 특화해 본다면

- n = 50개의 공 표본을 **무작위**로 추출하는 경우, 즉 삽을 사용하기 전에 동일한 크기의 공을 모두 섞습니다.
- 그러면 삽의 내용물은 그릇에 담긴 2400개 공의 내용물을 **편향 없이 추출한 대표**가 됩니다.
- 따라서 삽의 공을 기반으로 도출한 모든 값은 그릇의 공에 **일반화**할 수 있습니다.
- 따라서 삽에 있는 n = 50개의 공 가운데 빨간색인 공의 표본 비율 $\hat{p}$는 N = 2400개의 공 가운데 빨간색인 공의 모비율 p의 '**좋은 추측**'입니다.
- 따라서 그릇에 있는 2400개의 공을 모두 일일이 수작업을 거쳐 살펴보는 대신 삽을 사용하여 그릇에 대해 **추론**할 수 있습니다.

마지막에 굵은 글씨로 강조한 **추론**이란 단어에 주목하세요. '추론'이란 증거와 논증을 통해 정보를 추정하거나 결론을 내리는 행위를 의미합니다. 표집 활동에서 우리는 그릇에 담긴 공에서 빨간색 공이 차지하는 비율을 추론하고 싶었습니다. **통계적 추론**[i]은 '일반적으로 임의표집을 기반으로 모수와 통계적 관계의 신뢰성에 대한 판단을 내리는 이론, 방법, 실습'입니다. 다시 말해, 통계적 추론은 표집을 통해 추론하는 행위입니다. 다음에 이어질 신뢰구간을 다루는 8장에서 우리는 통계적 추론을 'tidy' 하고 투명하게 만들어주는 `infer` 패키지를 소개할 것입니다. 3부의 제목이 <`infer`를 사용한 통계적 추론>이었다는 것, 기억하시죠?

| 학습 확인 |

(LC7.8) 그릇 활동의 경우 **모수**는 무엇인가요? 그 값을 알고 있나요?

(LC7.9) 그릇 활동에서 전수조사는 어떤 작업에 해당하나요? 인구조사를 수행하지 않은 이유는 무엇인가요?

(LC7.10) **점추정치**는 일반적으로 어떤 용도로 사용되나요? 그릇 활동과 관련된 점추정치의 이름은 무엇인가요? 수학적 표기법은 어떻게 되나요?

(LC7.11) 삽을 사용한 측각 표본이 임의추출됐는지 어떻게 확인했나요?

(LC7.12) 표집을 무작위로 하는 것이 중요한 이유는 무엇인가요?

(LC7.13) 삽을 사용한 표본을 바탕으로 그릇에 대해 무엇을 **추론**할 수 있나요?

7.3.2 통계적 정의

이제 표집과 관련된 몇 가지 중요한 통계적 정의에 대해 알아보겠습니다. 7.2절에서 n = 25, n = 50, n = 100 크기의 1000개의 반복/복제된 가상 표본을 다시 한 번 살펴보기 위해 <그림 7.12>를 <그림 7.13>으로 다시 표시해 보겠습니다.

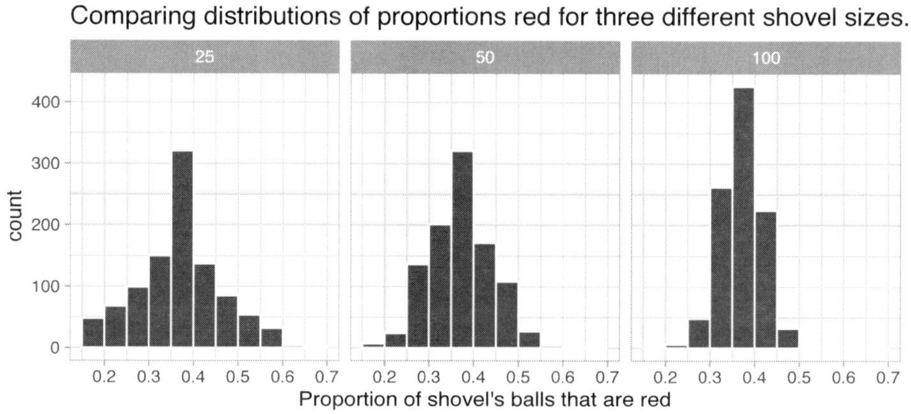

그림 7.13 앞서 살펴본 표본 비율 $\hat{p}$의 세 가지 분포

이러한 유형의 분포에는 **표집분포**라는 특별한 이름이 있으며, 이 시각화는 표집의 변화가 어떤 점추정치(이 경우 표본 비율 $\hat{p}$)의 분포에 미치는 영향을 표시합니다. 이러한 표집분포를 사용해, 주어진 표본 크기 n에 대해 전형적으로 예상할 수 있는 값들을 진술할 수 있습니다.

예를 들어, 세 가지 표집분포의 중심을 관찰하면 모두 대략 0.4 = 40%를 중심으로 하고 있음을 알 수 있습니다. 또한, 25개를 넣을 수 있는 삽을 사용할 때는 빨간색 공의 표본 비율이 0.2 = 20%가 될 가능성이 어느 정도 있지만, 100개를 넣을 수 있는 삽을 사용할 때는 20%의 비율이 거의 보이지 않음에 주목하세요. 표본 크기가 표집 변동에 미치는 영향도 관찰합니다. 표본 크기 n가 25에서 50, 100으로 증가함에 따라 표집분포의 변동이 감소하고, 따라서 값이 약 40%의 동일한 중심을 중심으로 점점 더 단단하게 뭉쳐집니다. <표 7.1>에서 표본 비율의 표준편차를 사용하여 이러한 변화를 정량화했으며, 이를 <표 7.2>에 다시 표시했습니다.

표 7.2 앞서 살펴본 세 가지 다른 삽에 따른 빨간색 비율의 표준편차 비교

Number of slots in shovel	Standard deviation of proportions red
25	0.094
50	0.069
100	0.045

따라서 표본 크기가 커질수록 빨간 공 비율의 표준편차는 감소합니다. 이러한 유형의 표준편차에는 **표준오차**(standard error)라는 또 다른 특별한 이름이 있습니다. 표준오차는 표집 변동이 우리가 알게 된 추정치에 미치는 영향을 정량화합니다. 다시 말해, 표준오차는 삽에서 빨간색 공의 비율이 표본마다 얼마나 달라질 것으로 예상할 수 있는지를 정량화합니다. 일반적으로 표본 크기가 커질수록 표준오차는 감소합니다.

그런데 이런 이름 때문에 통계적 추론을 처음 접하는 사람들은 혼란을 느낍니다. 예를 들어, 통계적 추론을 처음 접하는 사람들은 '표집분포'를 '표본 분포'라고 부르는 것이 일반적입니다. 또 다른 혼란의 원인은 '표준편차'와 '표준오차'라는 이름입니다. 표준오차는 표본추출을 통해 추정된 모든 점의 표준편차, 즉 표준편차의 **일종**일 뿐이라는 점을 기억하세요. 즉, 모든 표준오차는 표준편차이지만 모든 표준편차가 반드시 표준오차인 것은 아닙니다.

이러한 개념을 좀 더 잘 이해하기 위해 <**그림 7.12**>를 다시 표시하되 <**그림 7.14**>에서는 표집과 관련해 우리가 새롭게 알게 된 용어, 표기법 및 정의를 사용해 보겠습니다.

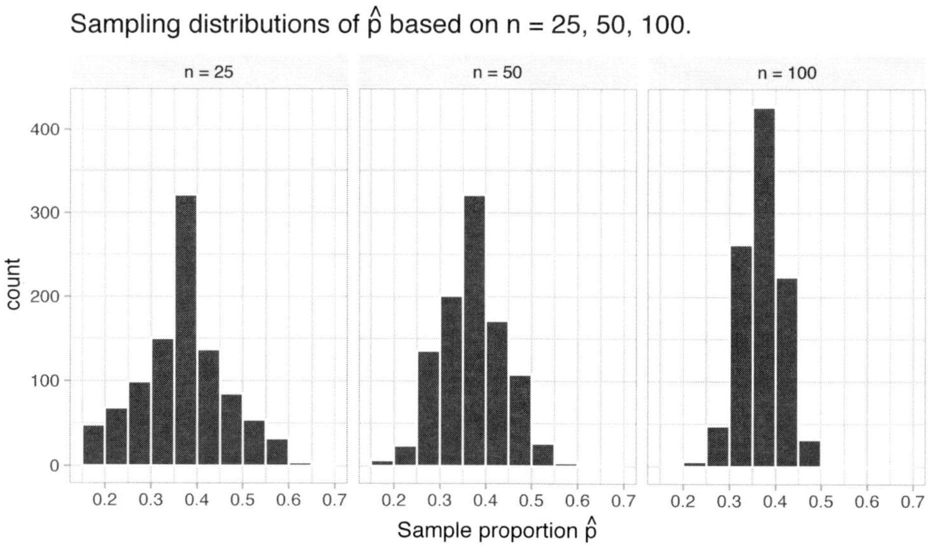

그림 7.14 표본 비율 $\hat{p}$의 세 가지 표집분포

또한 마찬가지로 <**표 7.1**>을 다시 표시하되 <**표 7.3**>의 표집과 관련해 우리가 새롭게 알게 된 용어, 표기법 및 정의를 사용해 보겠습니다.

표 7.3 앞서 살펴본 세 가지 다른 삽에 따른 빨간색 비율의 표준편차 비교

표본 크기(n)	표준오차 $\hat{p}$
n = 25	0.094
n = 50	0.069
n = 100	0.045

이 마지막 표의 핵심 메시지는 표본 크기 n이 커질수록 **표준오차**로 정량화된 점추정치의 '전형적인' 오차가 줄어든다는 것입니다.

| 학습 확인 |

(LC7.14) 표집분포는 어떤 용도로 사용되었나요?

(LC7.15) 표본 비율 $\hat{p}$의 표준오차가 정량화하는 것은 무엇인가요?

7.3.3 표집 이야기를 통해 우리가 얻을 수 있는 교훈

이제 이 절을 요약해 봅시다. 우리는 표본이 무작위로 생성되는 경우 결과 점추정치는 실제 알지 못하는 모수에 대한 '좋은 추측'이라는 것을 살펴봤습니다. 표집 활동을 할 때, 삽으로 표본을 추출하기 전에 먼저 공을 섞었으므로 삽의 공 가운데 빨간색인 공의 결과를 보여주는 표본 비율 $\hat{p}$는 그릇의 공 가운데 빨간색인 공의 모비율 p에 대한 '좋은 추측'이었습니다.

하지만 우리가 도출한 점추정치가 '좋은 추측'이라는 사실은 무엇을 의미할까요? 언젠가 우리는 모수의 실제 값보다 작은 추정치를 얻을 수 있고, 어떤 경우에는 더 큰 추정치를 얻을 수도 있습니다. 이는 표집 변동 때문입니다. 그러나 이러한 표집 변동에도 불구하고 추정치는 '평균적으로' 정확하므로 실제 값의 중앙에 위치하게 됩니다. 이는 표집이 무작위로 이루어졌기 때문에 편향되지 않은 방식으로 이루어졌기 때문입니다.

표집 과정에서 표본 비율 $\hat{p}$가 실제 모집단 비율 p보다 작을 때도 있었고, 더 클 때도 있었습니다. 이는 표집 변동 때문이었습니다. 그러나 이러한 표집 변동에도 불구하고 표본 비율 $\hat{p}$은 '평균적으로' 정확했으며, 따라서 모집단 비율 p의 실제 값에 중심을 이루었습니다. 이는 표본을 추출하기 전에 그릇을 섞어서 표집이 무작위로, 즉 편향되지 않은 방식으로 이루어졌기 때문입니다. 이를 정확한 추정치라고도 합니다.

실제 그릇에 있는 $N = 2400$개의 공 가운데 빨간색 공의 모비율 p의 값은 얼마일까요? 빨간색 공이 900개 있었으므로 빨간색 공의 비율은 900/2400 = 0.375 = 37.5%입니다! 빨간색 공이 900개라는 걸 어떻게 알 수 있을까요? 직접 모든 공을 세어보았을까요? 아니

죠! 그건 그릇이 들어 있던 상자의 내용물에 공의 개수가 정리되어 있었기 때문입니다! 그래서 우리는 가상 bowl의 내용물이 촉각 그릇과 일치하도록 만들 수 있었습니다.

```
bowl %>%
  summarize(sum_red = sum(color == "red"),
            sum_not_red = sum(color != "red”))
```

```
# A tibble: 1 x 2
  sum_red sum_not_red
    <int>       <int>
1     900        1500
```

<그림 7.12>과 <그림 7.14>의 표집분포를 다시 표시해 봅시다. 단, 이번에는 <그림 7.15>에서 빨간색 = 37.5%인 공의 실제 모비율 p를 세로로 된 빨간색 선으로 표시해 보겠습니다. 우리는 세 가지 표집분포 모두가 보여주는 표본 비율 $\hat{p}$에 어느 정도의 오차가 있지만 평균적으로 $\hat{p}$가 실제 모비율 빨간색 p의 중앙에 있음을 확인할 수 있습니다.

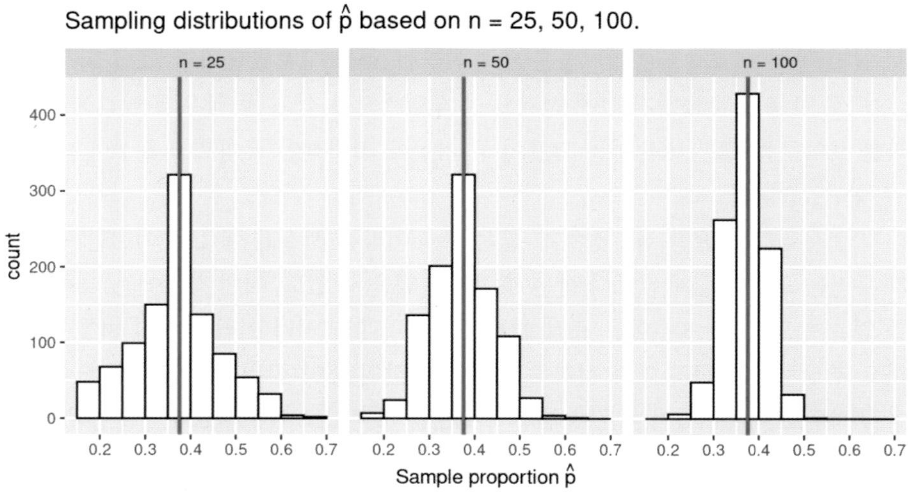

그림 7.15 세로선으로 표시된 인구 비율 p가 있는 세 가지 표집분포

또한 이 절에서 표본 크기 n이 증가함에 따라 점추정치의 변동이 점점 줄어들고 실제 모수에 점점 더 집중된다는 것을 확인했습니다. 이러한 변동은 **표준오차**의 감소로 정량화됩니다. 즉, 표본 크기가 커질수록 점추정치의 전형적인 오차가 감소합니다. 표집 연습에서 표본 크기가 증가함에 따라 표본 비율 $\hat{p}$의 변동이 감소했습니다. <그림 7.15>에서 이 동작을 관찰할 수 있습니다. 이를 **정밀한**(precise) 추정치라고도 합니다.

따라서 임의표집은 점추정치가 **정확하도록**(accurate) 보장하고, 반대로 표본크기가 크면 점추정치가 **정밀하도록**(precise) 보장합니다. '정확도'와 '정밀도'라는 용어는 같은 의미로 들릴 수 있지만, 미묘한 차이가 있습니다. 정확도는 추정치가 얼마나 '목표에 맞는지'를 나타내는 반면, 정밀도는 추정치가 얼마나 '일관성 있는지'를 나타냅니다. <**그림 7.16**>은 그 차이를 보여줍니다.

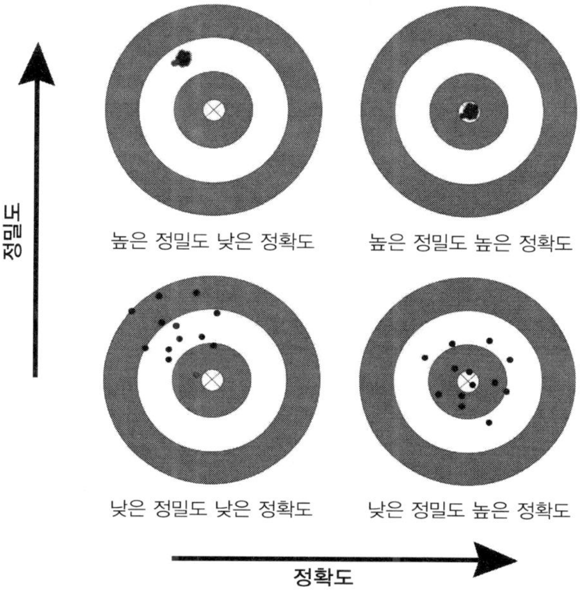

그림 7.16 정확도와 정밀도 비교

이쯤 되면 이런 의문이 생겼을지도 모르겠습니다. "빨간색 공의 실제 비율이 37.5%라는 건 이미 알고 있는데 왜 굳이 표집을 했을까?"하고 말이죠. 그리고 이렇게 묻고 싶을 수도 있겠네요. "왜 n = 25, 50, 100 크기의 표본을 1000개씩 반복해서 채취했나요? 가능한 한 큰 표본을 하나만 채취해야 하지 않을까요?"라고요. 여러분이 만약 이런 의문이 든다면, 그건 충분히 의심해 볼 쟁점입니다!

그릇을 이용한 표집 활동은 실제 표집이 이루어지는 방식을 **이상화한 버전**일 뿐입니다. 우리는 단지 아래의 것들을 연구하고 이해하기 위해 이 연습을 수행했습니다.

1. 표집 변동의 효과
2. 표본 크기가 표집 변동에 미치는 영향

이것은 실제 환경에서 표집이 수행되는 방식이 아닙니다. 실제 시나리오에서는 모수의 실제 값이 무엇인지 알 수 없을 겁니다. 또한 1000개의 반복/복제 표본이 아니라 감당할 수 있는 만큼의 단일 표본을 사용합니다. 다음 절에서는 표집의 실제 예시로 여론조사를 살펴보겠습니다.

| 학습 확인 |

(LC7.16) 다음 표는 표본 비율 p의 다양한 **표준오차**에 표본 크기 n을 일치시키는 <표 7.3>의 버전이지만, 행을 무작위로 다시 정렬하고 표본 크기를 제거한 표입니다. 올바른 표본 크기와 올바른 표준오차를 일치시켜 표를 채워 보세요.

표 7.4 n = 25, 50, 100을 기준으로 한 $\hat{p}$의 표준오차

Sample size (n)	Standard error of $\hat{p}$
n =	0.094
n =	0.069
n =	0.045

다음에 이어지는 학습 확인 네 가지 문제에서 표본 비율 $\hat{p}$는 삽의 공 가운데 빨간색 공의 비율을 추정합니다. 이를 통해 모비율 p: 그릇 속의 빨간 공의 비율을 추정합니다.

(LC7.17) **정확한** 추정과 **정밀한** 추정의 차이점은 무엇인가요?

(LC7.18) 추정치가 **정확한지** 어떻게 확인할 수 있나요? 추정치가 **정밀한지**는 어떻게 확인하나요?

(LC7.19) 실상황에서, 우리는 모집단에 대해 추론할 때 1000개의 서로 다른 표본이 아니라 단 하나의 표본만 사용합니다. 그렇다면 1000개의 서로 다른 표본을 추출한 연습의 목적은 무엇이었다고 생각하나요?

(LC7.20) <**그림** 7.16>은 '정확도 대 정밀도' 추정치의 네 가지 조합을 표적을 통해 보여줍니다. 표본 비율 $\hat{p}$에 상응하는 <**그림** 7.16>의4개의 표집분포를 <**그림** 7.15>의 그래프와 같이 그려보세요.

7.4 사례 연습: 투표 이야기

이제 그릇 활동보다 더 현실적인 표집 시나리오인 여론 조사로 화제를 전환해 보겠습니다. 실제로 여론조사 기관은 앞서 우리가 했던 표집 활동처럼 1000개의 반복된 표본을 추출하는 것이 아니라 가능한 한 큰 하나의 표본만 추출합니다.

2013년 12월 4일, 미국의 내셔널 퍼블릭 라디오(NPR)는 <여론조사: 미국 젊은이들의 오바마 지지율 하락[ii]>이라는 기사에서 18~29세 미국 청년들의 오바마 대통령 지지율에 대한 여론조사를 보도했습니다. 이 여론조사는 하버드대학교 케네디스쿨 정치연구소에

서 실시했습니다. 다음은 기사에서 인용한 내용입니다.

2008년과 2012년에 오바마 대통령에게 많은 표를 던진 미국 청년들이 오바마 대통령에 대해 냉담한 반응을 보이고 있습니다.

하버드 대학교 정치연구소의 새로운 여론 조사에 따르면, 밀레니얼 세대(18~29세 성인)의 41%만이 오바마의 직무 수행에 대해 긍정적으로 평가했으며, 이는 지난 4월에 비해 11포인트 하락한 역대 최저치입니다.

7.3절에서 배운 용어, 표기법, 정의를 사용해서 7.1절과 7.2절에서 다룬 '촉각'과 '가상' 그릇 활동을 위의 기사에 나온 실제 여론조사의 요소와 연결해 보겠습니다. 그릇을 이용한 표집 활동은 여론조사원이 실제 생활에서 시도하는 일의 이상적인 버전이라는 것을 알 수 있습니다.

먼저, N 개인 또는 관심 있는 관찰의 **(연구) 모집단**은 누구인가요?

- 그릇: N = 동일한 크기의 빨간색과 흰색 공 2400개
- 오바마 여론조사: N = ? 18~29세 미국 청년

둘째, **모수**는 무엇인가요?

- 그릇: 그릇에 있는 모든 공 가운데 빨간색 공이 차지하는 비율 p
- 오바마 여론 조사: 오바마의 직무 수행에 찬성하는 모든 미국 청년의 인구 비율 p

셋째, **전수 조사**는 어떻게 수행할까요?

- 그릇: N = 2400개의 공을 모두 수동으로 살펴보고 빨간색 공의 비율 p를 정확히 계산
- 오바마 여론 조사: 모든 N명의 미국 청년을 찾아서 오바마의 직무 수행에 대해 찬성하는지 묻기. 이 경우 인구 규모 N이 얼마인지조차 모릅니다!

넷째, n 크기의 표본을 얻기 위해 **표집**을 어떻게 수행하나요?

- 그릇: n개씩 넣을 수 있는 삽을 사용
- 오바마 여론조사: 모든 미국 청년의 전화번호 목록을 가져와 n개의 전화번호를 골라내기. 이 여론조사의 경우, 표본 크기는 n = 2089명의 젊은 미국인이었습니다.

다섯째, 미지의 모집단 매개변수에 대한 **점추정치(일명 표본통계)**는 얼마인가요?

- 그릇: 삽에 들어 있는 공 가운데 빨간색인 공의 표본 비율 $\hat{p}$
- 오바마 여론조사: 표본에서 오바마의 직무 수행에 찬성하는 미국 청년의 표본 비율 $\hat{p}$. 이 여론조사의 경우 $\hat{p}$ = 0.41 = 41%이며, 기사 두 번째 단락에 인용된 비율입니다.

여섯째, 표집 절차가 **대표성**을 갖고 있나요?

- 그릇: 삽에 들어 있는 공이 그릇의 내용물을 대표할까요? 표집 전에 그릇을 섞었기 때문에 그렇다고 확신할 수 있습니다.
- 오바마 여론조사: n = 2089명의 젊은 미국인 표본이 18~29세의 모든 젊은 미국인을 대표할 수 있나요? 이는 표집이 무작위 추출인지 여부에 따라 달라집니다.

일곱째, 표본을 더 많은 인구로 **일반화**할 수 있나요?

- 그릇: 삽에 들어 있는 공에서 빨간색인 공의 표본 비율 $\hat{p}$는 그릇의 공 가운데 빨간색인 공의 모집단 비율 p를 '잘 추측'하는 것일까요? 표본이 대표성이 있다는 점을 감안하면 답은 '예'입니다.
- 오바마 여론 조사: 오바마를 지지한 미국 젊은이 표본의 표본 비율 $\hat{p}$ = 0.41은 2013년 이 시점에 오바마를 지지한 모든 미국 젊은이의 인구 비율 p에 대한 '좋은 추측'인가요? 즉, 여론조사 당시 전체 미국 젊은이 중 약 41%가 오바마를 지지했다고 자신 있게 말할 수 있을까요? 다시 말하지만, 이는 표집이 무작위 추출인지 여부에 따라 달라집니다.

여덟째, 표집 절차가 **편향되지 않았나요**? 다시 말해, 모든 응답자가 표본에 포함될 기회가 균등하게 주어졌나요?

- 그릇: 각 공의 크기가 같고 삽을 사용하기 전에 그릇을 섞었으므로 각 공이 표본에 포함될 확률이 동일합니다. 따라서 표집은 편향되지 않았습니다.
- 오바마 여론조사: 모든 미국 젊은이들이 이 여론조사에 포함될 수 있는 동등한 기회를 가졌나요? 거듭 말하지만, 이는 표집이 무작위로 이루어졌는지에 따라 달라집니다.

아홉 번째, 마지막으로 표집이 **무작위**로 이루어졌나요?

- 그릇: 표집하기 전에 그릇을 충분히 섞었다면 표본은 무작위로 추출됩니다.
- 오바마 여론조사: 표본이 무작위로 추출되었나요? 하버드대학교 케네디스쿨 정치연구소에서 사용한 **표집 방법론**에 대해 알지 못하면 이 질문에 답할 수 없습니다. 이에 대해서는 이 절의 마지막 부분에서 자세히 설명하겠습니다.

즉, 하버드대학교 케네디스쿨 정치연구소의 여론조사는 삽을 사용하여 그릇에서 공을 표집하는 사례로 생각할 수 있습니다. 또한 다른 여론조사 기관에서 거의 같은 시기에 미국 청년들을 대상으로 비슷한 여론조사를 실시한다면 41%와는 다른 결과가 나올 가능성이 높습니다. 이는 **표집 변동** 때문입니다.

이제 7.3.1항의 표집 패러다임을 다시 살펴보겠습니다.

일반적으로

- 만약 n 크기의 표본을 **무작위**로 표집한다면,
- 표본은 **편향되지 않고** 크기 N의 모집단을 **대표**합니다.
- 따라서 표본에 기반한 모든 결과는 모집단으로 **일반화**할 수 있습니다.
- 따라서 포인트 추정치는 미지의 인구 매개변수에 대한 '**좋은 추측**'입니다.
- 인구 조사를 수행하는 대신 표집을 사용하여 모집단에 대해 **추론**할 수 있습니다.

그릇의 경우

- 만약 n = 50개의 공 표본을 **무작위**로 추출한다면, 즉 삽을 사용하기 전에 동일한 크기의 공을 모두 섞는다면,
- 삽의 내용물은 그릇의 2400개 공의 내용물을 **편향 없이 대표**한 것입니다.
- 삽의 공을 기반으로 한 모든 결과는 그릇으로 **일반화**할 수 있습니다.
- 삽에 있는 n = 50개의 공 가운데 빨간색 공의 표본 비율 $\hat{p}$는 N = 2400개의 공 가운데 빨간색 공의 모비율 p에 대한 '**좋은 추측**'입니다.
- 따라서 그릇에 있는 2400개의 공을 모두 수동으로 살펴보는 대신 삽을 사용해 **추론**할 수 있습니다.

오바마 여론조사의 경우

- 만약 우리가 **무작위**로 선정된 2089명 표본의 미국 청년들을 대상으로 2013년 오바마 대통령에 대한 지지도를 조사할 수 있는 방법이 있다면,
- 이 2089명 표본의 미국 청년들은 **편향되지 않고 대표성**이 있는 2013년의 모든 미국 청년의 표본이 될 것입니다.
- 따라서 이 2089명 표본의 미국 청년들을 기반으로 수행한 어떠한 결과이든 2013년 모든 미국 청년의 전체 모집단으로 **일반화**할 수 있습니다.
- 따라서 이 2089명 표본의 미국 청년들 가운데 41%의 보고된 표본 지지율은 2013년 모든 젊은 미국인의 실제 지지율에 대한 **좋은 추측**입니다.
- 따라서 2013년에 모든 미국 청년을 대상으로 비용이 많이 드는 인구 조사를 실시하는 대신, 우리는 여론조사를 통해 2013년의 모든 젊은 미국인을 **추론**할 수 있습니다.

보다시피, 오바마에 대한 **모든** 미국 청년의 의견을 추론하기 위해서는 하버드 대학교 케네디 스쿨 정치연구소에서 얻은 표본이 정말 무작위여야 했습니다. 표본이 정말 무작

위였을까요? 그 기관이 참조한 **표집(표본추출) 방법론**을 알지 못하는 한 이런 질문에 대답하기는 어렵습니다. 예를 들어, 이 여론조사가 휴대폰 번호만을 사용하여 실시되었다면 휴대폰이 없는 사람들은 제외되어 표본에 포함되지 않았을 것입니다. 하버드 대학교 케네디 스쿨 정치 연구소가 인터넷 뉴스 사이트에서 이 여론조사를 실시했다면 어떨까요? 이 경우 특정 인터넷 뉴스 사이트를 읽지 않는 사람들은 제외될 것입니다. 우리의 그릇 표집 연습에서는 표본이 무작위인지 확인하는 작업이 간단했지만, 오바마 여론조사와 같은 실제 상황에서는 훨씬 더 어려운 작업입니다.

| 학습 확인 |

다음 **표집 방법론**의 대표성에 대해 논평하세요.

(LC7.21) 영국 공군은 모든 비행기가 총알을 얼마나 잘 막아낼 수 있는지 연구하고자 합니다. 그들은 독일 공군과의 공중전 직후 활주로에 있는 모든 비행기의 총알 구멍을 분석합니다.

(LC7.22) 지금이 대부분의 가정에 유선 전화가 보급되었던 1993년이라고 가정해 봅시다. 여러분이 살고 있는 도시의 각 가구당 평균 구성원 수를 알고 싶습니다. 전화번호부에서 무작위로 500개의 전화번호를 골라 전화 설문 조사를 실시합니다.

(LC7.23) 여러분들은 지역 대학의 학생들 사이에서 TV 프로그램의 불법 다운로드가 얼마나 널리 퍼져 있는지 알고 싶습니다. 무작위로 선정된 100명의 학생에게 이메일을 보내 '지난 주에 불법 복제된 TV 프로그램을 몇 번이나 다운로드했습니까?'라고 질문합니다.

(LC7.24) 한 지역 대학 교직원이 지난 10년간 모든 졸업생의 평균 소득을 알고 싶어합니다. 그래서 무작위로 선정된 졸업생 5명의 기록을 확보하고 그들에게 연락하여 답변을 얻습니다.

7.5 이 장의 결론

7.5.1 표본추출 시나리오

이 장에서 우리는 알려지지 않은 비율을 추론하기 위해 촉각 및 가상 표집 연습을 모두 수행했습니다. 또한 우리는 여론조사를 통해 실생활에서의 표본추출 사례 연구도 살폈습니다. 각 사례를 다룰 때마다, 표본 비율 $\hat{p}$를 사용하여 모집단 비율 p를 추정했습니다. 그러나 표집의 내용이 비율과 관련된 시나리오에만 국한되어 있는 건 아닙니다. 즉, 우리는 다른 종류의 점추정치를 활용해 다른 종류의 모수를 추정하는 데 표집을 이용할 수도 있습니다. <표 7.5>에 이러한 시나리오를 네 가지 더 제시해 두었습니다.

표 7.5 추론을 위한 표집 시나리오

시나리오	모집단 모수	표기	점추정치	기호
1	모집단 비율	p	표본 비율	$\hat{p}$
2	모집단 평균	μ	표본 평균	$\bar{x}$ 또는 $\hat{\mu}$
3	모집단 비율 차이	$p_1 - p_2$	표본 비율 차이	$\hat{p}_1 - \hat{p}_2$
4	모집단 평균 차이	$\mu_1 - \mu_2$	표본 평균 차이	$\bar{x}_1 - \bar{x}_2$
5	모집단 회귀 기울기	β_1	적합 회귀 기울기	b_1 또는 $\hat{\beta}_1$

이어지는 장에서는 다음과 같이 나머지 시나리오를 다룹니다.

- 8장에서 우리는 아래에 나오는 주제를 통계적 추론의 예시로 다룹니다.
  - 시나리오 2: 미국에서 유통되는 모든 페니 동전의 평균 주조 연도 μ.
  - 시나리오 3: **다른 사람이 하품하는 것을 보고** 하품을 하는 사람의 비율과 **다른 사람이 하품을 하는 것을 보지 않고** 하품을 하는 사람의 비율 차이 $p_1 - p_2$. 이것은 **이표본**(two-sample) 추론의 예입니다.
- 9장에서는 다음에 대한 통계적 추론의 예를 다룹니다.
  - 시나리오 4: 액션 영화와 로맨스 영화의 평균 IMDb 평점 차이 $\mu_1 - \mu_2$. 이것 역시 이표본 추론의 또 다른 예입니다.
- 10장에서는 앞서 5장과 6장에서 여러분이 살펴본 강사들의 다양한 인구통계학 변수의 함수로서, 강의 점수에 대한 회귀모형을 다시 살펴보겠습니다. 이를 통해 회귀에 대한 통계적 추론의 방법을 다룹니다.
  - 시나리오 5: 인구 회귀선의 기울기 β_1.

7.5.2 중심극한정리(central limit theorem)

여러분이 <**그림** 7.12>와 <**그림** 7.14>에서 시각화하고 <**표** 7.1>과 <**표** 7.3>에 요약한 것은 중앙 극한 정리라는 유명한 정리, 즉 수학적으로 증명된 진리의 설명이었습니다. 이 정리는 표본 평균이 점점 더 큰 표본 크기를 기반으로 할 때, 이러한 표본 평균의 표집분포가 점점 더 정규 모양을 띠면서 점점 더 좁아진다는 것을 대략적으로 설명합니다.[2]

즉, 표본분포는 점점 더 **정규분포**(normal distribution)를 따르게 되고 표준오차로 정량화할 수 있는 표집분포의 변동은 점점 더 작아집니다.

2 중심극한정리를 또 다른 방법으로 쉽게 이해할 수 있게 설명해 보자. 표집분포 자체가 표본 평균들의 분포이므로, 1) 표집분포 상에서 표본 크기 자체가 크기의 효과를 내서 정밀성(precision)을 향상시키고(큰 수의 법칙), 2) 표집분포의 표본 크기는 그 표본의 개수에 상응하기에 개별 표본 관점에서는 정확성(accuracy)을 향상시킨다. 정밀성은 표집변동이 줄어드는 것으로 드러나고, 정확성은 실제 모수를 점추정치가 포함하는지를 통해 드러난다.

슈이 치우, 케이시 던, 파티크릿 바타차르야(Shuyi Chiou, Casey Dunn, and Pathikrit Bhattacharyya)는 야생 토끼의 평균 몸무게와 용의 평균 날개 길이를 예로 들어 이 중요한 통계 정리를 설명하는 3분 38초 분량의 동영상을 제작해 유튜브(https://youtu.be/jvoxEYmQHNM)에 업로드했습니다. <**그림 7.17**>은 이 비디오의 미리 보기를 보여줍니다.

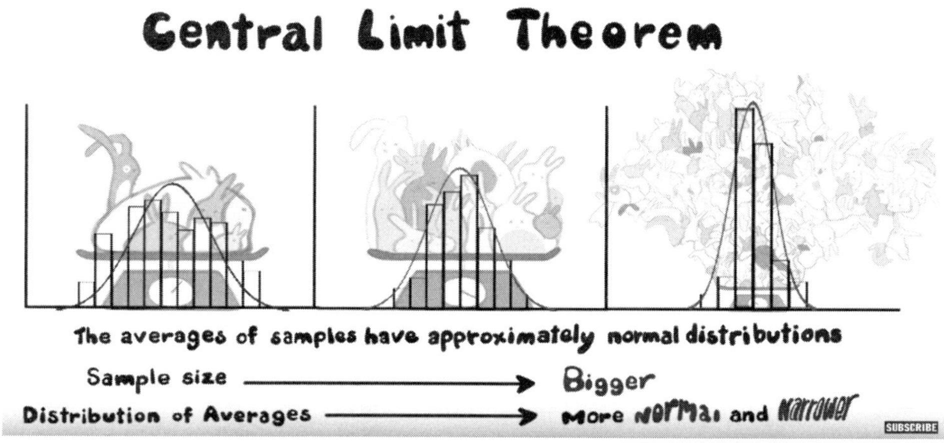

그림 7.17 중심극한정리 동영상 미리보기

7.5.3 추가로 활용할 수 있는 리소스

모든 **학습 확인**에 대한 해답은 온라인으로 확인할 수 있습니다.[iii]

이 장에서 사용된 모든 R 코드의 R 스크립트 파일은 https://www.moderndive.com/scripts/07-sampling.R에서 이용 가능합니다.

7.5.4 다음 단계는?

7.4절의 오바마 여론조사 사례 연구에서 특정한 표본을 바탕으로 미국 하버드대학교 케네디스쿨 정치연구소가 수행했던 여론 조사결과에서 전체 미국 청년의 오바마 대통령 지지율을 가장 잘 추측한 수치가 41%였다는 점을 기억하세요. 하지만 이것이 끝이 아닙니다. 기사를 자세히 읽어보면 다음과 같습니다.

> 성인 2,089명을 대상으로 한 이 온라인 설문조사는 연방 정부 셧다운이 끝나고 건강보험개혁법(Affordable Care Act) 시행을 둘러싼 문제가 부각되기 시작한 지 불과 몇 주 후인 10월 30일부터 11월 11일까지 실시되었습니다. 여론조사의 오차 범위는 플러스 또는 마이너스 2.1% 포인트였습니다.

여기서 **오차 범위**가 '플러스 또는 마이너스 2.1% 포인트'라고 한 표현에 유의하세요. 대부분의 여론조사는 **표집 변동**으로 인해 항상 어느 정도의 오차가 발생하기 때문에 완벽하게 맞는 추정치를 산출할 수 없습니다. 플러스 또는 마이너스 2.1% 포인트의 오차 범위는 이러한 유형의 여론조사의 일반적인 오차 범위가 약 ±2.1%, 즉 하한선이 2.1%, 상한선이 2.1%까지 존재한다는 것을 의미합니다. 이를 [41% - 2.1%, 41% + 2.1%] = [37.9%, 43.1%]의 구간으로 다시 표현할 수 있습니다(이 표기는 37.9%와 43.1%의 끝점을 포함하여 37.9%와 43.1% 사이의 모든 값을 포함하는 구간임을 나타냅니다). 다음 장에서 우리는 **신뢰구간**이라고 알려진 구간들을 살펴볼 겁니다.

8장 부트스트래핑과 신뢰구간

7장에서는 표집에 대해 공부했습니다. <**그림 7.1**>의 표집 그릇에 들어 있는 빨간색 공의 비율을 알고자 하는 '촉각' 연습부터 시작했습니다. 전수 조사를 할 수도 있었지만 이는 지루한 과정이었을 것입니다. 대신 삽을 사용하여 50개의 공 표본을 추출했고, 빨간색 공의 비율을 추정치로 사용했습니다. 또한 삽을 사용하기 전에 매번 그릇의 내용물을 섞도록 했습니다. 혼합으로 인한 무작위성 때문에 삽을 사용할 때마다 빨간색 비율이 달라졌고, 따라서 그릇의 공에서 빨간색 공이 차지하는 비율에 대한 추정치도 달라졌습니다.

그런 다음 이 '촉각' 표집 연습을 컴퓨터에서 수행한 동등한 '가상' 표집 연습으로 모방했습니다. 컴퓨터의 난수 생성기를 사용하여 위의 표집 절차를 여러 번 빠르게 모방했습니다. 7.2.4항에서는 각각 25개, 50개, 100개 넣을 수 있는 세 가지 다른 '가상' 삽을 사용하여 이 표집 절차를 1000번 빠르게 반복했습니다. <**그림 7.15**>에서 이 세 가지 추정치 1000개 세트를 시각화하여 표본 크기가 증가함에 따라 추정치의 변동이 감소하는 것을 확인했습니다.

이를 위해 **표집분포**를 구성했습니다. 1000개의 표본을 반복적으로 추출하고 그 결과 추정치를 시각화한 계기는 이러한 추정치가 표본마다 어떻게 달라지는지, 즉 **표집 변동**의 효과가 무엇인지 연구하기 위해서였습니다. 우리는 표준오차라는 특별한 이름을 가진 표준편차를 사용하여 이러한 추정치의 변화를 정량화했습니다. 특히 표본 크기가 25개에서 50개, 100개로 증가함에 따라 표준오차가 감소하여 표집분포가 좁아지는 것을 확인했습니다. 표본 크기가 클수록 중앙값을 중심으로 편차가 줄어들어 더 정밀한 추정치를 얻을 수 있었습니다.

그런 다음 이러한 표집 연습을 7.3.1항의 표집과 관련된 용어 및 수학적 개념과 연결했습니다. 우리의 **연구 모집단**은 $N = 2400$개의 공이 있는 큰 그릇이었고, 미지의 관심 수량인 모수는 그릇에 있는 공 가운데 빨간색 공의 모비율 p였습니다. **전수조사**를 수행하려면 시간과 에너지 측면에서 많은 비용이 들기 때문에, 대신 $n = 50$ 크기의 표본을 추출했습니다. 표본 통계량이라고도 하는 점추정치는 p를 추정하는 데 사용된 공 표본 50개 가운데 빨간색인 공의 표본 비율 $\hat{p}$입니다. 또한 표본은 **무작위로 추출**되었기 때문에 **편향되지 않고** 모집단을 **대표**한다고 간주할 수 있습니다. 그러므로 표본을 기반으로 한 모든 결과를 모집단으로 **일반화**할 수 있습니다. 따라서 삽의 공에서 빨간색 공이 차지하는 비율은 그릇에 담긴 공 가운데 빨간색 공이 차지하는 비율을 '잘 추측'한 것입니다. 즉, 표본을 사용하여 모집단에 대해 **추론**한 것입니다.

그러나 7.2절에서 설명한 것처럼 촉각 및 가상 표집 연습은 모두 실제 상황에서 하는 것이 아니라 표집 변동의 효과를 연구하기 위한 활동일 뿐입니다. 실제 상황에서는 크기 n의 표본 1000개를 채취하는 것이 아니라 가능한 한 큰 **단일** 대표 표본을 뽑을 것입니다. 또한 우리는 그릇 속에 담긴 실제 공 가운데 빨간색이 차지하는 비율이 37.5%라는 것을 이미 알고 있었습니다. 실제 상황에서 우리는 이 값이 무엇인지 알 수 없습니다. 만약 안다면, 왜 굳이 표본을 추출하여 값을 추정할까요?

실제 표집 상황의 예로 7.4절에서 살펴본 오바마 여론조사[iv]와 같은 여론조사를 들 수 있습니다. 여론조사 기관은 2013년 오바마 대통령을 지지한 전체 미국 청년 중 실제 비율을 알지 못했기 때문에 이 값을 추정하기 위해 n = 2089명 미국인 청년들의 단일 표본을 사용했습니다.

그렇다면 여러분이 작업할 **단일한 표본**만 갖고 있을 때, 표본 변화의 효과를 어떻게 정량화할 수 있을까요? 표본이 하나만 있는 경우 표집 변동의 효과를 직접 연구할 수 없습니다. 이를 연구하는 일반적인 방법 중 하나는 **붓스트랩 재표집**(bootstrapping resampling)이며, 이 장의 앞부분에서 집중적으로 다룰 주제입니다.

더 나아가, 알려지지 않은 모수에 대한 단일 추정치뿐만 아니라 **매우 그럴듯한 값의 범위**(range of highly plausible values)도 알고 싶다면 어떻게 해야 할까요? 오바마 여론조사 기사로 돌아가 봅시다. 이 기사에는 오바마 대통령을 지지한 전체 미국 청년 비율에 대한 여론조사 기관의 추정치가 41%라고 명시되어 있습니다. 그러나 또한 이 여론조사의 '오차 범위는 플러스 또는 마이너스 2.1% 포인트'라고 명시되어 있습니다. 이 '그럴듯한 범위'는 [41% − 2.1%, 41% + 2.1%] = [38.9%, 43.1%]입니다. 이 그럴듯한 값의 범위를 신뢰구간(confidence interval)이라고 하며, 이 장의 뒷부분에서 중점적으로 다루겠습니다.

필요한 패키지

이 장에 필요한 모든 패키지를 불러와 보겠습니다(이미 설치했다고 가정합니다). 4.4절에서 `library(tidyverse)`를 실행하여 `tidyverse` 패키지를 불러오면 다음과 같이 공통적으로 사용되는 데이터 과학 패키지가 한꺼번에 로드된다는 점을 떠올려 보세요.

- 데이터 시각화를 위한 `ggplot2`
- 데이터 랭글링을 위한 `dplyr`
- 데이터를 깔끔한 형식으로 변환하기 위한 `tidyr`
- 스프레드시트 데이터를 R로 가져오기 위한 `readr`
- 고급 `purrr`, `tibble`, `stringr`, `forcats` 패키지도 사용할 수 있습니다.

자세한 내용은 1.3절에서 소개한 R 패키지를 설치하고 불러오는 방법을 참조하세요.

```
library(tidyverse)
library(moderndive)
library(infer)
```

8.1 페니 주조 연도 맞추기 활동

7장에서와 마찬가지로 직접 손으로 만지면서 해보는 촉각 활동으로 시작하겠습니다.

8.1.1 2019년도에 시중에 풀려 있는 미국 페니의 평균 주조 연도

2019년에 미국에서 사용된 모든 페니를 상상해 보세요. 동전이 정말 많겠죠![1] 이제 이 모든 동전의 평균 주조 연도를 알고 싶다고 가정해 보겠습니다. 이 값은 미국에서 사용되는 모든 동전을 모아서 연도를 기록한 다음 평균을 계산하면 구할 수 있습니다. 하지만 거의 불가능에 가까운 작업이겠죠! 대신 <그림 8.1>과 같이 미국 매사추세츠주 노스햄튼 시내에 있는 지역 은행에서 페니 50개의 표본을 수집해 봅시다.

그림 8.1 현지 은행에서 미국 동전 50개 표본 수집

페니 50개의 이미지는 <그림 8.2>에서 볼 수 있습니다. 왼쪽 상단에서 시작하여 한 줄씩 진행해서 오른쪽 하단에서 끝나는 50개 페니 각각에 대해 'ID' 식별변수를 할당하고 주조 연도를 표시했습니다.

1 한국은 신용카드를 쓰거나, 삼성페이나 ApplePay 등의 간편페이, 그리고 계좌이체를 하는 경우가 많기에 미국과는 상황이 다를 수 있다.

그림 8.2 레이블이 붙은 미국 페니 동전 50개

moderndive 패키지에는 표집된 50개의 페니 데이터가 **pennies_sample** 데이터 프레임에 포함되어 있습니다.

```
pennies_sample
```

```
# A tibble: 50 × 2
      ID  year
   <int> <dbl>
 1     1  2002
 2     2  1986
 3     3  2017
 4     4  1988
 5     5  2008
 6     6  1983
 7     7  2008
 8     8  1996
 9     9  2004
10    10  2000
# … with 40 more rows
```

pennies_sample 데이터 프레임에는 두 개의 변수를 갖고 각 페니에 대응하는 50개의 행이 있습니다. 첫 번째 변수 ID는 <**그림 8.2**>의 ID 레이블에 해당하고, 두 번째 변수 **year**는 수치형 변수(더블(**dbl**)로 알려진)로 저장된 주조 연도에 해당 합니다.

이렇게 표집된 50개의 페니를 바탕으로 2019년의 미국 내 모든 페니에 대해 무엇을 말할 수 있을까요? 탐색적 데이터 분석을 수행하여 샘플의 몇 가지 속성을 연구해 보겠습니다. 먼저 2장의 데이터 시각화 도구를 사용하여 이 페니 50개의 주조 연도 분포를 시각화해 보겠습니다. 연도는 수치형 변수이므로 <**그림 8.3**>의 히스토그램을 사용하여 그 분포를 시각화합니다.

```
ggplot(pennies_sample, aes(x = year)) +
  geom_histogram(binwidth = 10, color = "white")
```

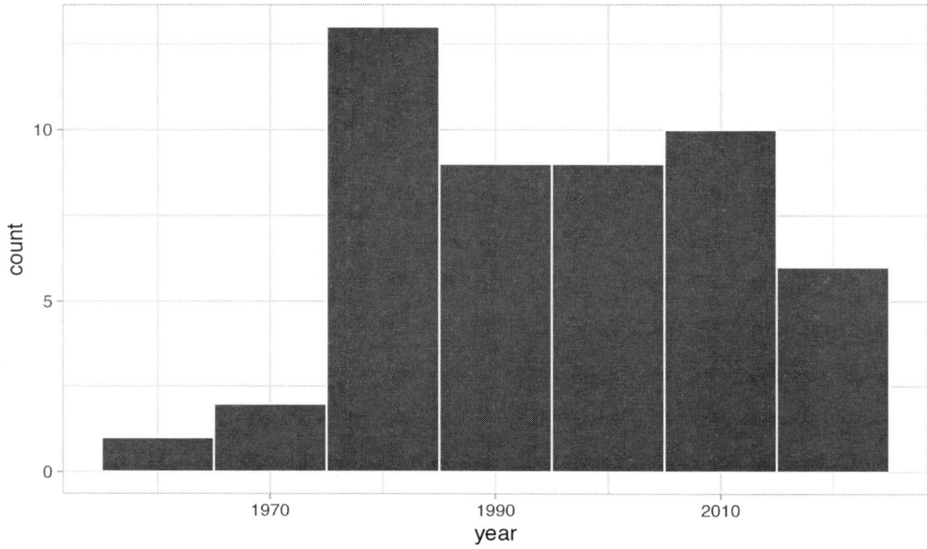

그림 8.3 미국 50페니의 주조 연도별 분포

대부분의 동전이 1980년에서 2010년 사이에 속하고 1970년보다 오래된 동전은 몇 개에 불과하므로 약간 왼쪽으로 치우친 분포가 관찰됩니다. 표집된 50개의 동전의 평균 연도는 어떻게 되나요? 히스토그램을 가만히 살펴보면 1990년 전후임이 드러납니다. 이제 3장에서 배운 데이터 랭글링 도구를 사용하여 이 값을 정확히 계산해 보겠습니다.

```
pennies_sample %>%
  summarize(mean_year = mean(year))
```

```
# A tibble: 1 × 1
  mean_year
```

```
      <dbl>
1   1995.44
```

따라서 pennies_sample이 미국 내 모든 페니의 대표 표본이라고 가정한다면, 미국 페니의 평균 주조 연도에 대한 '좋은 추측'은 1995.44가 됩니다. 즉, 1995년경입니다. 어떤가요, 앞서 7장에서 수행한 작업과 비슷해 보이지 않나요?

7장에서 우리의 연구 모집단은 $N = 2400$개의 공 그릇이었습니다. **모수**는 p로 표시된 빨간색 공의 **모비율**입니다. p를 추정하기 위해 우리는 삽을 사용하여 50개의 공 샘플을 추출했습니다. 그런 다음 수학적으로 $\hat{p}$로 표시된 빨간색 공 50개의 **표본 비율**인 유의한 **점추정치**를 계산했습니다.

여기서 모집단은 N = 미국에서 사용되는 페니의 개수이며, 이 값은 우리가 알지 못하며 앞으로도 알 수 없을 겁니다. 이제 관심 있는 모수는 이 모든 페니의 **모평균** 연도이며, 수학적으로 그리스 문자 μ('뮤'라 발음)로 표시되는 값입니다. μ을 추정하기 위해 은행에 가서 50페니의 표본을 확보하고 관련 점추정치인 50페니의 **표본 평균** 연도를 계산했는데, 이는 수학적으로 $\overline{x}$('x-bar'로 발음)로 표시됩니다. 표본 평균을 더욱 직관적으로 나타낸 다른 표기법은 $\hat{\mu}$입니다. 하지만 이 표기법은 일반적으로 사용되지 않기에 이 책에서는 관례를 따라 항상 표본 평균을 $\overline{x}$로 표시합니다.

7장의 표집 그릇 연습과 페니 연습 사이의 대응 관계를 요약하여 <**표 8.1**>로 나타냈습니다. 이 내용은 앞서 살펴본 <**표 7.5**>의 처음 두 행과 같습니다.

표 8.1 추론을 위한 표집 시나리오

시나리오	모집단 모수	표기	점추정치	기호
1	모집단 비율	p	표본 비율	$\hat{p}$
2	모집단 평균	μ	표본 평균	$\overline{x}$ 또는 $\hat{\mu}$

<**그림 8.2**>의 표본 동전 50개로 돌아가면, 관심 있는 점추정치는 $\overline{x}$의 표본 평균 1995.44입니다. 이 수량은 모든 미국 페니 주조 연도 μ의 모평균 **추정치**입니다.

7장에서 우리는 이러한 추정치는 **표집 변동**이 쉽게 발생한다는 것을 살펴보았습니다. 예를 들어, <**그림 8.2**>의 특정한 표본에서 1999년 연도의 페니 3개를 관찰했습니다. 또 다른 50개의 페니를 표본추출하면 1999년에 주조된 페니 3개를 다시 관찰할 수 있을까요? 그렇지 않을 가능성이 높습니다. 한 개도 못 볼 수도 있고, 하나 혹은 둘, 심지어 50개 전부 1999년도에 주조되었을지도 될지도 몰라요! 50개의 페니 표본에 포함된 다른 26개의 고유한 연도도 마찬가지입니다.

7장에서 **표집 변동**의 효과를 공부하기 위해 우리는 삽으로 쉽게 할 수 있는 표본을 다수 추출했습니다. 하지만 동전의 경우 다른 표본을 어떻게 얻을 수 있을까요? 물론 은행에 가서 페니 50개짜리 동전 묶음을 하나 더 구하면 되겠죠.

하지만 너무 귀찮아서 은행에 다시 가고 싶지 않다고 가정해 봅시다. **단일 표본**을 활용하여 표집 변동의 효과를 연구하려면 어떻게 해야 할까요? 지금부터 설명할 **붓스트랩 재표집과 복원**(bootstrap resampling and replacement)이라는 기법을 사용하여 이를 수행할 것입니다.

8.1.2 한번 재표집 하기

1단계: <그림 8.4>에 표시된 것처럼 50개의 페니를 나타내는 동일한 크기의 종이를 인쇄합니다.

그림 8.4 1단계: 미국 동전 50페니를 나타내는 종이 50장

2단계: <그림 8.5>와 같이 50장의 종이를 모자나 튜크[2]에 넣으세요.

2 챙이 좁거나 없는 모자. 비니를 생각하면 된다.

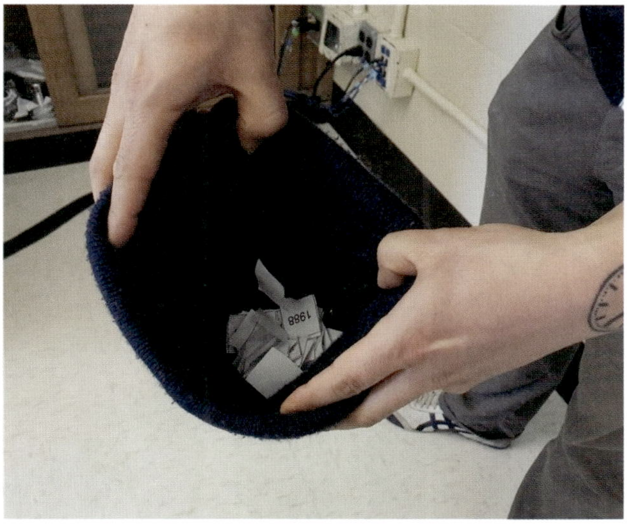

그림 8.5 2단계: 모자 안에 종이 50장 넣기

3단계: 모자의 내용물을 섞고 <**그림 8.6**>과 같이 무작위로 종이 한 장을 뽑아서 연도를 기록합니다.

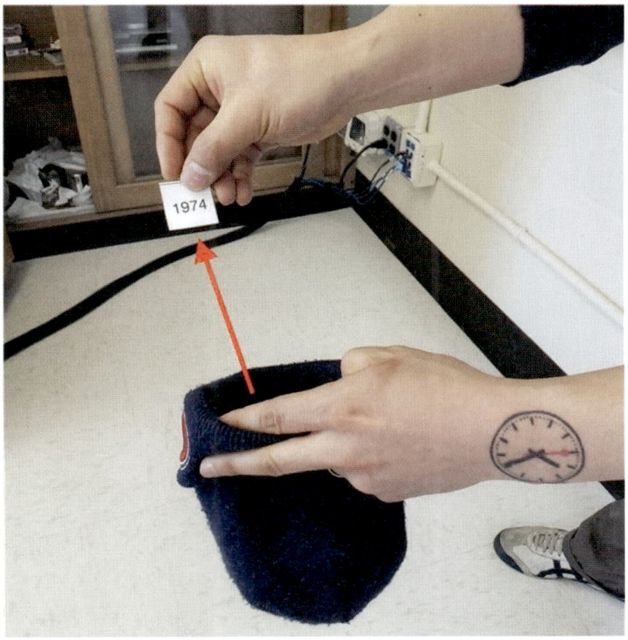

그림 8.6 3단계: 종이 한 장을 무작위로 뽑기

4단계: 종이를 다시 모자에 넣습니다! 즉, <**그림 8.7**>과 같이 교체합니다.

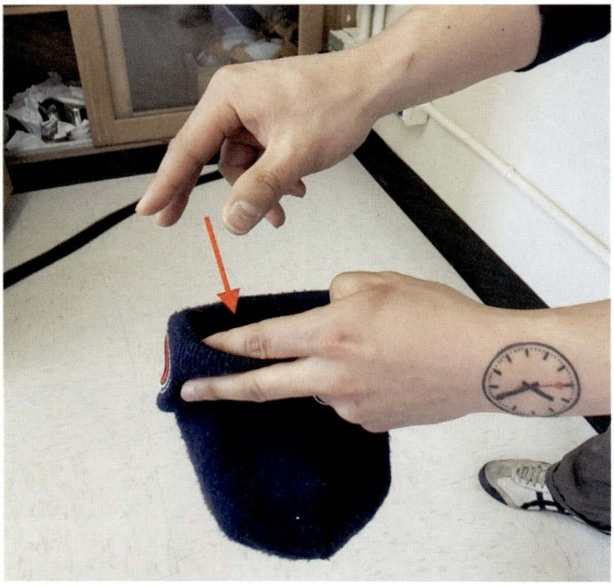

그림 8.7 4단계: 종이 쪽지 바꾸기

5단계: 3단계와 4단계를 총 49회 더 반복하여 50개의 연도를 기록합니다.

방금 수행한 작업은 50개의 페니 원본 표본을 **재표집**한 것입니다. 우리는 은행에 갔을 때처럼, 미국 내 모든 동전의 모집단에서 50개의 동전을 표집하지 않았습니다. 대신, 원래 갖고 있던 50개의 페니 표본에서 50개의 페니를 재표집하여 이 행위를 모방하고 있습니다.

이제 4단계에서 재표집한 동전을 왜 모자에 다시 넣었을지 생각해 보세요. 4단계를 수행할 때마다 종이 조각을 모자 밖으로 내버려두면 원래 50개의 동전과 동일한 결과가 나오기 때문입니다! 다시 말해, 종이 조각을 복원하면 **표집 변동**을 유도합니다.

용어를 더 정밀하게 사용하기 위해 50페니의 원래 표본에서 **복원 후 재표집**을 수행했습니다. 4단계를 수행할 때마다 모자에서 종이 조각을 그대로 두었다면 이는 **복원 없이 재표집**하는 것입니다.

탐색적 데이터 분석을 통해 재표집된 50개의 페니를 연구해 보겠습니다. 먼저, 재표집된 50개의 값을 담은 데이터 프레임 `pennies_resample`을 수동으로 생성하여 데이터를 R에 로드합니다. 이 작업은 `dplyr` 패키지의 `tibble()` 명령을 사용하여 수행합니다. 재표집한 50개의 값은 내재된 무작위성을 고려할 때 우리의 값과 거의 같지 않을 것입니다.

```
pennies_resample <- tibble(
  year = c(1976, 1962, 1976, 1983, 2017, 2015, 2015, 1962, 2016, 1976,
           2006, 1997, 1988, 2015, 2015, 1988, 2016, 1978, 1979, 1997,
           1974, 2013, 1978, 2015, 2008, 1982, 1986, 1979, 1981, 2004,
           2000, 1995, 1999, 2006, 1979, 2015, 1979, 1998, 1981, 2015,
           2000, 1999, 1988, 2017, 1992, 1997, 1990, 1988, 2006, 2000)
)
```

pennies_resample에서 year의 50개 값은 페니 50개의 원본 표본에서 50개 크기의 원본 표본을 나타냅니다. <그림 8.8>에 재표집된 50개의 페니를 제시했습니다.

그림 8.8 레이블이 붙은 50개의 재표집된 미국 동전

<그림 8.9>에서 재표집된 페니 50개의 수치형 변수 year의 분포를 원래 표본인 페니 50개의 수치형 변수 year의 분포와 비교해 보겠습니다.

```
ggplot(pennies_resample, aes(x = year)) +
  geom_histogram(binwidth = 10, color = "white") +
  labs(title = "Resample of 50 pennies")
ggplot(pennies_sample, aes(x = year)) +
  geom_histogram(binwidth = 10, color = "white") +
  labs(title = "Original sample of 50 pennies")
```

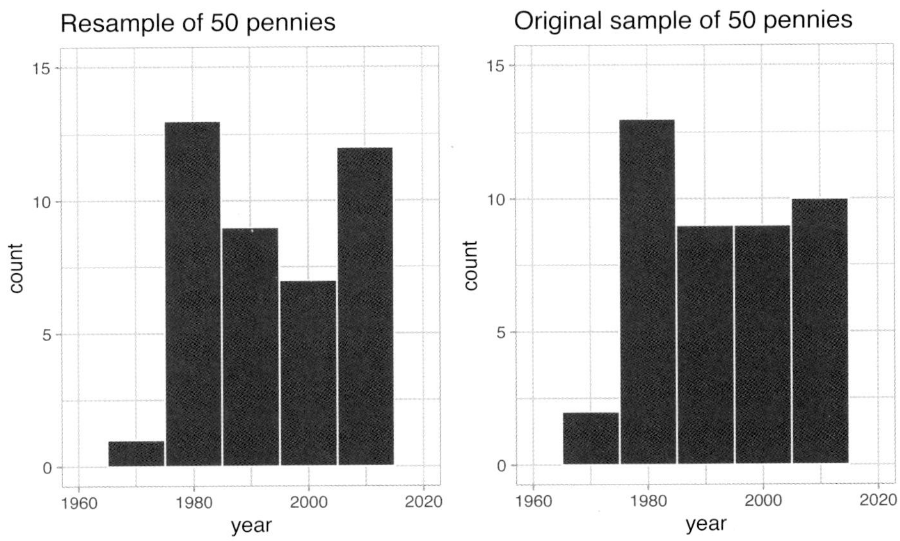

그림 8.9 재표집된 pennies_resample의 year 변수를 원본 표본 pennies_sample과 비교

<**그림 8.9**>에서 두 연도 분포의 일반적인 모양이 거의 비슷하지만 동일하지는 않다는 것을 살펴보세요.

이전 항에서 은행에서 가져온 페니 50개의 원본 표본의 표본 평균은 1995.44였습니다. 재표본은 어떨까요? 짐작이 가시나요? 이전과 마찬가지로 dplyr의 도움을 받아 보겠습니다.

```
pennies_resample %>%
  summarize(mean_year = mean(year))
```

```
# A tibble: 1 x 1
  mean_year
      <dbl>
1      1996
```

우리는 1996년이라는 다른 평균 연도를 얻었습니다. 이 변화는 앞서 수행한 **복원** 재표집에 의해 유발된 것입니다.

이 재표집 작업을 여러 번 반복하면 어떨까요? 매번 동일한 평균 year를 얻을 수 있을까요? 다시 말해, 2019년 미국 내 모든 동전의 평균 연도에 대한 우리의 추측이 매번 정확히 1996년이 될까요? 7장에서처럼 35명의 친구들에게 도움을 받아 이 재표집 활동을 수행해 보겠습니다.

8.1.3 35번 재표집 하기

35명의 친구들이 각각 동일한 5단계를 반복합니다.

1. 페니 50개를 표현한 똑같은 크기의 종이 조각 50장으로 시작합니다.
2. 50개의 작은 종이 조각을 모자나 비니에 넣습니다.
3. 모자의 내용물을 섞고 무작위로 종이 한 장을 뽑습니다. 스프레드시트에 연도를 기록합니다.
4. 종이 한 장을 다시 모자에 넣습니다!
5. 3단계와 4단계를 총 49번 더 반복하여 50개의 연도를 기록합니다.

35명의 친구가 이 작업을 수행했으므로 35·50 = 1750개의 값을 얻었습니다. 우리는 이 값을 50개의 행(헤더 행 포함)과 35개의 열로 구성된 공유 스프레드시트[v]에 기록했습니다. 이 공유 스프레드시트의 처음 10개 행과 5개 열의 스냅샷을 <**그림 8.10**>으로 나타내었습니다.

Arianna	Artemis	Bea	Camryn	Cassandra
1988	2018	2016	2002	2015
2002	1988	1971	1997	1976
2015	1999	1986	2002	2015
1998	2015	2002	2013	1981
1979	1962	1992	1997	1988
1971	2004	1976	1979	1985
1971	2018	2015	2018	1979
2015	1988	1985	1971	1971
1988	2013	1976	1998	1978
1979	1988	1999	1996	1979
1982	2008	2013	1999	1986
2004	1983	1997	1983	1974

그림 8.10 재표집된 페니의 공유 스프레드시트 스냅샷

여러분의 편의를 위해 35·50 = 1750 값을 `moderndive` 패키지에 포함된 'tidy' 데이터 프레임인 `pennies_resamples`에 저장했습니다. 우리는 이미 4.2.1항에서 데이터 프레임이 'tidy'라는 것이 무엇을 의미하는지 살펴보았습니다.

```
pennies_resamples
```

```
# A tibble: 1,750 x 3
# Groups:   name [35]
   replicate name     year
       <int> <chr>   <dbl>
1          1 Arianna  1988
2          1 Arianna  2002
3          1 Arianna  2015
4          1 Arianna  1998
5          1 Arianna  1979
6          1 Arianna  1971
7          1 Arianna  1971
8          1 Arianna  2015
9          1 Arianna  1988
10         1 Arianna  1979
# ... with 1,740 more rows
```

35명의 친구들은 각각 평균 연도로 어떤 값을 얻었을까요? 다시 한번, **dplyr**로 상황을 타개해 봅시다! 행을 **name** 변수 값에 따라 그룹화한 후, 50개 행의 각 그룹을 평균 **year**로 요약합니다.

```
resampled_means <- pennies_resamples %>%
  group_by(name) %>%
  summarize(mean_year = mean(year))
resampled_means
```

```
# A tibble: 35 × 2
   name      mean_year
   <chr>         <dbl>
 1 Arianna      1992.5
 2 Artemis      1996.42
 3 Bea          1996.32
 4 Camryn       1996.9
 5 Cassandra    1991.22
 6 Cindy        1995.48
 7 Claire       1995.52
 8 Dahlia       1998.48
 9 Dan          1993.86
10 Eindra       1993.56
# ... with 25 more rows
```

35개의 재표본을 기반으로 35개의 평균에 해당하는 35개의 행이 resampled_means에 있음을 살펴보세요. 또한, mean_year 변수에 있는 35개 값의 변화도 관찰합니다. <**그림 8.11**>의 히스토그램을 사용하여 이 변화를 시각화해 봅시다. geom_histogram()에 boundary = 1990 인수를 추가하면 구간차원 경계 중 하나가 정확히 1990에 위치하도록 구간차원 구조가 설정된다는 것을 떠올려 봅시다.

```
ggplot(resampled_means, aes(x = mean_year)) +
  geom_histogram(binwidth = 1, color = "white", boundary = 1990) +
  labs(x = "Sampled mean year")
```

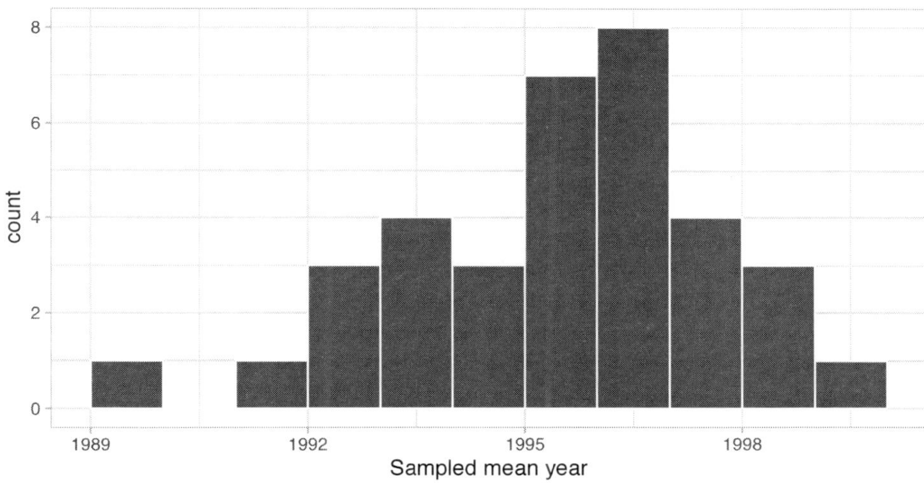

그림 8.11 35개의 재표본에서 얻은 35개의 표본 평균의 분포

<**그림 8.11**>에서 분포가 대략 정규분포로 보이며 표본 평균 연도가 1992년보다 작거나 2000년보다 큰 경우는 거의 관찰되지 않음을 살펴보세요. 또한 분포의 중심이 대략 1995년에 위치하며, 이는 은행에서 가져온 50페니의 **원본 표본**의 표본 평균인 1995.44에 가깝다는 것을 확인할 수 있습니다.

8.1.4 지금까지 한 작업이 무엇인가요?

이 활동을 통해 **복원 붓스트랩 재표집**이라는 통계적 절차를 익혔습니다. 7장에서 표집을 공부할 때는 표집 변동을 모방하기 위해 **재표집**을 사용했습니다. 하지만 이번에는 모집단에서 단일 표본만 사용했습니다.

실제로 <**그림 8.11**>의 35개 재표본에서 얻은 표본 평균의 히스토그램을 **붓스트랩 분**

포라고 합니다. 이는 표본 평균의 **표집분포**에 대한 **근사치**(approximation)로, 두 분포가 비슷한 모양과 비슷한 산포도를 가질 것이라는 점에서 유사합니다. 8.7절에서 이를 실제로 증명해 보겠습니다. 이 붓스트랩 분포를 사용하여 표집 변동이 추정치에 미치는 영향을 연구할 수 있습니다. 특히 **표준오차**라고 알려진 추정치의 일반적인 '오차'를 연구할 것입니다.

8.2절에서 우리는 촉각 표집 작업을 컴퓨터에서 가상으로 모방하여 표집을 35배 이상 빠르게 수행할 수 있도록 하겠습니다. 8.3절에서는 붓스트랩 분포의 개념을 기반으로 하는 **신뢰구간**(confidential interval)이라는 통계적 개념을 정의하겠습니다.

8.4절에서는 새로운 패키지인 'tidy'하고 투명한 통계 추론을 위한 `infer` 패키지와 `dplyr` 패키지를 사용하여 신뢰구간을 설정해 보겠습니다. 또한 `infer` 패키지 파이프라인의 동기가 된 'tidy' 통계 추론 프레임워크에 대해 소개하겠습니다. 이 `infer` 패키지는 이 책의 나머지 부분 전체를 구동시켜주는 패키지가 될 것입니다.

7장에서 했던 것처럼, 우리는 8.6절에서 실제 사례 연구를 통해 이 모든 아이디어를 하나로 묶어보겠습니다. 이번에는 미국 텔레비전 쇼 '*Mythbusters*'의 하품에 관한 실험 데이터를 살펴보겠습니다.

8.2 컴퓨터 시뮬레이션으로 재표집 하기

이제 컴퓨터로 촉각 재표집 활동을 가상으로 모방해 봅시다.

8.2.1 가상으로 재표집 한 번 하기

먼저, 재표집의 가상 아날로그를 한 번 수행해 봅시다. `moderndive` 패키지에 포함된 `pennies_sample` 데이터 프레임에는 은행에서 가져온 페니 50개 원표본에 있던 각각의 주조연도가 포함되어 있었지요. 또한 표집을 다뤘던 7장에서 다음과 같이 2400개의 공으로 구성된 가상 그릇에서 공을 표집하기 위해 `rep_sample_n()` 함수를 가상 삽으로 사용했음을 떠올려 봅시다.

```
virtual_shovel <- bowl %>%
  rep_sample_n(size = 50)
```

이 코드를 수정하여 원표본 페니 50개를 대신할 50장의 종이를 복원하여 재표집을 수행해 보겠습니다.

```
virtual_resample <- pennies_sample %>%
  rep_sample_n(size = 50, replace = TRUE)
```

rep_sample_n() 함수에 동전을 **복원** 추출하고 싶다는 의사를 전달하기 위해 replace 인수를 명시적으로 TRUE로 설정하였군요. replace = TRUE로 설정하지 않았다면, 함수는 기본값인 FALSE로 가정하여 복원 없이 재표집을 수행했을 것입니다. 또한 reps 인수를 통해 복제 횟수를 지정하지 않았으므로 함수는 기본값인 복제 횟수를 1회로(reps = 1)로 가정합니다. 마지막으로, size 인수가 원래 표본 크기인 50페니와 일치하도록 설정되어 있는 것도 확인합니다.

virtual_resample의 50개 행 중 처음 10개 행만 살펴봅시다.

```
virtual_resample
```

```
# A tibble: 50 x 3
# Groups:   replicate [1]
   replicate    ID  year
       <int> <int> <dbl>
1          1    37  1962
2          1     1  2002
3          1    45  1997
4          1    28  2006
5          1    50  2017
6          1    10  2000
7          1    16  2015
8          1    47  1982
9          1    23  1998
10         1    44. 2015
# ... with 40 more rows
```

replicate 변수는 함수에 입력했던 reps = 1 인수에 해당하는 1의 값을 취하고, ID 변수는 pennies_sample의 50개 페니 중 어떤 것이 재표집되었는지를 나타내며, year는 주조 연도를 나타냅니다. 이제 dplyr 패키지에 포함된 데이터 랭글링 함수를 사용하여 크기 50의 가상 재표본에서 평균 year를 계산해 보겠습니다.

```
virtual_resample %>%
  summarize(resample_mean = mean(year))
```

```
# A tibble: 1 x 2
  replicate resample_mean
      <int>         <dbl>
1         1          1996
```

촉각 재표집을 수행할 때 보았듯이, 결과 평균 주조연도는 기존에 표집된 50개의 동전 평균 연도인 1995.44와 다릅니다.

8.2.2 가상으로 재표집 35번 하기

이제 35명의 친구들이 수행했던 재표집의 가상 아날로그를 수행해 봅시다. 이 결과를 사용해, 우리는 크기 50의 재표본 35개에서 표본 평균의 변동성을 연구할 수 있습니다. 먼저 35개의 **replicate**가 필요하니 **rep_sample_n()**에 **reps = 35** 인수를 추가합니다. 그래서 50개의 페니를 35번 교체하는 재표집을 반복하고자 합니다.

```
virtual_resamples <- pennies_sample %>%
  rep_sample_n(size = 50, replace = TRUE, reps = 35)
virtual_resamples
```

```
# A tibble: 1,750 x 3
# Groups:   replicate [35]
  replicate    ID  year
      <int> <int> <dbl>
1         1    21  1981
2         1    34  1985
3         1     4  1988
4         1    11  1994
5         1    26  1979
6         1     8  1996
7         1    19  1983
8         1    21  1981
9         1    49  2006
10        1     2  1986
# ... with 1,740 more rows
```

결과 **virtual_resamples** 데이터 프레임에는 50개 페니의 재표본 35개에 해당하는 35·50 = 1750개의 행이 있습니다. 이제 이전 항에서와 동일한 **dplyr** 코드를 사용하여 결과 35개의 샘플 평균을 계산하되, 이번에는 **group_by(replicate)**를 추가해 보겠습니다.

```
virtual_resampled_means <- virtual_resamples %>%
  group_by(replicate) %>%
  summarize(mean_year = mean(year))
virtual_resampled_means
```

```
# A tibble: 35 × 2
   replicate mean_year
       <int>     <dbl>
 1         1   1995.58
 2         2   1999.74
 3         3   1993.7
 4         4   1997.1
 5         5   1999.42
 6         6   1995.12
 7         7   1994.94
 8         8   1997.78
 9         9   1991.26
10        10   1996.88
# ... with 25 more rows
```

virtual_resampled_means에 35개 행이 있고, 이는 35개의 재표집된 평균에 대응하는 것을 확인해 보세요. 또한, **mean_year**의 값이 변화하는 것을 관찰합니다. <**그림 8.12**>의 히스토그램을 사용하여 이 변화를 시각화 해봅시다.

```
ggplot(virtual_resampled_means, aes(x = mean_year)) +
  geom_histogram(binwidth = 1, color = "white", boundary = 1990) +
  labs(x = "Resample mean year")
```

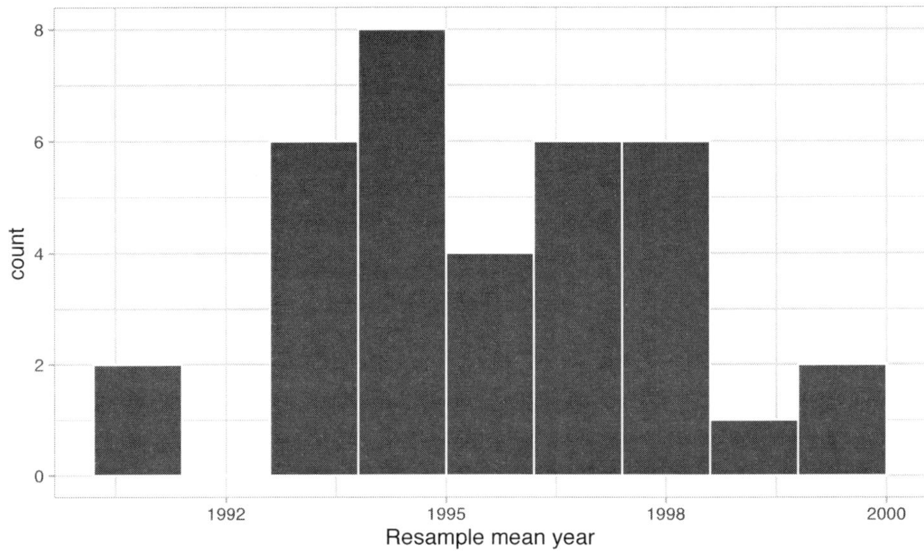

그림 8.12 35개의 재표본에서 얻은 35개의 표본 평균 분포

가상으로 구축한 붓스트랩 분포와 <**그림 8.13**>의 촉각 재표집 연습을 통해 35명의 친구가 구축한 분포를 비교해 보겠습니다. 어느 정도 비슷하지만 동일하지는 않음을 확인할 수 있습니다.

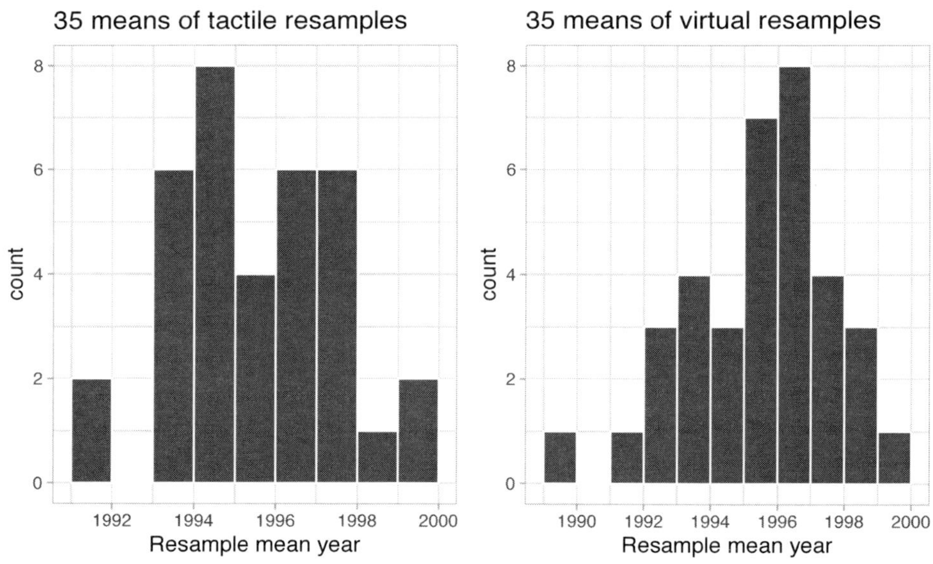

그림 8.13 재표집된 표본의 평균 분포 비교

여기서 설명하는 '복원 재표집' 시나리오에서 이 두 히스토그램은 모두 **표본 평균의**

붓스트랩 분포라는 특별한 이름을 가집니다. 또한 이 두 히스토그램은 표본 평균의 **표집분포**에 대한 근사치이며, 표집을 다룬 7장에서 살펴본 개념이라는 점을 기억하세요. 이러한 분포를 통해 표집 변동이 실제 모집단 평균(이 경우 미국 내 모든 페니의 실제 평균 연도) 추정치에 미치는 영향을 연구할 수 있습니다. 그러나 7장에서 여러 개의 표본을 취한 것과 달리(실제로는 절대 그렇게 하지 않지만요), 붓스트랩 분포는 **단일** 샘플(이 경우 은행에서 가져온 50개의 원본 동전)에서 여러 개의 재표집된 표본을 취하여 구성됩니다.

8.2.3 가상으로 재표집 1000번 하기

복원을 통한 재표집의 목표 중 하나는 표집분포의 근사치인 붓스트랩 분포를 설정하는 것입니다. 그러나 **<그림 8.12>**의 붓스트랩 분포는 35개의 재표본만을 기반으로 하므로 약간 거칠게 보입니다. 재표본 수를 1000개로 늘려서 다른 재표본 간의 모양과 변동성을 더 잘 볼 수 있도록 해보겠습니다.

```
# Repeat resampling 1000 times
virtual_resamples <- pennies_sample %>%
  rep_sample_n(size = 50, replace = TRUE, reps = 1000)
# Compute 1000 sample means
virtual_resampled_means <- virtual_resamples %>%
  group_by(replicate) %>%
  summarize(mean_year = mean(year))
```

그러나 간결한 코드 작성을 위해 앞으로는 이 두 연산을 단일 파이프(**%>%**) 연산자들의 체인으로 결합해 보겠습니다.

```
virtual_resampled_means <- pennies_sample %>%
  rep_sample_n(size = 50, replace = TRUE, reps = 1000) %>%
  group_by(replicate) %>%
  summarize(mean_year = mean(year))
virtual_resampled_means
```

```
# A tibble: 1,000 x 2
replicate mean_year
<int>   <dbl>
1         1 1992.6
```

```
2          2 1994.78
3          3 1994.74
4          4 1997.88
5          5 1990
6          6 1999.48
7          7 1990.26
8          8 1993.2
9          9 1994.88
10         10 1996.3
# ... with 990 more rows
```

<그림 8.14>에서는 1000개의 가상 재표본을 기반으로 이 1000개 평균의 붓스트랩 분포를 시각화해 보겠습니다.

```
ggplot(virtual_resampled_means, aes(x = mean_year)) +
  geom_histogram(binwidth = 1, color = "white", boundary = 1990) +
  labs(x = "sample mean")
```

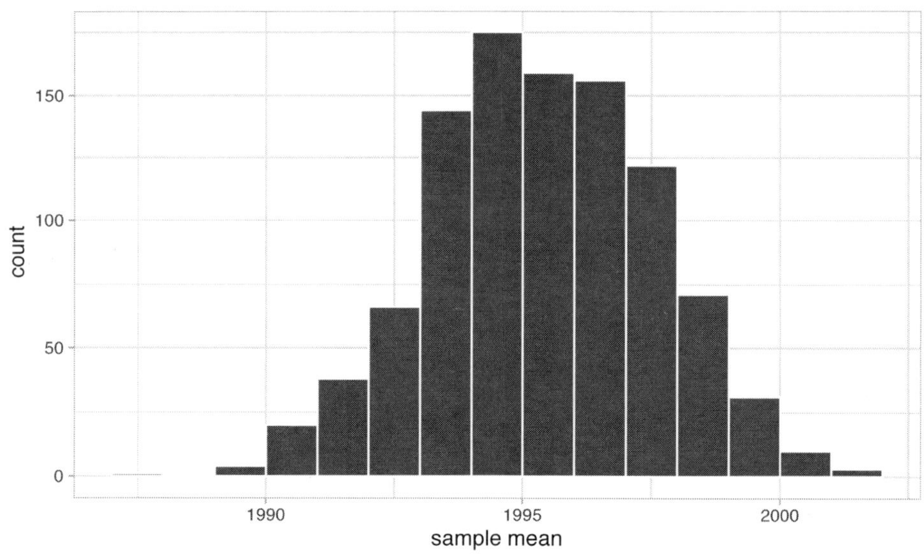

그림 8.14 1000개의 재표본을 기준으로 한 붓스트랩 재표집분포

종 모양이 훨씬 더 뚜렷해지기 시작했군요. 이제 우리는 표본 평균이 취할 수 있는 값의 범위에 대한 일반적인 감각을 갖게 되었습니다. 하지만 이 히스토그램의 중심은 어디일까요? 1000개의 재표집 평균의 평균을 계산해 봅시다.

```
virtual_resampled_means %>%
  summarize(mean_of_means = mean(mean_year))
```

```
# A tibble: 1 x 1
  mean_of_means
          <dbl>
1       1995.36
```

이 1000개의 평균은 1995.36으로, 원표본인 50개 페니의 평균인 1995.44에 매우 가깝습니다. 이는 1000개의 재표집된 표본 각각이 50개 페니의 원표본을 기반으로 하기 때문입니다.

축하합니다! 방금 첫 번째 붓스트랩 분포를 구성했습니다! 다음 절에서는 이 붓스트랩 분포를 사용하여 **신뢰구간**을 설정하는 방법을 살펴보겠습니다.

| 학습 확인 |

(LC8.1) 붓스트랩 분포와 표집분포의 가장 큰 차이점은 무엇인가요?

(LC8.2) <그림 8.14>의 표본 평균에 대한 붓스트랩 분포를 보세요. 대부분의 값은 어느 값 사이에 분포하나요?

8.3 신뢰구간 이해하기. 얼마든지 할 수 있어요!

이 절은 낚시와 관련된 비유로 시작하겠습니다. 물고기를 잡으려 한다고 가정해 봅시다. 작살을 사용할 수도 있지만, 그물을 사용한다는 선택지도 있습니다. 그물을 사용하면 더 많은 물고기를 잡을 수 있겠죠!

이제 미국의 모든 동전에 새겨진 실제 모평균 연도 μ을 추정하려던 동전 연습을 떠올려 보세요. μ의 값을 물고기 한 마리라고 생각해 볼까요?

한편으로는 <표 8.1>에서 본 것이 표본 평균 $\overline{x}$ 같은 적절한 **점추정치**/**표본통계**를 사용하여 μ을 추정할 수 있습니다. 우리가 은행에서 가져온 50페니의 표본을 기준으로 보면 표본 평균은 1995.44입니다. 이 값을 '작살로 하는 낚시'라고 생각해본다면, '그물로 하는 낚시'는 무엇에 해당할까요? <그림 8.14>의 붓스트랩 분포를 다시 한 번 살펴봅시다. '대부분의' 표본 평균이 놓여 있다고 볼 수 있는 두 연도는 언제부터 언제까지일까요? 이 질문은 다소 주관적이지만, 대부분의 표본이 1992년과 2000년 사이에 놓여 있다고 말하는 것은 무리가 아닙니다. 이 간격을 '그물'이라고 생각하면 됩니다.

방금 우리가 살펴본 것이 바로 **신뢰구간**(confidence interval)이라는 개념입니다. 이 책에서는 'CI'로 약칭하겠습니다. 단일 값으로 알려지지 않은 모수의 값을 추정하는 점추정치/표본통계와 달리 **신뢰구간**은 그럴듯한 범위로 해석할 수 있는 값을 제공합니다. 다시 비유를 들자면, 점추정치/표본통계는 작살로 생각할 수 있지만 신뢰구간은 그물로 생각할 수 있습니다.

점추정치	신뢰구간

그림 8.15 점추정치와 신뢰구간 간의 차이 비유

이때 1992~2000년이라는 구간은 육안으로 구성한 것이므로 다소 주관적일 수 있습니다. 이제 우리는 이러한 구간을 보다 정확하게 구성하기 위한 두 가지 방법, 즉 **백분위수 방법**(percentile method)과 **표준오차 방법**(standard error method)을 소개해 보겠습니다.

신뢰구간을 구축하는 두 방법에는 몇 가지 공통점이 있습니다. 첫째, 두 방법 모두 8.2.3항에서 구성하고 <**그림 8.14**>에서 시각화한 것처럼 붓스트랩 분포를 통해 구성됩니다.

둘째, 둘 다 **신뢰 수준**을 지정해야 합니다. 일반적으로 사용되는 신뢰 수준에는 90%, 95%, 99%가 있습니다. 다른 모든 것이 동일할 때, 신뢰 수준이 높을수록 신뢰구간이 넓고 신뢰 수준이 낮을수록 신뢰구간이 좁습니다. 이 책에서는 대부분 95%를 사용하므로 페니 활동에 대해 'μ에 대한 95% 신뢰구간'을 구성합니다.

8.3.1 백분위수 방법(percentile method)

신뢰구간을 구축하는 첫번째 방법은 붓스트랩 분포의 중앙을 차지하는 95% 값을 사용하는 것입니다. 각각 1991.059와 1999.283인 2.5% 및 97.5% 백분위수를 계산하여 이를 수행할 수 있습니다. 이런 방법을 신뢰구간을 구축하는 **백분위수 방법**이라고 합니다.

이러한 값을 계산하는 코드는 다음 절에서 보여 드릴 테니, 지금은 백분위수 방법으로 신뢰구간을 구축하는 개념에만 집중합시다.

<**그림 8.16**>에서 이러한 백분위수를 붓스트랩 분포에 수직선으로 표시해 보겠습니다. **virtual_resampled_means** 데이터프레임의 **mean_year** 변수 값의 약 95%가 1991.059에서 1999.283 사이에 속하며, 왼쪽 선의 바깥에 2.5%, 오른쪽 선의 바깥에 2.5%의 값이 속합니다.

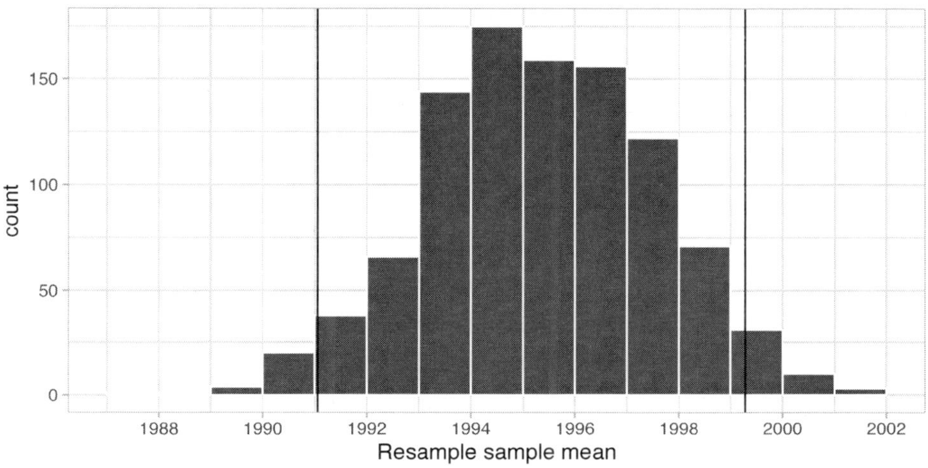

그림 8.16 백분위수 방법 95% 신뢰구간. 구간의 끝점은 수직선으로 표시

8.3.2 표준오차 방법(standard error method)

<**부록 A.2**>를 보면 수치변수가 정규분포를 따르는 경우, 즉 이 변수의 히스토그램이 종 모양인 경우 약 95%의 값이 평균의 ±1.96 표준편차 사이에 속한다는 것을 확인할 수 있습니다. <**그림 8.14**>에서 복원이 적용된 1000개의 재표본을 기반으로 한 붓스트랩 분포가 정규분포임을 감안할 때, 정규분포에 대한 이 사실을 사용하여 다른 방식으로 신뢰구간을 구축해 보겠습니다.

먼저 붓스트랩 분포의 평균이 1995.36이라는 것을 떠올려 보세요. 이 값은 원래 50페니의 표본 평균 $\overline{x}$의 값인 1995.44와 거의 정확히 일치합니다. 둘째로, **virtual_resampled_means** 데이터 프레임의 **mean_year** 값을 사용하여 붓스트랩 분포의 표준편차를 계산해 보겠습니다.

```
virtual_resampled_means %>%
  summarize(SE = sd(mean_year))
```

```
# A tibble: 1 x 1
       SE
    <dbl>
1 2.15466
```

이 값은 무엇일까요? 붓스트랩 분포는 표집분포에 대한 근사치라는 것을 떠올려 보세요. 표집분포의 표준편차에는 표준오차라는 특별한 이름이 있다는 사실도 기억하시고요. 이 두 가지 사실을 종합하면 2.155는 표본 평균 $\overline{x}$의 표준오차를 구한 근사치라고 말할 수 있습니다.

따라서 <**부록 A.2**>의 정규분포에 대한 95% 경험 법칙을 사용하여 다음 공식을 사용하여 μ에 대한 95% 신뢰구간의 하한과 상한을 결정할 수 있습니다.

$$\begin{aligned}\overline{x} \pm 1.96 \cdot SE &= (\overline{x} - 1.96 \cdot SE, \overline{x} + 1.96 \cdot SE) \\ &= (1995.44 - 1.96 \cdot 2.15, 1995.44 + 1.96 \cdot 2.15) \\ &= (1991.15, 1999.73)\end{aligned}$$

이제 <**그림 8.17**>에 점선으로 SE 방법의 신뢰구간을 추가해 봅시다.

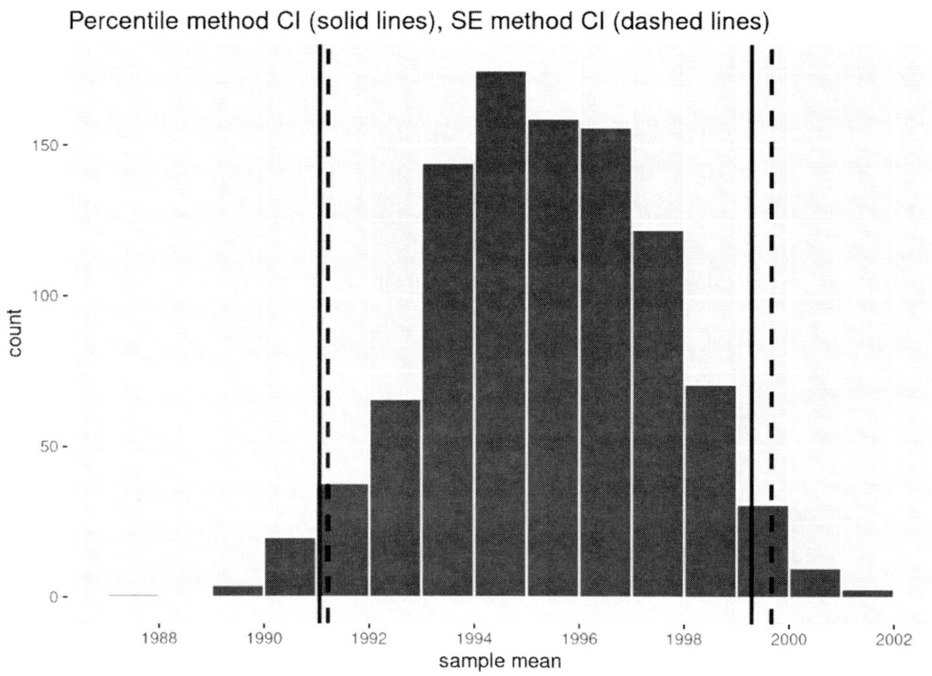

그림 8.17 두 개의 95% 신뢰구간 방법 비교

이로써 두 방법 모두 μ에 대해 거의 동일한 95% 신뢰구간을 산출한다는 것을 알 수 있습니다. 즉 백분위수 방법이 (1991.06, 1999.28)을, 표준오차 방법은 (1991.22, 1999.66)을 산출하는 것을 확인할 수 있습니다. 그러나 붓스트랩 분포가 대략 정규 형태일 때만 표준오차 규칙을 사용할 수 있다는 점도 기억하세요.

지금까지 신뢰구간의 개념과 신뢰구간을 구축하는 두 가지 방법을 소개하였습니다. 이제 신뢰구간을 구성할 수 있는 코드를 알아보겠습니다.

| 학습 확인 |

(LC8.3) 표준오차 방법을 사용하여 신뢰구간을 구축하려면 붓스트랩 분포가 어떤 조건을 충족해야 하나요?

(LC8.4) μ에 대해 95% 신뢰구간 대신 68% 신뢰구간을 구축하고 싶다고 가정해 봅시다. 이를 위해 어떤 조건의 변화가 필요할까요? (힌트: 정규분포에 관한 부록 <A.2>를 참조하세요.)

8.4 신뢰구간 구축하기

8.1절에서 수작업으로, 그리고 8.2절 가상으로 수행한 복원 재표집 절차를 **부트스트래핑**이라고 합니다. 부트스트래핑이라는 용어는 '자신의 노력이나 능력으로만 성공한다[3]'는 뜻을 가진 '부트스트랩으로 자신을 끌어올린다'는 표현에서 유래했습니다.

통계적 관점에서 붓스트래핑은 단일 표본의 '수고'로 표본 변동이 추정치에 미치는 영향을 연구할 수 있음을 암시합니다. 더 정확하게는 하나의 표본만을 사용하여 표본 분포에 대한 근사치를 구성하는 것을 의미합니다.

8.2절에서 복원 재표집을 가상으로 수행하기 위해 `rep_sample_n()` 함수를 사용하여 재표본 크기가 원래 표본 크기인 50과 일치하는지 확인했습니다. 이 절에서 우리는 이러한 아이디어를 바탕으로 새로운 패키지, 즉 'tidy'한 통계 추론을 위한 `infer` 패키지를 사용하여 신뢰구간을 구축해 보겠습니다.

8.4.1 원래 워크플로우(original workflow)

8.2절에서 붓스트랩 분포를 구성하기 위해 대체를 통한 붓스트랩 재표집을 가상으로 수행한 것을 떠올려 보세요. 이러한 분포는 7장에서 살펴본 표집분포의 근사치이지만

3 한국어 표현으로는 '자력갱생한다'에 가장 가까워 보인다.

단일 표본만 사용하여 구성됩니다. 파이프 연산자 %>%를 사용한 원래 워크플로우를 다시 살펴봅시다.

먼저 우리는 rep_sample_n() 함수를 사용하였으며 replace = TRUE로 설정하여 pennies_sample를 복원 표집하고, size = 50페니로 설정해 표본 크기가 50인 표본을 재표집했습니다. 또한 reps = 1000으로 설정하여 이 재표집을 1000회 반복했습니다.

```
pennies_sample %>%
  rep_sample_n(size = 50, replace = TRUE, reps = 1000)
```

둘째, 크기 50의 1000개 재표본 각각에 대해 별도의 표본 평균을 구하고 싶었기 때문에 dplyr 동사 group_by()를 사용하여 replicate 변수를 기준으로 관측치/행을 그룹화했습니다.

```
pennies_sample %>%
  rep_sample_n(size = 50, replace = TRUE, reps = 1000) %>%
  group_by(replicate)
```

그런 다음 summarize()를 사용하여 각 복제 그룹에 대한 표본 연도를 계산합니다 (mean()).

```
pennies_sample %>%
  rep_sample_n(size = 50, replace = TRUE, reps = 1000) %>%
  group_by(replicate) %>%
  summarize(mean_year = mean(year))
```

이 간단한 사례에서 우리는 rep_sample_n() 함수와 몇 개의 dplyr 동사를 사용하여 붓스트랩 분포를 구성할 수 있습니다. 그러나 dplyr 동사만 사용할 경우, 우리는 제한된 도구만 사용할 수 있습니다. 더 복잡한 상황이라면 더 강력한 도구가 필요하겠죠. infer 패키지를 사용하여 이 과정을 반복해 보겠습니다.

8.4.2 infer 패키지를 통한 워크플로우

infer 패키지는 통계 추론을 위한 R 패키지입니다. 이 패키지는 3.1절에서 소개한 %>% 파이프 연산자를 효율적으로 사용하여 통계 추론을 수행하는 데 필요한 단계의 순서를 'tidy'하고 투명한 방식으로 설명합니다. 또한, **dplyr** 패키지가 데이터 랭글링을 수행하기 위해 동사와 유사한 이름을 가진 함수를 제공하는 것처럼, **infer** 패키지는 통계 추론을 수행하기 위해 통계학 공부를 하면서 알게 되는 내용들을 떠올리게 하는 직관적인 동사와 유사한 이름을 가진 함수를 제공합니다.

페니로 돌아가 보겠습니다. 이전에는 dplyr 함수 summarize()를 사용하여 표본 평균 $\overline{x}$의 값을 계산했습니다.

```
pennies_sample %>%
  summarize(stat = mean(year))
```

이제 **infer** 패키지의 함수인 specify()와 calculate()를 사용해 이 작업을 수행할 수도 있음을 확인할 수 있습니다.

```
pennies_sample %>%
  specify(response = year) %>%
  calculate(stat = "mean")
```

어쩌면 이런 의문이 들지도 모르겠습니다. "**infer** 패키지를 쓰면 코드가 더 길지 않나요? 왜 그런 코드를 사용해야 하나요?" 당장은 눈에 띄지 않을 수 있지만, **infer** 워크플로우에는 **dplyr** 워크플로우와 달리 세 가지 주요 이점이 있습니다.

첫째, **infer**의 동사 이름은 신뢰구간을 구축하고 가설검정을 수행하기 위해 이해해야 하는 전반적인 재표집 프레임워크와 더 잘 일치합니다(9장). 이 프레임워크의 순서도 다이어그램은 이어질 <**그림 8.23**>과 9장의 <**그림 9.14**>에서 살펴볼 예정입니다.

둘째, 최소한의 코드 변경으로 신뢰구간과 가설검정 사이를 원활하게 오갈 수 있습니다. 이는 9.3.2항에서 두 추론 방법의 **infer** 코드를 비교할 때 분명해질 것입니다.

셋째, **infer** 워크플로우는 **변수가 두 개 이상일 경우** 추론의 수행이 훨씬 더 단순해집니다. 두 가지 상황을 살펴보겠습니다. 먼저 하품의 전염성을 연구하는 8.6절과 1970년대 은행에서 두 그룹의 승진율을 비교하는 9.1절에서처럼 두 그룹에서 표본 데이터를 수집하는 **이표본**(two sample) 추론의 상황입니다. 그런 다음 10.4절에서는 5장에서 적합시킨 회귀모형을 사용한 **회귀 추론**(inference for regression)하는 상황을 살펴보겠습니다.

이제 2019년 모든 미국 페니의 주조 연도의 모평균 μ에 대한 신뢰구간을 구축하는 데 필요한 동사 시퀀스를 살펴봅시다.

1. 변수 지정(specify)

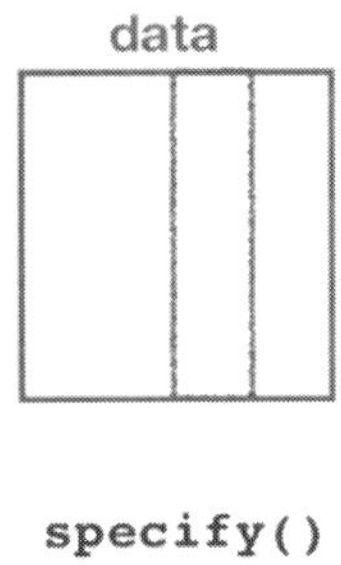

그림 8.18 specify() 동사의 다이어그램

<그림 8.18>에서 볼 수 있듯이 specify() 함수는 데이터 프레임에서 통계적 추론의 초점이 될 변수를 선택하는 데 사용됩니다. 우리는 response 인수를 지정하여 이 작업을 수행합니다. 예를 들어, 은행에서 표집한 50페니에 대한 pennies_sample 데이터 프레임에서 관심변수는 year입니다.

```
pennies_sample %>%
  specify(response = year)
```

```
Response: year (numeric)
# A tibble: 50 x 1
     year
    <dbl>
 1   2002
 2   1986
 3   2017
 4   1988
 5   2008
 6   1983
 7   2008
 8   1996
 9   2004
10   2000
# ... with 40 more rows
```

데이터 자체가 변경되지 않으면서 어떻게 Response: year(numeric) 메타데이터는 변경되는지 주시하세요. 이는 3.4절에서 살펴본 것처럼 dplyr의 group_by() 동사가 데이터를 변경하지 않고 'Group' 메타 데이터만 추가하는 방식과 유사합니다.

또한 formula = y ~ x를 사용하여 통계적 추론의 초점이 될 변수를 지정할 수도 있습니다. 이는 5장과 6장에서 회귀모형에서 본 것과 동일한 수식 표기법으로, 응답변수 y는 설명변수 x와 ~('물결표')로 구분됩니다. 다음에서 formula 인수와 함께 specify()를 사용하면 앞에서 본 것과 동일한 결과를 얻을 수 있습니다.

```
pennies_sample %>%
  specify(formula = year ~ NULL)
```

페니의 경우 응답변수만 있고 관심 있는 설명변수가 없으므로 ~의 오른쪽에 있는 x를 NULL로 설정합니다.

페니의 경우 두 가지 방식 모두 잘 작동하지만, 나중에 formula 입력 값이 더 간단한 예제를 살펴보겠습니다. 특히 두 비율을 비교하는 8.6절과 회귀 추론에 대한 10.4절에서 이 문제를 다루게 될 것입니다.

2. 복제본 생성(generate)

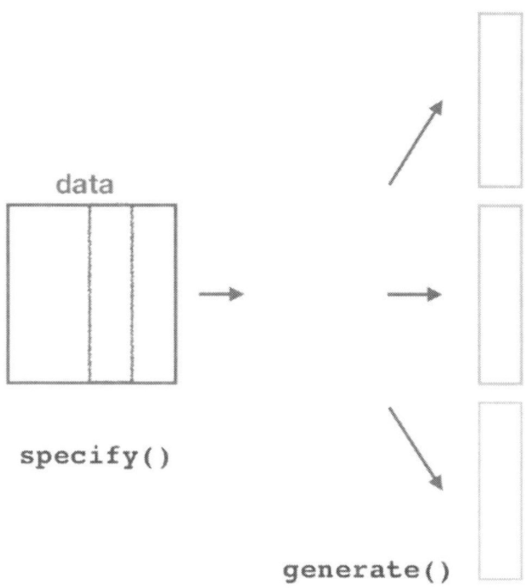

그림 8.19 generate()을 통해 복제본을 만드는 과정의 다이어그램

관심 있는 변수를 specify()로 특정한 후, 그 결과를 generate() 함수로 파이프하여 복제본을 생성합니다. <그림 8.19>는 이 작업을 specify()와 결합하여 파이프라인을 구축하는 방법을 보여줍니다. 즉, 재표집 프로세스를 여러 번 반복합니다. 8.2.2항과 8.2.3항에서 이 작업을 35번, 1000번 수행했었지요.

generate() 함수의 첫 번째 인수는 복제본 수를 설정하는 reps이며, 이는 생성할 복제본 수를 설정합니다. pennies_sample의 페니 50개를 1000번 교체하여 재표집하고 싶으므로 reps = 1000으로 설정합니다. 두 번째 인수 type은 수행하려는 컴퓨터 시뮬레이션의 유형을 결정합니다. 붓스트랩 재표집을 수행한다는 것을 나타내기 위해 type = "bootstrap"으로 설정했습니다. 여러분은 9장에서 type에 대한 다양한 옵션을 확인하게 될 겁니다.

```
pennies_sample %>%
  specify(response = year) %>%
  generate(reps = 1000, type = "bootstrap")
```

```
Response: year (numeric)
# A tibble: 50,000 x 2
# Groups:   replicate [1,000]
   replicate  year
       <int> <dbl>
1      1      1981
2      1      1988
3      1      2006
4      1      2016
5      1      2002
6      1      1985
7      1      1979
8      1      2000
9      1      2006
10     1      2016
# ... with 49,990 more rows
```

결과값이 담긴 데이터 프레임에 50,000개의 행이 있는 것을 살펴보세요. 이런 결과가 나온 이유는 페니 50개를 1000번 복원하여 50,000 = 50·1000의 재표집을 수행했기 때문입니다.

replicate 변수는 각 행이 어느 재표본에 속하는지를 나타냅니다. 따라서 값 1의 50회, 값 2의 50회, … 값 1000의 50회까지 모두 포함됩니다. 이 시나리오에서 type 인수의 기본값은 "bootstrap"이므로 마지막 줄을 generate(reps = 1000)으로 작성하면 동일한 결과를 얻을 수 있습니다.

원래 워크플로우와 비교: 지금까지 infer 워크플로우의 단계는 앞서 살펴본 rep_sample_

n() 함수를 사용한 원래 워크플로우와 동일한 결과를 생성합니다. 즉, 다음 두 코드 묶음은 비슷한 결과를 생성합니다.

```
# infer workflow:
pennies_sample %>%
    specify(response = year) %>%
    generate(reps = 1000)
```

```
# Original workflow:
pennies_sample %>%
    rep_sample_n(size = 50, replace = TRUE,
reps = 1000)
```

3. 요약통계 계산(calculate)

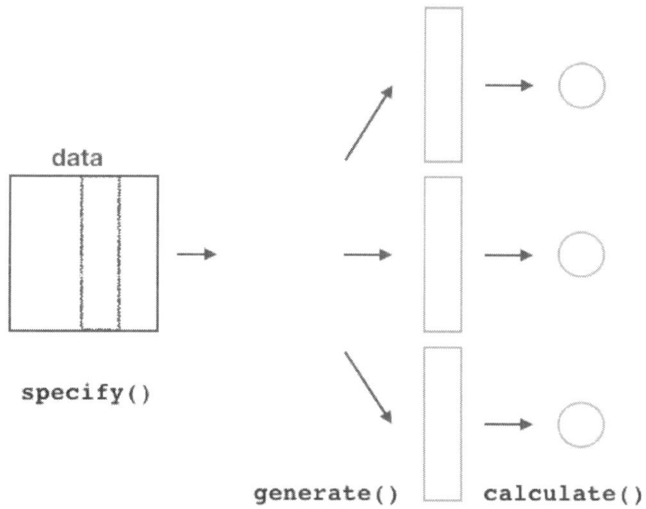

그림 8.20 calculate()를 통한 요약통계 계산 과정의 다이어그램

붓스트랩 복원 재표집의 많은 복제본을 generate()한 후, 다음으로 크기가 50인 재표본 1000개 각각을 단일 표본 값으로 요약하고자 합니다. 이때, 다이어그램에서 볼 수 있듯이 calculate() 함수가 이 작업을 수행합니다.

이 경우, 크기가 50인 각 붓스트랩 재표본에 대한 평균 year를 계산하고 싶습니다. 이를 위해 stat 인수를 "mean"으로 설정합니다. stat 인수를 "mean", "sum", "sd"(표준편차), "prop"(비율) 등 다양한 다른 일반적인 요약통계로 설정할 수도 있습니다. 사용할 수 있는 모든 가능한 요약통계의 목록을 보고 싶다면, ?calculate를 입력하고 도움말 파일을 참조하세요.

결과를 bootstrap_distribution이라는 데이터 프레임에 저장하고 그 내용을 살펴보겠습니다.

```
bootstrap_distribution <- pennies_sample %>%
  specify(response = year) %>%
  generate(reps = 1000) %>%
  calculate(stat = "mean")
bootstrap_distribution
```

```
# A tibble: 1,000 x 2
   replicate    stat
       <int>   <dbl>
1          1 1995.7
2          2 1994.04
3          3 1993.62
4          4 1994.5
5          5 1994.08
6          6 1993.6
7          7 1995.26
8          8 1996.64
9          9 1994.3
10        10 1995.94
# ... with 990 more rows
```

결과 데이터 프레임에 1000개의 **replicate** 값에 해당하는 1000개의 행과 2개의 열이 있는 것을 살펴보세요. 또한 변수 **stat**에 각 붓스트랩 재표본의 평균 연도도 담겨 있습니다.

원래 워크플로우와 비교: 이 시점에서 infer 워크플로우의 calculate() 단계가 원래 워크플로우의 group_by() %>% summarize() 단계와 동일한 출력을 생성한다는 것을 눈치채셨을 것입니다.

```
# infer workflow:
pennies_sample %>%
    specify(response = year) %>%
    generate(reps = 1000) %>%
    calculate(stat = "mean")
```

```
# Original workflow:
pennies_sample %>%
    rep_sample_n(size = 50, replace = TRUE,
reps = 1000) %>%
    group_by(replicate) %>%
    summarize(stat = mean(year))
```

4. 결과의 시각화(visualize)

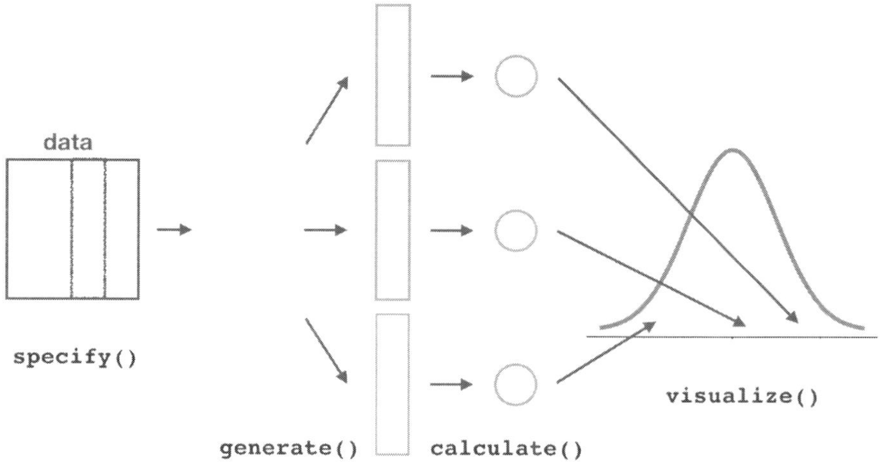

그림 8.21 visualize()의 결과 다이어그램

visualize() 동사는 붓스트랩 분포를 수치형 stat 변수 값의 히스토그램으로 빠르게 시각화할 수 있는 방법을 제공합니다. 붓스트랩 분포 결과를 탐색하는 데 사용되는 주요 infer 동사의 파이프라인은 위의 <그림 8.21>에 나와 있습니다.

```
visualize(bootstrap_distribution)
```

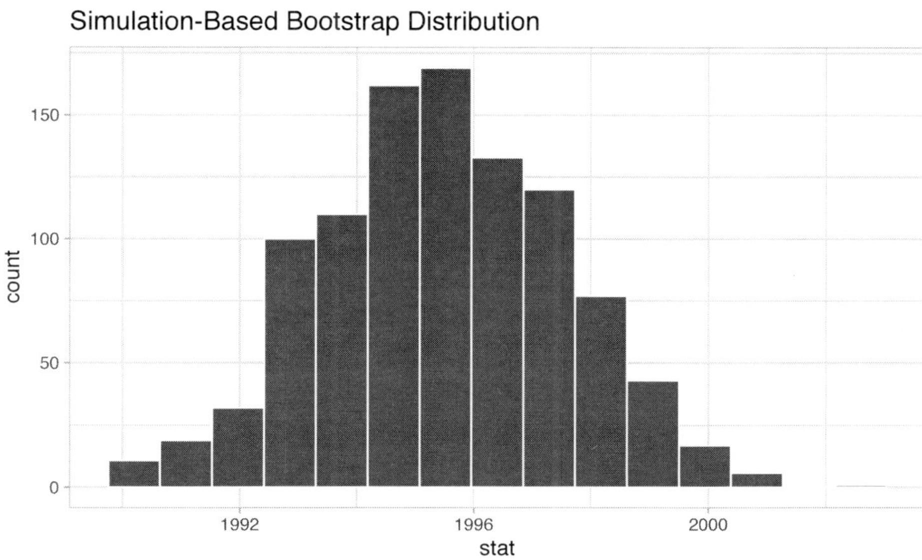

그림 8.22 붓스트랩 분포

원래 워크플로우와 비교: 사실 visualize()는 geom_histogram() 레이어를 사용하는 ggplot() 함수에 대한 래퍼 함수입니다. 5.1.2항의 <**그림 5.5**>에서 래퍼 함수의 개념을 설명했었지요.

```
# infer workflow:
visualize(bootstrap_distribution)

# Original workflow:
ggplot(bootstrap_distribution,
    aes(x = stat)) +
  geom_histogram()
```

visualize() 함수는 그래프의 추가 요소를 설정하기 위해 잠시 후에 보게 될 다른 많은 인수를 사용할 수 있습니다. 또한 헬퍼 함수와 함께 작동하여 신뢰구간 값에 해당하는 히스토그램 값의 음영을 처리할 수 있습니다.

<**그림 8.23**>에서 붓스트랩 분포를 구성한 다음 시각화하는 infer 워크플로우의 단계를 다시 한 번 요약해 봅시다.

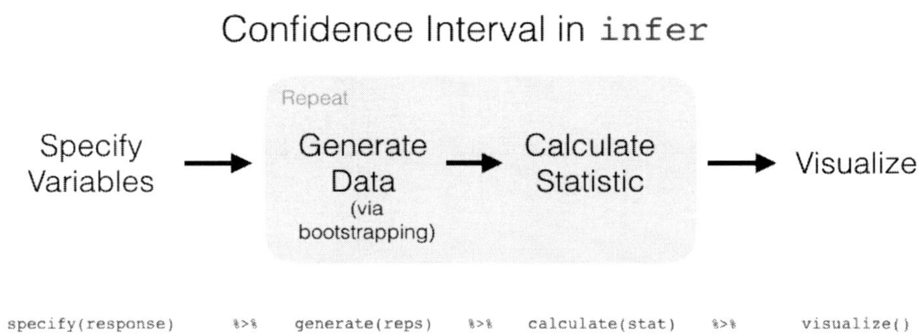

그림 8.23 신뢰구간 구축을 위한 infer 패키지 워크플로우

8.3절에서 소개한 알려지지 않은 모수에 대한 95% 신뢰구간을 구축하는 두 가지 방법, 즉 **백분위수 방법과 표준오차 방법**을 기억하실 것입니다. 이제 이를 명시적으로 구성하는 infer 패키지 코드를 확인해 보겠습니다. 또한 결과 신뢰구간을 시각화할 수 있는 infer 패키지에 내장된 몇 가지 멋진 함수도 있습니다!

8.4.3 백분위수 방법을 infer 패키지로 구현하기

8.3.1항에서 소개한 95% 신뢰구간을 구축하는 백분위수 방법을 떠올려 보세요. 이 방법은 신뢰구간의 하단 끝점을 붓스트랩 분포의 2.5% 백분위수로 설정하고 마찬가지로 상단 끝점을 97.5% 백분위수로 설정합니다. 결과 구간은 붓스트랩 분포에서 표본 평균

값을 중앙으로 하여 양쪽 95%에 해당하는 범위 값을 포착합니다.

우리는 신뢰 수준을 0.95로 설정하고 신뢰구간 type을 "percentile"로 설정한 상태에서 bootstrap_distribution을 infer 패키지의 get_confidence_interval() 함수에 파이프해서 95% 신뢰구간을 계산할 수 있습니다. 결과를 percentile_ci에 저장해 봅시다.

```
percentile_ci <- bootstrap_distribution %>%
  get_confidence_interval(level = 0.95, type = "percentile")
percentile_ci
```

```
# A tibble: 1 x 2
  `2.5%` `97.5%`
   <dbl>   <dbl>
1 1991.24 1999.42
```

아니면, bootstrap_distribution 데이터 프레임을 visualize() 함수에 파이프하고 shade_confidence_interval() 레이어을 추가하여 간격(1991.24, 1999.42)을 시각화할 수 있습니다. endpoints 인수를 percentile_ci로 설정했습니다.

```
visualize(bootstrap_distribution) +
  shade_confidence_interval(endpoints = percentile_ci)
```

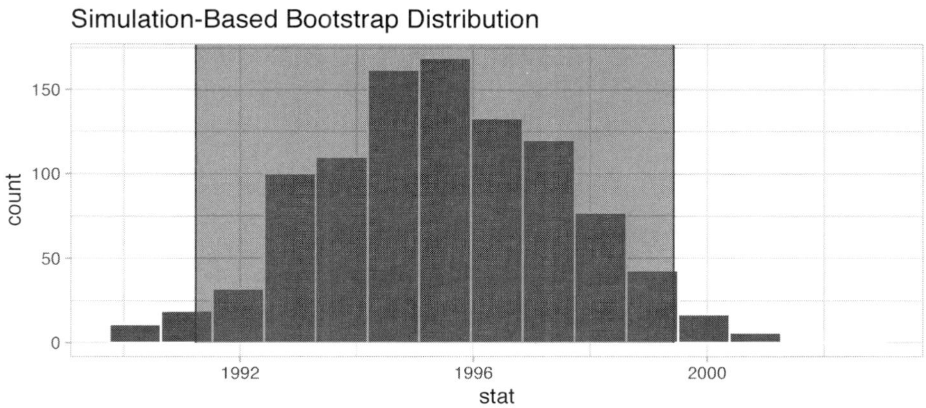

그림 8.24 잠재값에 대응해 음영처리된 백분위수 방법의 95% 신뢰구간

<그림 8.24>에서 bootstrap_distribution의 stat 변수에 저장된 표본 평균의 95%가 어두운 선으로 표시된 두 끝점 사이에 있고, 표본 평균의 2.5%가 음영 영역의 왼쪽, 표본

평균의 2.5%가 오른쪽에 있음을 관찰합니다. 여러분은 color과 fill 인수를 사용하여 음영의 색상을 변경하는 옵션도 고려할 수 있습니다.

아니면 더 짧은 이름의 함수 shade_ci()를 사용할 수도 있는데, 그 결과는 동일합니다. 이 함수는 confidence_interval을 모두 입력하는 대신 ci를 입력하는 편을 선호하는 사람들을 위한 것입니다. 다음 코드를 입력해서 실행해 보세요!

```
visualize(bootstrap_distribution) +
  shade_ci(endpoints = percentile_ci, color = "hotpink", fill = "khaki")
```

8.4.4 표준오차 활용법을 infer 패키지로 구현하기

8.3.2항에서 소개한 95% 신뢰구간을 구축하는 표준오차 방법을 기억하세요. 정규분포의 경우 대략 95%의 값이 평균의 표준편차의 2배수 내에 위치합니다. 붓스트랩 분포의 경우 표준편차에는 **표준오차**(standard error)라는 특별한 이름이 있습니다.

그리하여 이 경우 붓스트랩 분포의 95% 값은 $\overline{x}$의 ±1.96 표준오차 내에 있습니다. 따라서 95% 신뢰구간은 다음과 같습니다.

$$\overline{x} \pm 1.96 \cdot SE = (\overline{x} - 1.96 \cdot SE, \overline{x} + 1.96 \cdot SE).$$

95% 신뢰구간 계산은 다시 한 번 생성한 bootstrap_distribution 데이터 프레임을 get_confidence_interval() 함수에 파이프하여 수행할 수 있습니다. 하지만 이번에는 첫 번째 type 인수를 "se"로 설정했습니다. 둘째, 우리는 신뢰구간의 중심을 설정하기 위해 point_estimate 인수를 지정해야 합니다. 이것을 원래 표본 50페니의 표본 평균인 1995.44로 설정하겠습니다.

```
x_bar
```

```
# A tibble: 1 x 1
  mean_year
      <dbl>
1   1995.44
```

```
standard_error_ci <- bootstrap_distribution %>%
  get_confidence_interval(type = "se", point_estimate = x_bar)
standard_error_ci
```

```
# A tibble: 1 x 2
    lower   upper
    <dbl>   <dbl>
1 1991.35 1999.53
```

신뢰구간(1991.35, 1999.53)을 시각화하려면 `bootstrap_distribution` 데이터 프레임을 다시 한 번 `visualize()` 함수에 파이프로 연결하고 `shade_confidence_interval()` 레이어를 그래프에 추가할 수 있습니다. `endpoints` 인수는 `standard_error_ci`로 설정합니다. μ에 대한 95% 신뢰구간에 기초한 결과 표준오차 방법은 <**그림 8.25**>에서 볼 수 있습니다.

```
visualize(bootstrap_distribution) +
  shade_confidence_interval(endpoints = standard_error_ci)
```

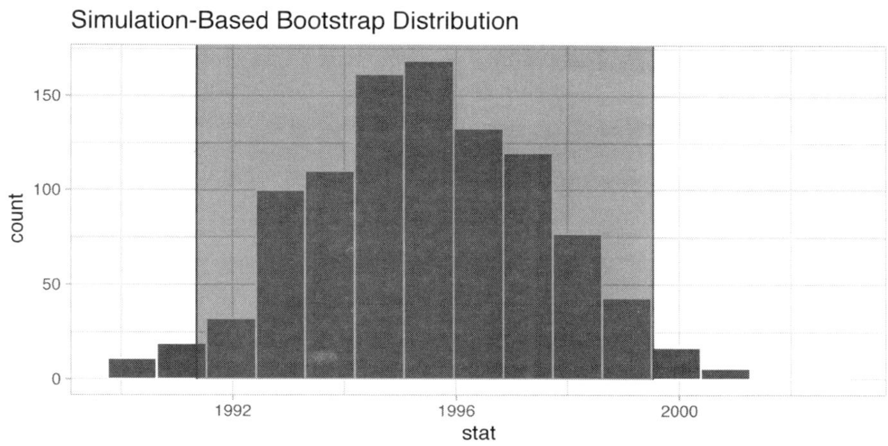

그림 8.25 표준오차 방법으로 설정한 95% 신뢰구간

8.3절에서 설명한 바와 같이, 두 방법 모두 유사한 신뢰구간을 생성합니다.

- 백분위수 방법: (1991.24, 1999.42)
- 표준오차 방법: (1991.35, 1999.53)

| 학습 확인 |

(LC8.5) 미국 내 **모든** 페니의 주조 연도의 **중앙값**에 대한 95% 신뢰구간을 구하는 방법은 무엇일까요? 백분위수 방법과 가능한 경우 표준오차 방법을 사용하여 구해보세요.

8.5 신뢰구간, 어떻게 해석하죠?

이제 모집단에서 추출한 표본을 사용하여 신뢰구간을 구축하는 방법을 살펴봤으니, 그 신뢰구간의 효과성을 해석하는 방법에 초점을 맞춰 봅시다. 신뢰구간의 효과성은 모수의 실제 값을 포함하고 있는지 여부에 따라 판단됩니다. 8.3절의 낚시 비유로 돌아가 볼까요? 이건 "그물에 물고기가 잡혔나요?"라고 묻는 것과 같습니다.

예를 들어, 백분위수 기반 신뢰구간 (1991.24, 1999.42)가 미국 내 모든 페니의 실제 평균 연도 μ를 '포착'하는 것일까요? 아쉽게도 우리는 μ의 실제 값이 무엇인지 모르기 때문에 알 수 없습니다. 사실상 그것을 추정하기 위해 표집을 하는 것이지요.

신뢰구간의 효과를 해석하려면 우리는 모수의 값이 무엇인지 알아야 합니다. 그래야 신뢰구간이 이 값을 '포착'했는지 여부를 말할 수 있습니다.

7장의 표집 그릇을 다시 살펴봅시다. 그릇에 들어 있는 2400개의 공 가운데 빨간색 공의 비율은 몇 퍼센트일까요? 이를 계산해 봅시다.

```
bowl %>%
  summarize(p_red = mean(color == "red"))
```

```
# A tibble: 1 x 1
  p_red
  <dbl>
1 0.375
```

이 경우 모수의 값을 알 수 있습니다. 우리는 모비율 p가 0.375라는 것을 압니다. 즉, 그릇의 공 가운데 37.5%가 빨간색이라는 것을 안다는 뜻이죠.

7.3.3항에서 설명했듯이, 표집 그릇 연습은 실제 표집이 이루어지는 방식을 반영하는 것이 아니라 **이상적인**(idealized) 활동입니다. 실제 환경에서 우리는 모수의 실제 값이 무엇인지 알 수 없으므로 추정이 필요합니다.

이제 7장의 촉각 표집 활동으로 그릇에서 추출한 33명의 친구 그룹 표본을 사용하여 p에 대한 신뢰구간을 구축해 보겠습니다. 그런 다음 신뢰구간이 37.5%로 알려진 p의 실제 값을 '포착'하는지 확인할 겁니다. 즉, "그물에 물고기가 잡혔나요?"하는 질문입니다.

8.5.1 물고기, 그물에 잡혔나요?

33명의 친구 그룹이 각각 그릇에서 크기가 50인 표본을 추출한 다음 빨간색 공의 표본 비율 $\hat{p}$를 계산하도록 했었지요. moderndive 패키지의 bowl_sample_1 데이터 프레임에 저장된 일리야스와 요한의 표본에 주목해보겠습니다.

```
bowl_sample_1
```

```
# A tibble: 50 x 1
   color
   <chr>
 1 white
 2 white
 3 red
 4 red
 5 white
 6 white
 7 red
 8 white
 9 white
10 white
# ... with 40 more rows
```

일리야스와 요한이 50개 중 21개의 빨간색 공을 관찰했으므로 샘플 비율 $\hat{p}$은 21/50 = 0.42 = 42%입니다. 이것은 낚시 비유에서 '작살'에 해당합니다.

이제 8.4.2항의 infer 패키지 워크플로우를 따라 일리야스와 요한의 샘플을 사용하여 p에 대한 백분위수 방법 기반 95% 신뢰구간을 설정해 보겠습니다. 이것을 '그물'이라고 생각하세요.

1. 변수의 지정(specify)

먼저 관심 color의 응답변수를 specify()합니다.

```
bowl_sample_1 %>%
  specify(response = color)
```

```
Error: A level of the response variable `color` needs to be specified for the
 `success` argument in `specify()`.
```

이런! 어떤 이벤트에 관심이 있는지 정의해야 하네요! red 공인가요, white 공인가요? 빨간색 공의 비율을 구하려는 것이니 success을 'red'로 설정해 보겠습니다.

```
bowl_sample_1 %>%
  specify(response = color, success = "red")
```

```
Response: color (factor)
# A tibble: 50 x 1
   color
   <fct>
 1 white
 2 white
 3 red
 4 red
 5 white
 6 white
 7 red
 8 white
 9 white
10 white
# ... with 40 more rows
```

2. 복제본 생성(generate)

generate() 함수의 인수를 reps = 1000, type = "bootstrap"으로 설정하여 bowl_sample_1에서 **붓스트랩 복원 재표집** 복제본 1000개를 생성해보겠습니다.

```
bowl_sample_1 %>%
  specify(response = color, success = "red") %>%
  generate(reps = 1000, type = "bootstrap")
```

```
Response: color (factor)
# A tibble: 50,000 x 2
# Groups:   replicate [1,000]
   replicate color
       <int> <fct>
1          1 white
2          1 white
3          1 white
4          1 white
5          1 red
```

```
6          1 white
7          1 white
8          1 white
9          1 white
10         1 red
# ... with 49,990 more rows
```

결과 데이터 프레임에 50,000개의 행이 있군요. 50개의 공을 교체하여 1000회, 즉 50,000 = 50·1000의 재표집을 수행했기 때문입니다. **replicate** 변수는 각 행이 어느 재표집된 표본에 속하는지를 나타냅니다. 따라서 **replicate** 값 1의 50회, 값 2의 50회, 값 **1000**의 50회까지 모두 포함됩니다.

3. 요약통계 계산(calculate)

이제 크기 50의 재표본 1000개 각각을 성공 비율로 요약해보겠습니다. 즉, **"red"** 공의 비율입니다. **stat** 인수를 **"prop"**으로 설정하면 요약통계량을 비율로 계산하도록 설정할 수 있습니다. 결과를 **sample_1_bootstrap**으로 저장해 봅시다.

```
sample_1_bootstrap <- bowl_sample_1 %>%
  specify(response = color, success = "red") %>%
  generate(reps = 1000, type = "bootstrap") %>%
  calculate(stat = "prop")
sample_1_bootstrap
```

```
# A tibble: 1,000 x 2
   replicate  stat
       <int> <dbl>
1          1  0.32
2          2  0.42
3          3  0.44
4          4  0.4
5          5  0.44
6          6  0.52
7          7  0.38
8          8  0.44
9          9  0.34
10        10  0.42
# ... with 990 more rows
```

이 데이터 프레임에는 1000개의 행이 있고 따라서 1000개의 변수 **stat** 값이 있습니다. 이 1000개의 **stat** 값은 각각 다른 재표집을 기반으로 하는 1000개의 복제된 비율 값을 나타냅니다.

4. 결과 시각화하기(visualize)

마지막으로 95% 신뢰구간을 계산해 보겠습니다.

```
percentile_ci_1 <- sample_1_bootstrap %>%
  get_confidence_interval(level = 0.95, type = "percentile")
percentile_ci_1
```

```
# A tibble: 1 x 2
  `2.5%` `97.5%`
   <dbl>   <dbl>
1    0.3    0.56
```

<**그림 8.26**>에서 p에 대한 백분위수 기반 95% 신뢰구간을 구한 **percentile_ci_1**과 함께 붓스트랩 분포를 시각화해 보겠습니다. 결과 모양을 더 잘 볼 수 있도록 구간의 수를 조정하겠습니다. 또한 **geom_vline()**을 사용하여 일리야스와 요한이 관찰한 $\hat{p}$ = 21/50 = 0.42 = 42%에 점선으로 된 수직선을 추가합니다.

```
sample_1_bootstrap %>%
  visualize(bins = 15) +
  shade_confidence_interval(endpoints = percentile_ci_1) +
  geom_vline(xintercept = 0.375, linetype = "dashed")
```

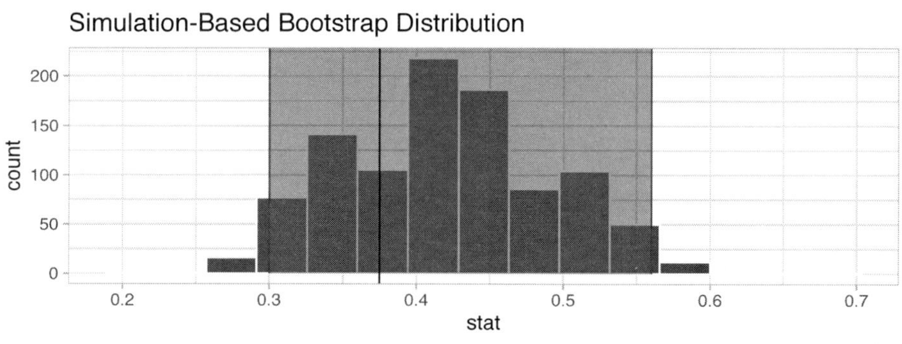

그림 8.26 붓스트랩 분포

일리야스와 요한의 그물에 물고기가 잡혔나요? 표본을 기준으로 한 p의 95% 신뢰구간이 p의 실제 값인 0.375를 포함하나요? 그렇습니다! 0.375는 신뢰구간(0.3, 0.56)의 끝점 사이에 있습니다.

하지만 p에 대한 모든 95% 신뢰구간이 이 값을 포착할 수 있을까요? 다시 말해, 50개의 다른 공 표본을 가지고 다른 신뢰구간을 구축했을 때도 p = 0.375를 포함했을까요? 어디 볼까요?

먼저 7장에서 했던 것처럼 컴퓨터를 사용해 그릇에서 다른 표본을 가져와 보겠습니다.

```
bowl_sample_2 <- bowl %>%
  rep_sample_n(size = 50)
bowl_sample_2
```

```
# A tibble: 50 x 3
# Groups:   replicate [1]
   replicate ball_ID color
       <int>   <int> <chr>
1          1    1665 red
2          1    1312 red
3          1    2105 red
4          1     810 white
5          1     189 white
6          1    1429 white
7          1    2294 red
8          1    1233 white
9          1    1951 white
10         1    2061 white
# ... with 40 more rows
```

p에 대해 다른 95% 신뢰구간을 생성하기 위해 동일한 **infer** 패키지의 함수를 **bowl_sample_2**에 다시 적용해 보겠습니다. 먼저 우리는 새 붓스트랩 분포를 생성하고 결과를 **sample_2_bootstrap**에 저장하겠습니다.

```
sample_2_bootstrap <- bowl_sample_2 %>%
  specify(response = color,
          success = "red") %>%
  generate(reps = 1000,
           type = "bootstrap") %>%
```

```
  calculate(stat = "prop")
sample_2_bootstrap
```

```
# A tibble: 1,000 x 2
   replicate  stat
       <int>  <dbl>
1     1       0.48
2     2       0.38
3     3       0.32
4     4       0.32
5     5       0.34
6     6       0.26
7     7       0.3
8     8       0.36
9     9       0.44
10    10      0.36
# ... with 990 more rows
```

그리고 다시 한 번 p에 대한 백분위수 기반 95% 신뢰구간을 계산합니다.

```
percentile_ci_2 <- sample_2_bootstrap %>%
  get_confidence_interval(level = 0.95, type = "percentile")
percentile_ci_2
```

```
# A tibble: 1 x 2
  `2.5%` `97.5%`
   <dbl>   <dbl>
1   0.2    0.48
```

이 새로운 그물도 물고기를 잡을 수 있나요? 다시 말해, 새 표본을 기반으로 한 p의 95% 신뢰구간이 p의 실제 값인 0.375를 포함하고 있나요? 네! 이번에도 역시 그렇습니다! 0.375는 신뢰구간(0.2, 0.48)의 끝점 사이에 있습니다.

이제 이 과정을 100번 더 반복하여 그릇에서 100개의 가상 샘플을 가져와 95% 신뢰구간을 100개 만들어 봅시다. <**그림 8.27**>에서 그 결과를 아래처럼 시각화해 보겠습니다.

1. p = 0.375의 실제 값을 수직선으로 표시합니다.
2. 100개의 95% 신뢰구간을 각각 수평선으로 표시합니다. 이것이 '그물'입니다.

3. 신뢰구간이 수직선으로 표시된 p의 실제 값을 '포착'하는 경우 수평선은 회색으로 표시됩니다. 그렇지 않으면 가로선이 검은색으로 표시됩니다.

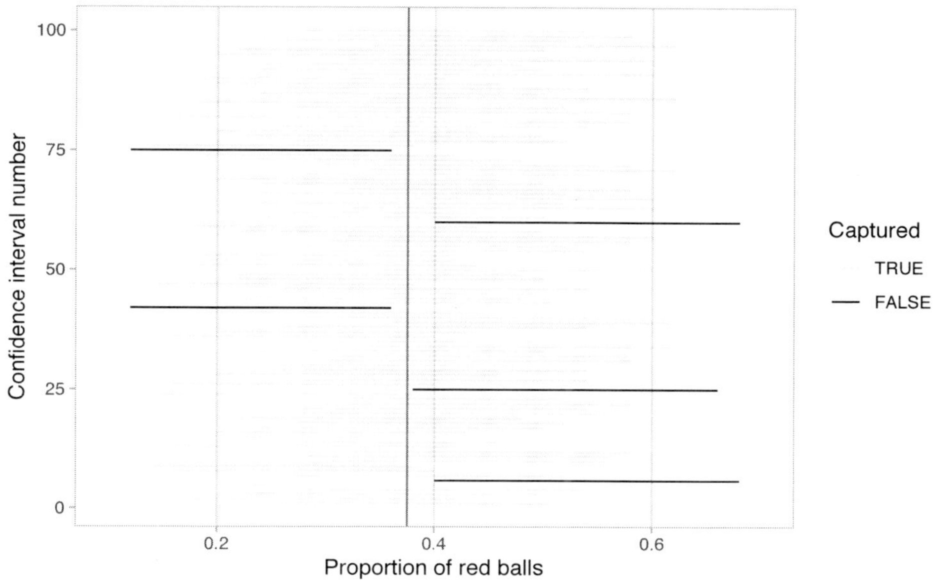

그림 8.27 비율 p에 대한 100개의 백분위수 기반 95% 신뢰구간

95% 신뢰구간 100개 중 95개가 실제 값(p = 0.375)을 포착한 반면, 5개는 그렇지 못했습니다. 즉, 95개의 그물에는 물고기가 잡혔지만, 5개는 그렇지 못했다는 뜻입니다.

여기서 우리가 8.3절에서 정의한 '95% 신뢰 수준'이 중요한 역할을 합니다. 95% 신뢰구간 100개마다 95개는 p를 잡을 것이고 5개는 잡히지 않을 것이라고 **기대**(expect)합니다.

그런데 '기대'가 장기 평균을 나타내는 확률적 진술이라는 점에 유의하세요. 즉, 100개의 신뢰구간마다 p를 포착하는 **대략** 95개의 신뢰구간을 관찰할 수 있지만 반드시 정확히 95개일 필요는 없습니다. 예를 들어 <**그림 8.27**>에서는 95개의 신뢰구간이 p를 포착(capture)합니다.

신뢰 수준에 대한 핵심을 더욱 강조하기 위해 <**그림 8.27**>과 유사한 그림을 생성해 봅시다. 하지만 이번에는 80% 표준오차 방법 기반으로 신뢰구간을 구축해 보겠습니다. 비교를 쉽게 하기 위해 <**그림 8.27**>과 동일한 x축의 눈금을 사용하여 <**그림 8.28**>의 결과를 시각화해 보겠습니다. 또한 p에 대한 모든 표준오차 방법으로 설정한 95% 신뢰구간에 각각의 점추정치 $\hat{p}$에 중심을 두고 있기 때문에 각 선에 이 값을 점으로 표시합니다.

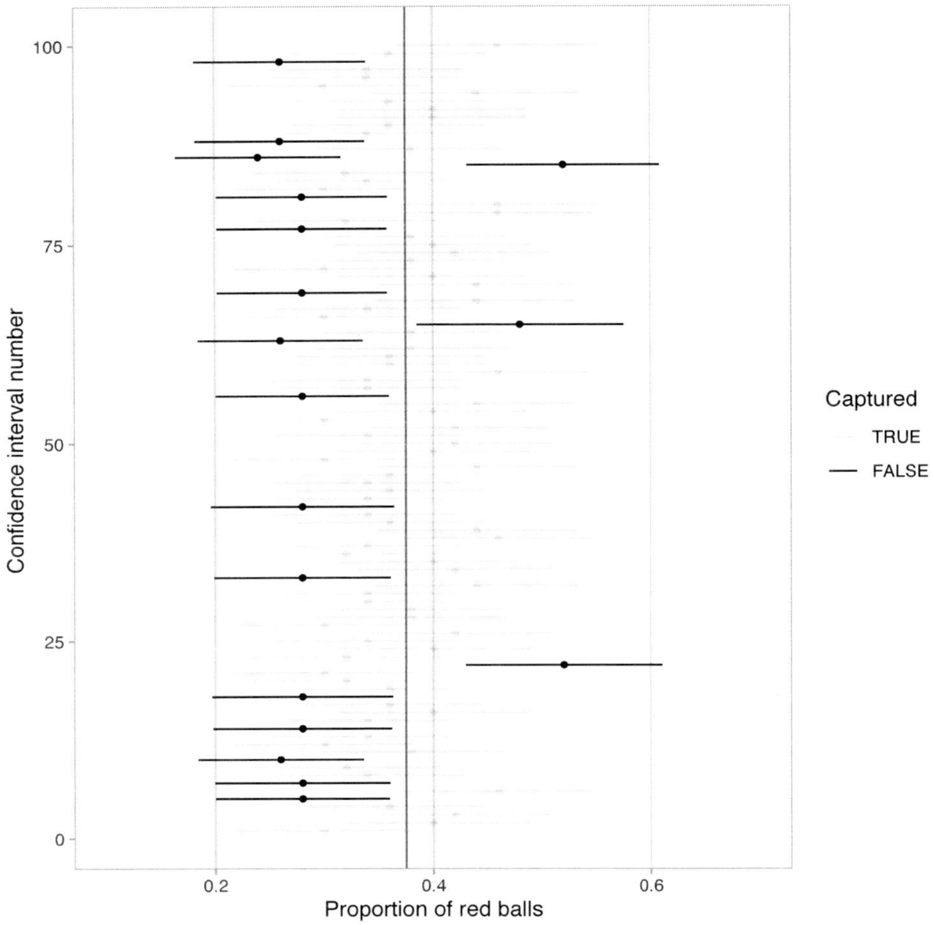

그림 8.28 점추정치 중심에 큰 점을 찍은 p에 대한 100 SE 기반 80% 신뢰구간

낮은 신뢰도를 반영해 80% 신뢰구간이 95% 신뢰구간보다 얼마나 좁은지 관찰해 보세요. 더 작은 '그물'을 사용한다고 생각하면 됩니다. 신뢰구간 폭의 다른 결정 요인은 8.5.3항에서 더 살펴볼 것입니다.

또한 80% 신뢰구간 100개 중 82개는 모비율(p = 0.375)을 포착했지만, 18개는 그렇지 않았습니다. 우리가 신뢰 수준을 95%에서 80%로 낮췄기 때문에 이제는 '물고기 잡기'에 실패한 신뢰구간이 훨씬 더 많아졌습니다.

8.5.2 정밀하고 신속한 해석

다시 95% 신뢰구간으로 돌아가 보겠습니다. 95% 신뢰구간에 대한 정밀하고 수학적으로 올바른 해석은 약간 장황합니다.

정밀한 해석: 만약 우리가 표집 절차를 수없이 반복한다면, 결과 신뢰구간의 약 95%가 모수의 값을 포착할 수 있을 것으로 예상됩니다.

이것이 우리가 <**그림 8.27**>에서 관찰한 내용입니다. 신뢰구간 구축 절차는 95% **신뢰할 수 있습니다**(reliable). 즉, 신뢰구간에 실제 모수가 약 95% 정도 포함될 것으로 예상할 수 있습니다.

그런데 다음과 같이 잘못 해석하는 경우가 종종 있습니다. "신뢰구간에 p가 포함될 확률이 95%입니다." <**그림 8.27**>을 보면, 각 신뢰구간에 p가 포함되거나 포함되지 않습니다. 즉, 포함될 확률은 1 또는 0입니다.

그렇다면 95% 신뢰 수준이 주어진 신뢰구간 자체가 아니라 신뢰구간 구축 절차의 신뢰성에만 관련된 경우, 주어진 신뢰구간에서 어떤 통찰력을 얻을 수 있을까요? 예컨대 페니의 경우, μ에 대한 백분위수 방법의 95% 신뢰구간은 (1991.24, 1999.42)이고 표준오차 방법의 95% 신뢰구간은 (1991.35, 1999.53)이라는 것을 알 수 있습니다. 이 두 구간에 대해 무엇을 말할 수 있을까요?

대략적으로 말하면, 우리는 이러한 구간을 미국 내 모든 페니의 평균 주조연도 μ의 그럴듯한 값의 범위에 대한 '최선의 추측'이라고 생각할 수 있습니다. 이제부터 정확한 해석이란 아래에 제시한 간단한 요약을 의미하는 것으로 합시다.

간단한 해석: 95% 신뢰구간이 모수의 값을 포착한다는 것을 95% '확신'합니다.

앞서 95%가 신뢰구간 구축 절차의 신뢰도와 관련이 있지만 궁극적으로 구축된 신뢰구간이 모수를 포함하는 구간에 대한 최선의 추측이라는 점을 강조하기 위해 '신뢰'를 따옴표로 묶어 표시했습니다. 다시 말해, 그것은 우리의 최선의 그물이라는 뜻입니다.

따라서 페니의 사례로 돌아가 백분위수 방법에 초점을 맞추면, 2019년 유통되는 페니의 실제 평균 연도가 1991.24에서 1999.42 사이라는 것을 우리는 95% '확신'할 수 있습니다.

8.5.3 신뢰구간의 폭

신뢰구간을 해석하는 방법을 알았으므로, 신뢰구간 폭을 결정하는 몇 가지 요인을 검토해 보겠습니다.

- **신뢰 수준의 영향**

신뢰구간 폭을 결정하는 요인 중 하나는 미리 지정된 신뢰 수준입니다. 예를 들어,

<**그림 8.27**>과 <**그림 8.28**>에서 95%와 80% 신뢰구간 폭을 비교한 결과, 95% 신뢰구간이 더 넓은 것을 확인할 수 있습니다. 신뢰 수준의 정량화는 많은 사람들이 '신뢰'라는 단어에 기대하는 것과 일치해야 합니다. 확신이 더 필요하다면 그만큼 값의 범위를 더 넓혀야 합니다.

더 자세히 살펴볼까요? 8월 15일 대한민국 서울의 예상 최고 기온을 추측하고 싶다고 가정해봅시다. 사계절이 뚜렷한 서울의 온화한 기후를 감안할 때, 최고 기온은 화씨 50~95도(섭씨 10~35도) 사이일 것이라고 어느 정도 자신 있게 말할 수 있습니다. 하지만 절대적으로 확신할 수 있는 온도 범위를 구하고 싶다면, 그 범위를 넓혀야 합니다.

이상 한파나 극심한 폭염과 같은 이상 기후의 가능성도 고려하려면 더 넓은 범위가 필요합니다. 따라서 우리가 거의 확신할 수 있는 온도 범위는 화씨 32~110도(섭씨 0~43도) 사이입니다. 반면에 조금 덜 확신하는 수준에서 이 범위를 화씨 70~85도(섭씨 21~30도) 사이로 좁힐 수 있습니다.

7장의 표본 그릇을 다시 떠올려 보도록 하겠습니다. 80%, 95%, 99% 등 세 가지 신뢰 수준에 따른 p에 대한 $10 \cdot 3 = 30$개의 신뢰구간을 비교해 보겠습니다.

먼저 그릇에서 크기가 $n = 50$개인 30개의 무작위 표본을 추출할 것입니다. 그런 다음 세 가지 서로 다른 신뢰 수준을 각각 사용하여 10개의 백분위수 기반 신뢰구간을 구축합니다.

마지막으로 이 간격들의 폭을 비교해 보겠습니다. <**그림 8.29**>에 $p = 0.375$의 실제 값을 표시하는 수직선과 함께 결과 신뢰구간을 시각화합니다.

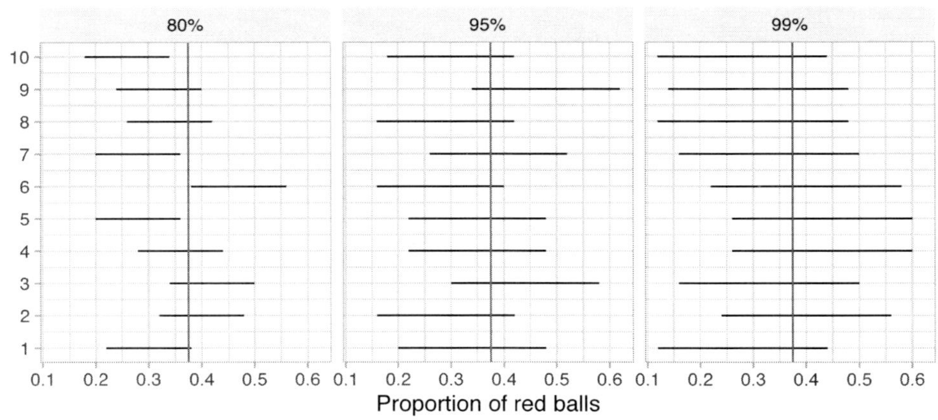

그림 8.29 $n = 50$에 기초한 p에 대한 10개의 80, 95 및 99% 신뢰구간

평균 폭을 비교한 <**표 8.2**>에서 볼 수 있듯이 신뢰 수준이 80%에서 95%, 99%로 증가함에 따라 신뢰구간이 점점 더 넓어지는 경향이 있음을 알 수 있습니다.

표 8.2 80, 95, 99% 신뢰구간의 평균 폭

Confidence level	Mean width
80%	0.162
95%	0.262
99%	0.338

따라서 더 높은 신뢰 수준을 가지려면 신뢰구간이 더 넓어야 합니다. 이상적으로는 높은 신뢰 수준과 좁은 신뢰구간을 모두 갖는 것이 좋습니다. 하지만 두 가지를 모두 가질 수는 없습니다. 만약 **더 높은 신뢰도**를 원한다면 더 넓은 간격을 허용해야 합니다. 반대로 간격을 좁히려면 신뢰 수준을 낮춰야 합니다.

이 이야기의 교훈은 **신뢰 수준이 높을수록 신뢰구간이 더 넓어지는 경향이 있다는 것입니다.** <그림 8.29>에서 표본 크기를 n = 50으로 고정했다는 점을 명심해야 합니다. 따라서 그릇에서 추출한 10·3 = 30개의 무작위 표본은 모두 표본 크기가 동일합니다. 만약 크기가 다른 표본을 채취하면 어떻게 될까요? 7.2.4항에서 각각 공을 25개, 50개, 100개 넣을 수 있는 가상 삽을 사용하여 수행한 작업을 떠올려 보세요.

· 표본 크기의 영향

이번에는 신뢰 수준을 95%로 고정하되 n에 대해 25, 50, 100의 세 가지 표본 크기를 고려해 보겠습니다. 먼저 크기가 25인 10개의 서로 다른 무작위 표본, 크기가 50인 10개의 서로 다른 무작위 표본, 크기가 100인 10개의 서로 다른 무작위 표본을 추출할 것입니다. 그런 다음 각 표본에 대해 95% 백분위수 기반 신뢰구간을 구축합니다. 마지막으로 이 간격들의 폭을 비교해 보겠습니다. 그리고 <그림 8.30>에서 30개의 신뢰구간을 시각화하겠습니다. 실제 값인 p = 0.375을 표시하는 수직선에 주목하세요.

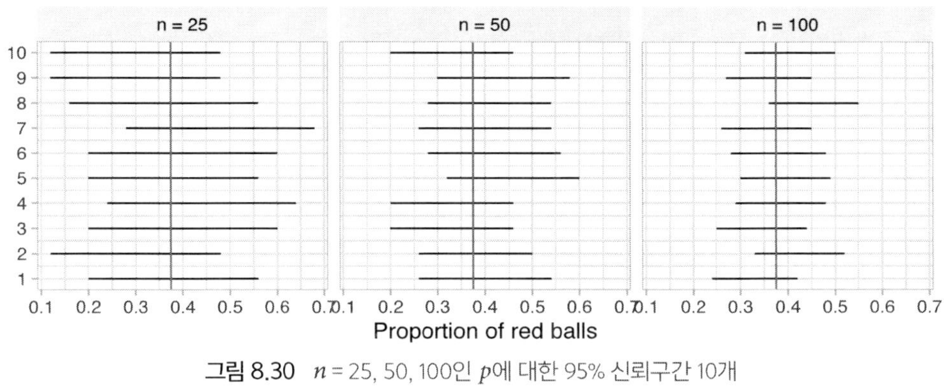

그림 8.30 n = 25, 50, 100인 p에 대한 95% 신뢰구간 10개

신뢰구간이 점점 더 큰 표본 크기로 구성될수록 좁아지는 경향이 있습니다. <**표 8.3**>의 평균 폭을 비교해 봅시다.

표 8.3 n = 25, 50, 100을 기준으로 한 95% 신뢰구간의 평균 폭

Sample size	Mean width
n = 25	0.380
n = 50	0.268
n = 100	0.189

이 이야기의 교훈은 다음과 같습니다. **표본 크기가 클수록 신뢰구간이 좁아지는 경향이 있다는 것.** 7.3.3항의 핵심 메시지이기도 했지요. 표본에 점점 더 큰 삽을 사용함에 따라 빨간색 공의 표본 비율인 $\hat{p}$는 변동이 적은 경향이 있었습니다. 다시 말해, 우리의 추정치는 점점 더 **정밀**해졌습니다.

이러한 결과를 시각화해서 크기 n가 25, 50, 100인 표본을 바탕으로 $\hat{p}$에 대한 **표집분포**를 비교한 <**그림 7.15**>를 떠올려 보세요. 또한 **표준오차**(standard error)라는 특별한 이름을 가진 표준편차를 사용하여 이러한 표집분포의 표집 변동을 정량화했습니다. 따라서 표본 크기가 증가하면 표준오차는 감소합니다.

사실 표준오차는 신뢰구간 폭을 결정하는 또 다른 관련 요인입니다. 수학 공식을 사용하여 신뢰구간을 구축하는 이론 기반 방법을 논의하는 8.7.2항에서 이를 자세히 살펴볼 것입니다. 이러한 방법은 우리가 지금까지 사용해 온 컴퓨터 기반 방법의 대안입니다.

8.6 사례 연습: 하품이 전염된다고요?

"하품이 전염되나요?"라는 질문에 답하기 위해 신뢰구간에 대한 우리의 지식을 적용해 봅시다. 만약 다른 사람이 하품하는 모습을 보면, 여러분이 하품할 가능성은 높아질까요? 미국 쇼 프로그램 <Mythbusters>[3][vi]의 한 에피소드에서 진행자들은 이 질문에 답하기 위해 실험을 진행했습니다. 이 에피소드는 미국 Discovery Network 웹사이트에서 시청할 수 있고[vii], IMDb[viii]에서 자세한 정보를 확인할 수 있습니다.

8.6.1 Mythbusters 연구 데이터

쇼 출연을 고려하던 50명의 성인 참가자들은 쇼 모집 담당자와 인터뷰를 진행했습니

3 신화 부수기

다. 면접에서 모집 담당자는 하품을 하거나, 하품을 하지 않았습니다. 그리고 나서 참가자들은 대형 밴에 혼자 앉아 기다리라는 요청을 받았습니다. 밴에 타고 있는 동안 Mythbusters 팀은 참가자들이 하품을 하는지 몰래 카메라로 관찰했습니다. 실험 결과가 담긴 데이터 프레임은 **moderndive** 패키지에 포함된 **mythbusters_yawn** 데이터 프레임에서 확인할 수 있습니다.

```
mythbusters_yawn
```

```
# A tibble: 50 x 3
    subj group   yawn
   <int> <chr>   <chr>
 1     1 seed    yes
 2     2 control yes
 3     3 seed    no
 4     4 seed    yes
 5     5 seed    no
 6     6 control no
 7     7 seed    yes
 8     8 control no
 9     9 control no
10    10 seed no
# ... with 40 more rows
```

변수는 다음과 같습니다.

- **subj**: 값이 1~50인 참가자 ID
- **group**: 참가자가 하품에 노출되었는지 여부를 나타내는 이진 처리변수. **"seed"**는 참가자가 하품에 노출되었음을 나타내고 **"control"**은 노출되지 않았음을 나타냅니다.
- **yawn**: 참가자가 궁극적으로 하품을 했는지 여부를 나타내는 이진 반응변수

교란변수를 다루면서 처리와 반응변수를 소개한 5.3.1항을 떠올려 보세요.

몇 가지 데이터 랭글링을 사용하여 다음과 같은 네 가지 가능한 결과의 수를 구해 보겠습니다.

```
mythbusters_yawn %>%
  group_by(group, yawn) %>%
  summarize(count = n())
```

```
# A tibble: 4 x 3
# Groups: group [2]
  group    yawn  count
  <chr>    <chr> <int>
1 control  no       12
2 control  yes       4
3 seed     no       24
4 seed     yes      10
```

먼저 하품에 노출되지 않은 "control" 그룹 참가자에 초점을 맞추겠습니다. 12명의 참가자들은 하품을 하지 않았고, 4명의 참가자들은 하품을 했습니다. 따라서 하품에 노출되지 않은 16명 가운데 4/16 = 0.25 = 25%가 하품을 한 것입니다.

이제 하품에 노출된 "seed" 그룹 참가자에 초점을 맞추겠습니다. 24명의 참가자가 하품을 하지 않은 반면 10명의 참가자가 하품을 했습니다. 하품에 노출된 34명 중 10/34 = 0.294 = 29.4%가 하품을 한 것입니다. 이 두 비율을 비교하면 하품에 노출된 참가자는 그렇지 않은 참가자보다 하품을 29.4% – 25% = 4.4% 더 자주 했습니다.

8.6.2 표집 시나리오

7.3.1항에서 공부한 표집과 관련된 용어와 표기법을 복습해 보겠습니다. 7장에서 우리의 **연구 모집단**은 N = 2400개의 공으로 이루어진 그릇이었습니다. 우리가 관심 있는 **모수**는 수학적으로 p로 표시되는 빨간색 공의 **모비율**입니다. p를 추정하기 위해 삽을 사용하여 50개의 공 표본을 추출하고 관련 점추정치, 즉 빨간색인 표본 비율을 수학적으로 $\hat{p}$로 표시해 계산했습니다.

여기서 연구 모집단은 누구인가요? 모든 사람인가요? 쇼를 시청하는 모든 사람들? 단언하기 어렵네요! 이 질문에 답하려면 쇼 진행자들이 참가자들을 어떻게 모집했는지 알아야만 합니다. 다시 말해, 참가자를 모집하기 위해 사용한 **표집 방법론**은 무엇인가요? 아쉽게도 이 정보는 제공되지 않았습니다. 그러나 이 사례 연구의 목적과 이 프로그램의 인기를 고려하여 50명의 참가자가 전체 미국인을 대표하는 표본이라고 가정하겠습니다. 따라서 이 실험의 결과가 모든 N = 3억 2,700만 명(2018년 인구)의 미국인에게 일반화된다고 가정할 것입니다.

표집 그릇과 마찬가지로 여기에서도 모수에는 비율이 포함됩니다. 그러나 이 경우에는 **인구 비율의 차이** $p_{seed} - p_{control}$가 될 것입니다. 여기서 p_{seed}는 하품에 노출되면 스스로 하품을 하는 모든 미국인의 비율이고, $p_{control}$는 하품에 노출되지 않더라도 스스로 하품을 하는 모든 미국인의 비율입니다. 이에 따라, Mythbusters의 참가자 표본을 기반으로 하는 점추정치/표본통계는 **표본 비율의 차이** $\hat{p}_{seed} - \hat{p}_{control}$가 될 것입니다. 최신 시나리오를 포함할 수 있도록 <표 7.5>의 추론을 위한 표집 시나리오를 확장해 봅시다.

표 8.4 추론을 위한 표집 시나리오

시나리오	모집단 모수	표기	점추정치	기호
1	모집단 비율	p	표본비율	$\hat{p}$
2	모집단 평균	μ	표본평균	$\overline{x}$ 또는 $\hat{\mu}$
3	모집단 비율 차이	$p_1 - p_2$	표본비율 차이	$\hat{p}_1 - \hat{p}_2$

두 개의 개별 표본이 있다고 해서 이를 이표본 추론 상황이라고 부릅니다. $n_{seed} = 34$과 $n_{control} = 16$의 두 표본을 기반으로 한 점추정치는 다음과 같습니다.

$$\hat{p}_{seed} - \hat{p}_{control} = \frac{24}{34} - \frac{12}{16} = 0.04411765 \approx 4.4\%$$

하지만 Mythbusters가 이 실험을 반복했다고 가정해 봅시다. 즉, 50명의 새로운 참가자를 모집하여 그중 34명은 하품에 노출시키고 16명은 노출시키지 않았다고 가정해 보겠습니다. 추정했던 4.4%의 차이가 정확히 동일하게 나타날까요? 아마도 **표집 변동** 때문에 그렇지 않을 것입니다.

이 표집 변동이 4.4%라는 추정치에 어떤 영향을 미칠까요? 다시 말해, 이 표집 변동을 설명할 수 있는, 차이에 대한 타당한 값의 범위는 어느 정도일까요? 이 질문은 신뢰구간으로 답할 수 있습니다! 또한 Mythbusters는 50명의 참가자로 구성된 단일 이표본을 갖고 있으므로, **복원 붓스트랩 재표집**을 사용하여 $p_{seed} - p_{control}$에 대한 95% 신뢰구간을 구축해야 합니다.

여기서 몇 가지 중요한 사항이 있습니다. 첫째, "seed" 그룹과 "control" 그룹 간의 비교가 의미가 있으려면 두 그룹이 서로 독립적이어야 합니다. 그렇지 않으면, 그들은 서로의 결과에 영향을 미칠 수 있습니다. 즉, "seed" 또는 "control" 그룹에 선택된 참가자는 두 그룹 중 하나에 배정된 다른 참가자에게 영향을 미치지 않습니다. 예를 들어, 엄마와 아이가 연구 참여자라고 해도 반드시 같은 그룹에 속할 필요는 없습니다. 각 그룹은 각각 설명변수의 두 그룹 중 하나에 무작위로 배정될 것입니다.

둘째, 차이의 빼기 순서는 여러분이 일관성을 유지하며 그에 따라 해석을 조정하는 한 중요하지 않습니다. 즉, $\hat{p}_{seed} - \hat{p}_{control}$ 또는 $\hat{p}_{control} - \hat{p}_{seed}$의 점수 추정치를 사용한다고 해서 실질적으로 차이가 나는 것은 아니며, 여러분은 그저 일관성을 유지하고 그에 따라 결과를 해석하기만 하면 됩니다.

8.6.3 신뢰구간 구축하기

8.4.2항에서처럼, 먼저 $\hat{p}_{seed} - \hat{p}_{control}$에 대한 붓스트랩 분포를 구성한 후 이를 사용하여 $p_{seed} - p_{control}$에 대한 95% 신뢰구간을 구축해 보겠습니다. infer 워크플로우를 사용하여 이 작업을 다시 수행합니다. 이는 새로운 방식의 추론 시나리오이기 때문에, 이 과정에서 추론 함수에 대한 몇 가지 새로운 인수를 사용하여 비율의 차이를 구해야 합니다.

1. 변수 지정(specify)

mythbusters_yawn 데이터 프레임을 가져옵니다. 그리고 y ~ x 수식 인터페이스를 사용하여 관심 있는 변수를 지정(specify())해 보겠습니다.

- 우리의 반응변수는 참가자가 하품을 했는지 여부인 yawn입니다. 이 변수는 "yes"와 "no" 수준이 있습니다.
- 설명변수는 참가자가 하품에 노출되었는지 여부인 group입니다. 이 변수는 "seed"(하품에 노출됨)와 "control"(하품에 노출되지 않음) 수준이 있습니다.

```
mythbusters_yawn %>%
  specify(formula = yawn ~ group)
```

```
Error: A level of the response variable `yawn` needs to be
 specified for the `success` argument in `specify()`.
```

이럴수가……. 8.5.1항의 오류 메시지와 비슷한 오류 메시지가 뜨네요. infer은 범주형 변수 yawn의 수준 중 하나를 success로 정의해야 한다고 알려줍니다. success란 우리가 계산하고 비율을 계산하려는 관심 있는 이벤트라고 설명했죠. 우리가 관심 있는 대상은 "yes", 그러니까 하품을 한 참가자인가요, 아니면 "no", 그러니까 하품을 하지 않은 참가자들인가요? R에게든 코드와 결과를 처음 접하는 사람에게든 명확하지 않기 때문에 코드의 투명성을 향상시키기 위해 다음과 같이 success 인수를 "yes"로 설정해야 합니다.

```
mythbusters_yawn %>%
  specify(formula = yawn ~ group, success = "yes")
```

```
Response: yawn (factor)
Explanatory: group (factor)
# A tibble: 50 x 2
   yawn  group
   <fct> <fct>
1  yes   seed
2  yes   control
3  no    seed
4  yes   seed
5  no    seed
6  no    control
7  yes   seed
8  no    control
9  no    control
10 no    seed
# ... with 40 more rows
```

2. 복제본 생성(generate)

다음 단계는 8.1절의 페니 활동에서 종이 조각을 사용한 것처럼 **복원 붓스트랩 재표집**을 수행하는 것입니다. 8.4절의 붓스트랩 평균 계산과 8.5절의 붓스트랩 비율 계산에서 단일변수로 어떻게 작동하는지 살펴보았지만, 아직 여러 변수를 포함하는 붓스트랩에서는 작업해 보지 않았습니다.

infer 패키지에서 여러 변수를 사용한 붓스트랩은 각 행이 잠재적으로 재표집된다는 것을 의미합니다. mythbusters_yawn의 처음 여섯 행에만 초점을 맞춰 이 문제를 조사해 보겠습니다.

```
first_six_rows <- head(mythbusters_yawn)
first_six_rows
```

```
# A tibble: 6 x 3
   subj group   yawn
  <int> <chr>   <chr>
1     1 seed    yes
2     2 control yes
3     3 seed    no
4     4 seed    yes
```

```
5      5 seed    no
6      6 control no
```

이 데이터를 붓스트랩할 때 피험자의 판독값을 여러 번 당겨올 가능성이 있습니다. 그래서 붓스트랩 표본의 새 행에서 group 변수의 "seed" 항목과 yawn 변수의 "no" 항목이 함께 표시되어 있습니다. 다음과 같이 구성된 더 작은 6행 데이터 프레임에서 dplyr의 sample_n() 함수를 살펴보면 이 사실을 더욱 명확히 알 수 있습니다. sample_n() 함수는 이 붓스트랩 절차를 수행할 수 있고, 반복되지 않고 하나의 비복원 표집만 수행한다는 점을 제외하면 infer의 rep_sample_n() 함수와 유사합니다.

```
first_six_rows %>%
  sample_n(size = 6, replace = TRUE)
```

```
# A tibble: 6 x 3
   subj group   yawn
  <int> <chr>   <chr>
1      1 seed    yes
2      6 control no
3      1 seed    yes
4      5 seed    no
5      4 seed    yes
6      4 seed    yes
```

mythbusters_yawn의 처음 여섯 행에서 생성된 이 붓스트랩 표본에서 일부 행이 반복되고 있습니다. 다음과 같이 infer에서 generate() 단계를 수행할 때도 마찬가지입니다. 이 사실을 사용하여 1000개의 복제본을 생성합니다. 또는, 50명의 참가자를 붓스트랩으로 1000번 복원하여 재표집합니다.

```
mythbusters_yawn %>%
  specify(formula = yawn ~ group, success = "yes") %>%
  generate(reps = 1000, type = "bootstrap")
```

```
Response: yawn (factor)
Explanatory: group (factor)
# A tibble: 50,000 x 3
# Groups:   replicate [1,000]
```

```
   replicate yawn  group
       <int> <fct> <fct>
1          1 yes   seed
2          1 yes   control
3          1 no    control
4          1 no    control
5          1 yes   seed
6          1 yes   seed
7          1 yes   seed
8          1 yes   seed
9          1 no    seed
10         1 yes   seed
# ... with 49,990 more rows
```

결과 데이터 프레임에 50,000개의 행이 있군요. 50명의 참가자를 대상하여 1000회, 즉 $50{,}000 = 1000 \cdot 50$으로 재표집을 수행했기 때문입니다. `replicate` 변수는 각 행이 속한 재표본을 나타냅니다. 따라서 값 `1`의 50회, 값 `2`의 50회, 값 `1000`의 50회까지 모두 포함됩니다.

3. 요약통계 계산(calculate)

복원 붓스트랩 재표집의 많은 복제본을 `generate()`한 후, 이제 50 크기의 붓스트랩 재표집을 단일요약통계인 비율 차이로 요약하고자 합니다. 이를 위해 `stat` 인수를 `"diff in props"`로 설정합니다.

```
mythbusters_yawn %>%
  specify(formula = yawn ~ group, success = "yes") %>%
  generate(reps = 1000, type = "bootstrap") %>%
  calculate(stat = "diff in props")
```

```
Error: Statistic is based on a difference; specify the `order` in which to
subtract the levels of the explanatory variable.
```

여기서 또 다른 오류가 발생하네요. 뺄셈의 순서를 지정해야 합니다. $\hat{p}_{\text{seed}} - \hat{p}_{\text{control}}$ 또는 $\hat{p}_{\text{control}} - \hat{p}_{\text{seed}}$입니다. 우리는 `order = c("seed", "control")`를 설정하여 $\hat{p}_{\text{seed}} - \hat{p}_{\text{control}}$로 지정해 봅시다. `order = c("control", "seed")`로 설정할 수도 있습니다. 앞서 설명했듯이, 분석 전반에 걸쳐 일관성을 유지하고 그에 따라 해석을 조정하는 한 뺄셈

의 순서는 중요하지 않습니다.

출력을 데이터 프레임 **bootstrap_distribution_yawning**에 저장해 봅시다.

```
bootstrap_distribution_yawning <- mythbusters_yawn %>%
  specify(formula = yawn ~ group, success = "yes") %>%
  generate(reps = 1000, type = "bootstrap") %>%
  calculate(stat = "diff in props", order = c("seed", "control"))
bootstrap_distribution_yawning
```

```
# A tibble: 1,000 x 2
   replicate   stat
     <int>     <dbl>
 1     1        0.0357143
 2     2        0.229167
 3     3        0.00952381
 4     4        0.0106952
 5     5        0.00483092
 6     6        0.00793651
 7     7       -0.0845588
 8     8       -0.00466200
 9     9        0.164686
10    10        0.124777
# ... with 990 more rows
```

결과 데이터 프레임에 **stat**의 각 붓스트랩 재표본에 대한 1000개의 **replicate** ID와 1000개의 비율 차이에 해당하는 1000개의 행과 2개의 열이 있는지 살펴보세요.

4. 결과 시각화하기(visualize)

<그림 8.31>에서 보듯이 결과 붓스트랩 재표집분포를 **visualize()**하겠습니다. 또한 **geom_vline()** 레이어를 추가하여 x값이 0인 위치에 수직선을 추가해 보겠습니다.

```
visualize(bootstrap_distribution_yawning) +
  geom_vline(xintercept = 0)
```

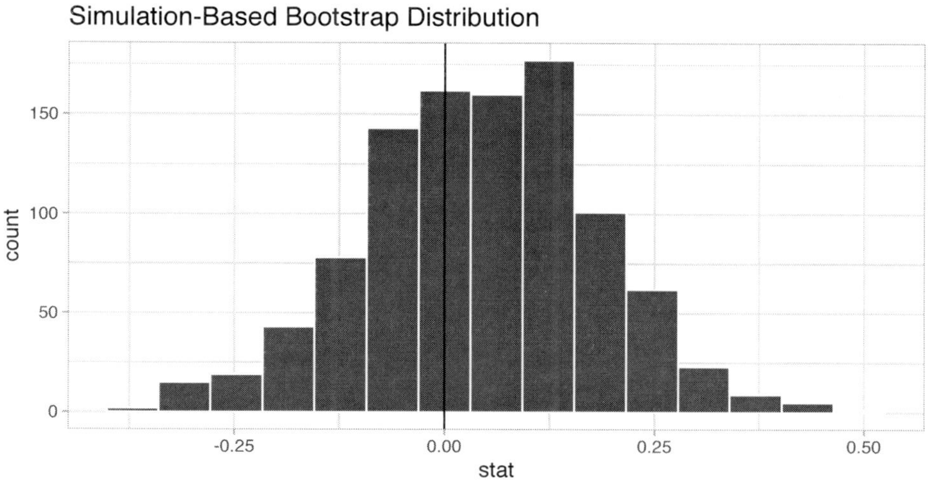

그림 8.31 붓스트랩 분포

먼저 값의 중앙 95%를 포함하는 2.5번째 백분위수와 97.5번째 백분위수를 식별하는 방식의 백분위수 방법을 사용하여 $p_{seed} - p_{control}$에 대한 95% 신뢰구간을 계산해 보겠습니다. 이 방법을 사용하면 붓스트랩 분포가 꼭 정규분포 형태 모양일 필요가 없다고 했었지요.

```
bootstrap_distribution_yawning %>%
  get_confidence_interval(type = "percentile", level = 0.95)
```

```
# A tibble: 1 x 2
     `2.5%` `97.5%`
      <dbl>   <dbl>
1 -0.238276 0.302464
```

둘째, 붓스트랩 분포는 대략 종 모양이므로 표준오차 방법을 사용하여 신뢰구간을 구축할 수도 있습니다. 표준오차 방법을 사용하여 신뢰구간을 구축하려면 `point_estimate` 인수를 사용하여 구간의 중심을 지정해야 한다는 점을 기억하세요. 이 경우 Mythbusters가 관찰한 표본 비율의 차이인 4.4%로 설정해야 합니다.

`infer` 워크플로우를 사용하면 `generate()`를 통한 1000개의 붓스트랩 복제 단계를 생략하고 이 값을 계산할 수도 있습니다. 즉, 복제본을 생성하지 않고 원래 표본 데이터만 사용하는 것입니다. `generate()` 줄을 주석 처리하여 R에 무시하도록 지시하면 이 작업을 수행할 수 있습니다.

```
obs_diff_in_props <- mythbusters_yawn %>%
  specify(formula = yawn ~ group, success = "yes") %>%
  # generate(reps = 1000, type = "bootstrap") %>%
  calculate(stat = "diff in props", order = c("seed", "control"))
obs_diff_in_props
```

```
# A tibble: 1 x 1
       stat
      <dbl>
1 0.0441176
```

이제 이 값을 point_estimate 인수로 연결합니다.

```
myth_ci_se <- bootstrap_distribution_yawning %>%
  get_confidence_interval(type = "se", point_estimate = obs_diff_in_props)
myth_ci_se
```

```
# A tibble: 1 x 2
      lower    upper
      <dbl>    <dbl>
1 -0.227291 0.315526
```

<그림 8.32>에서 두 신뢰구간을 모두 시각화하여 백분위수 방법 구간은 검은색 선으로 표시하고 표준오차 방법 구간은 회색 선으로 표시해 봅시다. 둘 다 비슷해 보일 것입니다.

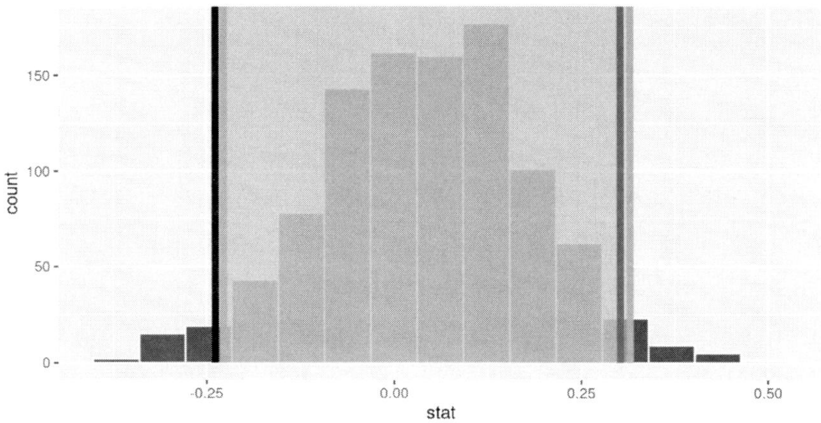

그림 8.32 두 개의 95% 신뢰구간: 백분위수 방법(검은색)과 표준오차 방법(회색)

8.6.4 신뢰구간 해석하기

두 신뢰구간이 매우 비슷하다는 점을 감안해 백분위수 방법의 신뢰구간인 (−0.238, 0.302)에만 초점을 맞춰 해석해 보겠습니다. 8.5.2항에서 다뤘던 95% 신뢰구간의 정확한 통계적 해석은 다음과 같습니다. 만약 이 구성 절차를 100회 반복하면, 우리는 약 95개의 신뢰구간이 $p_{seed} - p_{control}$의 실제 값을 포착할 것이라고 기대할 수 있습니다. 즉, 유사한 인력 풀에서 n = 50명씩 100개의 표본을 수집하고 그 100개의 표본을 기준으로 각각 100개의 신뢰구간을 구축하면 그 가운데 약 95개는 $p_{seed} - p_{control}$의 실제 값을 포함하지만 약 5개는 그렇지 않을 수 있습니다. 설명이 조금 길어지니 간단하게 말해보겠습니다. 즉, 비율 $p_{seed} - p_{control}$의 실제 차이가 (−0.238, 0.302) 사이에 있다는 것을 95% '신뢰'합니다.

이 95% 신뢰구간에 특별히 주목할 만한 값이 하나 있다면 바로 0입니다. 만약 $p_{seed} - p_{control}$가 0이라면, 두 그룹 사이에 하품 비율에는 차이가 없을 것입니다. 이는 하품하는 채용 담당자에게 노출되는 것이 스스로 하품을 하는지 여부와 연관된 효과가 없음을 시사합니다.

이 경우 95% 신뢰구간에 0이 포함되므로, 어느 쪽 비율이 더 크다고 단정적으로 말할 수 없습니다. 1000번의 복원 붓스트랩 재표집 결과, 때때로 $\hat{p}_{seed}$가 더 높게 나타나 하품에 노출된 사람들이 하품을 더 자주 하는 경우도 있었습니다. 어떤 때는 그 반대의 경우도 있었습니다.

반면에 95% 신뢰구간이 완전히 0보다 높았다고 가정해 보겠습니다. 이는 $p_{seed} - p_{control} > 0$, 즉 $p_{seed} > p_{control}$를 의미하며, 하품에 노출된 사람들이 하품을 더 자주 한다는 증거가 될 수 있습니다.

8.7 이 장의 결론

8.7.1 부트스트래핑과 표집분포의 비교

이제 **표집분포**와 **붓스트랩 분포**의 관계에 대해 더 자세히 알아봅시다.

7.2.3항에서 가상 삽을 사용하여 그릇에서 1000개의 가상 표본을 추출하고 표본 비율 빨간색 $\hat{p}$의 1000개 값을 계산한 다음, 그 분포를 히스토그램으로 시각화했습니다. 이 분포를 $\hat{p}$의 **표집분포**라고 합니다. 또한 표집분포의 표준편차에는 **표준오차**라는 특별한 이름이 있습니다.

또한 이 표집 활동이 실생활에서 표집이 수행되는 방식을 반영하지 않는다고 강조했습니다. 오히려 표집의 **이상적인 버전**이었기 때문에, 삽에 든 빨간색 공의 비율 같은 표집 변동이 추정치에 미치는 영향을 연구할 수 있었습니다. 그러나 실제로는 7.4절에서 살펴본 오바마 대통령의 여론조사에서처럼 가능한 한 개의 큰 단일 표본을 추출합니다. 하지만 표본이 하나뿐이고 따라서 추정치도 하나뿐인 경우 표집 변동이 추정치에 미치는 영향을 어떻게 파악할 수 있을까요? 많은 표본이 필요하고, 그만큼 많은 추정치가 필요하지 않을까요?

단일 표본에 대한 해결 방법은 단일 표본에서 **복원 붓스트랩 재표집**을 수행하는 것이었습니다. 우리는 8.1절의 재표집 활동에서 페니의 평균 주조 연도에 초점을 맞춰 이 작업을 수행했습니다. 은행에서 가져온 페니 50개의 원래 표본을 나타내는 종이 조각을 사용해 모자에서 복원 재표집했습니다. 친구 35명에게 이 활동을 수행하게 하고 그 결과 계산된 35개의 표본 평균 $\overline{x}$를 <**그림 8.11**>의 히스토그램으로 시각화했습니다.

이 분포를 $\overline{x}$의 **붓스트랩 분포**라고 하며, 두 분포의 모양과 퍼진 정도가 비슷하기에 $\overline{x}$의 표집분포에 대한 **근사치**라고 설명한 바 있습니다. 따라서 붓스트랩 분포의 **표준오차**는 표집분포의 표준오차에 대한 근사치로 사용할 수 있습니다.

이제 이 두 가지 유형의 분포를 비교하여 이를 증명해 보겠습니다. 구체적으로 우리는 다음을 비교하겠습니다.

1. 7.2.3항의 `bowl`에서 1000개의 가상 표본을 기반으로 한 $\hat{p}$의 표집분포
2. 8.5.1항의 일리야스와 요한의 단일 표본 `bowl_sample_1`에서 복원한 1000개의 가상 재표집을 기반으로 한 $\hat{p}$의 붓스트랩 분포

· 표집분포

다음은 7.2.3항에서 보았던 $\hat{p}$의 표집분포를 구성하는 코드이며, 7.3.1항의 표집과 관련된 통계 용어를 통합하기 위해 일부 변경하여 <**그림 8.33**>에 다시 표시했습니다.

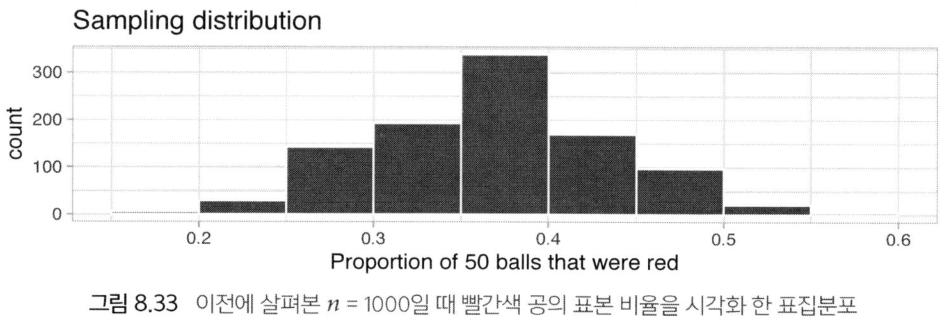

그림 8.33 이전에 살펴본 n = 1000일 때 빨간색 공의 표본 비율을 시각화 한 표집분포

```
# Take 1000 virtual samples of size 50 from the bowl:
virtual_samples <- bowl %>%
  rep_sample_n(size = 50, reps = 1000)
# Compute the sampling distribution of 1000 values of p-hat
sampling_distribution <- virtual_samples %>%
  group_by(replicate) %>%
  summarize(red = sum(color == "red")) %>%
  mutate(prop_red = red / 50)
# Visualize sampling distribution of p-hat
ggplot(sampling_distribution, aes(x = prop_red)) +
  geom_histogram(binwidth = 0.05, boundary = 0.4, color = "white") +
  labs(x = "Proportion of 50 balls that were red",
       title = "Sampling distribution")
```

rep_sample_n()을 사용할 때 replace의 기본값이 FALSE라는 점을 명심하세요. 삽으로 50개의 공을 표집할 때 복원하지 않고 50개의 공을 하나씩 추출하기 때문입니다. 이는 복원 붓스트랩 재표집에서 공을 재표집했다가 다시 집어넣는 과정을 50번 반복하는 것과는 대조적입니다.

표본 비율 $\hat{p}$의 1000개 값을 나타내는 prop_red 변수의 표준편차를 계산하여 이 표집분포의 변동성을 정량화해 봅시다. 표집분포의 표준편차는 **표준오차**이며, 흔히 se로 표시됩니다.

```
sampling_distribution %>% summarize(se = sd(prop_red))
```

```
# A tibble: 1 x 1
         se
      <dbl>
1 0.0673987
```

· 붓스트랩 분포

다음은 8.5.1항에서 다룬 일리야스와 요한이 bowl_sample_1에 저장한 50개의 공 표본을 기반으로 $\hat{p}$의 붓스트랩 분포를 구성하는 코드입니다.

```
bootstrap_distribution <- bowl_sample_1 %>%
  specify(response = color, success = "red") %>%
```

```
  generate(reps = 1000, type = "bootstrap") %>%
  calculate(stat = "prop")
```

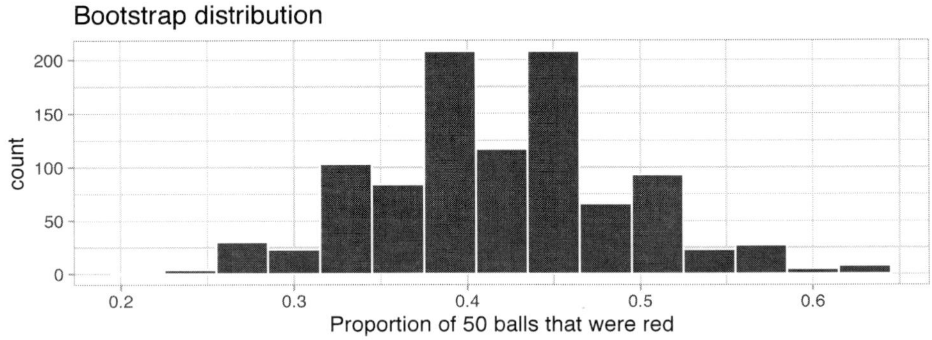

그림 8.34 n = 1000에 대한 빨간 공 비율의 붓스트랩 분포

```
bootstrap_distribution %>% summarize(se = sd(stat))
```

```
# A tibble: 1 x 1
         se
      <dbl>
1 0.0712212
```

- **비교**

표집분포와 붓스트랩 분포 계산을 모두 마쳤으니 이제 <**그림 8.35**>로 나란히 비교해 보겠습니다. 우리는 두 히스토그램의 비교를 용이하게 하기 위해 두 히스토그램의 x축과 y축의 눈금이 일치하도록 하겠습니다. 또한 다음을 추가하겠습니다.

1. 상단의 표집분포: 그릇 내부 빨간 공의 비율 p = 0.375을 나타내는 실선
2. 하단의 붓스트랩 분포: 일리야스와 요한이 관찰한 표본 비율 $\hat{p}$ = 21/50 = 0.42 = 42%을 나타내는 점선

<**그림 8.35**>로 파악할 수 있는 정보량이 많으므로 하나씩 분석해 보겠습니다. 먼저, 상단의 표집분포가 p = 0.375 지점에서 어떻게 중심을 이루는지 관찰합니다. 이는 표집이 무작위로 편향되지 않은 방식으로 수행되기 때문입니다. 따라서 추정치 $\hat{p}$는 p의 실제 값에 중심을 맞춥니다.

그러나 다음 붓스트랩 분포는 그렇지 않습니다. 붓스트랩 분포는 일리야스와 요한이

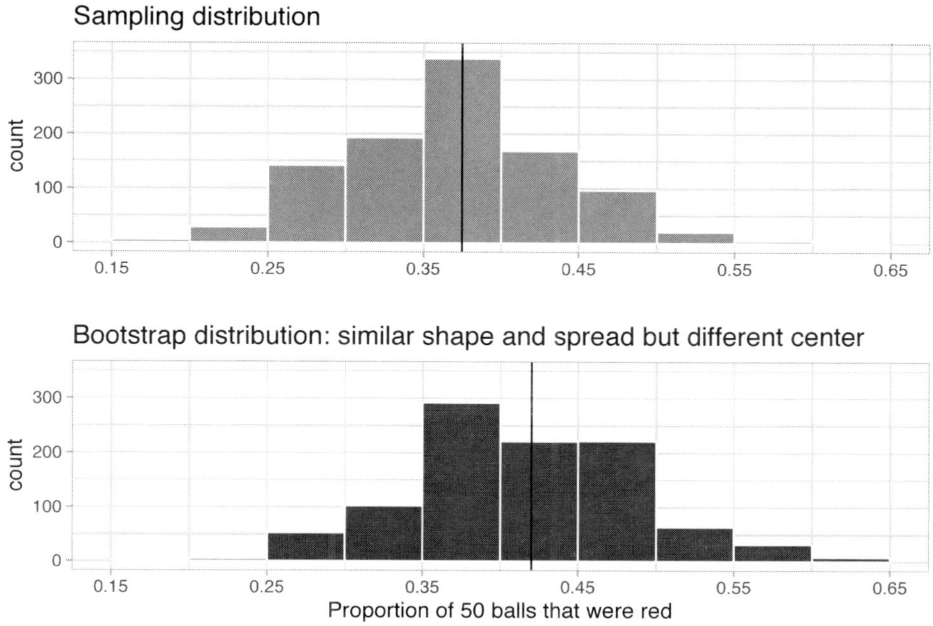

그림 8.35 $\hat{p}$의 표집 및 붓스트랩 분포 비교

표집한 50개의 공에서 빨간색이 차지하는 비율인 0.42에 중심이 맞춰져 있습니다. 동일한 표본에서 반복적으로 재표집하기 때문입니다. 붓스트랩 분포는 원래 표본의 비율에 중심을 두기 때문에 반드시 더 나은 추정치인 p = 0.375를 제공하지는 않습니다.

붓스트랩 분포는 표집분포와 중심이 같지 않을 수 있습니다. 즉, 붓스트랩은 추정치의 품질을 향상시킬 수 없습니다.

이제 두 분포의 산포를 비교해 봅시다. 두 분포는 어느 정도 유사합니다. 이전 코드에서 우리는 두 분포의 표준편차도 계산했습니다. 이러한 표준편차에는 **표준오차**라는 특별한 이름이 있다는 것을 기억하세요. 이를 <표 8.5>에서 비교해 보겠습니다.

표 8.5 표준오차 비교

표준 분포	표준오차
표집분포	0.067
붓스트랩 분포	0.071

붓스트랩 분포의 표준오차는 표집분포의 표준오차에 대한 **근사치**에 가깝다는 것을

알 수 있습니다. 여기서 두 번째 교훈이 나오는군요.

붓스트랩 분포가 표집분포와 중심이 같지 않더라도 모양과 산포가 매우 유사할 가능성이 높습니다. 즉, 붓스트랩을 사용하면 **표준오차**에 대한 좋은 추정치를 얻을 수 있습니다.

즉, 붓스트랩 분포와 표집분포의 산포가 비슷하므로 붓스트랩을 사용하여 신뢰구간을 구축할 수 있습니다!

8.7.2 이론 기반 방법을 통한 신뢰구간 구축[4]

지금까지 백분위수 방법과 표준오차 방법이라는 두 가지 방법을 사용하여 신뢰구간을 구축했습니다. 8.3.2항에서 표준오차 방법은 붓스트랩 분포가 종 모양(즉, 정규분포)인 경우에만 사용할 수 있다고 강조한 사실을 잊지 마세요.

비슷한 맥락에서, 표집분포가 정규분포를 따르는 경우 컴퓨터를 사용하지 않고 신뢰구간을 구축하는 다른 방법이 있습니다. 바로 수학 공식을 사용하는 **이론 기반 방법**입니다!

이 공식은 부록 A.2에서 다룬 것으로, 정규분포에서 값의 95%가 평균의 ±1.96 표준편차 내에 있다는 경험 법칙을 사용합니다. 표집이나 붓스트랩 분포의 경우 **표준편차**에는 표준오차라는 특별한 이름이 있다는 것을 기억해 두세요.

• 표준오차 계산을 위한 이론 기반 방법

표준오차를 근사하는 공식은 많습니다. 빨간 공의 표본 비율 $\hat{p}$을 사용하여 빨간 공의 비율을 추정하는 그릇의 경우, 표준오차를 근사하는 공식은 다음과 같습니다.

$$SE_{\hat{p}} \approx \sqrt{\frac{\hat{p}(1-\hat{p})}{n}}$$

예를 들어, `bowl_sample_1`에서 요한과 일리야스가 n = 50개의 공을 표집하여 21/50 = 0.42의 표본 비율 $\hat{p}$를 관찰했다는 것을 떠올려 보세요. 따라서 공식을 사용한 $\hat{p}$의 표준오차 근사치는 다음과 같습니다.

---

4 통계 계산이 익숙하지 않아 어려우면 이 항목은 건너 뛰어도 무방하다. 통계를 계속 다루게 되면 언젠가는 결국 찾아보게 될 것이므로 수학의 고통은 그때 만끽해도 늦지 않다.

$$SE_{\hat{p}} \approx \sqrt{\frac{0.42(1-0.42)}{50}} = \sqrt{0.004872} = 0.0698 \approx 0.070$$

여기서 주목해야 할 핵심적인 부분은 분모에 n이 있다는 것입니다. 따라서 표본 크기 n이 증가하면 표준오차가 감소합니다. 이 사실은 앞서 7.3.3항에서 가상 삽을 사용하여 입증하였습니다. 만약 기억나지 않는다면, 한번 더 복습하기를 권해드립니다.

이 이론 기반 표준오차를 <**표 8.6**>에서 이전에 8.7.1항에서 계산한 표집 및 붓스트랩 분포의 표준오차와 비교해 보겠습니다. 모두가 비슷하다는 것을 알 수 있습니다!

표 8.6 표준오차 비교

표준 분포	표준오차
표집분포	0.067
부트스프랩 분포	0.071
근사치	0.070

요한과 일리야스의 표본 비율 $\hat{p}$ 21/50 = 0.42에서 표본 크기 n을 50이 아닌 100 크기의 표본을 기반으로 한할 때, 표준오차는 다음과 같습니다.

$$SE_{\hat{p}} \approx \sqrt{\frac{0.42(1-0.42)}{100}} = \sqrt{0.002436} = 0.0494$$

표준오차가 0.0698에서 0.0494로 줄어든 것을 확인할 수 있습니다. 즉, n = 100을 사용한 추정치의 '전형적인' 오차가 감소하여 더 **정밀해집니다**. <**그림 7.16**>에서 추정치의 정확도와 정밀도의 차이를 설명한 것을 떠올려 보세요.

이 공식이 왜 참일까요? 안타깝게도, 현재로서는 이를 증명할 수 있는 도구가 없습니다. 만약 알고 싶다면 확률과 통계에 대한 고급 과정을 수강해야 합니다(이 공식은 베르누이 및 이항 분포의 개념과 관련이 있습니다. 자세한 내용은 http://onlinestatbook.com/2/sampling_distributions/samp_dist_p.html을 참조하세요).

· 신뢰구간을 구축하는 이론 기반 방법

이러한 이론 기반 표준오차로 컴퓨터 대신 수학 공식을 사용하여 95% 신뢰구간을 구축하는 방법을 제시해 보겠습니다. 이 이론 기반 방법은 표집분포가 정규분포인 경우에만 유효하고, <**부록 A.2**>에서 설명한 정규분포에 대한 95% 경험 법칙을 사용할 수 있다는 점을 참고하세요.

1. 가능한 한 큰 크기 n의 대표 표본 하나를 수집합니다.
2. **점추정치**인 표본 비율 $\hat{p}$를 계산합니다. 이것을 '그물'의 중심이라고 생각하세요.
3. 표준오차에 대한 근사값을 계산합니다.

$$SE_{\hat{p}} \approx \sqrt{\frac{\hat{p}(1-\hat{p})}{n}}$$

4. **오차 범위**라고 하는 수량을 계산합니다(나중에 다섯 단계를 나열한 후 자세히 설명합니다).

$$MoE_{\hat{p}} = 1.96 \cdot SE_{\hat{p}} = 1.96 \cdot \sqrt{\frac{\hat{P}(1-\hat{P})}{n}}$$

5. 신뢰구간의 두 끝점을 모두 계산합니다.

- 하단 끝점. 이 점을 그물의 왼쪽 끝점이라고 생각하세요.

$$\hat{p} - MoE_{\hat{p}} = \hat{p} - 1.96 \cdot SE_{\hat{p}} = \hat{p} - 1.96 \cdot \sqrt{\frac{\hat{p}(1-\hat{p})}{n}}$$

- 상단 끝점. 이 점을 그물의 오른쪽 끝점이라고 생각하세요.

$$\hat{p} + MoE_{\hat{p}} = \hat{p} - 1.96 \cdot SE_{\hat{p}} = \hat{p} + 1.96 \cdot \sqrt{\frac{\hat{p}(1-\hat{p})}{n}}$$

- 또는 ± 기호를 사용하여 p에 대한 95% 신뢰구간을 간결하게 요약할 수 있습니다.

$$\hat{p} \pm MoE_{\hat{p}} = \hat{p} \pm (1.96 \cdot SE_{\hat{p}}) = \hat{p} \pm (1.96 \cdot \sqrt{\frac{\hat{p}(1-\hat{p})}{n}})$$

요한과 일리야스의 표본 n = 50개의 공과 21개의 빨간 공으로 돌아가서, p의 95% 신뢰구간은 다음과 같습니다.

$$\begin{aligned} 0.41 \pm 1.96 \cdot 0.0698 &= 0.41 \pm 0.137 \\ &= (0.41 - 0.137,\ 0.41 + 0.137) \\ &= (0.273,\ 0.547) \end{aligned}$$

요한과 일리야스는 그릇에서 빨간색 공의 실제 비율이 28.3%에서 55.7% 사이라고 95% '신뢰'합니다. 실제 모비율 p가 0.375임을 감안할 때, 두 사람은 물고기를 성공적으로 포획했다고 볼 수 있습니다.

4단계에서는 **오차 범위**라는 통계적 수치를 정의했습니다. 이 수량은 그물이 우리 그물의 양옆으로 얼마나 뻗어 있는지에 해당한다고 생각하면 됩니다. 1.96의 승수는 앞서 소개한 95%의 경험 법칙과 신뢰 수준이 95%가 되기를 원한다는 사실에 뿌리를 두고 있습니다. 오차 범위 값은 전적으로 신뢰구간의 폭을 결정합니다. 8.5.3항에서 신뢰구간 폭은 신뢰 수준, 표본 크기 n, 표준오차의 상호작용에 의해 결정된다고 한 것을 기억하시지요.

7.4절에서 소개한 18~29세 미국 청년들을 대상으로 한 오바마 대통령 지지율 여론조사를 다시 한 번 살펴보겠습니다. 여론조사 기관들은 n = 2089명의 미국 청년 대표 표본을 기준으로 $\hat{p}$ = 0.41 = 41%가 오바마 대통령을 지지한다는 사실을 알아냈습니다.

기사 끝부분을 살펴본다면, 다음과 같은 내용도 찾을 수 있습니다. "여론조사의 오차 범위는 플러스 또는 마이너스 2.1% 포인트였다." 이것이 바로 MoE입니다.

$$MoE = 1.96 \cdot SE = 1.96 \cdot \sqrt{\frac{\hat{p}(1-\hat{p})}{n}} = 1.96 \cdot \sqrt{\frac{0.41(1-0.41)}{2089}}$$
$$= 1.96 \cdot 0.0108 = 0.021 = 2.1\%$$

이 여론조사 결과는 95%의 신뢰수준에 기초하고 있으며, 오바마 대통령을 지지하는 전체 미국 청년 비율의 95% 신뢰구간은 다음과 같습니다.

$$\hat{p} \pm MoE = 0.41 \pm 0.021 = (0.389, 0.431) = (38.9\%, 43.1\%)$$

· 33개의 촉각 표본을 기반으로 한 신뢰구간

7.1.3항의 `bowl`에서 뽑은 33명의 친구 표본을 다시 살펴봅시다. 33개의 표본을 사용하여 p에 대한 33개의 이론 기반 95% 신뢰구간을 구축하겠습니다. 알다시피, 이 데이터는 `moderndive` 패키지에 포함된 `tactile_prop_red` 데이터 프레임에 저장되어 있습니다.

1. 변수 `prop_red`를 표본 비율 $\hat{p}$의 통계적 이름인 `p_hat`으로 `rename()`합니다.
2. 표본 크기 50을 명시하는 새 변수 `n`을 `mutate()` 합니다.
3. 다른 새 변수를 계산해 `mutate()`합니다.
    - 이전 공식을 사용한 $\hat{p}$에 대한 표준오차 `SE`
    - `SE`에 1.96을 곱한 오차 범위 값 `MoE`
    - 신뢰구간의 왼쪽 끝점 `lower_ci`
    - 신뢰구간의 오른쪽 끝점 `upper_ci`

```
conf_ints <- tactile_prop_red %>%
  rename(p_hat = prop_red) %>%
  mutate(n = 50,
         SE = sqrt(p_hat * (1 - p_hat) / n),
         MoE = 1.96 * SE,
         lower_ci = p_hat - MoE,
         upper_ci = p_hat + MoE
  )
```

<**그림 8.36**>에서는 `conf_ints`에 저장된 p에 대한 33개의 신뢰구간을 p = 0.375의 수직선과 함께 그릇(`bowl`)에서 빨간색 공의 실제 비율을 나타내는 그래프로 그려 보겠습니다. 또한 표본 비율 $\hat{p}$는 이러한 신뢰구간의 중심을 나타내므로 점으로 표시해 보겠습니다.

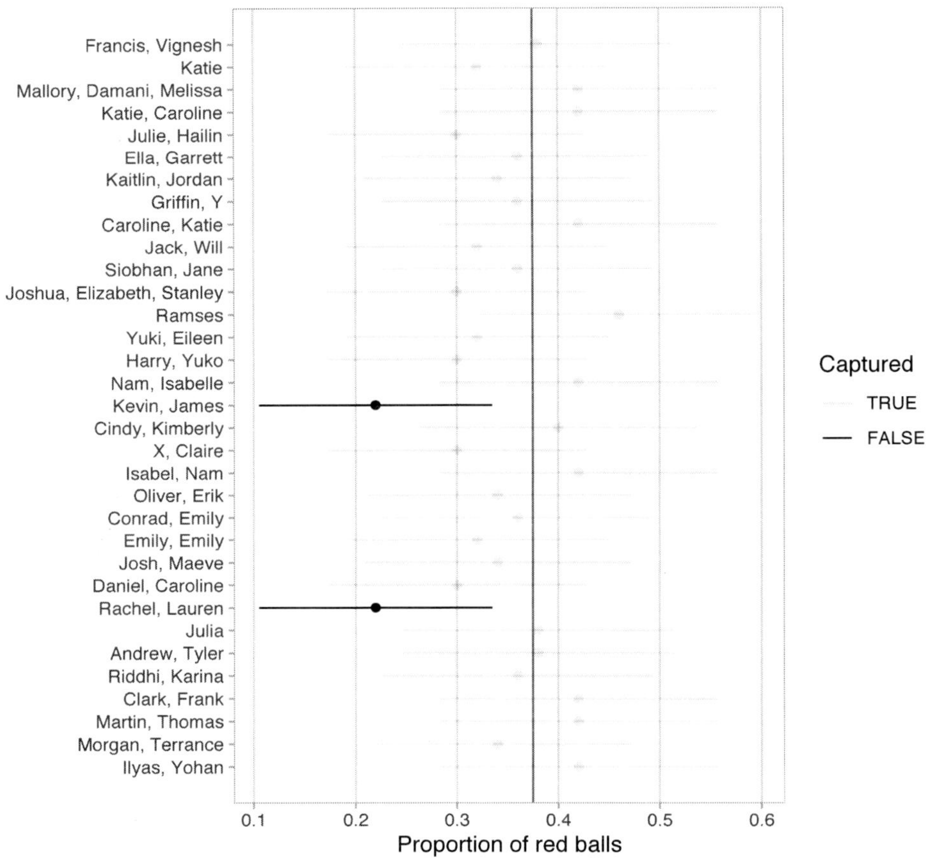

그림 8.36 크기가 n = 50인 33개의 촉각 표본에 기초한 신뢰수준 95%에서의 33개의 신뢰구간

33개의 신뢰구간 중 31개가 p의 실제 값을 '포착'하여 성공률이 31 / 33 = 93.94%임을 알 수 있습니다. 이 수치는 95%에 미치지 못하지만, 이러한 신뢰구간의 약 95%가 p를 포착할 것으로 **기대**한다는 점을 기억하세요. 실제 관찰되는 성공률은 약간 다를 수 있습니다.

과거에는 붓스트랩과 같은 시뮬레이션 기반 방법을 수행할 수 있는 컴퓨팅 성능이 없었기 때문에 이와 같은 이론 기반 방법이 주로 사용되었습니다. 그러나 이러한 이론 기반 방법은 여전히 일반적으로 사용되고 있으며[5], 표집분포가 정규분포를 따르는 경우 앞으로 9장에서 살펴볼 것처럼 신뢰구간을 구축하고 가설검정을 수행할 수 있는 대안적인 방법을 사용할 수 있습니다.

지금까지 살펴본 컴퓨터 기반 통계 추론의 종류는 통계 분야에서 **시뮬레이션 기반 추론**(simulation-based inference)이라는 특별한 이름을 가지고 있습니다. 이는 컴퓨터 시뮬레이션을 사용하여 통계 추론을 수행하기 때문입니다. 이론 기반 방법에 비해 시뮬레이션 기반 방법이 갖는 두 가지 큰 장점은 (1) 통계 추론을 처음 접하는 사람도 쉽게 이해할 수 있고 (2) 이론 기반 방법과 수학 공식이 존재하지 않는 상황에서도 작동한다는 점입니다.

8.7.3 추가로 활용할 수 있는 리소스

모든 **학습 확인**에 대한 해결책은 온라인으로 확인할 수 있습니다.[ix]

이 장에서 사용된 모든 R 코드의 R 스크립트 파일은 https://www.moderndive.com/scripts/08-confidence-intervals.R에서 확인할 수 있습니다.

만약 여러분이 신뢰구간을 구축하기 위한 `infer` 워크플로우의 더 많은 예제를 보고 싶다면, `infer` 패키지 홈페이지, 특히 https://infer.netlify.com/articles/에서 제공하는 일련의 분석 예제를 추천드립니다.

8.7.4 다음 단계는?

이제 신뢰구간이라는 기술을 탑재했으니, 9장에서는 통계적 추론을 위한 또 다른 일반적인 도구인 가설검정을 다룰 겁니다. 신뢰구간과 마찬가지로 가설검정도 표본을 사용하여 모집단에 대해 추론하는 데 사용됩니다. 하지만 프레임워크가 약간 다르다는 사실을 배울 것입니다.

5 수많은 대학 기초통계학(STAT101) 과목에서는 여전히 이론 기반 방법을 사용한다.

9장 가설검정

8장에서 신뢰구간을 공부했습니다. 이제 통계 추론에 일반적으로 사용되는 또 다른 방법인 가설검정을 공부해 보겠습니다. 가설검정을 통해 모집단에서 데이터의 표본을 추출하여 경쟁 가설의 타당성을 추론할 수 있습니다. 예를 들어, 9.1절의 <승진 탐구 활동>에서는 1970년대 심리학 연구에서 수집한 데이터를 토대로 당시 은행 업계의 승진율에 성별에 따른 차별이 존재했는지 조사할 것입니다.

마침 우리는 7장과 8장에서 이미 가설검정을 이해하기 위한 개념을 많이 다루었습니다. 이제 이러한 개념을 더 확장하고 가설검정을 이해하기 위한 일반적인 프레임워크도 제공할 것입니다. 일반적인 프레임워크를 이해한다면 다양한 시나리오에 적용할 수 있습니다.

신뢰구간도 마찬가지입니다. 모든 신뢰구간에 적용되는 하나의 일반적인 프레임워크가 있으며 `infer` 패키지는 이 프레임워크를 중심으로 설계되었습니다. 신뢰구간 유형에 따라 세부 사항은 약간 변경될 수 있지만 일반적인 프레임워크는 동일하게 유지됩니다.

이러한 접근 방식이 이론에 기반한 접근 방식을 사용하여 특정 신뢰구간에 대한 세부 사항에 집중하는 것보다 장기적인 학습에 훨씬 더 효과적일 것입니다. 차차 알게 되겠지만, 흔히 가설검정을 할 때에도 이 방법을 더 선호하는 편입니다.

필요한 패키지

이 장에 필요한 모든 패키지를 불러와 봅시다(이미 설치한 것으로 가정). 4.4절에서 `library(tidyverse)`를 실행하여 `tidyverse` 패키지를 불러올 경우, 일반적으로 사용되는 다음과 같은 데이터 과학 패키지가 동시에 탑재됩니다.

- 데이터 시각화를 위한 `ggplot2`
- 데이터 랭글링을 위한 `dplyr`
- 데이터를 'tidy' 형식으로 변환하는 `tidyr`
- 스프레드시트 데이터를 R로 가져오기 위한 `readr`
- 고급 패키지인 `purrr`, `tibble`, `stringr`, `forcats`

자세한 내용은 1.3절에서 소개한 R 패키지를 설치하고 불러오는 방법을 참조하세요.

```
library(tidyverse)
library(infer)
library(moderndive)
library(nycflights13)
library(ggplot2movies)
```

9.1 승진 탐구 활동

이제 사례연구를 통해 은행의 승진 과정에서 성별의 영향을 탐구해 보겠습니다.

9.1.1 성별은 은행의 승진에 영향을 줄까?

여러분이 1970년대에 은행에서 근무 중이고, 승진을 신청하기 위해 이력서를 제출한다고 가정해 보겠습니다. 성별이 승진 가능성에 영향을 미칠까요? 이 질문에 답하기 위해, 우리는 1974년 『**응용 심리학 저널**(Journal of Applied Psychology)』에 발표된 연구 데이터를 살펴보겠습니다. 이 데이터는 통계학 교과서인 『OpenIntro』[ix] 시리즈에도 사용됩니다.

연구를 시작하기 위해, 48명의 은행 관리자에게 여러 지점이 있는 은행의 가상 이사 역할을 맡도록 요청했습니다. 그리고 이력서를 받은 은행 관리자들에게 지원자들이 승진하기에 적합한지를 물었습니다.

그런데 이 48개의 이력서는 각 이력서 상단에 있는 지원자의 이름을 제외한 모든 면에서 동일했습니다. 관리자 가운데 24명은 전형적인 '남성'의 이름을 가진 지원자의 이력서를 무작위로 받았고, 다른 관리자 24명은 전형적인 '여성'의 이름을 가진 지원자의 이력서를 무작위로 받았습니다. 이력서마다 (이분법적) 성별만 달라졌기 때문에, 연구자들은 이 변수가 승진율에 미치는 영향을 분리할 수 있었습니다.

오늘날 저자들과 독자 여러분을 포함한 많은 사람들이 성별에 대한 이러한 이분법적 관점에 동의하지 않지만, 이 연구는 성별에 대한 보다 미묘한 관점이 아직 널리 퍼지지 않았던 시기에 수행되었다는 점을 염두에 두길 바랍니다. 이러한 불완전성에도 불구하고, 직장 내 차별을 연구하는 방법으로 이 사례가 오늘날에도 여전히 유효하다고 생각하기 때문에 이를 계속 활용해보기로 결정했습니다.

moderndive 패키지의 promotion 데이터 프레임에는 승진 지원자 48명에 대한 데이터가 포함되어 있습니다. 무작위로 선택된 6개의 행을 살펴보면서 이 데이터를 탐색해 봅시다.

```
promotions %>%
  sample_n(size = 6) %>%
  arrange(id)
```

```
# A tibble: 6 x 3
     id decision gender
  <int> <fct>    <fct>
1    11 promoted male
2    26 promoted female
3    28 promoted female
4    36 not      male
5    37 not      male
6    46 not      female
```

변수 **id**는 48개 행 모두에 대한 식별변수로 작용하고, **decision** 변수는 지원자가 승진 대상자로 선정되었는지 여부를 나타내며, **gender** 변수는 이력서에 사용된 이름의 성별을 나타냅니다. 이 데이터는 실제 남성 24명과 여성 24명에 관한 것이 아니라, 48개의 동일한 이력서 중 24개는 고정관념에 따른 '남성' 이름이, 24개는 고정관념에 따른 '여성' 이름이 할당된 이력서라는 점을 기억하세요.

두 범주형 변수 **decision**와 **gender** 간의 관계에 대한 탐색적 데이터 분석을 수행해 봅시다. 2.8.3절에서 살펴봤듯, 이러한 관계를 시각화할 수 있는 한 가지 방법은 누적 막대그래프를 사용하는 것입니다.

```
ggplot(promotions, aes(x = gender, fill = decision)) +
  geom_bar() +
  labs(x = "Gender of name on résumé")
```

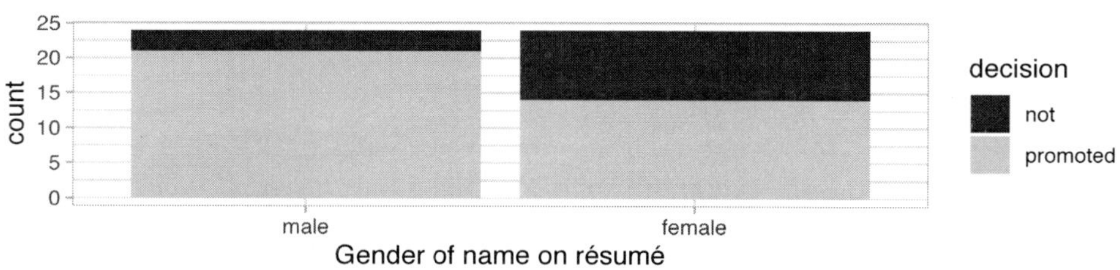

그림 9.1 성별과 승진 결정과의 관계를 나타내는 막대그래프

<그림 9.1>에서 여성 이름이 포함된 이력서가 승진에 합격할 확률이 훨씬 낮은 것을

볼 수 있습니다. 데이터 랭글링을 위한 dplyr 패키지를 사용하여 각 그룹에 대해 승진이 승인된 이력서의 비율을 계산하여 이러한 승진율을 정량화해 보겠습니다. 여기서는 summarize(n = n())을 단축시켜 놓은 tally() 함수를 사용하여 개수를 구합니다.

```
promotions %>%
  group_by(gender, decision) %>%
  tally()
```

```
# A tibble: 4 x 3
# Groups:   gender [2]
  gender decision     n
  <fct>  <fct>        <int>
1 male   not          3
2 male   promoted     21
3 female not          10
4 female promoted     14
```

남성 이름이 포함된 이력서 24건 중 21건이 승진자로 선정되었고, 이는 21/24 = 0.875 = 87.5%의 비율입니다. 반면에 여성 이름이 포함된 이력서 24건 중 14건이 승진자로 선정되어, 14/24 = 0.583 = 58.3%의 비율을 차지했습니다. 이 두 승진 비율을 비교하면 남성 이름의 이력서가 여성 이름의 이력서보다 0.875 - 0.583 = 0.292 = 29.2% 더 높은 비율로 승진에 선정된 것으로 나타났습니다. 이는 남성 이름이 적힌 이력서가 유리하다는 것을 암시합니다.

하지만 문제는, 이 결과가 은행의 승진에 성차별이 존재한다는 결정적인 증거가 될 수 있느냐 하는 것입니다. 어느 가상의 세계에 성차별이 존재하지 않는다고 해도, 순전히 우연으로 29.2%의 승진율 차이가 발생할 수 있는 것일까요? 다시 말해, 이 가상의 세계에서 **표집 변동**의 역할은 무엇일까요? 이 질문에 답하기 위해 다시 한 번 컴퓨터로 **시뮬레이션**을 실행해 보겠습니다.

9.1.2 이름 카드 한 번 섞기

먼저, 승진에 있어 성별 차별이 존재하지 않는 가상의 세계를 상상해 보세요. 이러한 가상 세계에서는 지원자의 성별이 승진 가능성에 아무런 영향을 미치지 않습니다. 다시 promotion 데이터 프레임으로 돌아가서, 성별 변수는 관련 없는 레이블이 될 것입니다. 이러한 gender 레이블이 무관하다면 아무 결과 없이 무작위로 '섞어서' 다시 할당할 수 있습니다!

이제 <**표 9.1**>의 48개 이력서 중 임의로 선택한 6개 이력서로 초점을 좁혀 보겠습니다. `decision` 열은 3개의 이력서가 승진으로 이어진 반면 나머지 3개는 승진하지 못했음을 보여줍니다. `gender` 열은 이력서 이름의 원래 성별이 무엇인지 보여줍니다.

그러나 우리가 설정한 성 차별이 없는 가상 세계에서는 성별이 무관하므로 성별 값을 무작위로 '섞는' 것은 중요하지 않습니다. `shuffled_gender`(섞인 성별) 열은 이러한 무작위 섞기 중 하나를 보여줍니다. 네 번째 열에서 남성과 여성의 이름 수가 각각 3개로 동일하게 유지되지만 이제는 다른 순서로 나열되었습니다.

표 9.1 성별 변수 섞기의 한 예

이력서 번호	승진 여부	성별	섞인 성별
1	불합	남성	남성
2	불합	여성	남성
3	불합	여성	여성
4	승진	남성	여성
5	승진	남성	여성
6	승진	여성	남성

다시 말하지만, 성별 라벨을 무작위로 섞는 것은 성 차별이 없는 가상 세계에서만 의미가 있습니다. 이 성별 변수의 섞임을 48장의 이력서 모두로 확장하려면 어떻게 해야 할까요? <**그림 9.2**>에 표시된 것처럼 52장의 표준 카드 덱을 사용하는 방법이 있습니다.

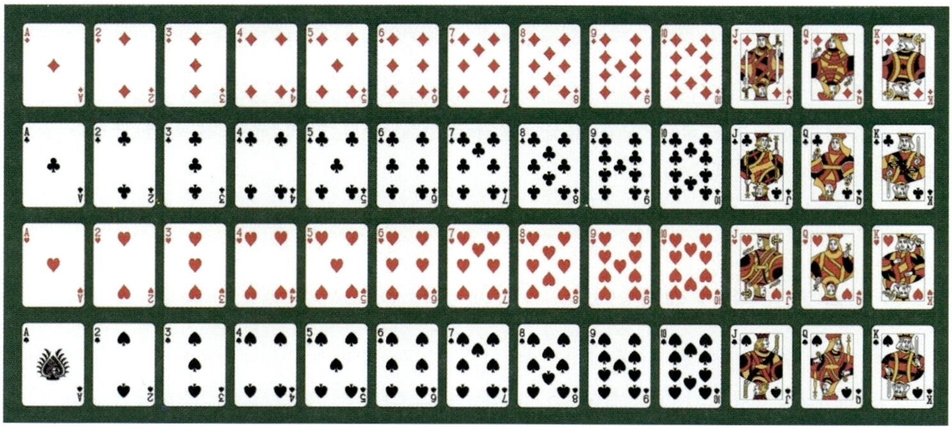

그림 9.2 52개의 플레이 카드로 구성된 표준 덱

카드의 절반이 빨간색(다이아몬드와 하트)이고 나머지 절반은 검은색(스페이드와 클럽)이므로, 빨간색 카드 두 장과 검은색 카드 두 장을 제거하면 빨간색 카드 24장과 검은색 카드 24장이 남게 됩니다. <**그림 9.3**>과 같이 48장의 카드를 섞은 후, 카드를 한 장씩 뒤집어 빨간색 카드에는 '남성'을, 검은색 카드에는 '여성'을 할당할 수 있습니다.

그림 9.3 카드 한 덱 섞기

이렇게 섞인 한 덱을 moderndive 패키지의 promotions_shuffled 데이터 프레임에 저장하겠습니다. 원래 promotions과 섞인 promotions_shuffled 데이터 프레임을 비교하면 decision 변수는 동일하지만 gender 변수가 변경되었음을 알 수 있습니다.

원래 promotions 데이터에 대해 수행한 것과 동일한 탐색적 데이터 분석을 promotions_shuffled 데이터 프레임에서 반복해 봅시다. decision과 새로 섞인 gender 변수 간의 관계를 시각화하는 막대형 그래프를 만들고 <**그림 9.4**>의 원래 섞이지 않은 버전과 비교해 보겠습니다.

```
ggplot(promotions_shuffled,
       aes(x = gender, fill = decision)) +
  geom_bar() +
  labs(x = "Gender of résumé name")
```

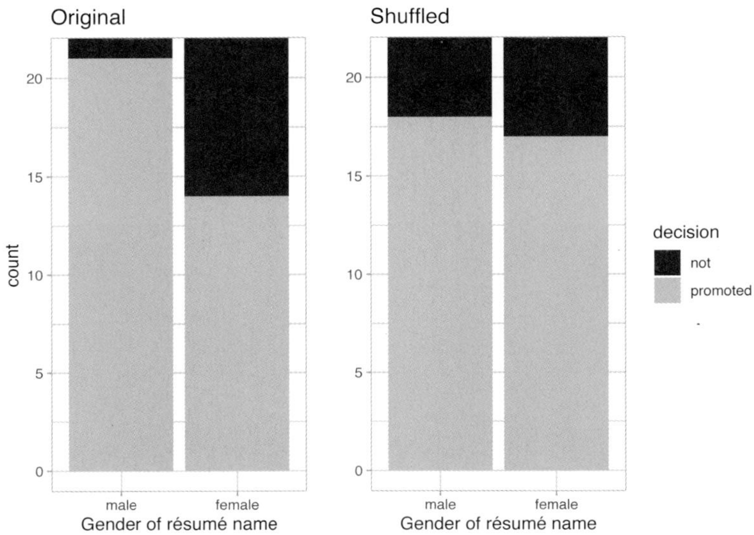

그림 9.4 성별과 승진의 관계(왼쪽) 및 성별을 섞은 막대그래프(오른쪽)

이제 '남성 이름'과 '여성 이름' 승진율의 차이가 달라진 것으로 보입니다. 왼쪽 막대그래프의 원래 데이터와 비교하여 오른쪽 막대그래프의 새로운 '섞인' 데이터의 승진율은 훨씬 더 비슷합니다.

이어서 각 그룹별로 승진에 합격한 이력서의 비율을 계산해 봅시다.

```
promotions_shuffled %>%
  group_by(gender, decision) %>%
  tally() # Same as summarize(n = n())
```

```
# A tibble: 4 x 3
# Groups:   gender [2]
  gender decision     n
  <fct>  <fct>    <int>
1 male   not          6
2 male   promoted    18
3 female not          7
4 female promoted    17
```

따라서 차별이 없는 이 가상 세계에서는 18/24 = 0.75 = 75%의 '남성' 이력서가 승진 대상으로 선정되었습니다. 반면에 17/24 = 0.708 = 70.8%의 '여성' 이력서가 승진 대상으로 선정되었습니다.

이제 이 두 값을 비교해 보겠습니다. 고정관념에 따른 남성 이름이 포함된 이력서는 고정관념에 따른 여성 이름이 포함된 이력서보다 0.75 - 0.708 = 0.042 = 4.2% 차이가 나는 비율로 승진자로 선택된 것으로 나타났습니다.

이 비율 차이가 원래 관찰한 0.292 = 29.2%의 비율 차이와 어떻게 다른지 관찰합니다. 이는 다시 한 번 표집 변동 때문입니다. 이 표집 변동의 효과를 어떻게 하면 더 잘 이해할 수 있을까요? 이 섞기를 여러 번 반복하면 됩니다!

9.1.3 이름 카드 16번 섞기

우리는 16명의 친구 그룹을 모집하여 이 섞기 연습을 반복했습니다. 친구들은 이 값을 공유 스프레드시트에 기록했으며, 처음 10개 행과 5개 열의 스냅샷이 <**그림 9.5**>에 표시되어 있습니다.

id	decision	Cassandra, Nox	Priya, Jenny, Eindra	Maddie, Grace, Stephanie	Dahlia, Sarah	Claire, Cindy, Danna
1	not	m	m	m	m	m
2	not	m	m	f	m	m
3	not	m	f	m	m	f
4	not	f	f	f	f	f
5	not	f	m	f	f	f
6	not	m	m	m	f	f
7	not	f	f	m	f	m
8	not	m	f	f	m	f
9	not	m	f	f	m	f
10	not	m	f	m	f	f

그림 9.5 섞기 결과의 공유 스프레드시트 스냅샷(남성의 경우 m, 여성의 경우 f)

이 16개의 **섞인** 열 각각에 대해 승진율의 차이를 계산하여 <**그림 9.6**>에 그 분포를 히스토그램으로 표시했습니다. 우리는 또한 실제로 관찰된 승진율의 차이인 0.292 = 29.2%를 어두운 선으로 표시했습니다.

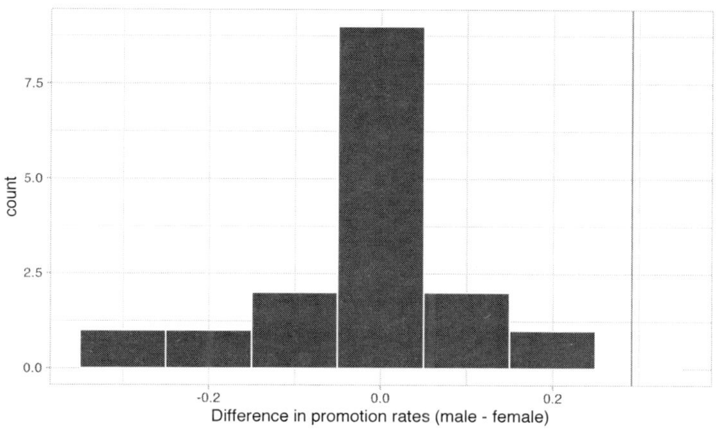

그림 9.6 프로모션에서 뒤섞인 차이의 분포

히스토그램의 분포에 대해 논의하기 전에 기억해야 할 핵심 사항을 강조해 보겠습니다. 이 히스토그램은 성 차별이 없는 **가상 세계**에서 관찰할 수 있는 승진율의 차이를 나타냅니다.

먼저 히스토그램이 대략 0을 중심으로 하고 있다는 것에 주목하세요. 승진율의 차이가 0이라는 말은 두 성별의 승진율이 같다는 말과 같습니다. 즉, 이 16개 값의 중심은 성 차별이 없는 가상 세계에서 기대할 수 있는 것과 일치합니다.

그러나 값의 중심은 0이지만 0에 대한 변동이 있습니다. 이는 성 차별이 없는 가상 세계에서도 우연적 **표집 변동**으로 인해 승진율에 작은 차이가 있을 수 있기 때문입니다. <**그림 9.6**>의 히스토그램을 보면 이러한 차이는 -0.292 또는 0.208처럼 극단적일 수도 있습니다.

실제 상황에서 관찰한 것에 주목해 보면 0.292 = 29.2%의 차이가 수직의 어두운 선으로 표시되어 있습니다. 성 차별이 없는 가상의 세계에서 이 차이를 관찰할 가능성은 얼마나 될까요? 의견은 분분하겠지만, 자주 관찰되지는 않을 거라고 생각합니다. 이제 한번 되물어봅시다. 이 결과는 우리의 성 차별이 없는 가상의 세계에 대해 무엇을 말해 주나요?

9.1.4 지금까지 한 작업이 무엇인가요?

이 활동에서 방금 설명한 것은 **순열 검정**을 사용한 **가설검정**이라는 통계적 절차입니다. '순열'은 '섞기'의 수학 용어로, 카드 놀이와 같이 일련의 값을 가져와서 무작위로 순서를 바꾸는 것을 뜻합니다.

사실 순열은 8장에서 수행한 붓스트랩 방법과 같은 **재표집**의 또 다른 형태입니다. 붓스트랩 방법에는 **복원** 재표집이 포함되지만 순열 방법에는 **비복원** 재표집이 포함됩니다.

8.1절에서 페니 동전과 모자를 나타내는 종이 쪽지를 사용한 우리의 연습을 생각해 보세요. 1페니를 표집한 후 다시 모자에 넣습니다. 이제 카드 한 덱을 생각해 봅시다. 뽑은 카드는 색을 기록한 다음 카드 덱에 다시 넣지 않았지요.

이전 예제에서 우리는 성 차별이 없다는 가상 세계의 타당성을 검정했습니다. 관찰한 48개의 이력서 표본에 포함된 증거는 우리의 가상 세계와 다소 일치하지 않았습니다. 따라서 우리는 이 가상 세계를 거부하고 증거에 성 차별이 나타난다고 여기는 경향이 있습니다.

8.6절에서 하품이 전염성이 있는지에 대한 수행했던 사례 연구를 떠올려 보세요. 이전 예제에서도 모비율의 알 수 없는 차이에 대한 추론을 포함합니다. 이번에는 $p_m - p_f$가 될 것입니다. 여기서 p_m는 승진 추천을 받은 남성 이름이 있는 이력서의 모비율이고 p_f

는 여성 이름이 있는 이력서의 모비율에 해당합니다. 이것이 <표 9.2>에서 지금까지 살펴본 추론 시나리오 중 하나라는 점을 기억하세요.

표 9.2 추론을 위한 표집 시나리오

시나리오	모집단 모수	표기	점추정치	기호
1	모집단 비율	p	표본 비율	$\hat{p}$
2	모집단 평균	μ	표본 평균	$\overline{x}$ 또는 $\hat{\mu}$
3	모집단 비율 차이	$p_1 - p_2$	표본 비율 차이	$\hat{p}_1 - \hat{p}_2$

따라서 n_m = 24명의 '남성' 지원자와 n_w = 24명의 '여성' 지원자로 구성된 표본을 기준으로 볼 때, $p_m - p_f$에 대한 **점추정치**는 **표본 비율의 차이**입니다. $\hat{p}_m - \hat{p}_f$ = 0.875 - 0.583 = 0.292 = 29.2%입니다. '남성' 이력서에 대한 선호도 차이가 0.292로 0보다 크다는 것은 남성에게 유리한 차별이 있음을 의미합니다.

그러나 우리가 스스로에게 던진 질문은 "이 차이가 0보다 의미 있게 큰가?"였습니다. 다시 말해, 이 차이가 실제 차별을 나타내는가 아니면 그냥 **표집 변동**을 나타내는가 하는 문제입니다. 가설검정을 통해 이러한 구분을 할 수 있습니다.

9.2 가설검정 이해하기!(어렵지 않아요.)

7.3절에서 살펴본 표집과 관련된 용어, 표기법 및 정의와 마찬가지로 가설검정과 관련된 용어, 표기법 및 정의도 많이 있습니다. 처음에는 이러한 용어를 배우는 것이 어렵게 느껴질 수 있습니다. 하지만 연습에 연습을 거듭하면 누구나 마스터할 수 있습니다.

첫째, **가설(hypothesis)**은 알려지지 않은 모수 값에 대한 진술입니다. 이력서 활동에서 관심 있는 모수는 모비율의 차이 $p_m - p_f$입니다. 가설검정은 이 책에서 다룰 다섯 가지 추론 시나리오 중 <표 7.5>의 모수와 여기서는 다루지 않을 더 고급 유형을 모두 포함할 수 있습니다.

둘째, **가설검정**은 (1) **귀무가설** H_0(영가설이라고도 함) 대 (2) **대립가설** H_A(H_1이라고도 함)의 두 가지 경쟁 가설 사이의 검정로 구성됩니다.

일반적으로 귀무가설은 '효과가 없다' 또는 '관심의 차이가 없다'는 주장입니다. 많은 경우, 귀무가설은 현상 유지 또는 흥미로운 일이 일어나지 않는 상황을 나타냅니다. 또한 일반적으로 대립가설은 실험자나 연구자가 입증하거나 뒷받침할 증거를 찾고자 하는 주장으로, 귀무가설 H_0에 대한 '도전자' 가설로 간주됩니다. 이력서 활동에서 적절한 가설검정은 다음과 같습니다.

$$H_0: \text{남성과 여성은 같은 비율로 승진한다.}$$
$$\text{vs } H_A: \text{남성이 여성보다 높은 비율로 승진한다.}$$

여기서 몇 가지 사항에 주목하세요. 먼저 우리는 승진율에 차이가 없다는 귀무가설 H_0와, 차이가 있다는 '도전자' 대립가설 H_A를 설정했습니다. 원칙적으로 이 두 가설을 뒤집는다고 해서 잘못되는 것은 아니지만, 통계적 추론에서는 '아무 일도 일어나지 않는' '무(無)' 상황을 반영하기 위해 귀무가설을 설정하는 것이 관례입니다. 앞서 논의한 것처럼, 이 경우 H_0은 승진율에 차이가 없음을 나타냅니다. 게다가 H_A는 남성이 **더 높은** 비율로 승진하는 것으로 설정했는데, 이는 남성이 더 높은 비율로 승진할 것이라는 사전 의심을 반영한 주관적인 선택입니다. 이러한 대안 가설을 **단측 대안**(one-sided alternatives)이라고 부릅니다. 하지만 이러한 의심과는 무관하게 단지 더 높든 낮든 차이가 있는지 여부만 조사하고자 한다면 **양측 대안**(two-sided alternatives)이라고 알려진 설정을 사용할 것입니다.

우리는 관심 있는 모수인 모비율의 차이 $p_m - p_f$에 대한 수학적 표기법을 사용하여 가설검정의 공식을 다시 표현할 수 있습니다.

$$H_0: p_m - p_f = 0$$
$$\text{vs } H_A: p_m - p_f > 0$$

대립가설 H_A가 $p_m - p_f > 0$으로 어떻게 한 방향인지 관찰합니다. 만약 양측 대안을 선택했다면, $p_m - p_f \neq 0$으로 설정했을 것입니다. 지금은 간단하게 하기 위해 더 단순한 단측 대안에 집중하겠습니다. 9.5절에서 양측 대안의 예를 제시하겠습니다.

셋째, **검정통계량(test statistic)**은 가설검정에 사용되는 **점추정치/표본통계** 공식입니다. 표본통계는 관측치 표본을 기반으로 한 요약통계량에 불과합니다. 3.3절에서 요약통계량은 많은 값을 입력받아 하나의 값만 반환한다는(돌려준다는) 것을 살펴보았습니다. 여기서 표본은 남성 이름이 있는 이력서 $n_m = 24$개와 여성 이름이 있는 이력서 $n_f = 24$개가 될 것입니다. 따라서 관심 있는 점추정치는 표본 비율의 차이 $\hat{p}_m - \hat{p}_f$입니다.

넷째, **관찰된 검정통계량(observed test statistic)**은 실제로 관찰한 검정통계의 값입니다. 이 경우 `promotions` 데이터 프레임에 저장된 데이터를 사용하여 이 값을 계산했습니다. 관찰된 차이는 $\hat{p}_m - \hat{p}_f = 0.875 - 0.583 = 0.292 = 29.2\%$로 남성 이름이 있는 이력서에 대한 선호도가 더 높았습니다.

다섯째, **귀무 분포(null distribution)**는 **귀무가설** H_0이 참이라고 가정할 때 검정통계의 표집분포입니다. 아이고! 설명이 너무 길죠? 천천히 풀어봅시다. 귀무 분포를 이해하기 위한 핵심은 귀무가설 H_0이 참이라고 가정한다는 것입니다. 이 시점에서 H_0이 참이라고 말하는 것이 아니라 가설검정 목적으로만 참이라고 **가정**하는 것입니다. 이 경우, 이는 승진율에 성 차별이 없는 가상 세계에 해당합니다. 'H_0 미만'이라고도 하는 귀무가설 H_0을 가정할 때, 표집 변동으로 인해 검정통계는 어떻게 달라질까요? 이 경우 H_0에서 표집으로 인해 표본 비율 $\hat{p}_m - \hat{p}_f$의 차이가 어떻게 달라질까요? 7.3.2절에서 표집 변동에 따라 달라지는 점추정치를 나타내는 분포를 표집분포라고 부른다고 했습니다. 여기에 더해, 귀무 분포는 귀무가설 H_0가 참이라고 가정한 표집분포라는 점을 염두에 두길 바랍니다.

이 경우 우리는 앞서 <**그림 9.6**>에서 귀무 분포를 시각화했고, 새로운 표기법과 용어를 사용하여 <**그림 9.7**>에 다시 표시했습니다. 이것은 성 차별이 없는 가상의 우주(유니버스)를 **가정**하여 친구들이 계산한 16개의 표본 비율 차이의 분포입니다. 또한 관찰된 검정통계량의 값인 0.292를 수직선으로 표시했습니다.

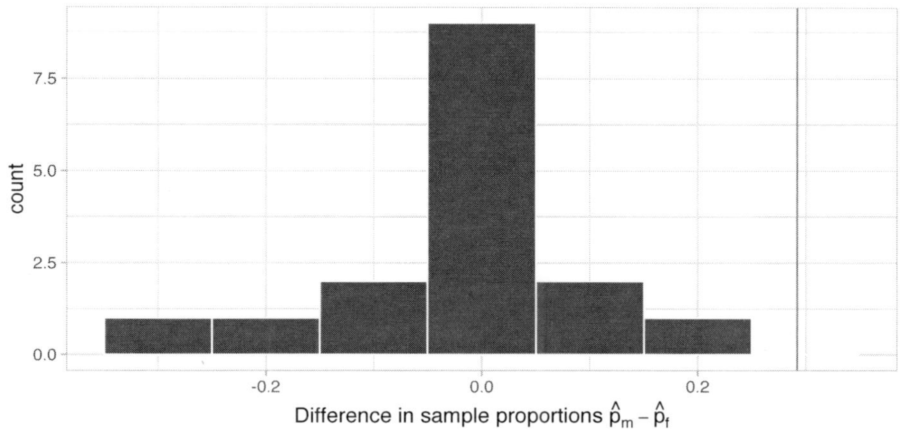

그림 9.7 귀무 분포 및 관찰된 검정통계량

여섯째, p값은 **귀무가설 H_0이 참이라고 가정할 때** 관측한 검정통계량과 똑같이 극단적이거나 더 극단적인 검정통계량을 얻을 확률입니다. 아이고야! 이것도 차근차근 풀어봅시다. 여러분에게 p값이 '놀라움'의 정량화로 보일지도 모르겠습니다. 즉, H_0가 참이라고 가정할 때 우리가 관찰한 것에 얼마나 놀랐을까요? 또는 우리의 경우, 성차별이 없다는 가설에서 H_0이 참이라고 가정했을 때 수집한 표본에서 승진율의 차이가 0.292라는 사실에 얼마나 놀랐을까요? 매우 놀랐나요? 약간 놀랐나요?

p값은 이 확률을 정량화합니다. <**그림 9.7**>에서 16개의 표본 비율 차이의 경우 어떤 비율이 더 '극단적인' 결과를 가져왔을까요? 여기서 극단적이란 '남성' 지원자가 '여성' 지

원자보다 더 높은 비율로 승진한다는 대립가설 H_A의 관점에서 정의됩니다. 즉, 남성에게 유리한 차별이 0.875 - 0.583 = 0.292 = 29.2%보다 **훨씬 더 뚜렷한 경우**는 얼마나 자주 발생했나요?

이 경우 16번 중 0번은 관찰된 차이인 0.292 = 29.2%보다 크거나 같은 비율의 차이를 얻었습니다. 매우 드문(실제로는 발생하지 않는) 결과입니다! 성차별이 존재하지 않는다고 가정된 세계에서 이처럼 뚜렷한 승진율 차이가 발생하는 경우는 매우 드물기 때문에, 우리는 가설을 **기각**(reject)하게 됩니다. 대신, 우리는 '남성' 지원자에게 유리한 차별이 존재한다는 가설을 선호합니다. 즉, 우리는 H_0을 거부하고 H_A을 선호합니다.

일곱째, 마지막으로 많은 가설검정 절차에서 일반적으로 검정 **유의수준**을 미리 설정하는 것이 좋습니다. 이는 그리스 문자 α('알파'로 발음)로 표시됩니다. 이 값은 p값에 대한 컷오프 역할을 하며, p값이 α 아래로 떨어지면 '귀무가설 H_0을 기각'합니다.

또는 p값이 α 아래로 떨어지지 않으면 우리는 'H_0을 기각할 수 없습니다'. 후자의 진술이 'H_0을 받아들인다'는 의미가 아니라는 사실에 유의하세요. 이 구분은 다소 미묘할 뿐더러 명확하지 않습니다. 이 내용은 9.4절 후반부에 다시 다뤄보겠습니다.

분야마다 다른 α값을 사용하는 경향이 있지만, 일반적으로 사용되는 α값은 0.1, 0.01, 0.05이며, 0.05는 사람들이 크게 고민하지 않고 자주 선택하는 값입니다. α 유의수준에 대해서는 9.4절에서 자세히 설명하지만, 먼저 `infer` 패키지를 사용하여 승진 활동에 해당하는 가설검정을 수행해 보겠습니다.

9.3 가설검정 해보기

8.4절에서는 신뢰구간을 구축하는 방법을 보여드렸습니다. 먼저 7.2.3항의 `dplyr` 데이터 랭글링 동사와 가상 삽으로 사용한 `rep_sample_n()` 함수를 사용하여 이 작업을 수행하는 방법을 설명했습니다. 특히, `rep_sample_n()` 함수에 `replace = TRUE` 인수를 설정하여 복원 재표집하여 신뢰구간을 구성했습니다.

그런 다음 `infer` 패키지 워크플로우를 사용해 동일한 작업을 수행하는 방법을 배웠습니다. 두 워크플로우 모두 신뢰구간을 구성할 수 있는 동일한 붓스트랩 분포를 생성하지만, `infer` 패키지 워크플로우에서는 <**그림 9.8**>의 전체 프로세스에서 각 단계가 강조됩니다. 동사로 직관적으로 명명된 함수 이름을 사용하여 이를 수행합니다.

1. 데이터 프레임에서 관심 있는 변수를 `specify()`합니다.
2. 교체가 포함된 붓스트랩 리샘플의 복제본을 `generate()`합니다.

3. 관심 있는 요약통계를 calculate()합니다.
4. 결과 붓스트랩 분포와 신뢰구간을 visualize()합니다.

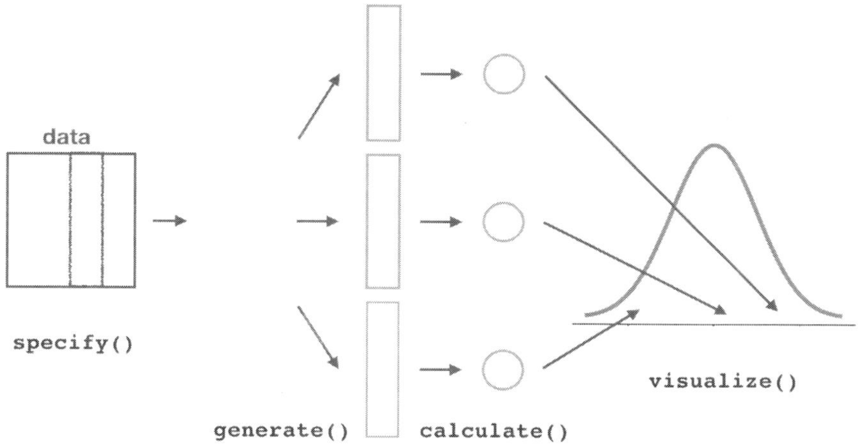

그림 9.8 infer 패키지를 사용해 구축한 신뢰구간

이 절에서, 우리는 이제 가설검정을 수행하기 위한 신뢰구간을 구축하기 위해 앞서 살펴봤던 infer 코드를 원활하게 수정하는 방법을 보여드리겠습니다. <**그림 9.9**>에서 볼 수 있듯이, specify() 단계와 generate() 단계 사이에 hypothesize() 단계가 추가된 것을 제외하고는 워크플로우의 기본 윤곽은 거의 동일합니다.

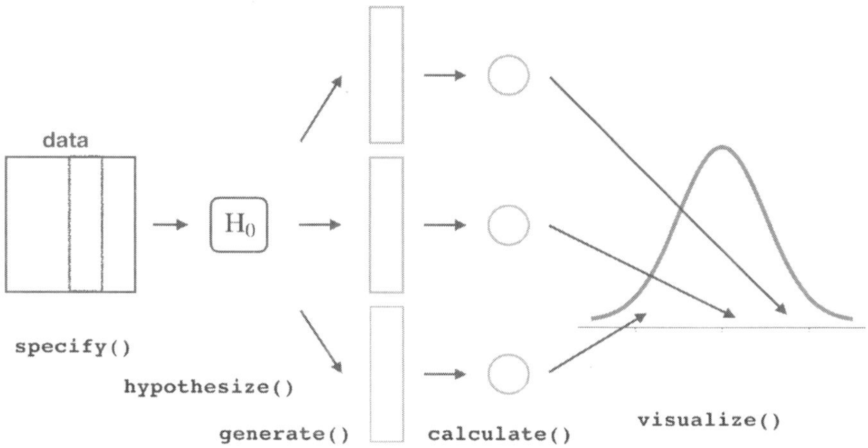

그림 9.9 infer 패키지를 활용한 가설검정

또한, 이 가설검정에는 미리 지정된 유의수준 α = 0.05를 사용합니다. 이 α값 선택에 대한 논의는 9.4절의 뒷부분에서 다루겠습니다.

9.3.1 infer 패키지 워크플로우

1. 변수 지정(specify)

응답변수를 지정하고 필요한 경우 연구에 대한 설명변수를 지정하기 위해 specify() 동사를 사용한다고 했습니다. 성별이 승진 결정에 미치는 잠재적 영향에 관심이 있으므로 응답변수로 decision, 설명변수로 gender를 설정합니다. 여기서 response는 데이터 프레임에서 응답변수의 이름이고 explanatory은 설명변수의 이름인 formula = response ~ explanatory을 사용합니다. 따라서 우리의 경우 decision ~ gender입니다.

또한, 승진하지 않은 이력서의 비율이 아니라 "promoted" 이력서의 비율에 관심이 있으므로 인수 success은 "promoted"으로 설정합니다.

```
promotions %>%
  specify(formula = decision ~ gender, success = "promoted")
```

```
Response: decision (factor)
 Explanatory: gender (factor)
 # A tibble: 48 x 2
    decision gender
     <fct>     <fct>
  1   promoted male
  2   promoted male
  3   promoted male
  4   promoted male
  5   promoted male
  6   promoted male
  7   promoted male
  8   promoted male
  9   promoted male
 10  promoted male
 # ... with 38 more rows
```

promotions 데이터 자체는 변경되지 않지만 Response: decision (factor)와 Explanatory: gender (factor) meta-data는 변경된다는 점을 다시 한번 강조해야겠군요. 이는 3.4절에서 살펴본 것처럼 dplyr의 group_by() 동사가 데이터를 변경하지 않고 오직 '그룹화' 메타데이터만 추가하는 것과 유사합니다.

2. 귀무가설 세우기(hypothesize)

infer 워크플로우를 사용하여 가설검정을 수행하려면 신뢰구간에는 없는 새로운 단계인 hypothesize()가 필요합니다. 9.2절에서 다룬 것처럼 가설검정은 다음과 같습니다.

$$H_0 : p_m - p_f = 0$$
$$\text{vs. } H_A : p_m - p_f > 0$$

즉, '가상 세계'에 해당하는 귀무가설 H_0은 성별에 따른 차별 비율에 차이가 없다는 의미입니다. infer 워크플로우에서 hypothesize() 함수의 null 인수를 사용하면 귀무가설 H_0을 다음 중 하나로 설정할 수 있습니다.

- 단일 표본과 관련된 가설이라면 "point"
- 두 표본과 관련된 가설이라면 "independence"

여기서는 표본이 두 개('남성'과 '여성' 이름의 이력서)이므로 null = "independence"로 설정합니다.

```
promotions %>%
  specify(formula = decision ~ gender, success = "promoted") %>%
  hypothesize(null = "independence")
```

```
Response: decision (factor)
 Explanatory: gender (factor)
 Null Hypothesis: independence
 # A tibble: 48 x 2
    decision gender
       <fct>   <fct>
  1    promoted male
  2    promoted male
  3    promoted male
  4    promoted male
  5    promoted male
  6    promoted male
  7    promoted male
  8    promoted male
  9    promoted male
 10  promoted male
 # ... with 38 more rows
```

다시 말하지만, 데이터는 아직 변경되지 않았습니다. 이 작업은 다음 generate() 단계에서 수행되며, 지금은 메타데이터를 설정하는 단계에 불과합니다.

"point"와 "independence"이라는 용어는 어디에서 유래한 것일까요? 두 용어는 통계의 기술적 용어(technical statistical term)입니다. '점'이라는 용어는 단일 관찰 그룹에 대해 단일 점의 값을 검정한다는 사실과 관련이 있습니다. 8장의 페니 예제로 돌아가서, 모든 미국 페니의 평균 연도가 1993년과 같은지 아닌지를 검정해 보고 싶다고 가정해 보겠습니다. 다음과 같이 모든 미국 동전의 평균 연도인 '점' μ의 값을 검정할 수 있습니다.

$$H_0 : \mu = 1993$$
$$\text{vs } H_A : \mu \neq 1993$$

'독립성'이라는 용어는 두 관찰 그룹에 대해 응답변수가 그룹을 할당하는 설명변수와 독립적인지 여부를 검정한다는 사실과 관련이 있습니다. 이 경우에는 decision 응답 변수가 각 이력서를 두 그룹 중 하나에 할당하는 설명변수 gender와 '독립적'인지를 검정하고 있습니다.

3. 복제본 생성(generate)

가설을 hypothesize()한 후, 가설이 참이라고 가정하고 '섞인' 데이터셋의 복제본을 generate()합니다. 9.1절에서 수행한 섞기 연습을 여러 번 반복하여 이를 수행합니다. 친구 그룹이 한 것처럼 16번만 반복하는 것이 아니라, generate() 함수에서 reps = 1000을 설정하여 컴퓨터를 사용하여 이 작업을 1000번 반복해 보겠습니다. 그러나 type = "bootstrap"으로 설정한 복원 재표집을 사용하여 복제본을 생성한 신뢰구간과 달리 이번에는 type = "permute"를 설정하여 섞기/순열을 수행합니다. 섞기/순열도 재표집의 일종이지만 붓스트랩 방법과 달리 **비복원** 재표집한다는 점을 유념하세요.

```
promotions_generate <- promotions %>%
  specify(formula = decision ~ gender, success = "promoted") %>%
  hypothesize(null = "independence") %>%
  generate(reps = 1000, type = "permute")
nrow(promotions_generate)
```

```
[1] 48000
```

결과 데이터 프레임에 48,000개의 행이 있습니다. 이는 48개 행 각각에 대해 섞기/순열을 1000회 수행하여 48,000 = 1000·48이 되었기 때문입니다. View()를 사용하여 promotion_generate 데이터 프레임을 탐색하면, replicate 변수가 각 행이 속한 재표집을 나타내는 것을 알 수 있습니다. 따라서 값 1의 48회, 값 2의 48회, 값 1000의 48회까지 모두 포함됩니다.

4. 요약통계 계산하기(calculate)

이제 귀무가설이 참이라고 가정하고 '섞기'의 복제본 1000개를 생성했으므로, 1000개의 섞기 각각에 대해 적절한 요약통계를 **calculate()**해 보겠습니다. 9.2절에서 가설검정과 관련된 점추정치는 검정통계량이라는 구체적인 이름을 가집니다. 우리가 알고자 관심을 갖는 모수는 모비율의 차이 $p_m - p_f$이므로, 여기서 검정통계량은 표본 비율의 차이 $\hat{p}_m - \hat{p}_f$입니다.

1000개의 섞기 각각에 대해 **stat = "diff in props"**로 설정하여 이 검정통계량을 계산할 수 있습니다. 또한 우리는 $\hat{p}_m - \hat{p}_f$에 관심이 있으므로 **order = c("male", "female")**로 설정합니다. 앞서 설명했듯이, 분석 전반에 걸쳐 일관성을 유지하고 그에 따라 해석을 조정하는 한 뺄셈의 순서는 중요하지 않습니다.

결과를 **null_distribution**이라는 데이터 프레임에 저장해 봅시다.

```
null_distribution <- promotions %>%
  specify(formula = decision ~ gender, success = "promoted") %>%
  hypothesize(null = "independence") %>%
  generate(reps = 1000, type = "permute") %>%
  calculate(stat = "diff in props", order = c("male", "female"))
null_distribution
```

```
# A tibble: 1,000 x 2
   replicate   stat
     <int>     <dbl>
1    1         -0.0416667
2    2         -0.125
3    3         -0.125
4    4         -0.0416667
5    5         -0.0416667
6    6         -0.125
7    7         -0.125
8    8         -0.125
9    9         -0.0416667
10  10         -0.0416667
# ... with 990 more rows
```

성 차별이 없는 가상의 세계에서 $\hat{p}_m - \hat{p}_f$의 한 예를 각각 나타내는 1000개의 통계 값이 있다는 것을 관찰합니다. 이 데이터 프레임의 이름을 null_distribution으로 신중하게 선택했습니다. 9.2절에서 귀무가설 H_0이 참이라고 가정할 때 표집분포는 **귀무 분포**라는 특별한 이름을 가진다는 것을 다시 한 번 떠올려 보세요. **관찰된** 승진율의 차이는 무엇일까요? 다시 말해, 관찰된 검정통계량 $\hat{p}_m - \hat{p}_f$는 무엇인가요? 9.1절에서 이 관찰된 차이를 직접 계산하여 0.875 - 0.583 = 0.292 = 29.2%가 됐습니다. 이전의 infer 코드를 사용하여 hypothesize()와 generate() 단계를 제거한 상태에서 이 값을 계산할 수도 있습니다. 이 값을 obs_diff_prop에 저장해 봅시다.

```
obs_diff_prop <- promotions %>%
  specify(decision ~ gender, success = "promoted") %>%
  calculate(stat = "diff in props", order = c("male", "female"))
obs_diff_prop
```

```
# A tibble: 1 x 1
      stat
     <dbl>
1 0.291667
```

5. p값(p-value) 시각화(visualize)

마지막 단계는 성 차별이 없는 가상 세계에서 29.2%의 승진 차이가 얼마나 놀라운 결과인지 측정하는 것입니다. 관측된 차이가 0.292일 가능성이 매우 낮다면, 우리는 가상 세계의 타당성을 거부하려 할 것입니다.

먼저 <그림 9.10>의 visualize()를 사용하여 $\hat{p}_m - \hat{p}_f$의 1000개 값의 **귀무 분포**를 시각화합니다. 이는 H_0이 참이라고 가정했을 때 승진율의 차이를 나타내는 값으로, 성 차별이 없는 가상 세계에 해당합니다.

```
visualize(null_distribution, bins = 10)
```

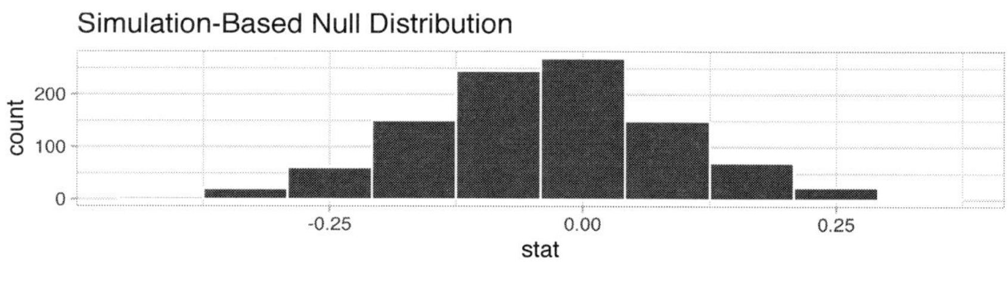

그림 9.10 귀무 분포

이제 실제 상황을 <**그림 9.10**>에 추가해 보겠습니다. 즉 0.875-0.583=0.292=29.2%의 승진율 차이가 관측됩니다. 하지만 단순히 `geom_vline()`을 사용하여 수직선을 추가하는 대신 `obs_diff_prop`에 저장한, 관찰된 검정통계량의 값으로 설정된 `obs_stat`와 함께 `shade_p_value()` 함수를 사용해 보겠습니다.

또한 대립가설 $H_A : p_m - p_f > 0$을 반영하여 `direction = "right"`로 인수를 설정합니다. 대립가설 H_A는 $p_m - p_f > 0$으로, 남성 이름이 있는 이력서에 유리한 승진율 차이가 있다는 가설을 떠올려 보세요. 여기서 '더 극단적'이란 '더 큰' 또는 '더 긍정적인' 또는 '더 오른쪽에 있는' 차이에 해당합니다. 따라서 `shade_p_value()`의 `direction` 인수를 `"right"`으로 설정했습니다.

반면에 대립가설 H_A가 다른 가능한 일방적 대안인 $p_m - p_f < 0$으로 여성 이름이 있는 이력서에 대한 차별을 시사하는 경우 `direction = "left"`로 인수를 설정했을 것입니다. 만약 우리의 대립가설 H_A가 양면 $p_m - p_f \neq 0$로 어느 방향이든 차별을 시사한다면 인수를 `direction = "both"`로 설정했을 것입니다.

```
visualize(null_distribution, bins = 10) +
  shade_p_value(obs_stat = obs_diff_prop, direction = "right")
```

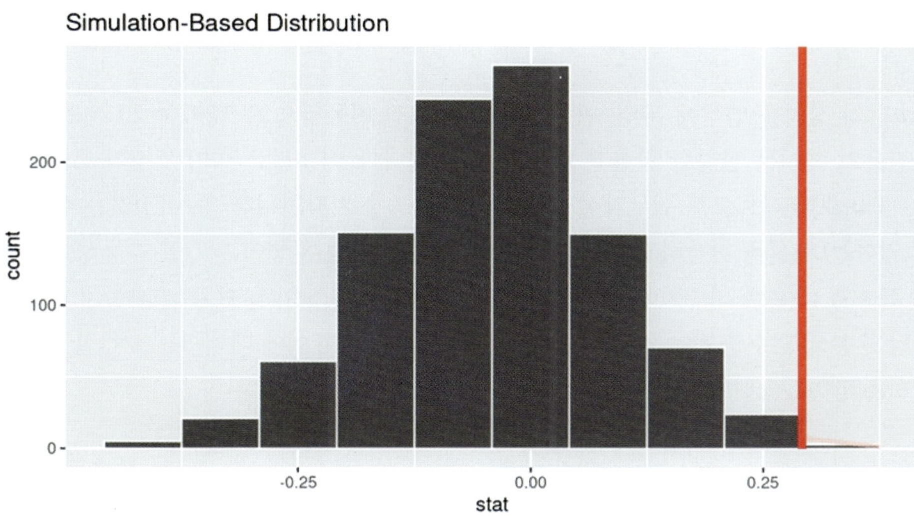

그림 9.11 p값을 표시하는 음영 히스토그램

결과로 도출된 <**그림 9.11**>에서 어두운 색 실선은 0.292 = 29.2%를 표시합니다. 하지만 음영 처리된 영역은 무엇에 해당할까요? 바로 p값입니다. 9.2절에서 p값의 정의를 상기해 보겠습니다.

---

p값은 귀무가설 H_0이 참이라고 가정할 때 관측된 검정통계량과 같거나 더 극단적인 검정통계량을 얻을 확률입니다.

<그림 9.11>의 음영 처리된 영역으로 판단할 때, 성 차별이 없는 가상 세계에서는 0.292 = 29.2% 이상의 승진율 차이를 관찰하는 경우가 다소 드물 것으로 보입니다. 즉, p값이 다소 작다는 뜻입니다. 따라서 이 가상 세계를 거부하는 경향이 있거나 통계 언어를 사용하여 'H_0을 기각'할 것입니다.

귀무 분포의 어떤 부분이 음영 처리될까요? 다시 말해, p값의 정확한 값은 무엇일까요? shade_p_value() 코드와 동일한 인수를 가진 get_p_value() 함수를 사용해 계산을 수행할 수 있습니다.

```
null_distribution %>%
  get_p_value(obs_stat = obs_diff_prop, direction = "right")
```

```
# A tibble: 1 x 1
  p_value
    <dbl>
1   0.027
```

p값의 정의를 염두에 두면, 귀무 분포에서 표집 변동만으로 0.292 = 29.2%만큼 큰 승진율의 차이를 관찰할 확률은 0.027 = 2.7%입니다. 이 p값은 미리 지정한 유의수준 α = 0.05보다 작으므로 귀무가설 $H_A : p_m - p_f = 0$을 기각합니다. 즉, 이 p값은 성 차별이 없다는 가설을 기각하기에 충분히 작습니다. 대신 성 차별이 원인일 가능성이 있다는 쪽으로 마음을 바꾸기에 충분한 증거가 있습니다. 귀무가설 H_0을 거부할지 여부는 상당 부분 유의수준 α의 선택에 달려 있음을 시사합니다. 이에 대해서는 9.4.3절에서 자세히 설명하겠습니다.

9.3.2 신뢰구간과 비교하기

infer 패키지의 가장 큰 장점 중 하나는 최소한의 변경으로 가설검정 수행과 신뢰구간 구성 사이를 원활하게 이동할 수 있다는 것입니다. 이전 절에서 p값 계산에 필요한 귀무 분포를 생성했던 코드를 떠올려 보세요.

```
null_distribution <- promotions %>%
  specify(formula = decision ~ gender, success = "promoted") %>%
  hypothesize(null = "independence") %>%
  generate(reps = 1000, type = "permute") %>%
  calculate(stat = "diff in props", order = c("male", "female"))
```

$p_m - p_f$에 대한 95% 신뢰구간을 구성하는 데 필요한 해당 붓스트랩 분포를 생성하려면 두 가지 변경 사항만 수행하면 됩니다. 먼저, 더 이상 귀무가설 H_0이 참이라고 가정하지 않으므로 **hypothesize()** 단계를 제거합니다. 이 작업은 **hypothesize()** 코드 줄을 삭제하거나 주석 처리하면 됩니다. 둘째, **generate()** 단계의 재표집 **type**을 **"permute"** 대신 **"bootstrap"**으로 전환합니다.

```
bootstrap_distribution <- promotions %>%
  specify(formula = decision ~ gender, success = "promoted") %>%
  # Change 1 - Remove hypothesize():
  # hypothesize(null = "independence") %>%
  # Change 2 - Switch type from "permute" to "bootstrap":
  generate(reps = 1000, type = "bootstrap") %>%
  calculate(stat = "diff in props", order = c("male", "female"))
```

이 **bootstrap_distribution**을 사용해서 먼저 8.4절에서 했던 것처럼 백분위수 기반 신뢰구간을 계산해 봅시다.

```
percentile_ci <- bootstrap_distribution %>%
  get_confidence_interval(level = 0.95, type = "percentile")
percentile_ci
```

```
# A tibble: 1 x 2
     `2.5%`   `97.5%`
      <dbl>     <dbl>
1 0.0444444  0.538542
```

8.5.2항의 95% 신뢰구간에 대한 간단한 해석을 사용하면 인구 비율 $p_m - p_f$의 실제 차이가 (0.044, 0.539) 사이라고 95% '신뢰'할 수 있습니다. <**그림 9.12**>에서 **bootstrap_distribution**과 $p_m - p_f$에 대한 백분위수 기반 95% 신뢰구간을 시각화해 봅시다.

```
visualize(bootstrap_distribution) +
  shade_confidence_interval(endpoints = percentile_ci)
```

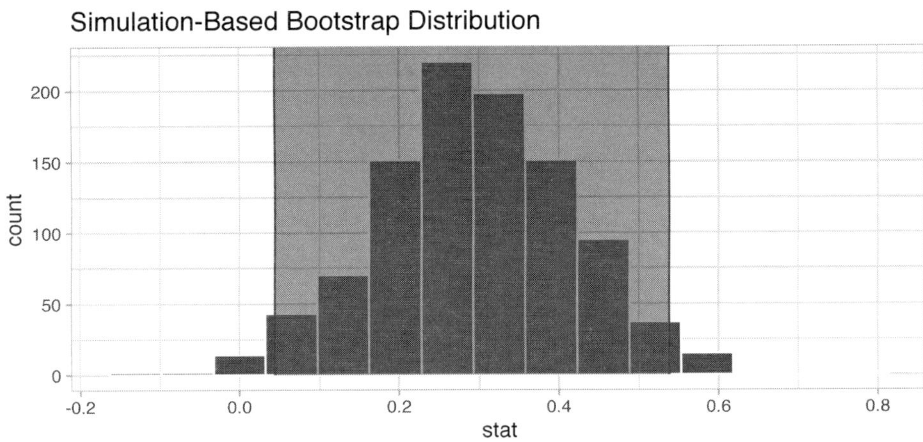

그림 9.12 백분위수 기반 95% 신뢰구간

$p_m - p_f$에 대한 95% 신뢰구간에 포함되지 않는 키 값인 0을 주목하세요. 즉, 0의 차이는 우리의 그물에 포함되지 않았으므로 p_m와 p_f가 실제로 다르다는 것을 의미합니다. 또한 $p_m - p_f$에 대한 95% 신뢰구간의 전체가 0 위에 있는 것을 보면 이 차이가 남성에게 유리하다는 것을 알 수 있습니다.

붓스트랩 분포가 대략 정규분포 형태인 것처럼 보이기 때문에 8.4절에서와 같이 표준오차 방법을 사용할 수도 있습니다. 이 경우, 관찰된 승진율 차이 0.292 = 29.2%를 `obs_diff_prop`에 저장한 값으로 `point_estimate` 인수를 지정해야 합니다. 이 값은 신뢰구간의 중심 역할을 합니다.

```
se_ci <- bootstrap_distribution %>%
  get_confidence_interval(level = 0.95, type = "se",
                          point_estimate = obs_diff_prop)
se_ci
```

```
# A tibble: 1 x 2
      lower    upper
      <dbl>    <dbl>
1 0.0514129 0.531920
```

bootstrap_distribution을 다시 시각화해 보겠습니다. 이번에는 <**그림 9.13**>에서 $p_m - p_f$에 대한 표준오차 기반 95% 신뢰구간을 표시해 보겠습니다. 다시 한 번, 신뢰구간에 0 값이 포함되지 않은 것을 보면 p_m와 p_f가 실제로 다르다는 것을 알 수 있습니다.

```
visualize(bootstrap_distribution) +
  shade_confidence_interval(endpoints = se_ci)
```

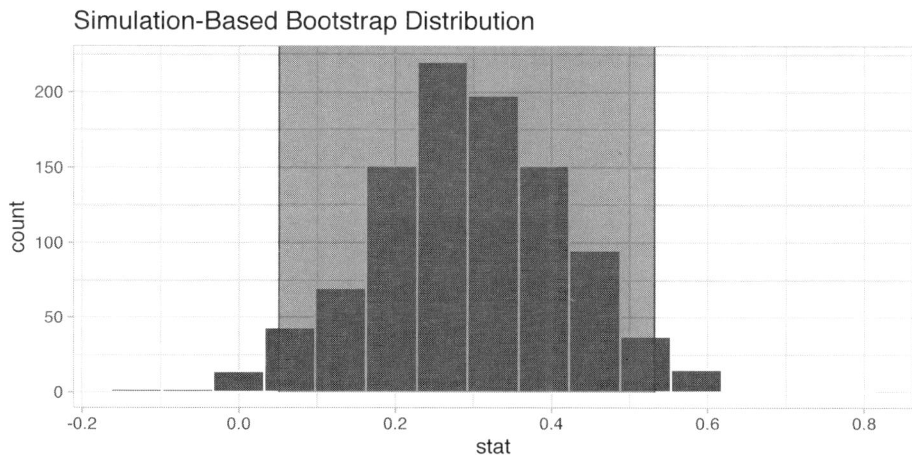

그림 9.13 표준오차 기반 95% 신뢰구간

| 학습 확인 |

(LC9.1) 승진율의 차이 평균 대신 중앙값을 사용하여 남성과 여성의 승진율을 비교하는 동일한 가설검정 및 신뢰구간 분석을 수행합니다. 수행 과정에서 나타난 차이점과 공통점은 무엇인가요?

(LC9.2) 표본 비율의 분포가 성별에 따른 승진율의 모집단 분포에 대한 좋은 근사치가 될 것이라고 비교적 신뢰하는 이유는 무엇인가요?

(LC9.3) p값의 정의를 사용하여, 남성과 여성의 승진율을 비교하는 가설검정에서 p값이 나타내는 바가 무엇인지 기술하세요.

9.3.3 "검정은 하나뿐!"

9.2절에서 살펴본 표집 관련 용어, 표기법 및 정의와 9.3.1항의 infer 워크플로우를 사용하여 가설검정을 수행하는 데 필요한 단계를 요약해 보겠습니다.

1. 데이터 프레임에서 관심 있는 변수를 specify()합니다.

2. 귀무가설 H_0을 `hypothesize()`합니다. 즉, H_0이 참이라고 가정하여 '우주 모델'을 설정합니다.
3. `generate()`는 섞을 때 H_0이 참이라고 가정합니다. 즉, H_0이 참이라고 가정하고 데이터를 **시뮬레이션**합니다.
4. 관찰된 데이터와 시뮬레이션된 데이터 모두에 대해 관심 있는 **검정통계**를 `calculate()`합니다.
5. 결괏값 **귀무 분포**를 `visualize()`하고 귀무 분포를 관찰된 검정통계와 비교하여 p값을 계산합니다.

가설검정을 처음 접하는 사람에게는 낯선 내용이 많을 겁니다. 하지만 이 일반적인 프레임워크만 이해하면 어떤 가설검정도 이해할 수 있답니다. 컴퓨터 과학자 앨런 다우니는 유명한 블로그 게시물에서 이것을 '검정은 하나뿐' 프레임워크이라고 불렀으며, 이를 뒷받침하는 순서도인 <**그림 9.14**>를 만들었습니다.

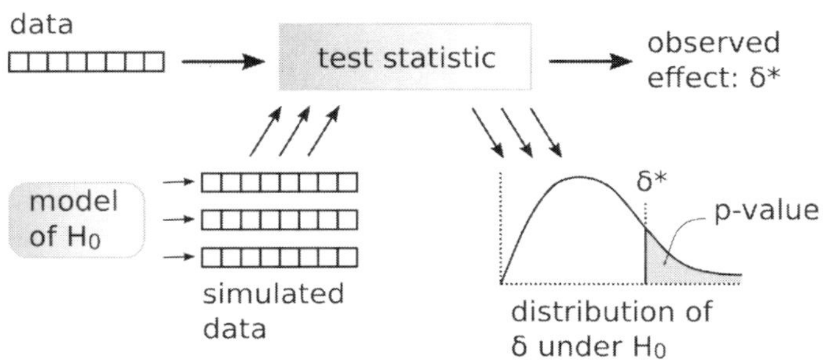

그림 9.14 앨런 다우니의 가설검정 프레임워크

앞서 본 <**그림 9.9**>의 '`infer`을 통한 가설검정' 다이어그램과 유사하다는 사실을 혹시 눈치채셨을까요? 이는 `infer` 패키지가 '검정은 하나뿐' 프레임워크와 일치하도록 명시적으로 설계되었기 때문입니다. 따라서 프레임워크를 이해할 수 있다면 모든 가설검정 시나리오에서 이러한 아이디어를 쉽게 일반화할 수 있습니다. 모비율 p에 대해 모평균 μ, 모비율의 차이 $p_1 - p_2$, 모평균의 차이는 $\mu_1 - \mu_2$를 의미하며, 10장 <회귀 추론>에서 볼 수 있듯이 모집단 회귀 기울기도 β_1입니다. 이 예제보다 더 복잡한 가설검정과 검정통계에도 폭넓게 적용할 수 있습니다.

| 학습 확인 |

(LC9.4) 성별에 따른 승진율에 통계적 차이가 있는지 밝혀내기 위한 연구에서 앨런 다우니의 다이어그램을 어떻게 사용할 수 있는지 한 문단으로 기술하세요.

9.4 가설검정 결과의 해석

가설검정의 결과를 해석하는 것은 통계적 추론을 위한 방법에서 가장 어려운 단계 중 하나입니다. 이 절에서는 프로세스를 해독하고 몇 가지 일반적인 오해를 해결하는 데 도움이 되는 방법을 중점적으로 살펴보겠습니다.

9.4.1 두 가지의 가능한 결과

9.2절에서 우리는 사전 지정된 유의수준 α가 주어지면 가설검정의 두 가지 가능한 결과가 있음을 언급했습니다.

- p값이 α보다 작으면 귀무가설 H_0을 기각하고 H_A를 지지합니다.
- p값이 α보다 크거나 같으면 귀무가설 H_0을 기각하지 못합니다.

안타깝게도 후자의 결과는 종종 '귀무가설 H_0 수용'으로 잘못 해석되곤 합니다. 언뜻 보기에 'H_0 기각 실패'와 'H_0 수용'이라는 문구가 비슷해 보일 수 있지만, 실제로는 미묘한 차이가 있습니다. '귀무가설 H_0을 받아들인다'는 것은 곧 '귀무가설 H_0을 참이라고 생각한다'는 의미입니다. 하지만 '귀무가설 H_0을 기각하지 못한다'는 이와는 다른 의미를 가집니다. 'H_0이 여전히 거짓일 수 있지만, 그렇게 말할 증거가 충분하지 않다'를 나타내는 말입니다. 즉, 증거가 충분하지 않다는 뜻입니다. 하지만 증거의 부재가 없음의 증거는 아닙니다.

이러한 차이를 더욱 조명하기 위해 미국의 형사 사법 제도를 비유로 들어 보겠습니다. 미국의 형사 재판은 재판 중인 피고인에 대해 두 가지 상반된 주장 중 하나를 선택해야 하는 가설검정과 유사한 상황입니다.

1. 피고가 진정으로 '무죄'이거나 '유죄'입니다.
2. 피고는 '유죄로 입증되기 전까지는 무죄'로 추정됩니다.
3. 피고가 유죄라는 **강력한 증거**가 있는 경우에만 피고에게 유죄가 선고됩니다. '합리적 의심의 여지가 없을 정도로'라는 문구는 종종 피고에게 유죄를 선고할 수 있는 충분한 증거가 존재하는 경우의 컷오프를 결정하는 지침으로 사용됩니다.
4. 피고는 최종 평결에서 '무죄' 또는 '유죄'로 판명됩니다.

즉, **무죄**(not guilty) 평결은 피고가 **무죄**(innocent)라는 뜻이 아니라 '피고가 실제로는 유죄일 수 있지만, 이 사실을 입증할 증거가 충분하지 않다'는 뜻입니다. 이제 가설검정과 연결해 보겠습니다.

1. 귀무가설 H_0 또는 대안 가설 H_A 중 하나가 참입니다.
2. 가설검정은 귀무가설 H_0이 참이라고 가정하여 수행됩니다.
3. 표본에서 발견된 증거가 H_A가 참임을 시사하는 경우에만 H_A에 찬성하여 귀무가설 H_0을 거부합니다. 유의수준 α는 얼마나 강력한 증거가 필요한지에 대한 임계값을 설정하는 지침으로 사용됩니다.
4. 궁극적으로 'H_0을 기각하지 못함' 또는 'H_0을 기각'하기로 결정합니다.

직감적으로 'H_0을 기각하지 못함'과 'H_0을 수락함'이 동등한 진술이라고 생각할 수 있지만, 실제로는 그렇지 않습니다. 'H_0을 받아들인다'는 것은 피고에게 무죄를 선고하는 것과 같습니다. 그러나 법원은 피고가 '무죄'인 이유를 찾는 것이 아니라, '유죄가 아님'의 이유를 찾습니다. 달리 말하면, 변호사는 의뢰인이 무죄라는 것을 증명할 필요가 없으며, 의뢰인이 '합리적인 의심을 넘어서는 유죄'가 아니라는 것만 증명하면 됩니다.

9.3절의 이력서 활동으로 돌아가서, 가설검정에서 $H_0 : p_m - p_f = 0$ 대 $H_A : p_m - p_f > 0$이었고 사전 지정된 유의수준인 $\alpha = 0.05$를 사용했다는 점을 떠올려 보세요. 우리는 0.027의 p값을 발견했습니다. p값이 $\alpha = 0.05$보다 작았으므로 H_0을 거부했습니다. 즉, 이 특정 표본에서 H_0이 유의수준 $\alpha = 0.05$에서 거짓이라고 말하기 위해 필요한 수준의 증거를 발견했습니다. 또한 비통계적 언어를 사용하여 이 결론을 명시합니다. "우리는 이 데이터에서 성 차별이 있었다는 것을 시사하는 충분한 증거를 찾았습니다."

9.4.2 오류의 종류(I종 오류와 II종 오류)

안타깝게도, 배심원이나 판사가 형사 재판에서 잘못된 평결에 도달해 잘못된 결정을 내릴 가능성이 있습니다. 예를 들어, 정말 무고한 피고인에게 '유죄'를 선고할 수 있습니다. 또는 반대로 정말 유죄인 피고인에게 '무죄'를 선고할 수도 있습니다. 이는 검사가 살펴볼 수 있는 증거가 경찰이 찾아낸 증거에 국한되어 있기에 벌어지는 일입니다.

가설검정도 마찬가지입니다. 우리도 모집단의 데이터 표본만 가지고 있기 때문에 모수에 대한 잘못된 결정을 내릴 수 있고, 따라서 표집 변동으로 인해 잘못된 결론에 도달할 수 있습니다.

형사 재판에서는 (1) 정말 무고한 사람이 유죄로 판결되거나 (2) 정말 유죄인 사람이 무죄로 판결되는 두 가지 잘못된 결론이 나올 수 있습니다. 유사하게 가설검정에서도 (1) 실제로는 H_0이 참인데도 H_0을 거부하는 경우(**I종 오류**) 또는 (2) 실제로는 H_0이 거짓인데도 H_0을 거부하지 않는 경우(**II종 오류**)의 두 가지 오류가 발생할 수 있습니다. 'I종 오류' 대신 사용되는 또 다른 용어는 '위양성(false positive)'이고, 'II종 오류' 대신 사용되는 또 다른 용어는 '위음성(false negative)'입니다.

이러한 오류의 위험은 연구자가 전수 조사를 수행하는 대신 표본을 기반으로 추론하기 위해 지불하는 대가입니다. 그러나 우리가 지금까지 수많은 사례와 활동에서 보았듯이 전수 조사는 비용이 많이 들고 불가능할 때도 있기 때문에 연구자들은 표본을 사용할 수밖에 없습니다. 따라서 표본을 기반으로 하는 모든 가설검정에서 우리는 어느 정도의 I종 오류와 II종 오류가 발생할 가능성을 용인할 수밖에 없습니다.

I종 오류와 II종 오류의 개념을 이해하는 데 도움이 되도록 <**그림 9.15**>의 형사 사법 비유에 이 용어를 적용합니다.

	실제로 무죄	실제로 유죄
판결		
무죄 판결	참	II종 오류
유죄 판결	I종 오류	참

그림 9.15 형사 재판에서의 I종 오류와 II종 오류

따라서 I종 오류는 정말 무고한 사람을 감옥에 넣는 것에 해당하고, II종 오류는 정말 유죄인 사람을 풀어주는 것에 해당합니다. 가설검정에 해당하는 표를 <**그림 9.16**>에 표시해 봅시다.

	H_0 참	H_A 참
판결		
H_0 기각 실패	참	II종 오류
H_0 기각	I종 오류	참

그림 9.16 가설검정의 I종 오류와 II종 오류

9.4.3 어떻게 알파를 고르냐고요?

만약 표본을 사용하여 모집단에 대한 추론을 하는 경우, 오류가 발생할 위험이 있습니다. 신뢰구간에서의 '오류'는 모수의 실제 값을 포함하지 않는 신뢰구간을 구성하는 것입니다. 가설검정에서의 오류는 I종 오류 또는 II종 오류를 발생시키는 것입니다. 당연히 두 가지 오류가 발생할 확률을 최소화하여 잘못된 결론을 내릴 확률을 낮추어야겠지요.

- I종 오류가 발생할 확률은 α로 표시됩니다. α의 값을 가설검정의 **유의수준**이라고 하며, 9.2절에서 정의했습니다.

- II종 오류의 확률은 β로 표시됩니다. 1-β의 값을 가설검정의 **검정력**(power)이라고 합니다.

즉, α는 실제로 H_0이 참일 때 H_0를 잘못 기각할 확률에 해당합니다. 반면에 β는 실제로 H_0이 거짓일 때 잘못으로 H_0을 기각하지 못할 확률에 해당합니다.

이상적으로 우리는 $\alpha = 0$, $\beta = 0$, 즉 두 오류의 확률이 모두 0이기를 원합니다. 그러나 추론을 위해 표집하는 모든 상황에서 그럴 수는 없습니다. 표본 데이터를 사용할 때는 항상 두 가지 오류 중 하나가 발생할 가능성이 있습니다. 게다가 이 두 가지 오류 확률은 반비례 관계에 있습니다. I종 오류의 확률이 낮아지면 II종 오류의 확률은 높아진다는 뜻이죠.

일반적으로 실무에서는 유의수준 α를 미리 지정하여 I종 오류의 확률을 수정한 다음 β를 최소화하려고 노력합니다. 즉, 귀무가설 H_0에 대한 잘못된 기각 비율을 일정 부분 허용한 다음 H_0에 대한 잘못된 비기각 비율을 최소화하려고 노력합니다.

예를 들어 우리가 $\alpha = 0.01$을 사용했다면, 장기적으로 귀무가설 H_0을 1%의 확률로 잘못 기각하는 가설검정 절차를 사용하게 되는 것입니다. 이는 신뢰구간의 신뢰 수준을 설정하는 것과 유사합니다.

그렇다면 α에는 어떤 값을 사용해야 할까요? 사용 분야마다 규칙이 다르지만 일반적으로 사용되는 값으로는 0.10, 0.05, 0.01, 0.001 등이 있습니다. 그러나 상대적으로 작은 값인 α를 사용하면 모든 것이 동일할 때 p값이 α보다 작아지기가 더 어렵다는 점을 명심해야 합니다. 따라서 귀무가설을 기각하는 횟수가 줄어듭니다. 다시 말해, 우리는 **매우 강력한**(very strong) 증거가 있는 경우에만 귀무가설 H_0을 기각할 것입니다. 이를 '보수적(conservative)' 검정이라고 합니다.

반면에 상대적으로 큰 값인 α를 사용했다면, 모든 것이 동일하다면 p값이 α보다 작을 가능성이 더 높습니다. 따라서 우리는 귀무가설을 더 자주 기각할 수 있습니다. 다시 말해, 우리는 **약한**(mild) 증거만 있어도 귀무가설 H_0을 기각할 것입니다. 이를 '관대한(liberal)' 검정이라고 합니다.

| 학습 확인 |

(LC9.5) 미국의 형사 재판 시스템에 근거하여 "피고는 무죄(innocent)입니다."라고 말하는 것은 어떤 문제가 있나요?

(LC9.6) 가설검정의 목적은 무엇일까요?

(LC9.7) 가설검정의 결점은 무엇일까요? 그런 결점을 완화할 방법은 무엇일까요?

(LC9.8) 0.1과 0.01의 두 가지 α 유의수준을 고려하세요. 둘 중 어떤 것이 더 관대한(liberal) 가설

검정 절차로 이어질까요? 다시 말해, 모든 것이 동일할 때 귀무가설 H_0을 더 많이 기각하게 되는 유의수준은 어느 것일까요?

9.5 사례 연습: 액션 영화와 로맨스 영화 중에 뭐가 더 평점이 높나요?

자, 가설검정에 대한 지식을 적용하여 다음 질문에 답해 봅시다: "IMDb에서 액션 영화나 로맨스 영화가 평점이 더 높을까요?" IMDb는 영화와 텔레비전 프로그램 출연진, 줄거리 요약, 퀴즈, 등급에 대한 정보를 제공하는 인터넷 데이터베이스입니다. 평균적으로 IMDb에서 액션 영화와 로맨스 영화 중 어떤 장르가 더 높은 평점을 받는지 조사해 보겠습니다.

9.5.1 IMDb 평점 자료

`ggplot2movies` 패키지의 `movies` 데이터 세트에는 `IMDb.com` 사용자가 등급을 매긴 58,788편의 영화에 대한 정보가 포함되어 있습니다.

```
movies
```

```
# A tibble: 58,788 x 24
   title   year  length budget rating votes r1    r2    r3    r4    r5
   <chr>   <int> <int>  <int>  <dbl>  <int> <dbl> <dbl> <dbl> <dbl> <dbl>
1  $       1971  121    NA     6.4    348   4.5   4.5   4.5   4.5   14.5
2  $100~   1939  71     NA     6      20    0     14.5  4.5   24.5  14.5
3  $21 ~   1941  7      NA     8.200  5     0     0     0     0     0
4  $40,~   1996  70     NA     8.20   6     14.5  0     0     0     0
5  $50,~   1975  71     NA     3.4    17    24.5  4.5   0     14.5  14.5
6  $pent   2000  91     NA     4.3    45    4.5   4.5   4.5   14.5  14.5
7  $win~   2002  93     NA     5.3    200   4.5   0     4.5   4.5   24.5
8  '15'    2002  25     NA     6.7    24    4.5   4.5   4.5   4.5   4.5
9  '38     1987  97     NA     6.6    18    4.5   4.5   4.5   0     0
10 '49-~   1917  61     NA     6      51    4.5   0     4.5   4.5   4.5
# ... with 58,778 more rows, and 13 more variables: r6 <dbl>, r7 <dbl>,
# r8 <dbl>, r9 <dbl>, r10 <dbl>, mpaa <chr>, Action <int>,
# Animation <int>, Comedy <int>, Drama <int>, Documentary <int>,
# Romance <int>, Short <int>
```

장르는 '액션' 또는 '로맨스'로 분류되지만 우리는 두 가지 모두에 해당하지 않는 68편의 무작위 표본을 중심으로 살펴볼 것입니다. 둘 다로 분류되는 영화는 무시합니다. 둘 다로 분류된 영화는 무시하여 68개의 모든 영화를 두 범주 중 하나에 할당할 수 있습니다. 또한 원본 **movies** 데이터셋이 좀 지저분하기 때문에 **moderndive** 패키지에 포함된 **movies_sample** 데이터 프레임에 미리 랭글링된 버전의 데이터를 제공합니다. 만약 추가적인 정보를 알고 싶다면 GitHub[xiii]을 참고하여 이 작업을 수행하는 데 필요한 데이터 랭글링 코드를 확인해 보세요.

```
movies_sample
```

```
# A tibble: 68 x 4
   title                       year rating genre
   <chr>                      <int>  <dbl> <chr>
 1 Underworld                  1985    3.1 Action
 2 Love Affair                 1932    6.3 Romance
 3 Junglee                     1961    6.8 Romance
 4 Eversmile, New Jersey       1989    5   Romance
 5 Search and Destroy          1979    4   Action
 6 Secreto de Romelia, El      1988    4.9 Romance
 7 Amants du Pont-Neuf, Les    1991    7.4 Romance
 8 Illicit Dreams              1995    3.5 Action
 9 Kabhi Kabhie                1976    7.7 Romance
10 Electric Horseman, The      1979    5.8 Romance
# ... with 58 more rows
```

변수에는 영화 **title**과 영화가 촬영된 **year**가 포함됩니다. 또한 별점 10점 만점의 IMDb 평점인 수치형 변수 **rating**과 영화가 **Action** 영화인지 **Romance** 영화인지를 나타내는 이진 범주형 변수 **genre**가 있습니다. 우리는 **Action** 또는 **Romance** 영화가 평균적으로 더 높은 평점을 받았는지 여부에 관심이 있습니다.

이 데이터에 대한 탐색적 데이터 분석을 수행해 봅시다. 2.7.1항에서 말했듯이 박스 플롯은 수치형 변수와 범주형 변수 간의 관계를 표시하는 데 사용할 수 있는 시각화입니다. 2.6절에서 살펴본 또 다른 옵션은 패싯 히스토그램을 사용하는 것입니다. 그러나 간결성을 위해 <**그림 9.17**>처럼 박스 플롯만 출력해 봅시다.

```
ggplot(data = movies_sample, aes(x = genre, y = rating)) +
  geom_boxplot() +
  labs(y = "IMDb rating")
```

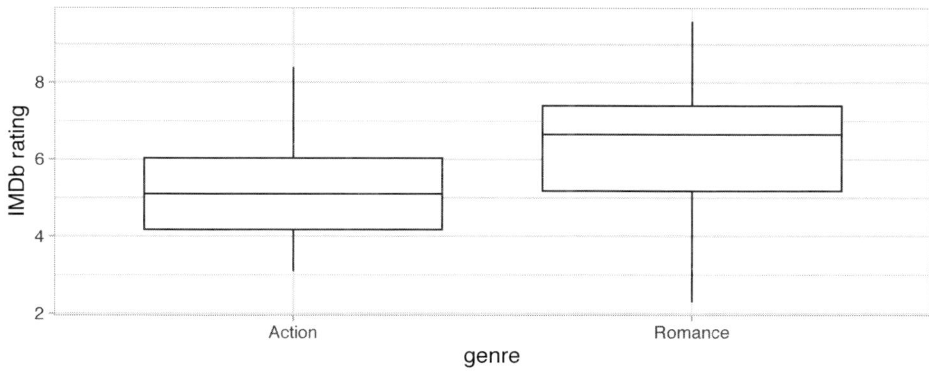

그림 9.17 IMDb 등급과 장르의 박스 플롯

<**그림 9.17**>을 보면 로맨스 영화의 평점 중앙값이 더 높다는 것을 알 수 있습니다. 하지만 액션 영화의 평균 평점과 로맨스 영화의 평균 평점 사이에 **유의미한** 차이가 있다고 믿을 만한 근거가 있을까요? 이 그래프만으로는 단언하기 어렵습니다. 박스 플롯을 보면 로맨스 영화의 표본 평점 중앙값이 더 높다는 것을 알 수 있습니다.

그러나 상자 사이에 겹치는 부분이 많습니다. 분포가 왜곡되면, 중앙값이 반드시 평균과 같지는 않다는 점을 떠올려 보세요.

영화 수, 평균 평점, 장르별 표준편차 등 이항 범주형 변수 genre로 분할된 몇 가지 요약통계를 계산해 보겠습니다. 이 작업은 dplyr 데이터 랭글링 동사를 사용하여 수행합니다. 특히 n() 요약함수를 사용하여 각 유형의 영화 수를 계산하는 방법에 주목하세요.

```
movies_sample %>%
  group_by(genre) %>%
  summarize(n = n(), mean_rating = mean(rating), std_dev = sd(rating))
```

```
# A tibble: 2 x 4
  genre       n mean_rating std_dev
  <chr>   <int>       <dbl>   <dbl>
1 Action     32     5.275   1.36121
2 Romance    36     6.32222 1.60963
```

평균 평점이 6.322점인 로맨스 영화가 36편, 평균 평점이 5.275점인 액션 영화가 32편이군요. 이 평균 평점의 차이는 6.322 - 5.275=1.047입니다. 따라서 로맨스 영화가 별 1.047개의 우위가 있는 것으로 보입니다. 하지만 이러한 결과가 모든 로맨스 영화와 액션 영화에 대한 진정한 차이를 나타내는 것일까요? 아니면 이 차이가 우연한 **표집 변동**에 기인한 것일까요?

9.5.2 표집 시나리오

이제 7.3.1항에서 살펴본 표집과 관련된 용어와 표기법 측면에서 이 연구를 다시 살펴보겠습니다. 연구 모집단은 IMDb 데이터베이스에 있는 모든 영화 중 액션 또는 로맨스 영화(둘 다 속할 경우 제외)입니다. 이 모집단의 샘플은 `movies_sample` 데이터셋에 포함된 68개의 영화입니다.

이 표본은 모집단 `movies`에서 무작위로 추출되었으므로 IMDb의 모든 로맨스 및 액션 영화를 대표합니다. 따라서 `movies_sample`을 기반으로 한 모든 분석 및 결과는 전체 모집단으로 일반화할 수 있습니다. 관련 **모수** 및 **점추정치**는 무엇인가요? <**표 9.3**>에서 네 번째 표집 시나리오를 소개해 보겠습니다.

표 9.3 추론을 위한 표집 시나리오

시나리오	모집단 모수	표기	점추정치	기호
1	모집단 비율	p	표본 비율	$\hat{p}$
2	모집단 평균	μ	표본 평균	$\overline{x}$ 또는 $\hat{\mu}$
3	모집단 비율 차이	$p_1 - p_2$	표본 비율 차이	$\hat{p}_1 - \hat{p}_2$
4	모집단 평균 차이	$\mu_1 - \mu_2$	표본 평균 차이	$\overline{x}_1 - \overline{x}_2$

7.1절의 표집 그릇 실험은 **비율**(proportions), 8.1절의 동전 실험은 **평균**(means), 8.6절의 하품이 전염되는지에 대한 사례 연구와 9.1절의 프로모션 활동은 **비율의 차이**(differences in proportions)를 다루었다면, 이번에 다루는 것은 **평균의 차이**(differences in means)입니다.

즉, 관심 있는 모수는 모평균 평점 μ_a - μ_r의 차이이며, 여기서 μ_a는 IMDb에 있는 모든 액션 영화의 평균 평점이고 마찬가지로 μ_r는 모든 로맨스 영화의 평균 등급입니다. 또한 관심 있는 점추정치/표본 통계는 표본 평균의 $\bar{x}_a$ - $\bar{x}_r$ 차이이며, 여기서 $\bar{x}_a$는 표본에서 n_a = 32개 영화의 평균 등급이고 $\bar{x}_r$는 표본에서 n_r = 36개의 평균 등급입니다. 앞서 살펴본 탐색적 데이터 분석에 따르면 $\bar{x}_a$ - $\bar{x}_r$의 추정치는 5.275-6.322 = -1.047입니다.

따라서 로맨스 영화에 대한 선호도에는 -1.047이라는 약간의 차이가 있는 것으로 보입니다. 하지만 문제는 이 -1.047의 차이가 단순히 우연과 표집 변동에 의한 것일까요? 아니면 이 결과가 IMDb의 모든 로맨스 및 액션 영화에 대한 평균 평점의 실제 차이를 나타내는 것일까요? 이 질문에 답하기 위해 가설검정을 사용할 것입니다.

9.5.3 가설검정 수행하기

이제 아래의 가설을 검정하겠습니다.

$$H_0 : \mu_a - \mu_r = 0$$
$$\text{vs } H_A : \mu_a - \mu_r \neq 0$$

즉, 귀무가설 H_0은 로맨스 영화와 액션 영화의 평균 등급이 모두 같다는 것을 의미합니다. 이것이 우리가 참이라고 가정할 '가상 세계'입니다. 반면에 대립가설 H_A는 차이가 있음을 시사합니다. 승진 연습에서 사용한 단측 대안 $H_a : p_m - p_f > 0$과는 달리, 이제 $H_A : \mu_a - \mu_r \neq 0$의 양측 대안을 고려하고 있습니다.

또한 낮은 유의수준인 $\alpha = 0.001$을 미리 지정할 것입니다. 이 값을 낮게 설정하면 모든 것이 동일하므로 p값이 α보다 작을 확률이 낮아집니다. 따라서 대립가설 H_A을 지지하여 귀무가설 H_0을 기각할 확률이 낮아집니다. 즉, 매우 강력한 증거가 있는 경우에만 모든 액션 영화와 로맨스 영화의 평균 평점에 차이가 없다는 가설을 기각할 것입니다. 이를 '보수적' 가설검정 절차라고 합니다.

1. 변수 지정(specify)

이제 infer 워크플로우의 모든 단계를 수행해 보겠습니다. 먼저 rating ~ genre 공식을 사용하여 movies_sample 데이터 프레임에 관심 있는 변수를 specify()합니다. 이렇게 하면 수치형 변수 rating이 결과변수이고 이진변수 genre가 설명변수임을 추론할 수 있습니다. 비율에 관심이 있었던 이전과 달리, 이제는 수치형 변수의 평균에 관심이 있으므로 success 인수를 설정할 필요가 없습니다.

```
movies_sample %>%
  specify(formula = rating ~ genre)
```

```
Response: rating (numeric)
Explanatory: genre (factor)
# A tibble: 68 x 2
   rating genre
```

```
     <dbl> <fct>
1      3.1 Action
2      6.3 Romance
3      6.8 Romance
4      5   Romance
5      4   Action
6      4.9 Romance
7      7.4 Romance
8      3.5 Action
9      7.7 Romance
10     5.8 Romance
# ... with 58 more rows
```

이 시점에서 movies_sample의 데이터가 바뀌지 않았다는 것을 주목하세요. 바뀐 것은 오직 새로 정의된 Response: rating (numeric)과 Explanatory: genre (factor) **메타데이터**뿐입니다.

2. 귀무가설 설정(hypothesize)

hypothesize() 함수를 사용하여 귀무가설 $H_0 : \mu_a - \mu_r = 0$을 설정합니다. 액션 영화와 로맨스 영화라는 두 개의 표본이 있으므로 9.3절에서 설명한 대로 귀무가설을 "independence"으로 설정합니다.

```
movies_sample %>%
  specify(formula = rating ~ genre) %>%
  hypothesize(null = "independence")
```

```
esponse: rating (numeric)
Explanatory: genre (factor)
Null Hypothesis: independence
# A tibble: 68 x 2
   rating genre
     <dbl> <fct>
1      3.1 Action
2      6.3 Romance
3      6.8 Romance
4      5   Romance
5      4   Action
6      4.9 Romance
```

```
7      7.4 Romance
8      3.5 Action
9      7.7 Romance
10     5.8 Romance
# ... with 58 more rows
```

3. 복제본 생성(generate)

가설을 설정했다면 9.1절에서 수행한 섞기/순열 연습을 반복하여 가설이 참이라는 가정하에 '섞인' 복제본을 생성합니다.

type = "permute"로 설정해 비복원 재표집을 총 reps = 1000회 반복하겠습니다. 아래 코드를 실행해서 generate() 단계가 생성하는 결과를 확인해 보세요.

```
movies_sample %>%
  specify(formula = rating ~ genre) %>%
  hypothesize(null = "independence") %>%
  generate(reps = 1000, type = "permute") %>%
  View()
```

4. 요약통계량 계산(calculate)

이제 Action 영화와 Romance 영화 모두 IMDb에서 평균적으로 동일한 평점을 받는다는 귀무가설 H_0을 가정하여 복제한 1000개의 '섞기'가 있으므로, 이 1000개의 복제된 섞기에 대한 적절한 요약통계를 calculate()해 보겠습니다. 9.2절에서 다루었듯 가설검정과 관련된 요약통계량에는 검정통계량이라는 특별한 이름이 있습니다. 관심 있는 알려지지 않은 모수는 모평균 $\mu_a - \mu_r$의 차이이므로, 여기서 관심 있는 검정통계는 표본 평균 $\bar{x}_a - \bar{x}_r$의 차이입니다.

1000개의 섞기 각각에 대해 stat = "diff in means"로 설정하여 이 검정통계량을 계산할 수 있습니다. 또한 $\bar{x}_a - \bar{x}_r$에 관심이 있으므로 order = c("Action", "Romance")로 설정합니다. 이제 결과를 null_distribution_movies라는 데이터 프레임에 저장해 보겠습니다.

```
null_distribution_movies <- movies_sample %>%
  specify(formula = rating ~ genre) %>%
  hypothesize(null = "independence") %>%
```

```
  generate(reps = 1000, type = "permute") %>%
  calculate(stat = "diff in means", order = c("Action", "Romance"))
null_distribution_movies
```

```
# A tibble: 1,000 x 2
   replicate      stat
       <int>     <dbl>
1          1  0.511111
2          2  0.345833
3          3 -0.327083
4          4 -0.209028
5          5 -0.433333
6          6 -0.102778
7          7  0.387153
8          8  0.16875
9          9  0.257292
10        10  0.334028
# ... with 990 more rows
```

각각 $\bar{x}_a - \bar{x}_r$의 한 예를 나타내는 1000개의 stat 값이 있습니다. 1000개의 값은 H_0이 참이라고 가정할 때 표본평균 $\bar{x}_a - \bar{x}_r$의 차이에 대한 표집분포를 기술적으로 표현하는 용어인 **귀무 분포**를 형성합니다. 실제로는 어떤 일이 일어났을까요? 관측된 승진율의 차이는 얼마였나요? **관측된 검정통계량** $\bar{x}_a - \bar{x}_r$는 무엇이었나요? 앞서 데이터 랭글링에서 관찰된 평균 차이는 5.275-6.322 = -1.047이었습니다. 귀무 분포 null_distribution_movies를 구성한 코드를 사용하되 hypothesize()와 generate() 단계를 제거하여 이 결과를 얻을 수도 있습니다. 이를 obs_diff_means에 저장해 보겠습니다.

```
obs_diff_means <- movies_sample %>%
  specify(formula = rating ~ genre) %>%
  calculate(stat = "diff in means", order = c("Action", "Romance"))
obs_diff_means
```

```
# A tibble: 1 x 1
      stat
     <dbl>
1 -1.04722
```

5. p값 시각화(visualize)

마지막으로, p값을 계산하기 위해서는 관찰된 평균 차이 -1.047이 얼마나 '극단적인지' 평가해야 합니다. 이를 위해 -1.047을 영화 평점의 실제 차이가 없다는 가상 세계에서 구성한 귀무 분포와 비교합니다. <**그림 9.18**>에서 귀무 분포와 p값을 모두 시각화해 보겠습니다. 승진과 관련된 9.3.1항의 예제와는 달리, 양면 $H_A : \mu_a - \mu_r \neq 0$이라서 더 극단적인 두 가지 가능성을 모두 허용해야 하니 **direction = "both"**로 설정합시다.

```
visualize(null_distribution_movies, bins = 10) +
  shade_p_value(obs_stat = obs_diff_means, direction = "both")
```

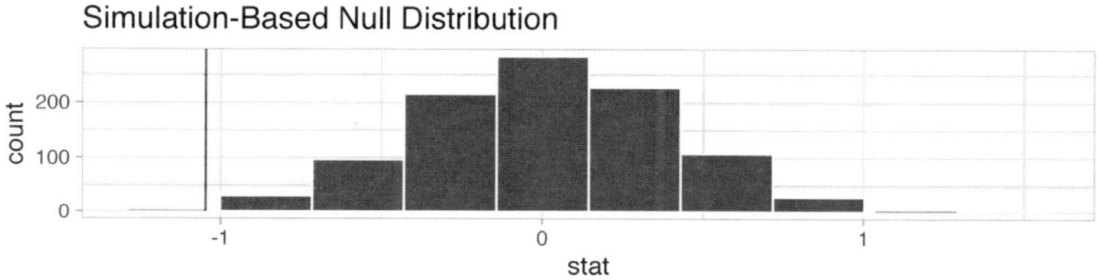

그림 9.18 귀무 분포, 관측된 검정통계량 및 p값

이 그래프의 요소들을 검토해 봅시다. 첫째, 히스토그램은 **귀무 분포**입니다. 둘째, 실선은 **관측된 검정통계** 또는 실제 관찰한 표본평균 차이인 5.275 - 6.322 = -1.047입니다. 셋째, 히스토그램의 음영 처리된 두 영역은 p값, 즉 귀무가설 H_0이 참이라고 가정할 때 관측된 검정통계량과 같거나 더 극단적인 검정통계를 얻을 확률을 나타냅니다.

음영 처리된 귀무 분포의 비율은 몇 퍼센트인가요? 다시 말해, p값의 수치는 얼마인가요? 이 값을 계산하기 위해 **get_p_value()** 함수를 사용합니다.

```
null_distribution_movies %>%
  get_p_value(obs_stat = obs_diff_means, direction = "both")
```

```
# A tibble: 1 x 1
  p_value
    <dbl>
1 0.004
```

이 p값 0.004는 매우 작은 값입니다. 다시 말해, 평점 차이가 실제로 없는 가상 세계에서 5.275 - 6.322 = -1.047의 차이가 관찰될 가능성은 매우 적다는 뜻입니다.

그러나 이 p값은 미리 지정한 (더 작은) α 유의수준인 0.001보다 큽니다. 따라서 우리는 귀무가설 $H_0 : \mu_a - \mu_r = 0$을 기각하지 않고 싶어지겠죠. 비통계적 언어로 결론을 내리자면, 이 데이터 표본에는 로맨스와 액션 영화의 평균 IMDb 평점에 차이가 없다는 가설을 기각할 수 있는 충분한 증거가 없습니다. 따라서 우리는 모든 IMDb 영화에서 평균적으로 로맨스와 액션 영화 간 평점에 차이가 존재한다고 말할 수 없습니다.

| 학습 확인 |

(LC9.9) 평균 등급 대신 중앙값 등급을 사용하여 액션 영화와 로맨틱 영화를 비교하는 동일한 분석을 수행해 보세요. 무엇이 다르고 무엇이 같았나요?

(LC9.10) 박스 플롯을 볼 때 볼 수 없었던 `rating`와 `genre`를 비교한 패싯 히스토그램을 보면 어떤 결론을 내릴 수 있나요?

(LC9.11) 앨런 다우니의 다이어그램을 사용하여 액션 영화와 로맨스 영화의 평균 영화 평점 사이에 통계적 차이가 있는지 여부를 결론 짓기 위한 방법을 한 문단으로 기술하세요.

(LC9.12) 표본 평점의 분포가 두 장르 평점의 모집단 분포에 대한 좋은 근사치라고 비교적 신뢰하는 이유는 무엇인가요?

(LC9.13) 로맨스와 액션 영화의 평균 평점을 비교하는 가설검정에서 p값이 무엇을 나타내는지 p값의 정의를 사용하여 기술하세요.

(LC9.14) 로맨스와 액션 영화의 평균 평점을 비교하는 가설검정에서 p값은 얼마인가요?

(LC9.15) 아래와 같이 데이터 랭글링 지식과 EDA 기술을 테스트해 보세요.

- `dplyr`과 `tidyr`을 사용하여 `ggplot2movies` 패키지의 `movies` 데이터 프레임에서 액션 영화와 로맨스 영화에만 초점을 맞춘 필요한 데이터 프레임을 만듭니다(둘 다 속할 경우 제외).
- IMDb의 액션 영화와 로맨스 영화의 평점을 비교하는 이 모집단 데이터의 박스 플롯과 패싯 히스토그램을 만듭니다.
- 이 그래프들이 `movies_sample` 데이터에 대해 생성된 유사한 그래프들과 어떻게 비교되는지 토론합니다.

9.6 이 장의 결론

9.6.1 이론 기반 가설검정

8.7.2항에서 수학 공식이 포함된 신뢰구간을 구성하는 이론 기반 방법을 보여드린 것과 마찬가지로, 이제 가설검정을 수행하는 전통적인 이론 기반 방법의 예시를 제시해보려 합니다. 이 방법은 확률 모델, 확률 분포 및 몇 가지 가정에 의존하여 귀무 분포를 구성합니다. 이는 컴퓨터 시뮬레이션에 의존하여 정규분포를 구성하는 이 책 전반에 걸친 접근 방식과는 대조적인 방식입니다.

이러한 전통적인 이론 기반 방법은 수십 년 동안 사용되어 왔습니다. 수천 개의 계산을 빠르고 효율적으로 실행할 수 있는 컴퓨터를 사용하기 힘들었기 때문입니다. 이제 컴퓨터의 성능이 훨씬 저렴하고 접근성이 높아졌기 때문에 시뮬레이션 기반 방법이 훨씬 더 실현 가능성이 높아졌습니다. 그러나 많은 분야의 연구자들은 여전히 이론 기반 방법을 사용하고 있습니다. 따라서 여기에서는 한 가지 예를 소개하고자 합니다.

이 절에서 살펴보겠지만, 모든 이론 기반 방법은 궁극적으로 시뮬레이션 기반 방법의 근사치입니다. 우리가 집중할 이론 기반 방법은 표본평균의 차이를 검정하기 위한 **이표본 t-검정**(two-sample t-tests)이라고 알려져 있습니다. 그러나 우리가 사용할 검정통계량은 표본평균의 차이 $\bar{x}_1 - \bar{x}_2$가 아니라 관련 **이표본 t-통계량**입니다. 여기서 사용할 데이터는 9.5절의 액션 및 로맨스 영화에 대한 `movies_sample` 데이터입니다.

• 이표본 t-통계

통계를 다루면서 흔히 하는 작업은 '변수를 표준화하는' 과정입니다. 서로 다른 변수를 표준화함으로써 우리는 변수를 더 비교 가능하게 만듭니다. 예를 들어, 미국 오리건주 포틀랜드의 기온 기록 분포를 연구하고 이를 캐나다 퀘벡주 몬트리올의 기온 기록 분포와 비교하는 데 관심이 있다고 가정해 보겠습니다. 미국의 기온은 일반적으로 화씨로 기록되고 캐나다의 기온은 일반적으로 섭씨로 기록된다는 점을 감안할 때, 두 기온을 어떻게 비교할 수 있을까요? 한 가지 접근 방식은 화씨 온도를 섭씨 온도로 변환하거나 그 반대로 변환하는 것입니다. 또 다른 접근 방식은 두 온도를 켈빈 온도 같은 공통의 '표준화된' 눈금으로 변환하는 것입니다.

확률과 통계 이론에서 변수를 표준화하는 일반적인 방법 중 하나는 z-점수를 계산하는 것입니다.

$$z = \frac{x - \mu}{\sigma}$$

여기서 x는 변수의 한 값을 나타내고, μ는 해당 변수의 평균을 나타내며, σ는 해당 변수의 표준편차를 나타냅니다. 먼저 x의 각 값에서 평균 μ을 뺀 다음 $x - \mu$을 표준편차 σ로 나눕시다. 이러한 작업을 수행하면 **변수의 중심을 0을 중심으로 다시 설정**(re-centering)하고 변수 x의 배율을 **재조정**(re-scaling)하여 '표준 단위'를 갖도록 하는 효과를 만듭니다. 따라서 변수가 취할 수 있는 모든 값에 대해 해당 값이 평균 μ에서 몇 표준편차 단위 떨어져 있는지를 나타내는 해당 z-점수가 있습니다. z-점수는 평균 0, 표준편차 1의 정규분포를 형성합니다. 이 곡선을 'z 분포' 또는 '표준 정규' 곡선이라고 하며 <**부록 A.2**>에서 설명한 <**그림 9.19**>의 일반적인 종 모양의 패턴을 갖습니다.

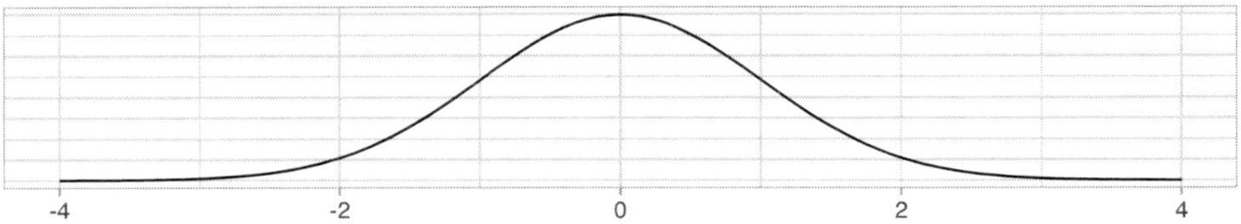

그림 9.19 표준 정규 z 곡선

이를 다시 액션 영화와 로맨스 영화의 표본평균 평점 $\bar{x}_a - \bar{x}_r$의 차이로 가져온다면, 어떻게 이 변수를 표준화할 수 있을까요? 다시 한 번 평균을 빼고 표준편차로 나누면 됩니다. 7.3.3항에서 다룬 두 가지 사실을 떠올려 보세요. 첫째, 표집이 대표 방식으로 수행된 경우 $\bar{x}_a - \bar{x}_r$의 표집분포는 실제 모수 $\mu_a - \mu_r$의 중앙에 위치합니다. 둘째, $\bar{x}_a - \bar{x}_r$와 같은 점추정치의 표준편차에는 표준오차라는 특별한 이름이 있습니다.

이를 적용하여 **이표본 t-통계량**을 제시합니다.

$$t = \frac{(\bar{x}_a - \bar{x}_r) - (\mu_a - \mu_r)}{\text{SE}_{\bar{x}_a - \bar{x}_r}} = \frac{(\bar{x}_a - \bar{x}_r) - (\mu_a - \mu_r)}{\sqrt{\frac{s_a^2}{n_a} + \frac{s_r^2}{n_r}}}$$

아휴! 여기서 풀어야 할 내용이 너무 많네요! 천천히 살펴보자고요. 분자의 $\bar{x}_a - \bar{x}_r$은 표본평균의 차이이고, $\mu_a - \mu_r$은 모평균의 차이입니다. 분모의 s_a와 s_r는 표본 `movie_sample`에 있는 액션 영화와 로맨스 영화의 **표본표준편차**입니다. 마지막으로, n_a와 n_r는 액션 영화와 로맨스 영화의 표본 크기입니다. 이를 제곱근 속에서 합치면 표준오차 $SE_{\bar{x}_a - \bar{x}_r}$가 됩니다.

$SE_{\bar{x}_a - \bar{x}_r}$의 공식에 표본 크기 n_a와 n_r가 포함되어 있군요. 따라서 표본 크기가 커질수록 표준오차는 줄어듭니다. 이 개념은 n = 25, 50, 100짜리 세 개의 가상 삽을 사용한 <**그림 7.15**>의 시뮬레이션, 더 큰 표본을 사용할 때 신뢰구간 폭에 미치는 영향을 연구한 8.5.3항의 시뮬레이션을 통해 여러 번 살펴본 바 있습니다.

그렇다면 가설검정에서 이표본 t-통계를 어떻게 검정통계로 사용할 수 있을까요? 먼저, 귀무가설 $H_0 : \mu_a - \mu_r = 0$이 참이라고 가정하면, 분자의 오른쪽(- 부호의 오른쪽)인 $\mu_a - \mu_r$가 0이 됩니다.

둘째, 7.5.2항에서 살펴본 중심 극한 정리에서 표본평균이 정규분포를 따른다는 것과 유사하게, 이표본 t-통계는 **자유도**(degrees of freedom)가 $df = n_a + n_r - 2$와 '거의 같은' t 분포를 따른다는 것을 수학적으로 증명할 수 있습니다. 이 자유도 개념의 이해를 돕기 위해 <**그림 9.20**>에 표준 정규 z 곡선과 함께 세 가지 t 분포의 예시를 표시했습니다.

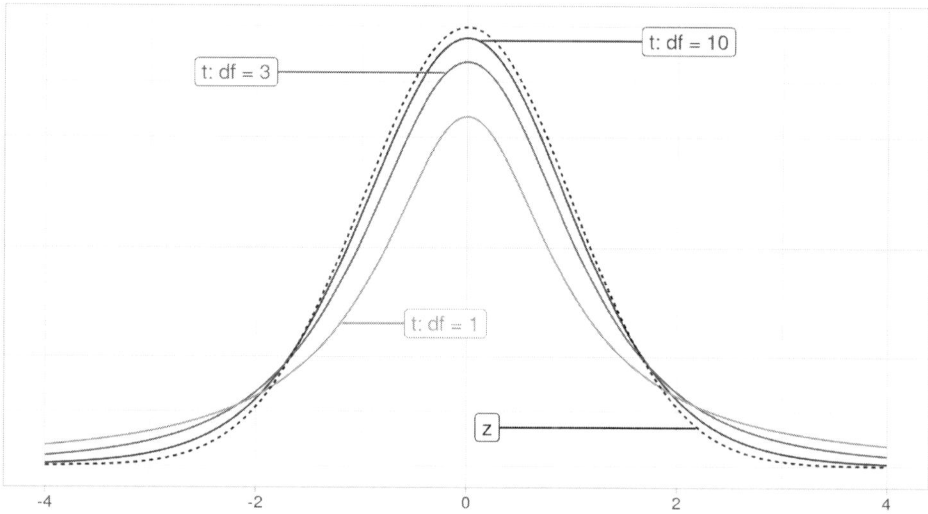

그림 9.20 t 분포 및 z 곡선의 예

수평축의 0에서 그래프의 중심을 살펴보는 것부터 시작합시다. 0 값에서 위로 올라갈수록 레이블을 따라 아래쪽 곡선은 1 자유도, 그 위 곡선은 3 자유도, 그 위 곡선은 10 자유도에 해당하고, 마지막으로 점선으로 표시된 곡선은 표준 정규 z 곡선임을 알 수 있습니다.

네 개의 곡선 모두 종 모양이고 0을 중심으로 하며, 자유도가 증가함에 따라 t 분포가 표준 정규 z 곡선과 점점 더 닮아가고 있네요. '자유도'는 t 분포가 정규분포와 얼마나 다른지를 측정합니다. t 분포는 표준 정규 z 곡선보다 분포의 꼬리 부분에 더 많은 값을 갖는 경향이 있습니다.

이 '거의 같다'는 표현은 $d = n_a + n_r - 2$ 방정식이 실제 자유도에 대한 '충분히 좋은' 근사치라는 것을 나타냅니다. 실제 공식은 이 간단한 표현보다 조금 더 복잡하지만, 통계적 추론을 처음 접하는 사람들이 이해하기에는 너무 어려울 뿐더러, t-검정의 직관력을 키우는 데 별로 도움이 되지 않습니다.

하지만 표본 크기가 작으면 자유도가 작아지고, 따라서 표본 크기가 작으면 z 곡선과 다른 t 분포가 나온다는 점은 꼭 기억해 둬야 합니다. 반면에 표본 크기가 크면 자유도가 커지므로 표준 정규 z 곡선과 거의 일치하는 t 분포를 생성합니다.

따라서 귀무가설 H_0이 참이라고 가정하면 검정통계량의 공식이 약간 단순해집니다.

$$t = \frac{(\bar{x}_a - \bar{x}_r) - 0}{\sqrt{\frac{s_a^2}{n_a} + \frac{s_r^2}{n_r}}} = \frac{\bar{x}_a - \bar{x}_r}{\sqrt{\frac{s_a^2}{n_a} + \frac{s_r^2}{n_r}}}$$

이 이표본 t 통계를 위해 필요한 값을 계산해 보겠습니다. 9.5.1절에서 살펴봤던 탐색적 데이터 분석 중에 계산한 요약통계를 떠올려 보세요.

```
movies_sample %>%
  group_by(genre) %>%
  summarize(n = n(), mean_rating = mean(rating), std_dev = sd(rating))

# A tibble: 2 × 4
    genre        n mean_rating std_dev
     <chr>       <int>  <dbl>      <dbl>
1   Action       32     5.275       1.36121
2   Romance      36     6.32222     1.60963
```

이 값을 사용하여 관찰된 이표본 t-검정통계는 다음과 같습니다.

$$\frac{\bar{x}_a - \bar{x}_r}{\sqrt{\frac{s_a^2}{n_a} + \frac{s_r^2}{n_r}}} = \frac{5.28 - 6.32}{\sqrt{\frac{1.36^2}{32} + \frac{1.61^2}{36}}} = -2.906$$

좋습니다! 이제 이 이론 기반 검정통계를 사용하여 p값을 계산하려면 어떻게 해야 할까요? 다음에 구성할 귀무 분포와 비교하면 됩니다.

• 귀무 분포

9.5절에서 만든 검정통계량 $\bar{x}_a - \bar{x}_r$에 대한 귀무 분포를 다시 살펴봅시다. <**그림 9.21**>의 왼쪽 그래프에서 이를 시각화해 보겠습니다.

```
# Construct null distribution of xbar_a - xbar_m:
null_distribution_movies <- movies_sample %>%
  specify(formula = rating ~ genre) %>%
  hypothesize(null = "independence") %>%
  generate(reps = 1000, type = "permute") %>%
  calculate(stat = "diff in means", order = c("Action", "Romance"))
visualize(null_distribution_movies, bins = 10)
```

infer 패키지에는 기본 제공되는 몇 가지 이론 기반 검정통계도 포함되어 있습니다. 따라서 관심 있는 검정통계를 "diff in means" $\bar{x}_a - \bar{x}_r$로 계산하는 대신 stat = "t"로 설정하여 이 정의된 이표본 t-통계를 계산할 수 있습니다. <**그림 9.21**>의 오른쪽 그래프에서 이를 시각화해 보겠습니다.

```
# Construct null distribution of t:
null_distribution_movies_t <- movies_sample %>%
  specify(formula = rating ~ genre) %>%
  hypothesize(null = "independence") %>%
  generate(reps = 1000, type = "permute") %>%
  # Notice we switched stat from "diff in means" to "t"
  calculate(stat = "t", order = c("Action", "Romance"))
visualize(null_distribution_movies_t, bins = 10)
```

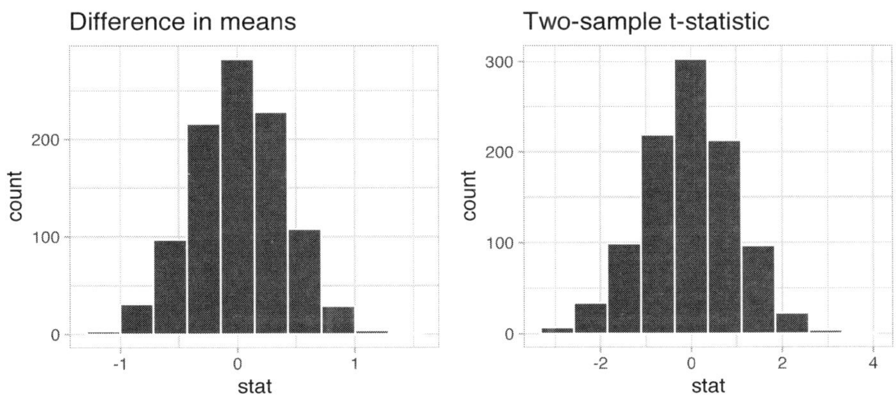

그림 9.21 두 검정통계의 귀무 분포 비교

평균 차이 $\bar{x}_a - \bar{x}_r$와 이표본 t-통계 모두의 정규분포의 모양은 비슷하되, x축의 배율이 다른 것을 관찰할 수 있습니다. 이표본 t-통계 값은 더 넓은 범위에 걸쳐 분산되어 있습니다.

그러나 기존 이론 기반 t 검정에서는 null_distribution_movies_t의 시뮬레이션 히스토그램을 보지 않고, 대신 자유도가 약 65.85인 t 분포 곡선을 살펴봅니다. 이 계산은 앞서 참조한 복잡한 공식을 기반으로 하며, $df = n_a + n_r - 2 = 32 + 36 - 2 = 66$으로 근사치를 구했습니다. 이제 visualize()의 method = "both" 인수를 사용하여 이 t 분포 곡선을 시뮬레이션된 두 표본의 t 통계 위에 덧대어 보겠습니다.

```
visualize(null_distribution_movies_t, bins = 10, method = "both")
```

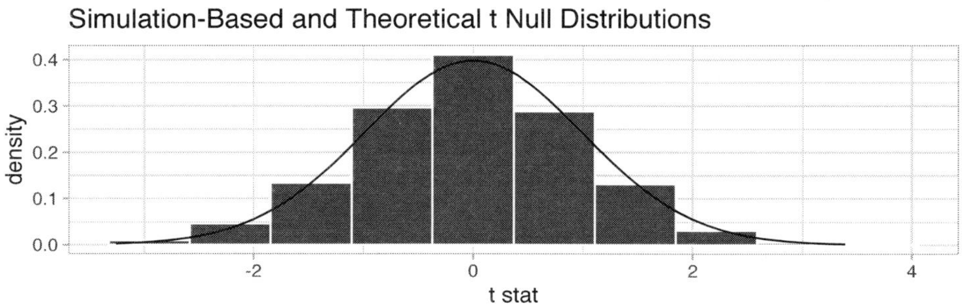

그림 9.22 t 통계 및 t 분포를 사용한 귀무 분포

곡선이 히스토그램을 잘 근사화하는지 살펴보세요. 이 경우 p값을 계산하려면 t 분포 곡선 아래 전체 면적에서 관찰된 이표본 t 통계량보다 '더 극단적인' 면적이 얼마나 되는지 알아내야 합니다. $H_A : \mu_a - \mu_r \neq 0$은 양측 대안이므로 양쪽 꼬리의 영역을 합산해야 합니다.

먼저 infer 동사를 사용하여 관찰된 이표본 t-통계량을 계산합니다. 이 단축된 계산에서는 액션 영화와 로맨스 영화의 평균 평점이 같다는 귀무가설이 참이라고 가정합니다.

```
obs_two_sample_t <- movies_sample %>%
  specify(formula = rating ~ genre) %>%
  calculate(stat = "t", order = c("Action", "Romance"))
obs_two_sample_t
```

```
# A tibble: 1 x 1
      stat
     <dbl>
1 -2.90589
```

우리는 obs_two_sample_t = -2.906 이상 또는 -obs_two_sample_t = 2.906 이하인 백분율 값을 찾고자 합니다. 이를 위해 direction 인수가 "both"로 설정된 shade_p_value() 함수를 사용합니다.

```
visualize(null_distribution_movies_t, method = "both") +
  shade_p_value(obs_stat = obs_two_sample_t, direction = "both")
```

```
Warning: Check to make sure the conditions have been met for the
theoretical method. {infer} currently does not check these for you.
```

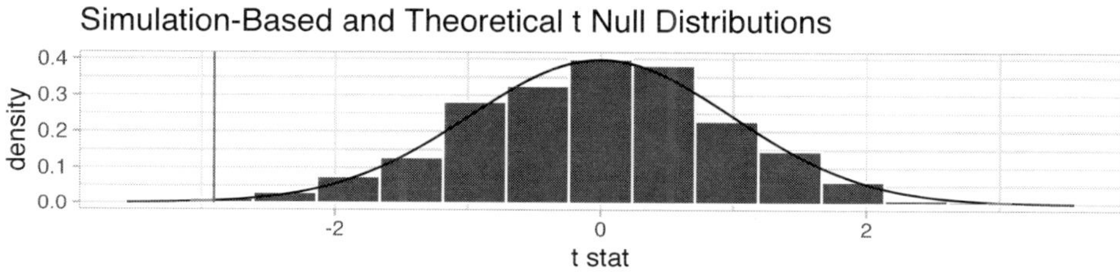

그림 9.23 p값이 음영 처리된 t 통계 및 t 분포를 사용한 귀무 분포

(이 경고 메시지에 대해서는 곧 설명하겠습니다.) p값은 무엇인가요? null_distribution_movies_t에 저장된 귀무 분포에 get_p_value()를 적용합니다.

```
null_distribution_movies_t %>%
  get_p_value(obs_stat = obs_two_sample_t, direction = "both")
```

```
# A tibble: 1 x 1
  p_value
    <dbl>
1   0.002
```

우리가 확인한 p값이 매우 작기 때문에 이러한 결과가 표집 변동으로 인한 것일 가능성은 매우 낮습니다. 따라서 우리는 H_0을 기각하는 쪽으로 이끌립니다.

그럼 이제 경고 메시지로 돌아가 볼까요? t-test나 다른 이론적 방법을 사용하려면 항상 확인해야 할 몇 가지 조건이 있습니다. infer 패키지는 이러한 조건을 자동으로 확인하지 않기에 경고 메시지가 표시됩니다. 이러한 조건은 기본 수학 이론이 유지되기 위해 필요합니다. 이표본 t-검정의 결과가 유효하려면 세 가지 조건이 충족되어야 합니다.

1. 거의 정규 모집단이거나 표본의 크기가 커야 합니다. 대부분의(전부는 아니지만) 상황에서 통용되는 일반적인 경험 법칙은 표본 크기 n이 30보다 커야 한다는 것입니다.
2. 두 표본이 서로 독립적으로 선택됩니다.
3. 모든 관측값이 서로 독립적입니다.

이러한 조건이 `movies_sample` 데이터에 적용되는지 살펴봅시다.

1. $n_a = 32$, $n_r = 36$이 모두 30보다 커서 경험 법칙을 충족하므로 이 조건이 충족됩니다.
2. 모든 IMDb 영화 데이터베이스에서 편향되지 않은 방식으로 액션과 로맨스 영화를 무작위로 표집했기 때문에 이 조건이 충족됩니다.
3. 안타깝게도 IMDb가 평점을 어떻게 계산하는지 알 수 없습니다. 예를 들어, 같은 사람이 여러 영화를 평가한 경우 해당 평가는 서로 연관되어 있으므로 독립적이지 않을 수 있습니다.

세 가지 조건이 모두 대략적으로 충족된다고 가정하면 이론 기반 t-검정 결과가 유효하다는 것을 합리적으로 확신할 수 있습니다. 조건 중 하나라도 충족되지 않는 상태에서 내려진 결론은 그다지 신뢰할 수 없습니다. 반면, 대부분의 시나리오에서 시뮬레이션 기반 방법에서 충족해야 하는 유일한 가정은 표본이 무작위로 선택된다는 것입니다. 따라서 시뮬레이션 기반 방법은 가정이 적고 개념적으로 이해하기 쉬우며 최근 컴퓨팅 성능의 발달로 접근이 쉬워진 만큼 빠르게 실행할 수 있기에 선호됩니다. 하지만 전 세계의 많은 연구가 여전히 전통적인 이론 기반 방법에 의존하고 있습니다. 따라서 이를 이해하는 것도 중요합니다.

이러한 시뮬레이션 기반 방법에 대해 왜 `reps = 1000`을 선택했는지 궁금하실 것입니다. 대부분의 문제에 대해 귀무 분포와 붓스트랩 분포에 대해 약 1,000회 반복하면 통계가 어떻게 작동하는지에 대한 일반적인 감각을 얻을 수 있다는 것을 알게 되었습니다. 더 세밀한 세부 정보를 원한다면 이 값을 10,000개와 같이 변경할 수 있지만 계산하는데 더 많은 시간이 걸립니다. 원하는 대로 이 작업을 반복하여 귀무 분포와 붓스트랩 분포의 모양에 대해 더 나은 아이디어를 얻으세요.

9.6.2 추론이 필요하지 않은 경우

지금까지 신뢰구간을 구성하고 가설검정을 수행하는 등, 통계적 추론을 수행하기 위해 `infer` 패키지를 사용하는 방법에 대한 몇 가지 다양한 예제를 살펴보았습니다. 이러한 각 예제를 다룰 동안 항상 탐색적 데이터 분석(EDA)을 먼저 수행해야 한다는 점을 강조했는데, 구체적으로 원자료 값을 살펴보고, **ggplot2**로 데이터 시각화를 사용하였으며, **dplyr**로 데이터 랭글링을 미리 수행했습니다. 항상 이러한 방법으로 분석하시기를 적극 권장합니다. 통계 초보자가 신뢰구간 및 가설검정과 같은 통계적 방법을 통해 무엇을 알 수 있는지 직관력을 기르는 데는 EDA가 효과적입니다. 숙련된 통계 실무자에게도 EDA는 통계 조사를 안내하는 데 도움이 됩니다. 특별히 통계적 추론이 필요한 경우도 있을까요?

예를 들어 보겠습니다. 다음 질문에 관심이 있다고 가정해 보겠습니다. 뉴욕시 공항에서 출발하는 모든 항공편 중 하와이항공 항공편이 알래스카항공 항공편보다 더 오래 비행할까? 이때 2013년의 항공편이 이러한 모든 항공편의 대표적인 표본이라고 가정해 보겠습니다. 1.4절에서 소개한 **nycflights13** 패키지의 **flights** 데이터 프레임을 사용하면 질문에 답할 수 있습니다. 이 데이터 프레임을 필터링하여 하와이안 항공과 알래스카 항공의 항공사 코드 **HA** 및 **AS**를 사용하는 항공편만 포함하도록 해 봅시다.

```
flights_sample <- flights %>%
  filter(carrier %in% c("HA", "AS"))
```

이러한 질문에 답하기 위해 우리가 사용할 수 있는 두 가지 통계적 추론 방법이 있습니다. 먼저, 우리는 모집단 평균 $\mu_{HA} - \mu_{AS}$의 차이에 대한 95% 신뢰구간을 구성할 수 있습니다. 여기서 μ_{HA}는 모든 하와이항공 항공편의 평균 비행 시간이고 μ_{AS}는 모든 알래스카항공 항공편의 평균 비행 시간입니다. 그런 다음 간격 전체가 0보다 큰지 확인하여 $\mu_{HA} - \mu_{AS} > 0$, 즉 $\mu_{HA} > \mu_{AS}$임을 나타낼 수 있습니다. 둘째, 귀무가설 $H_0 : \mu_{HA} - \mu_{AS} = 0$과 대립가설 $H_A : \mu_{HA} - \mu_{AS} > 0$에 대한 가설검증을 수행할 수 있습니다.

하지만 먼저 앞서 제안한 대로 탐색적 시각화를 구성해 보겠습니다. air_time은 수치이고 carrier는 범주형이므로 <**그림 9.24**>에 표시된 것처럼 박스 플롯으로 이 두 변수 간의 관계를 표시할 수 있습니다.

```
ggplot(data = flights_sample, mapping = aes(x = carrier, y = air_time)) +
  geom_boxplot() +
  labs(x = "Carrier", y = "Air Time")
```

이게 바로 '통계학 박사 학위가 필요 없는' 순간입니다. 통계 전문가가 아니더라도 알래스카항공과 하와이항공의 비행 시간이 크게 다르다는 것을 알 수 있습니다. 두 박스 플롯은 겹치지도 않습니다! 신뢰구간을 구성하거나 가설검정을 수행해도 솔직히

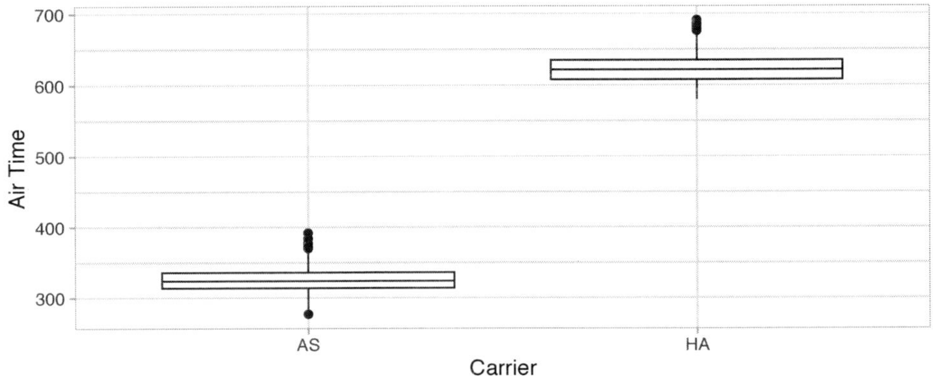

그림 9.24 2013년 뉴욕에서 출발하는 하와이 항공 및 알래스카항공 항공편의 비행 시간

<**그림 9.24**>보다 더 많은 정보를 안겨주지 않을 겁니다.

데이터 랭글링을 사용하여 두 항공사 간에 이렇게 뚜렷한 차이가 관찰되는 이유를 조사해 보겠습니다. 먼저 carrier뿐만 아니라 목적지 dest별로 flights_sample의 행을 그룹화해 보겠습니다. 그런 다음 n()을 사용하여 관측 횟수와 평균 비행 시간이라는 두 가지 요약통계를 계산합니다.

```
flights_sample %>%
  group_by(carrier, dest) %>%
  summarize(n = n(), mean_time = mean(air_time, na.rm = TRUE))
```

```
# A tibble: 2 x 4
# Groups:   carrier [2]
  carrier dest      n mean_time
  <chr>   <chr> <int>     <dbl>
1 AS      SEA     714   325.618
2 HA      HNL     342   623.088
```

2013년 뉴욕에서 알래스카항공은 뉴욕(NYC)에서 SEA(시애틀)까지만 운항하는 반면, 하와이항공은 뉴욕에서 HNL(호놀룰루)까지만 운항하는 것으로 나타났습니다. 뉴욕시에서 시애틀까지의 거리와 뉴욕시에서 호놀룰루까지의 거리의 명백한 차이를 고려할 때, 이는 그다지 놀라운 일이 아니고, (실제로는 **통계적으로 유의미하게 다른**) 비행 시간이 저런 것도 마찬가지입니다.

이는 적절한 결론을 얻기 위해 데이터 시각화 및 기술 통계를 사용하는 단순한 탐색적 데이터 분석 이상의 작업을 수행할 필요가 없음을 보여주는 명확한 예입니다. 우리가 신뢰구간 및 가설검정과 같은 통계적 추론 방법을 실행하기 전에 표본 데이터에 대한 EDA를 수행할 것을 강력히 권장하는 이유입니다.

9.6.3 p값을 그냥 믿으면 안 되는 이유

9.4절에서 나열한 가설검정과 p값에 대한 많은 일반적인 오해 외에도, p값과 가설검정 사용이 확대됨에 따라 발생하는 또 다른 불행한 결과는 'p-해킹'이라는 현상입니다. p-해킹은 과학적 아이디어를 희생해서라도 '통계적으로 유의미한' 결과만 '체리피킹'하고 그렇지 않은 결과는 무시하는 행위입니다. 최근 p값에 대한 오해와 문제점에 대한 많은 기사가 작성되었습니다. 아래에 몇 가지 예시를 소개하였으니 참고하세요.

1. p-값에 대한 오해[xv]
2. p-값에 대한 열띤 논쟁이 과학에 대해 보여주는 것 – 그리고 그것을 해결하는 방법[xvi]
3. 통계학자들이 p값의 오용에 대해 경고하는 이유[xvii]
4. 영양에 대해 읽은 내용을 믿을 수 없습니다.[xviii]
5. p값과 관련된 수많은 문제들[xix]

이러한 문제가 심각해지자 미국통계학회(ASA: American Statistical Association)는 2016년에 <통계적 유의성과 p값에 관한 ASA 성명서>[xx]라는 제목의 성명서를 발표하고 p값의 올바른 사용과 해석을 위한 6가지 원칙을 제시했습니다. ASA는 정량 과학의 수행과 해석을 개선하고 과학 연구의 재현성에 대한 강조가 높아짐에 따라 p값에 대한 이 지침을 발표했습니다.

우리는 통계적 추론을 위해 신뢰구간을 사용하는 것을 훨씬 선호합니다. 왜냐하면 신뢰구간을 쓸 경우 오역의 가능성이 훨씬 낮아지기 때문입니다. 그러나 여전히 많은 분야에서 통계적 추론에 p값을 독점적으로 사용하고 있으며, 이것이 이 책에 p값을 포함시킨 이유 중 하나입니다. 추후 'p-해킹'에 대해 자세히 알아보고 과학에 어떤 영향을 미치는지도 알아보길 바랍니다.

9.6.4 추가로 활용할 수 있는 리소스

모든 **학습 확인**에 대한 정답은 온라인으로 찾을 수 있습니다.[xxi]

이 장에서 사용된 모든 R 코드의 R 스크립트 파일은 https://www.moderndive.com/scripts/09-hypothesis-testing.R.에서 찾을 수 있습니다.

만약 가설검정을 수행하기 위한 `infer` 워크플로우에 대한 더 많은 예제를 보고 싶다면, **infer** 패키지 홈페이지, 특히 https://infer.netlify.com/articles/에서 제공되는 일련의 예제 분석을 확인하는 것을 추천합니다.

9.6.5 다음 단계는?

<그림 9.25>의 가설검정을 위한 **infer** 파이프라인으로 이 장을 마무리하겠습니다.

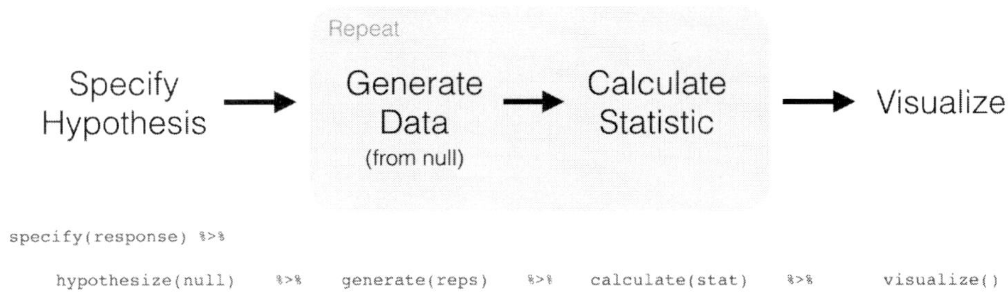

그림 9.25 가설검정을 위한 infer 패키지 워크플로우

8장에서 신뢰구간을 익히고 이번 장에서 가설검정을 이해했으므로, 이어지는 10장에서는 회귀 추론에 대해 공부하겠습니다.

5장에서 배운 단순회귀와, 6장에서 배운 다중회귀모형을 합친 회귀모형을 다시 살펴볼 것입니다. 예를 들어, <**표** 5.2>(<**표** 9.4>로 다시 제시)에 나왔던 '미모' 점수의 함수로서 강사의 강의 평가 점수를 적합시켰던 회귀모형을 떠올려 보세요.

```
# Fit regression model:
score_model <- lm(score ~ bty_avg, data = evals)

# Get regression table:
get_regression_table(score_model)
```

표 9.4 선형회귀표

term	estimate	std_error	statistic	p_value	lower_ci	upper_ci
intercept	3.880	0.076	50.96	0	3.731	4.030
bty_avg	0.067	0.016	4.09	0	0.035	0.099

앞서 5.1.2항에서 **estimate** 열의 값이 미모 점수 b_1에 대한 적합 절편 b_0과 적합된 기울기라는 것을 살펴봤습니다. 10장에서는 표준오차 **std_error**, **p_**값을 계산하기 위해 관

찰된 표준화된 검정통계인 `statistic`, `lower_ci` 및 `upper_ci`로 표시된 95% 신뢰구간 등 나머지 열을 살펴보겠습니다.

10장 회귀 추론

이제 끝에서 두 번째 장입니다! 이번 장에서는 5장과 6장에서 처음 공부했던 회귀모형을 다시 살펴보겠습니다. 8장과 9장에서 배운 신뢰구간과 가설검정 지식을 바탕으로 통계적 추론을 적용하면 결과변수와 설명변수 간의 관계에 대한 이해를 높일 수 있습니다.

필요한 패키지

이 장에 필요한 모든 패키지를 불러 보겠습니다(이미 설치했다고 가정합니다). 4.4절에서 `library(tidyverse)`를 실행하여 `tidyverse` 패키지를 불러오면 다음과 같이 일반적으로 사용되는 데이터 과학 패키지가 한꺼번에 탑재됩니다.

- 데이터 시각화를 위한 `ggplot2`
- 데이터 랭글링을 위한 `dplyr`
- 데이터를 'tidy' 형식으로 변환하는 `tidyr`
- 스프레드시트 데이터를 R로 가져오기 위한 `readr`
- 고급 `purrr`, `tibble`, `stringr`, `forcats` 패키지도 사용할 수 있습니다.

자세한 내용은 1.3절에서 소개한 R 패키지를 설치하고 불러오는 방법을 참조하세요.

```
library(tidyverse)
library(moderndive)
library(infer)
```

10.1 회귀 보충 수업

회귀 추론에 들어가기 전에, 5.1절의 텍사스 오스틴 대학교 강의 평가 분석을 떠올려 봅시다.

10.1.1 강의 평가 분석

단순선형회귀를 사용해 다음과 같은 관계를 모델링하였습니다.

1. 수치형 결과변수 y(강사의 강의 평가 점수)
2. 단일 수치형 설명변수 x(강사의 '미모' 점수)

우리는 먼저 moderndive 패키지에 포함된 evals 데이터 프레임에서 변수의 하위 집합을 선택한 evals_ch5 데이터 프레임을 만들었습니다. 이 evals_ch5 데이터 프레임에는 분석에 필요한 변수, 특히 강사의 강의 score와 '미모' 점수 bty_avg이 포함되어 있습니다.

```
evals_ch5 <- evals %>%
  select(ID, score, bty_avg, age)
glimpse(evals_ch5)
```

```
Observations: 463
 Variables: 4
 $ ID      <int> 1, 2, 3, 4, 5, 6, 7, 8, 9, 10, 11, 12, 13, 14, 15, 16,...
 $ score   <dbl> 4.7, 4.1, 3.9, 4.8, 4.6, 4.3, 2.8, 4.1, 3.4, 4.5, 3.8,...
 $ bty_avg <dbl> 5.00, 5.00, 5.00, 5.00, 3.00, 3.00, 3.00, 3.33, 3.33, ...
 $ age     <int> 36, 36, 36, 36, 59, 59, 59, 51, 51, 40, 40, 40, 40, 40...
```

5.1.1항에서 우리는 score와 bty_avg라는 두 변수 간의 관계에 대한 탐색적 데이터 분석을 수행했습니다. 우리는 그 결과 두 변수 간에 0.187의 약한 양의 상관관계가 존재한다는 것을 확인했습니다.

이는 <**그림 10.1**>의 산점도와 score, bty_avg 두 변수 간의 선형 관계를 요약한 '가장 잘 적합하는' 회귀선과 함께 입증되었습니다. 5.3.2절의 정의에 따르면 '가장 잘 적합하는' 회귀선은 **잔차의 제곱 합**(sum of squared residuals)을 최소화하는 선이었습니다.

```
ggplot(evals_ch5,
       aes(x = bty_avg, y = score)) +
   geom_point() +
  labs(x = "Beauty Score",
       y = "Teaching Score",
       title = "Relationship between teaching and beauty scores") +
  geom_smooth(method = "lm", se = FALSE)
```

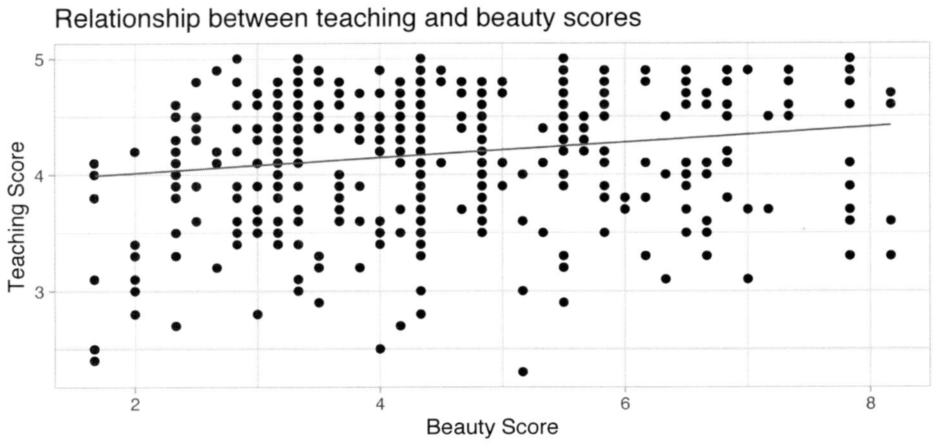

그림 10.1 회귀선과의 관계

이 그래프를 다시 보면 "저 선이 정말 그렇게 양의 기울기를 가지고 있을까?"라는 의문이 들 수 있습니다. `bty_avg` 변수의 증가에 따라 왼쪽에서 오른쪽으로 증가하는 것은 맞지만, 과연 얼마나 증가했을까요? 이 정보를 얻기 위해 두 단계의 절차를 따랐습니다.

1. 먼저 `lm()` 함수로 `score ~ bty_avg` 수식을 사용하여 선형회귀모형을 '적합'합니다. 이 모델을 `score_model`에 저장했습니다.
2. `moderndive` 패키지의 `get_regression_table()` 함수를 `score_model`에 적용하여 회귀표를 얻습니다.

```
# Fit regression model:
score_model <- lm(score ~ bty_avg, data = evals_ch5)
# Get regression table:
get_regression_table(score_model)
```

표 10.1 앞서 살펴 본 선형회귀표

term	estimate	std_error	statistic	p_value	lower_ci	upper_ci
intercept	3.880	0.076	50.96	0	3.731	4.030
bty_avg	0.067	0.016	4.09	0	0.035	0.099

<표 10.1>의 결과 회귀표의 `estimate` 열에 있는 값을 사용하면 <그림 10.1>에서 '가장 잘 적합한' 회귀선(최적합선)의 방정식을 구할 수 있습니다.

$$\begin{aligned}\hat{y} &= b_0 + b_1 \cdot x \\ \widehat{score} &= b_0 + b_{\text{bty\_avg}} \cdot \text{bty\_avg} \\ &= 3.880 + 0.067 \cdot \text{bty\_avg}\end{aligned}$$

여기서 b_0은 적합된 절편이고 b_1은 bty_avg에 대한 적합된 기울기입니다. 적합된 기울기의 $b_1 = 0.067$ 값의 해석을 떠올려 보세요.

'미모' 점수가 1점 상승할 때마다 강의 평가 점수는 평균 0.067점씩 증가합니다.

따라서 기울기 값은 y 변수 score와 x 변수 bty_avg 사이의 관계를 정량화합니다. 또한 가능한 '미모' 점수 범위에 0이 포함되지 않기 때문에 $b_0 = 3.88$라는 절편 값과 실질적인 해석의 부족에 대해서도 논의한 바 있습니다.

10.1.2 표집 시나리오

이제 7.3.1절에서 살펴본 표집과 관련된 용어 및 표기법 측면에서 이 연구를 다시 살펴보겠습니다.

먼저, 이 463개 강의의 강사를 더 큰 연구 모집단의 **대표 표본**(representative sample)으로 간주해 보겠습니다. 이 경우 연구 모집단이 텍사스 오스틴 대학교의 모든 강사이고 이 463개 강의를 가르친 강사 표본이 대표 표본이라고 가정해 보겠습니다. 안타깝게도 연구자들이 사용한 **표집 방법론**(sampling methodology)을 상세히 알지 못하는 현 상태에서 가정할 수 있는 건 이 두 가지 사실뿐입니다.

이러한 n = 463개의 강의를 표본으로 간주하므로, 적합된 기울기 $b_1 = 0.067$은 모집단 기울기 β_1의 **점추정치**라고 볼 수 있습니다. 즉, β_1은 텍사스 오스틴 대학교의 모든 강사에 대한 강의 score와 '미모' 점수 평균 bty_avg 간의 관계를 정량화합니다. 마찬가지로, 적합된 절편 $b_0 = 3.88$을 텍사스 오스틴 대학교 모든 강사에 대한 **모집단 절편** β_0의 **점추정치**로 볼 수 있습니다.

이 두 가지 아이디어를 종합하면, 적합된 선 $\hat{y} = b_0 + b_1 \cdot x = 3.880 + 0.067 \cdot \text{bty_avg}$의 방정식을 일부 참이고 알려지지 않은 **모집단 선** $y = \beta_0 + \beta_1 \cdot x$의 추정치로 볼 수 있습니다. 따라서 우리는 강의 평가 분석과 앞서 살펴본 모든 표집 시나리오 간의 유사점을 도출할 수 있습니다. 이 장에서는 <**표 10.2**>에 표시된 회귀 기울기의 마지막 시나리오에 초점을 맞추겠습니다.

표 10.2 추론을 위한 표집 시나리오

시나리오	모집단 모수	표기	점추정치	기호
1	모집단 비율	p	표본 비율	$\hat{p}$
2	모집단 평균	μ	표본 평균	$\overline{x}$ 또는 $\hat{\mu}$
3	모집단 비율 차이	$p_1 - p_2$	표본 비율 차이	$\hat{p}_1 - \hat{p}_2$
4	모집단 평균 차이	$\mu_1 - \mu_2$	표본 평균 차이	$\overline{x}_1 - \overline{x}_2$
5	모집단 회귀 기울기	β_1	적합 회귀 기울기	b_1 또는 $\hat{\beta}_1$

적합된 기울기 b_1과 적합된 절편 b_0을 **표본**에 기반한 **점추정치**로 보고 있으므로, 이러한 추정치는 다시 **표집 변동성**(sampling variability)의 영향을 받습니다. 즉, n = 463개 강의 및 해당 강사의 다른 집합에 대한 새로운 데이터 샘플을 수집할 경우, 새로운 적합된 기울기 b_1은 0.067과 다를 가능성이 높습니다. 새로운 적합된 절편 b_0도 마찬가지입니다. 그렇다면 이 추정치는 얼마나 **다를까요**? 이 정보는 <표 10.1>의 회귀표의 나머지 열에 있습니다. 기존에 다룬 7장의 표본추출, 8장의 신뢰구간, 9장의 가설검정에 대한 지식이 이 나머지 열을 해석하는 데 도움이 될 것입니다.

10.2 회귀표의 해석

지금까지는 <표 10.1>의 회귀표에서 가장 왼쪽에 있는 두 열인 `term`와 `estimate`만을 집중적으로 살펴보았습니다. 이제 <표 10.3>의 나머지 열인 `std_error`, `statistic`, `p_value`, `lower_ci`, `upper_ci`로 눈을 돌려보겠습니다.

표 10.3 앞서 살펴본 회귀표

term	estimate	std_error	statistic	p_value	lower_ci	upper_ci
intercept	3.880	0.076	50.96	0	3.731	4.030
bty_avg	0.067	0.016	4.09	0	0.035	0.099

적합된 절편 b_0에 대한 실질적인 해석이 부족하므로 이 절에서는 적합된 기울기 b_1에 해당하는 표의 두 번째 행에만 집중하겠습니다. 먼저 `std_error`, `statistic`, `p_value`, `lower_ci`, `upper_ci` 열을 해석하겠습니다. 이후 10.2.5항에서 이러한 값을 R로 계산하는 방법을 설명하겠습니다.

10.2.1 표준오차

<표 10.1>의 회귀표의 세 번째 열 `std_error`는 추정치의 **표준오차**에 해당합니다. 7.3.2항에서 살펴본 표준오차의 정의를 떠올려 보세요.

표준오차는 표본에서 계산된 모든 점추정치의 표준편차입니다.

그렇다면 적합된 기울기 b_1 = 0.067은 무엇을 의미할까요? 이 값은 n = 463쌍의 강의 및 미용 점수로 구성된 이 **특정 표본**에서 얻을 수 있는 적합된 기울기 값 중 하나에 불과합니다. 그러나 우리가 n = 463쌍의 다른 강의 및 미용 점수 표본을 수집하면 높은 확률로 다르게 적합된 기울기 b_1을 얻을 수 있습니다. 이는 **표집 변동성** 때문입니다.

이러한 교육 및 미용 점수 쌍의 표본 1000개를 가상으로 수집하여 1000개의 적합된 기울기 b_1의 결과 값을 계산하고 이를 히스토그램으로 시각화한다고 가정해 보겠습니다. 이것은 7.3.2항에서 정의한 b_1의 **표집분포**의 시각화입니다. 또한 b_1의 **표집분포**의 표준편차에는 **표준오차**라는 특별한 이름이 있다는 것을 기억하세요.

<그림 7.12>에서 크기 25, 50, 100의 삽을 사용하여 표본 비율 $\hat{p}$에 대한 세 가지 표집분포를 구성했습니다. 그리고 좁아지는 표본 분포를 통해 표본 크기가 커질수록 표준오차가 줄어든다는 사실을 확인했지요.

표준오차 b_1은 마찬가지로 서로 다른 표본 간에 예상되는 적합된 기울기 b_1의 변동 정도를 정량화합니다. 따라서 이 경우 `bty_avg` 기울기 변수에서 약 0.016 단위의 변화를 예상할 수 있습니다. 모든 강사와 관련된 알려지지 않은 모집단 기울기 β_1의 값을 추론할 때, `estimate`과 `std_error` 값이 중요한 역할을 한다는 점을 기억하세요.

10.4절에서 b_1의 붓스트랩 분포를 구성하기 위한 시뮬레이션을 `infer` 패키지로 수행해 보겠습니다. 8.7.1항에서 붓스트랩 분포는 표집분포의 **근사치**이며 비슷한 모양을 가지고 있다고 다룬 바 있습니다. 모양이 비슷하기 때문에 **표준오차**도 비슷합니다. 그러나 표집분포와 달리 붓스트랩 분포는 **단일**표본으로 구성되며, 이는 실제 사례에 더 부합하는 방식입니다.

10.2.2 검정통계량

<표 10.1>의 회귀표의 네 번째 열 `statistic`는 다음 **가설검정**과 관련된 **검정통계량**에 해당합니다.

$$H_0 : \beta_1 = 0$$
$$\text{vs } H_A : \beta_1 = 0.$$

9.2절에서 소개했던 가설검정과 관련된 용어, 표기법 및 정의도 기억해 두세요.

가설검정은 (1) **귀무가설** H_0과 (2) **대립가설** H_A의 두 가지 경쟁 가설 간의 검정으로 구성됩니다.
검정통계량은 가설검정에 사용되는 점추정치/표본통계 공식입니다.

여기서 **귀무가설** H_0은 모집단 기울기 β_1이 0이라고 가정합니다. 만약 모집단 기울기 β_1이 정말 0이라면, 모집단의 모든 강사에 대해 강의와 '미모' 점수 간에 **진정한 관계가 없다**는 뜻입니다. 즉, x = "미모" 점수는 y = 강의 점수에 아무런 영향을 미치지 않는다는 뜻입니다. 반면에 **대립가설** H_A는 모집단 기울기 β_1이 0이 아니며, 이는 양수 또는 음수일 수 있다고 가정합니다. 이는 강의 평가와 '미모' 점수 사이에 양 또는 음의 관계가 있음을 시사합니다. 이러한 대립가설을 **양측 가설**(two-sided)이라 부른다고 했습니다. 관례에 따라 회귀에 대한 모든 가설검정은 특별한 지침이 없다면 양측 대안을 가정합니다.

9.1절의 승진 활동에서 성 차별이 없다고 **가정한** '가상 세계'를 떠올려 보세요. 여기에서도 이 가설검정을 수행할 때 교육과 '미모' 점수 사이에 관계가 없는 '가상 세계'를 가정합니다. 즉, 귀무가설 $H_0 : \beta_1 = 0$이 참이라고 가정합니다.

그러나 회귀표의 `statistic` 열은 다루기가 까다롭습니다. 이는 가설검정을 수행하기 위해 이론 기반 방법을 사용한 9.6.1항에서 살펴본 **이표본 t-통계량**과 마찬가지로 표준화된 t **검정통계량**에 해당합니다. 이 두 가지 경우 모두 **귀무분포**가 t 분포임을 수학적으로 증명할 수 있습니다. 이러한 검정통계는 통계적 추론을 처음 접하는 사람이 공부하기에는 까다롭기 때문에, 여기서는 생략하고 곧바로 p값 해석으로 넘어가겠습니다. 10.5.1항에 표준화된 t-**검정통계량**에 대한 논의를 포함해 두었으니 궁금한 점이 있다면 참고해보세요.

10.2.3 p값

<표 10.1>의 회귀표 다섯 번째 열 `p_value`는 가설검정 $H_0 : \beta_1 = 0$ 대 $H_A : \beta_1 \neq 0$의 p값에 해당합니다.

다시금 9.2절에서 소개한 가설검정과 관련된 용어, 표기법, 정의를 상기하면서 p값의 정의에 집중해 봅시다.

---

p값은 귀무가설 H_0이 참이라고 가정할 때 관측된 검정통계량만큼 극단적이거나 더 극단적인 검정통계량을 얻을 확률입니다.

---

p값은 강의 평가와 '미모' 점수 사이에 관계가 없는 '가상 우주'에서 관측된 적합된 기울기 $b_1 = 0.067$이 얼마나 '극단적인지'를 정량화한 값이라고 직관적으로 생각할 수 있습니다.

9.4절에서 설명한 가설검정 절차에 따라, 이 경우 p값이 0이므로 유의수준 α를 무엇으로 선택하든 H_0을 거부하고 H_A를 선호합니다. 비통계적 언어를 사용하자면, 강의 평가와 '미모' 점수 사이에는 관계가 없다는 가설을 거부하고 관계가 있다는 가설을 지지한다는 뜻입니다. 즉, 이 증거가 두 변수 사이에 유의미한 관계가 있으며 그 관계는 양의 관계라는 것을 시사합니다.

그러나 보다 정밀하게, p값은 관찰된 검정통계량 4.09가 적절한 **귀무분포**와 비교했을 때 얼마나 극단적인지를 나타냅니다. 10.4절에서는 `infer` 패키지로 시뮬레이션을 수행하여 이 경우에 해당하는 정규분포를 구성해 보겠습니다.

여기서 한 가지 더 주의할 점은 이 가설검정 결과는 10.3절에서 곧 소개할 특정 '회귀 추론 조건'이 충족되는 경우에만 유효하다는 것입니다.

10.2.4 신뢰구간

<표 10.1>의 회귀표에서 가장 오른쪽에 있는 두 열(`lower_ci`과 `upper_ci`)은 모집단 기울기 β_1에 대한 95% **신뢰구간**의 양 끝점에 해당합니다. 8.3절에서 '그물에 물고기가 잡히는 것'을 '신뢰구간이 모수를 잡는 것'에 비유했지요. (0.035, 0.099)의 β_1에 대한 결과 95% 신뢰구간은 강의 점수와 '미모' 점수 사이에서 적합된 선형 관계의 모집단 기울기 β_1에 대한 그럴듯한 값의 범위로 생각할 수 있습니다.

8.5.2항에서 신뢰구간의 정밀한 해석과 축약 해석에 대해 소개했듯이, 이 신뢰구간의 통계적으로 정밀한 해석은 다음과 같습니다. 바로 "이 표집 절차를 여러 번 반복하면 결과 신뢰구간의 약 95%가 모집단 기울기 β_1의 값을 포착할 수 있을 것으로 예상된다"는 것이죠. 하지만 여기서는 "실제 모집단 기울기 β_1이 0.035에서 0.099 사이에 있다고 95% '신뢰'한다"는 축약 해석을 사용하여 이를 요약해 보겠습니다.

이 경우 (0.035, 0.099)의 β_1에 대한 결과 95% 신뢰구간에는 β_1이 0이라는 특정한 값이 포함되어 있지 않다는 점에 유의하세요. 모집단 회귀 기울기 β_1이 0이면 교육과 '미모' 점수 간에 관계가 없다는 것과 같다고 언급한 바 있습니다. $\beta_1 = 0$은 β_1의 그럴듯한 값 범위에 속하지 않으므로 실제로는 강의 점수와 '미모' 점수 사이에 관계가 있으며, 그 관계는 양(+)의 관계라고 믿게 됩니다. 따라서 이 경우 95% 신뢰구간의 모집단 기울기 β_1에 대한 결론은 가설검정의 결론과 일치합니다. 즉, 강의 점수와 '미모' 점수 간에 의미 있는 관계가 있다는 증거가 있습니다.

그러나 8.5.3항에서 **신뢰 수준**이 신뢰구간 폭을 결정하는 여러 요소 중 하나라고 한 것을 떠올려 보세요. 예를 들어 95% 대신 99%의 더 높은 신뢰 수준을 사용했다고 가정해 보겠습니다. β_1에 대한 결과 신뢰구간이 더 넓어지므로 이제 0이 포함될 수 있습니다. 여기서 기억해야 할 교훈은 신뢰구간을 기반으로 한 결론은 사용된 신뢰 수준에 따라 크게 달라진다는 것입니다.

β_1에 대한 95% 신뢰구간의 두 끝점을 계산하는 데 사용된 계산은 무엇일까요?

8.7.2항에서 `lower_ci`과 `upper_ci`에 대해 설명한 표집 그릇 예제를 살펴보았지요. 표본 비율 $\hat{p}$의 표집 및 붓스트랩 분포가 대략 정규분포이므로 <**부록 A.2**>의 종 모양 분포에 대한 경험 법칙을 사용해, p에 대한 95% 신뢰구간을 아래 공식으로 생성할 수 있습니다.

$$\hat{p} \pm \text{MoE}_{\hat{p}} = \hat{p} \pm 1.96 \cdot \text{SE}_{\hat{p}} = \hat{p} \pm 1.96 \cdot \sqrt{\frac{\hat{p}(1-\hat{p})}{n}}$$

이를 대략적으로 정규 형태의 표집 또는 붓스트랩 분포를 가진 다른 점추정치로 일반화할 수 있습니다.

$$\text{point estimate} \pm \text{MoE} = \text{point estimate} \pm 1.96 \cdot \text{SE}.$$

또한 우리는 10.4절에서 적합 기울기 b_1에 대한 표집/붓스트랩 분포가 실제로 종 모양이라는 것도 보여 드리겠습니다. 다음 방정식을 사용하여 β_1에 대한 95% 신뢰구간을 구성할 수 있습니다.

$$b_1 \pm \text{MoE}_{b_1} = b_1 \pm 1.96 \cdot \text{SE}_{b_1}$$

표준오차 SE_{b_1}의 값은 무엇인가요? <**표 10.1**>의 회귀표의 세 번째 열에 있는 값은 0.016입니다. 따라서 다음과 같습니다.

$$b_1 \pm 1.96 \cdot \text{SE}_{b_1} = 0.067 \pm 1.96 \cdot 0.016 = 0.067 \pm 0.031 = (0.036, 0.098)$$

이는 <**표 10.1**>의 마지막 두 열에 있는 (0.035,0.099) 신뢰구간과 거의 일치합니다.

그러나 가설검정과 마찬가지로 이 신뢰구간 결과도 10.3절에서 설명할 '회귀 추론 조건'이 충족되는 경우에만 유효합니다.

10.2.5 R이 어떻게 이 값들을 계산했냐고요?

<**표 10.1**>에서 표준오차, 검정통계, p값 및 95% 신뢰구간의 종단점 값을 얻기 위해 시뮬레이션을 수행하지는 않았습니다. 그렇다 보니 이러한 값이 어떻게 계산되었는지 궁

금할지도 모르겠네요. 보이지 않는 곳에서 R은 어떤 작업을 수행했을까요? 신뢰구간 및 가설검정 시 8장과 9장에서 `infer` 패키지를 사용한 것처럼 R에서 시뮬레이션을 실행할 수 있을까요?

대답은 '아니요'입니다! 8.7.2항에서 살펴본 신뢰구간을 구성하는 이론 기반 방법과 9.6.1항에서 살펴본 이론 기반 가설검정과 마찬가지로, 회귀 추론을 위해 신뢰구간을 구성하고 가설검정을 수행할 수 있는 수학 공식이 존재합니다. 이러한 공식은 컴퓨터가 존재하지 않던 시절에 도출된 것입니다. 그러니 이 책에서 제공하는 광범위한 컴퓨터 시뮬레이션을 실행하기란 불가능했겠죠. 이러한 공식은 10.5.1항 <회귀를 위한 이론 기반 추론>에서 소개하겠습니다.

10.4절에서는 `infer` 패키지를 사용하여 신뢰구간을 구성하고 가설검정을 수행하는 시뮬레이션 기반 접근 방식을 살펴봅니다. 특히, 우리는 적합된 기울기 b_1의 붓스트랩 분포가 실제로 종 모양임을 확인시켜 드리겠습니다.

10.3 회귀 추론을 위한 조건

8.3.2항에서 붓스트랩 분포가 종 모양인 경우에만 신뢰구간을 구성하는 데 표준오차 기반 방법을 사용할 수 있다고 설명했던 것을 기억하실 것입니다. 마찬가지로, 10.2절에서 설명한 가설검정 결과와 신뢰구간이 유효한 의미를 가지려면 특정한 조건이 충족되어야 합니다. 가정된 기본적인 수학 및 확률 이론이 참이 되려면 이 조건들이 충족되어야 합니다.

회귀 추론의 경우 네 가지 조건을 충족해야 합니다. 아래에서 이 조건의 첫 네 글자는 굵은 글씨로 강조 표시해 두었습니다: **LINE**. 이는 선형회귀를 수행할 때마다 확인해야 할 사항을 상기시켜주는 좋은 단축어입니다.

1. **L**: 변수 간 관계의 선형성(**L**inearity of relationship between variables)
2. **I**: 잔차의 독립성(**I**ndependence of the residuals)
3. **N**: 잔차의 정규성(**N**ormality of the residuals)
4. **E**: 잔차의 등분산성(**E**quality of variance of the residuals)

조건 **L**, **N**, **E**는 **잔차 분석**이라는 것을 통해 확인할 수 있고, 조건 **I**는 데이터 수집 방법에 대한 이해를 통해서만 검증할 수 있습니다.

이 절에서 우리는 잔차에 대해 다시 한 번 살펴보고, 네 가지 **LINE** 조건이 각각 맞는지 확인한 다음, 그 시사점에 대해 논의하겠습니다.

10.3.1 잔차 되돌아보기(residuals refresher)

5.1.3항의 잔차에 대한 정의를 상기해 보겠습니다. 잔차는 관측값에서 $y - \hat{y}$로 표시된 **적합값**을 뺀 값입니다. 잔차는 <**그림 10.1**>의 회귀선에서 관측값 y와 적합값 $\hat{y}$ 사이의 오차 또는 '적합에서 부족한 만큼'으로 생각할 수 있다는 점을 상기해 보시기 바랍니다. <**그림 10.2**>에서 우리는 463개 중 특정 잔차 하나를 화살표로 표시하고 해당 관측값과 적합값을 각각 원과 사각형으로 표시하겠습니다.

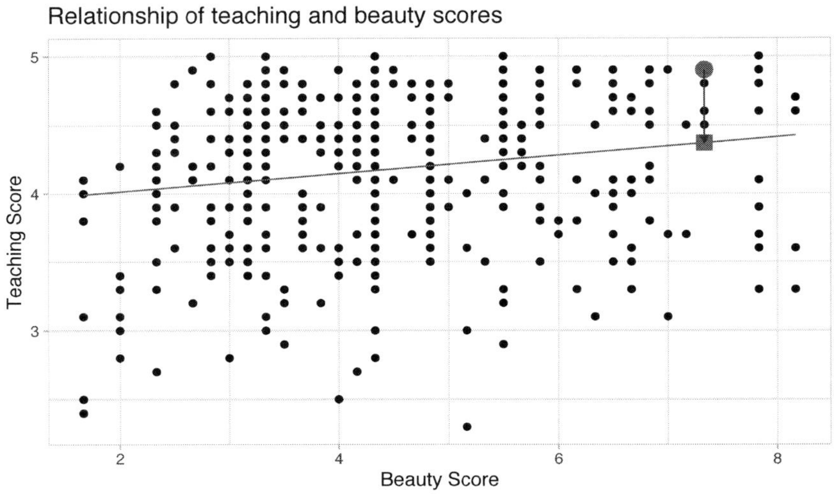

그림 10.2 관측값, 적합값 및 잔차의 예시

또한 **score_model**에 저장된 회귀모형에 **get_regression_points()** 함수를 적용하여 n = 463개의 모든 잔차를 자동으로 계산할 수 있습니다. 잔차의 결과 값이 **score - score_hat**과 거의 동일한지 확인해 보세요(반올림 오차로 인해 약간의 차이가 발생할 수 있습니다).

```
# Fit regression model:
score_model <- lm(score ~ bty_avg, data = evals_ch5)
# Get regression points:
regression_points <- get_regression_points(score_model)
regression_points
```

```
# A tibble: 463 × 5
     ID score bty_avg score_hat residual
  <int> <dbl>   <dbl>     <dbl>    <dbl>
1     1   4.7  5          4.214    0.486
```

```
2       2   4.1   5         4.214   -0.114
3       3   3.9   5         4.214   -0.314
4       4   4.8   5         4.214    0.586
5       5   4.6   3         4.08     0.52
6       6   4.3   3         4.08     0.22
7       7   2.8   3         4.08    -1.28
8       8   4.1   3.333     4.102   -0.002
9       9   3.4   3.333     4.102   -0.702
10     10   4.5   3.167     4.091    0.409
# … with 453 more rows
```

잔차 분석은 조건 L, N, E를 검증하는 데 사용됩니다. 적절한 데이터 시각화를 사용하면 더 쉽게 수행할 수 있습니다. 물론 더 정교한 통계적 접근 방식도 있지만, 여기서 우리는 그래프를 살펴보는 훨씬 더 간단한 접근 방식에 중점을 두겠습니다.

10.3.2 관계의 선형성(Linearity of relationship)

첫 번째 조건은 결과변수 y와 설명변수 x 사이의 관계가 선형(Linear)이어야 한다는 것입니다. <**그림 10.1**>에서 설명변수 x를 '미모' 점수로, 결과변수 y를 강의 평가 점수로 설정한 산점도를 떠올려 보세요. x와 y의 관계가 선형적이라고 말할 수 있을까요? 회귀선에 대해 점들이 퍼져 있기 때문에 단언하기는 어렵습니다만, 저자가 보기에는 이 관계 정도면 '충분히 선형적'인 것 같습니다.

<**그림 10.3**>에서 x와 y의 관계가 선형적이지 않은 예를 제시해 보겠습니다. 이 경우 점들은 분명히 선이 아니라 U자형 다항식 곡선을 형성합니다. 따라서 회귀 추론의 결과는 유효하지 않습니다.

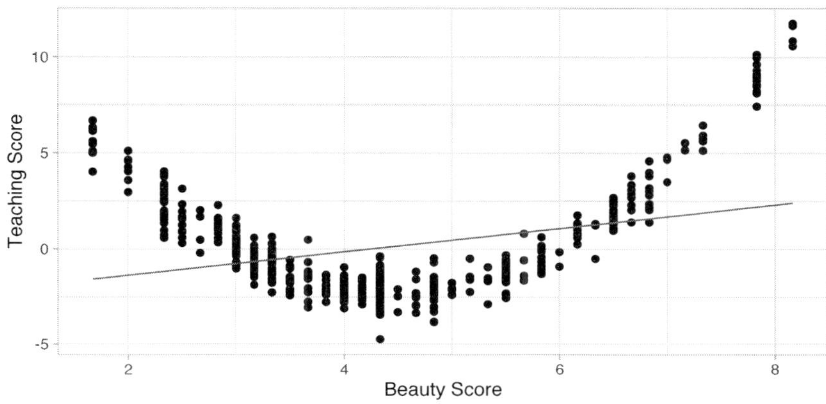

그림 10.3 명확하게 비선형적인 관계의 예

10.3.3 잔차의 독립성

두 번째 조건은 잔차가 독립적(Independent)이어야 한다는 것입니다. 즉, 데이터의 서로 다른 관찰값이 서로 독립적이어야 합니다.

텍사스 오스틴 대학교 데이터의 경우 463개 강좌에 대한 데이터가 있지만, 이 463개 강좌는 실제로 94명의 고유한 강사가 가르쳤습니다. 즉, 같은 교수가 데이터에 두 번 이상 포함되는 경우가 많습니다. evals_ch5 데이터 프레임을 구성하는 데 사용한 원래의 evals 데이터 프레임에는 교수의 익명화된 식별변수인 prof_ID라는 변수가 있습니다.

```
evals %>%
  select(ID, prof_ID, score, bty_avg)
```

```
# A tibble: 463 × 4
       ID prof_ID score bty_avg
    <int>   <int> <dbl>   <dbl>
 1      1       1   4.7   5
 2      2       1   4.1   5
 3      3       1   3.9   5
 4      4       1   4.8   5
 5      5       2   4.6   3
 6      6       2   4.3   3
 7      7       2   2.8   3
 8      8       3   4.1   3.333
 9      9       3   3.4   3.333
10     10       4   4.5   3.16700
# … with 453 more rows
```

예를 들어, prof_ID가 1인 교수는 데이터에서 처음 4개의 강의를 가르쳤고, prof_ID가 2인 교수는 다음 3개의 강의를 가르치는 식입니다. 동일한 교수가 처음 4개의 강의를 가르쳤다는 점을 감안하면 이 4개의 강의 점수는 서로 관련이 있을 것으로 예상하는 편이 합리적입니다. 특정 수업에서 높은 강의 평가 점수를 받은 교수는 다른 수업에서도 높은 점수를 받을 가능성이 상당히 높습니다. 따라서 이 데이터셋은 463명의 고유한 강사가 463개 강의를 가르치는 경우와는 다른 정보를 제공합니다.

이 경우 관찰 간에 **의존성**(dependence)이 존재한다고 말합니다. 교수 1이 가르친 처음 4개의 강의가 의존성이 있고, 교수 2가 가르친 다음 3개의 강의도 의존성이 있다는 식입니다. 이 데이터를 제대로 분석하려면 동일한 교수에 대한 측정값이 **반복**된다는 점을 고려해야 합니다.

따라서 이 경우 독립성 조건이 충족되지 않습니다. 이것이 분석에 어떤 의미가 있을까요? 이 문제는 나머지 두 가지 조건을 확인한 후 10.3.6절에서 다루겠습니다.

10.3.4 잔차의 정규성

세 번째 조건은 잔차가 정규분포(**N**ormal distribution)를 따라야 한다는 것입니다. 또한 이 분포의 중심은 0이어야 합니다. 즉, 회귀모형은 때때로 양의 오차(양의 잔차)를 만듭니다: $y - \hat{y} > 0$. 다른 경우에는 회귀모형이 똑같이 음의 오차(음의 잔차)를 만듭니다: $y - \hat{y} < 0$. 그러나 **평균적으로**(on average) 오차는 0과 같아야 하며 그 모양은 종 모양과 비슷해야 합니다.

잔차의 정규성을 확인하는 가장 간단한 방법은 <**그림 10.4**>에서 시각화한 히스토그램을 보는 것입니다.

```
ggplot(regression_points, aes(x = residual)) +
  geom_histogram(binwidth = 0.25, color = "white") +
  labs(x = "Residual")
```

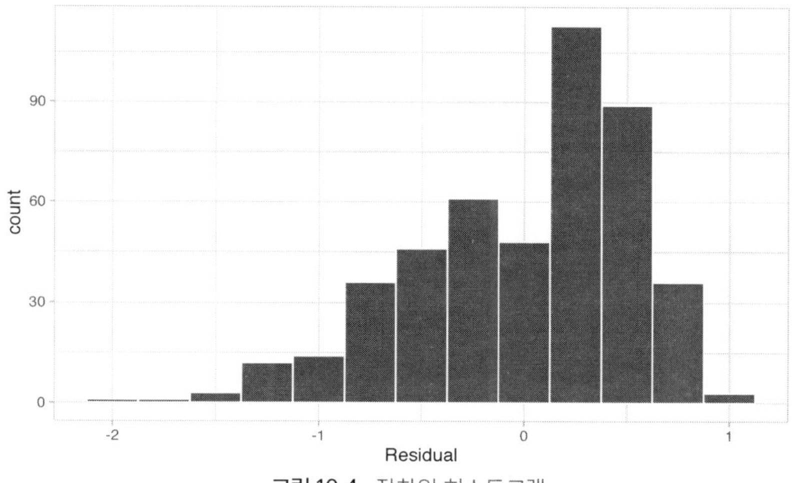

그림 10.4 잔차의 히스토그램

이 히스토그램은 음의 잔차보다 양의 잔차가 더 많다는 것을 보여줍니다. 잔차 $y - \hat{y}$는 $y > \hat{y}$일 때 양수이므로, 회귀 모형의 적합 교육 점수 $\hat{y}$가 실제 교육 점수 y를 과소평가하는 경향이 있는 것으로 보입니다. 또한 이 히스토그램은 왼쪽에 꼬리가 있다는 점에서 약간의 **왼쪽 편향**(left-skew)이 있습니다. 이것은 잔차가 **음의 편향**(negative skew)을 나타내는 또 다른 방법입니다.

이것이 문제일까요? 다시 말하지만, 응답에는 어느 정도의 주관성이 있습니다. 저자의 의견으로는 잔차에 약간의 왜곡이 있지만 그 정도가 심하지 않다고 생각합니다. 물론 이 의견에 동의하지 않는 사람도 있겠지만요.

<그림 10.5>에서 잔차가 정규분포를 명확하게 따르는 경우와 따르지 않는 경우를 예로 들어 보겠습니다. 이 경우 모델에서 오른쪽과 같이 명백하게 정규분포가 아닌 잔차를 산출하는 경우 회귀 추론의 결과는 유효하지 않습니다.

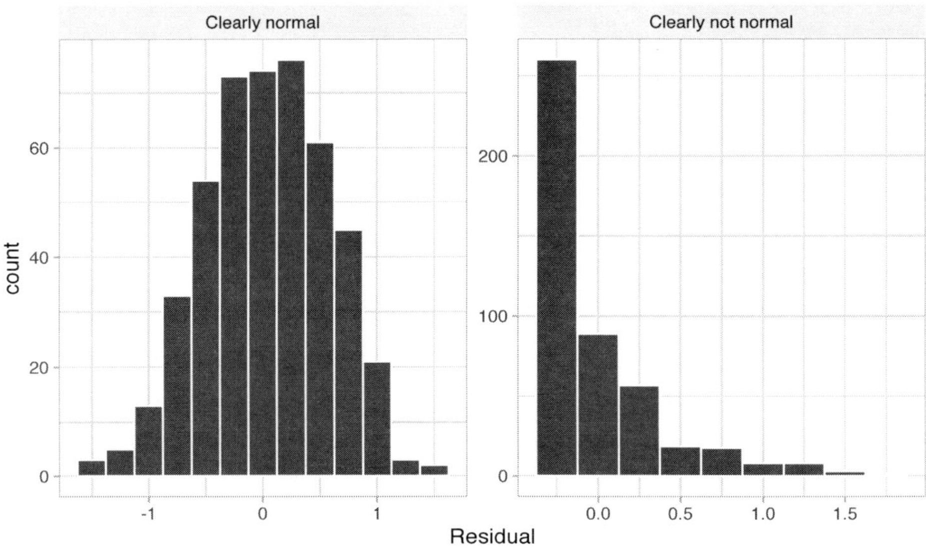

그림 10.5 명백히 정상인 잔차와 명백히 정상이 아닌 잔차의 예시

10.3.5 등분산성(Equality of Variance)

네 번째이자 마지막 조건은 잔차가 설명변수 x의 모든 값에 걸쳐 동일한 분산(등분산: Equal Variance)을 나타내야 한다는 것입니다. 즉, 잔차의 값과 분산이 설명변수 x의 값에 의존하지 않아야 합니다.

<그림 10.1>의 산점도를 떠올려 보겠습니다. 설명변수 x는 '미모' 점수이고 결과변수 y는 교육 점수입니다. 대신, 이제 <그림 10.6>과 같이 x축에는 동일한 값을 가지지만 y축에 잔차 $y - \hat{y}$가 있는 산점도를 만들어 보겠습니다.

```
ggplot(regression_points, aes(x = bty_avg, y = residual)) +
  geom_point() +
  labs(x = "Beauty Score", y = "Residual") +
  geom_hline(yintercept = 0, col = "blue", size = 1)
```

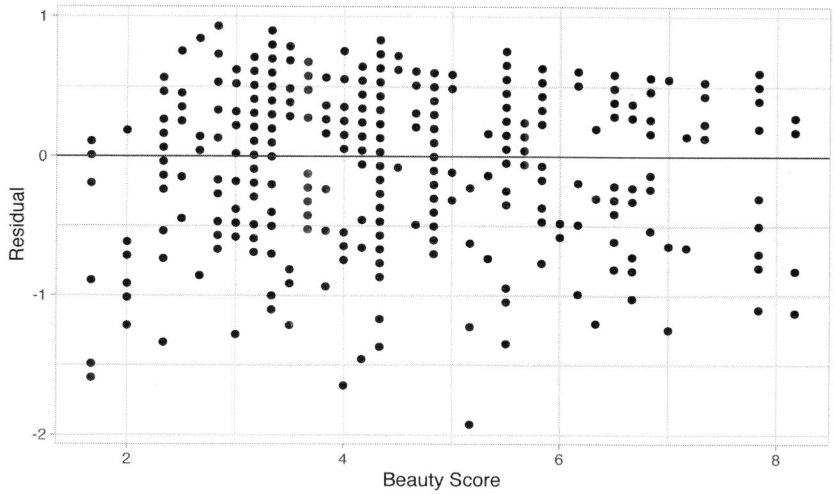

그림 10.6 미모 점수에 대한 잔차 그래프

<**그림 10.6**>은 <**그림 10.1**>의 회귀선이 있지만 회귀선이 $y = 0$으로 평탄화된 그래프의 수정 버전이라고 생각할 수 있습니다. 이 그래프를 보세요. $y = 0$에서 회귀선 주위 잔차의 분포가 설명변수 x '미모' 점수의 모든 값에 걸쳐 일정하다고 말할 수 있나요? 질문 자체가 다소 정성적이고 주관적이므로 사람마다 다른 대답이 나올 수 있습니다. 예를 들어, 어떤 사람들은 x의 값이 작은 경우 잔차값이 큰 경우보다 약간 더 많은 변화가 있다고 말할 것입니다. 그러나 **급격한** 비일관성은 없다고 주장할 수 있습니다.

이제 <**그림 10.7**>을 통해 설명변수 x의 모든 값에 걸쳐 잔차가 동일한 분산을 갖지 않는 예를 제시해 보겠습니다.

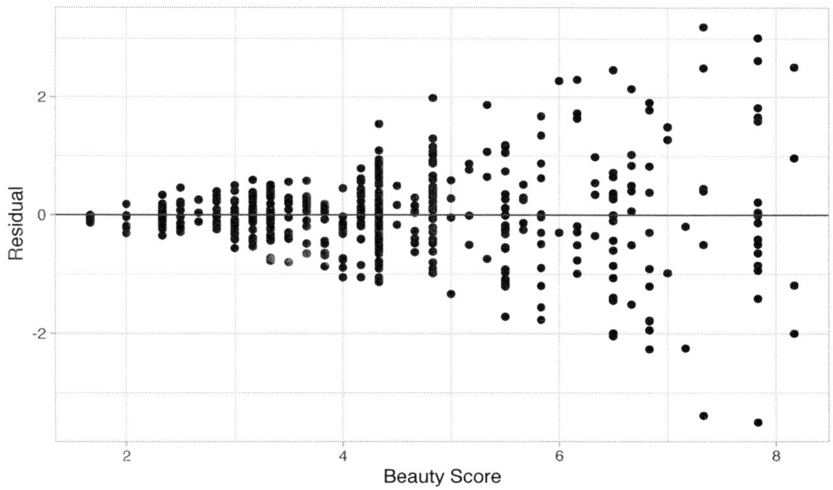

그림 10.7 명확하게 분산이 동일하지 않은 예시

x의 값이 증가함에 따라 잔차의 분포가 어떻게 증가하는지 관찰해 보세요. 이를 **이분산성**(heteroskedasticity)이라고 합니다. 잔차가 이러한 패턴을 산출하는 모델을 기반으로 한 회귀 추론은 유효하지 않습니다.

10.3.6 그래서 결론이 뭐냐고요?

살펴본 회귀 추론에 대한 네 가지 조건을 다시 열거하고, 분석에서 해당 조건이 충족되었는지 여부를 표시해 보겠습니다.

1. 변수 간 관계의 선형성(**L**inearity of relationship between variables): 예
2. 잔차의 독립성(**I**ndependence of residuals): 아니요
3. 잔류물의 정상성(**N**ormality of residuals): 다소
4. 등분산성(**E**quality of variance): 예

그렇다면 이는 10.2절의 신뢰구간 및 가설검정 결과에 어떤 의미가 있을까요?

첫째, 독립성(**I**ndependence) 조건입니다. `evals_ch5`의 서로 다른 행 간에 종속성이 존재한다는 사실을 다루어야 합니다. 고급 통계 과정에서는 이러한 종속성을 회귀모형에 통합하는 방법을 배우게 됩니다. 이러한 기법 중 하나를 **위계적/다수준 모델링**이라고 합니다.

둘째, 조건 **L**, **N**, **E**가 충족되지 않으면 모델에 결함이 있는 경우가 많습니다. 예를 들어, '미모' 점수의 경우처럼 설명변수를 하나만 사용하는 것만으로는 불충분한 경우가 있을 수 있습니다. 6장에서 했던 것처럼 다중회귀모형에 더 많은 설명변수를 통합해야 할 수도 있습니다.

이 경우에는 신뢰구간과 가설검정에서 제시된 결과를 예비 분석으로 보는 것이 최선입니다. 예비 분석에 따르면 강의 평가 점수와 '미모' 점수 간에 유의미한 관계가 있는 것으로 나타났지만, 특히 예비 `score ~ bty_avg` 모델을 개선하여 네 가지 조건이 충족되도록 하는 등 추가 조사가 필요합니다. 네 가지 조건이 대략적으로 충족되면 우리는 신뢰구간과 p값에 더 많은 믿음을 줄 수 있습니다.

회귀 추론 조건은 신뢰구간을 구성하고 가설검정을 수행하는 프로세스에서 매우 중요한 회귀분석의 핵심 부분입니다. 그러나 실제 회귀분석에서는 모든 조건이 완전히 충족되지 않는 경우가 많습니다. 또한, 보셨듯이 잔차 분석에는 **L**, **N**, **E** 조건을 검증하기 위한 주관적인 요소가 어느 정도 존재합니다. 그렇다면 어떻게 해야 할까요? 우리 저자들은 분석의 모든 결과를 투명하게 전달할 것을 권고합니다. 이를 통해 모든 분석의 이해관계자는 모델의 단점이나 모델이 '충분히 좋은' 모델인지 여부를 알 수 있습니다. 따라

서 이러한 가정에 대한 점검으로 인해 '상황에 따라 달라질 수 있다'는 모호한 결과가 나왔지만, 앞으로 어려운 통계적 결정을 내려야 할 때 도움을 드리고자 이러한 시나리오를 보여드렸습니다.

| 학습 확인 |

(LC10.1) age를 설명변수로, 강의 score를 결과변수로 사용하여 회귀분석을 계속합니다.

- get_regression_points() 함수를 사용하여 463명의 모든 강사에 대한 관측값, 적합값 및 잔차를 가져오세요.
- 잔차 분석을 수행하고 잔차에서 체계적인 패턴을 찾습니다. 이상적으로는 패턴이 거의 또는 전혀 없어야 하지만, 그럼에도 여러분이 찾은 내용에 대해 설명해 보세요.

10.4 시뮬레이션 기반 회귀 추론

10.2.5항에서 회귀 테이블의 세 번째부터 일곱 번째 열을 해석할 때 R이 이러한 값을 계산하기 위해 시뮬레이션을 수행하지 않는다고 설명했습니다. 대신 R은 수학 공식을 포함하는 이론 기반 방법을 사용합니다.

이 절에서는 8장과 9장에서 배운 시뮬레이션 기반 방법을 사용하여 <표 10.1>의 회귀표에 있는 값을 다시 생성합니다. 특히 infer 패키지 워크플로우를 사용하여 다음을 수행합니다.

- 부트 스트랩 복원 재표집을 사용하여 모집단 기울기 β_1에 대한 95% 신뢰구간을 구축합니다. 앞서 우리는 8.4절에서는 pennies 데이터로, 8.6절에서는 mythbusters_yawn 데이터로 이 작업을 수행했습니다.
- 순열 검정을 사용하여 $H_0 : \beta_1 = 0$ 대 $H_A : \beta_1 \neq 0$의 가설검정을 수행해 봅시다. 앞서 9.3절에서 promotions 데이터로, 9.5에서 movies_sample IMDb 데이터로 이 작업을 수행했었습니다.

10.4.1 기울기의 신뢰구간

8.4.2항에 설명된 infer 워크플로우를 사용하여 β_1에 대한 95% 신뢰구간을 구성합니다. 구체적으로, 먼저 463개 강의의 단일 표본을 사용하여 적합된 기울기 b_1에 대한 붓스트랩 분포를 구성합니다.

1. **score ~ bty_avg** 공식을 사용하여 **evals_ch5**에 관심변수를 **specify()**합니다.
2. 463개 강의의 원래 표본에서 복원 붓스트랩 재표집을 사용하여 복제본을 **generate()**합니다. **type = "bootstrap"**을 사용하여 **reps = 1000**개의 복제본을 생성합시다.
3. 관심 있는 요약통계인 적합 기울기 b_1을 **calculate()**합니다.

이 붓스트랩 분포를 사용하여, 백분위수 방법과 (적절한 경우) 표준오차 방법도 사용하여 95% 신뢰구간을 구성할 겁니다. 이 경우 복원 붓스트랩은 행 단위로 수행된다는 점에 유의해야 합니다. 따라서 원래의 **score**와 **bty_avg** 값의 쌍은 항상 함께 유지되지만, 다른 점수나 **bty_avg** 값의 쌍은 여러 번 재표집될 수 있습니다. 결과 신뢰구간은 텍사스 오스틴 대학교의 모든 교수에 대한 교육과 '미모' 점수 간의 관계를 정량화하는 알려지지 않은 모집단 기울기 β_1에 대한 그럴듯한 값의 범위를 나타냅니다.

먼저 적합된 기울기 b_1에 대한 붓스트랩 분포를 구성해 보겠습니다.

```
bootstrap_distn_slope <- evals_ch5 %>%
  specify(formula = score ~ bty_avg) %>%
  generate(reps = 1000, type = "bootstrap") %>%
  calculate(stat = "slope")
bootstrap_distn_slope
```

```
# A tibble: 1,000 x 2
   replicate      stat
       <int>     <dbl>
 1         1 0.0651055
 2         2 0.0382313
 3         3 0.108056
 4         4 0.0666601
 5         5 0.0715932
 6         6 0.0854565
 7         7 0.0624868
 8         8 0.0412859
 9         9 0.0796269
10        10 0.0761299
# ... with 990 more rows
```

stat 열에 붓스트랩된 기울기 b_1의 값 1000개가 어떻게 표시되는지 관찰해 보세요. 그리고 <**그림 10.8**>에서 붓스트랩된 1000개의 값을 시각화해 봅시다.

```
visualize(bootstrap_distn_slope)
```

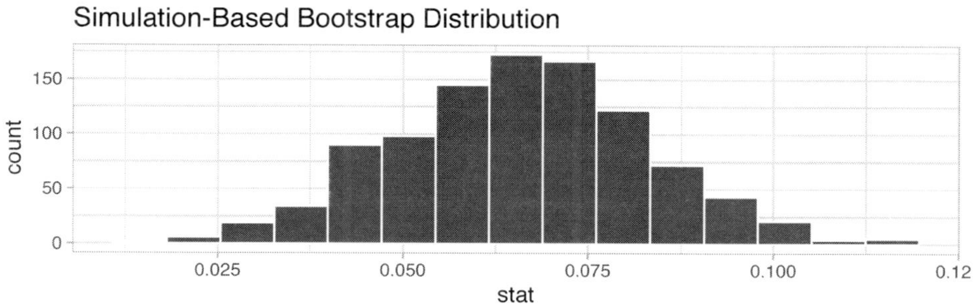

그림 10.8 붓스트랩 기울기 분포

붓스트랩 분포가 대략 종 모양인 것을 확인합니다. 8.7.1절에서 b_1의 붓스트랩 분포의 모양이 b_1의 표집분포의 모양에 가깝게 근사하다고 했는데, 기억하시나요?

• 백분위수 방법

먼저 백분위수 방법을 사용하여 β_1에 대한 95% 신뢰구간을 계산해 보겠습니다. 중간에 위치한 95%의 값을 포함하는 2.5번째와 97.5번째 백분위수를 식별하여 계산할 것입니다. 이 방법을 사용할 때는 붓스트랩 분포가 정규분포 형태일 필요가 없습니다.

```
percentile_ci <- bootstrap_distn_slope %>%
  get_confidence_interval(type = "percentile", level = 0.95)
percentile_ci
```

```
# A tibble: 1 x 2
     `2.5%`   `97.5%`
      <dbl>     <dbl>
1 0.0323411 0.0990027
```

결과 백분위수 기반 95% 신뢰구간 β_1의 (0.032, 0.099)는 <**표 10.1**>의 (0.035, 0.099)의 신뢰구간과 유사합니다.

• 표준오차 방법

<**그림 10.8**>의 붓스트랩 분포가 대략 종 모양으로 나타나므로 표준오차 방법을 사용하여 β_1에 대한 95% 신뢰구간을 구성할 수도 있습니다.

이를 위해서는 먼저 표준오차 기반 신뢰구간의 중심이 될 적합된 기울기 b_1을 계산해야 합니다. <표 10.1>의 회귀표에서 이 값이 $b_1 = 0.067$임을 확인했지만, generate() 단계를 제거한 infer 파이프라인을 사용하여 이 값을 계산할 수도 있습니다.

```
observed_slope <- evals %>%
  specify(score ~ bty_avg) %>%
  calculate(stat = "slope")
observed_slope
```

```
# A tibble: 1 x 1
       stat
      <dbl>
1 0.0666370
```

그런 다음 get_ci()[1] 함수를 level = 0.95로 인수를 설정하여 사용해 β_1에 대한 95% 신뢰구간을 계산합니다. point_estimate 인수를 observed_slope 0.067로 설정하면 신뢰구간의 중심이 설정된다는 점에 유의하세요.

```
se_ci <- bootstrap_distn_slope %>%
  get_ci(level = 0.95, type = "se", point_estimate = observed_slope)
se_ci
```

```
# A tibble: 1 x 2
      lower     upper
      <dbl>     <dbl>
1 0.0333767 0.0998974
```

결과로 도출된 표준오차 기반 95% 신뢰구간 β_1의 (0.033, 0.1)은 <표 10.1>의 (0.035, 0.099)의 신뢰구간과 약간 다릅니다.

• 세 가지 모두 비교

<그림 10.9>에서 백분위수 기반 신뢰구간은 실선으로, 표준오차 기반 신뢰구간은 점선으로, <표 10.1>의 회귀 표의 이론 기반 신뢰구간 (0.035, 0.099)은 점선으로 표시된 세 가지 신뢰구간을 모두 비교해 보겠습니다.

1 get_confidence_interval()과 같은 함수이니 더 짧은 걸 편하게 써도 무방하다.

```
visualize(bootstrap_distn_slope) +
  shade_confidence_interval(endpoints = percentile_ci, fill = NULL,
                            linetype = "solid", color = "grey90") +
  shade_confidence_interval(endpoints = se_ci, fill = NULL,
                            linetype = "dashed", color = "grey60") +
  shade_confidence_interval(endpoints = c(0.035, 0.099), fill = NULL,
                            linetype = "dotted", color = "black")
```

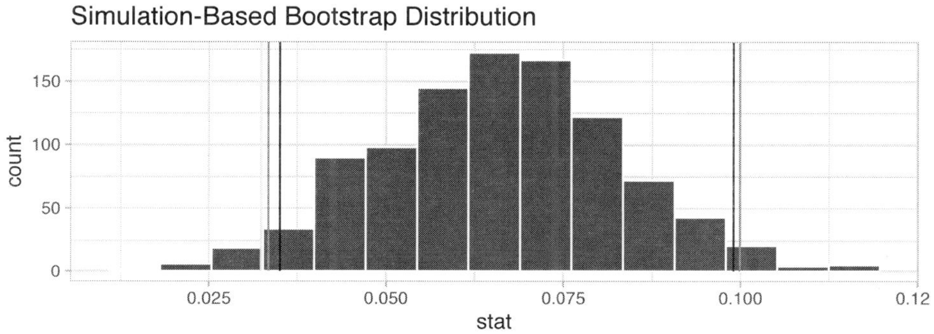

그림 10.9 기울기에 대한 세 가지 신뢰구간 비교

세 가지 모두 매우 비슷하네요! 또한 β_1에 대한 세 개의 신뢰구간 중 어느 것도 0을 포함하지 않고 모두 0 위에 위치합니다. 이는 실제로 강의 평가 점수와 '미모' 점수 사이에 의미 있는 양의 관계가 있음을 시사합니다.

10.4.2 기울기 값에 대한 가설검정

$H_0 : \beta_1 = 0$ vs. $H_A : \beta_1 \neq 0$의 가설검정을 수행해 봅시다. <**그림 9.14**>로 살펴본 '검정은 하나뿐' 다이어그램의 가설검정 패러다임을 따르는 `infer` 패키지를 사용하겠습니다.

먼저 귀무가설 H_0에서 가정한 것처럼 β_1이 0이라는 것이 무엇을 의미하는지 생각해 봅시다. 앞서 β_1이 0이면 강의 평가 점수와 '미모' 점수 사이에 관계가 없음을 의미한다고 했습니다. 따라서 이 특정 귀무가설 H_0을 가정하면 '가상 세계'에서 `score`와 `bty_avg` 사이에는 아무런 관계가 없다는 뜻이 됩니다. 따라서 우리는 `bty_avg` 변수를 아무 결과도 없는 것으로 섞거나 할당할 수 있습니다.

이제 다음 단계를 수행하여 적합된 기울기 b_1의 귀무분포를 구성합니다. 가설검정과 관련된 용어, 표기법 및 정의를 다룬 9.2절에서 가설 H_0이 참이라고 가정할 때 검정통계량 b_1의 표집분포인 **귀무분포**를 정의했습니다.

1. evals_ch5에 관심변수를 score ~ bty_avg 수식을 사용하여 specify()합니다.
2. 독립성에 대한 귀무가설을 hypothesize()합니다. 이 단계는 9.3에서 살펴본대로 가설검정을 위해 추가해야 하는 단계입니다.
3. generate()은 463개 코스의 원래 표본에서 값을 순열/섞어 복제본을 생성합니다. 여기서는 type = "permute"를 사용하여 reps = 1000개의 복제본을 생성합니다.
4. 관심 있는 검정통계인 적합 기울기 b_1을 calculate()합니다.

이 경우, score 값에 걸친 bty_avg 값을 1000회 permute합니다. 이 두 변수 간에 관계가 없는 '가상 세계'를 가정했기 때문에 이러한 섞기/전이를 수행할 수 있습니다. 그런 다음 생성된 1000개의 표본 각각에 대한 "slope" 계수를 계산합니다.

```
null_distn_slope <- evals %>%
  specify(score ~ bty_avg) %>%
  hypothesize(null = "independence") %>%
  generate(reps = 1000, type = "permute") %>%
   calculate(stat = "slope")
```

<그림 10.10>에서 적합된 기울기 b_1에 대한 결과 귀무분포를 관찰합니다.

어떻게 $b_1 = 0$에 중심이 있는지 알 수 있습니다. 가상 세계에서는 score와 bty_avg 사이에 관계가 없기에 $\beta_1 = 0$입니다. 따라서 시뮬레이션에서 관찰되는 가장 일반적인 적합된 기울기 b_1은 0입니다. 또한 이 중심값인 0 주변에서 어떻게 변동이 있는지 관찰해 보세요.

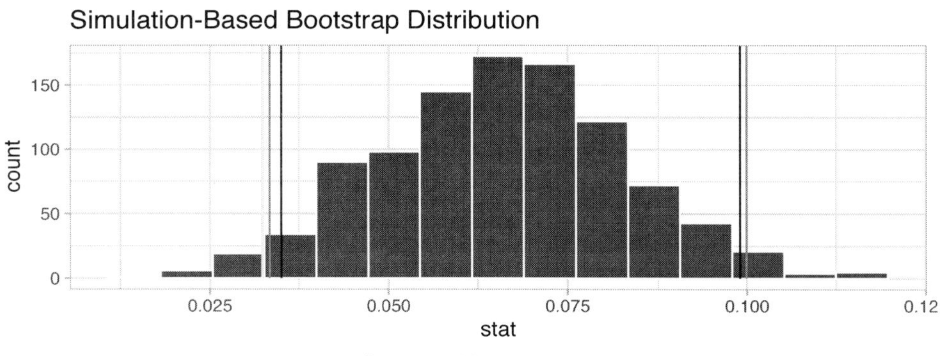

그림 10.10 기울기의 귀무분포

<그림 10.11>에서 관찰된 검정통계 $b_1 = 0.067$과 비교하여 귀무분포의 p값을 시각화해 봅시다. 우리는 이전 visualize() 코드에 shade_p_value() 레이어를 추가하여 이를 수행하고자 합니다.

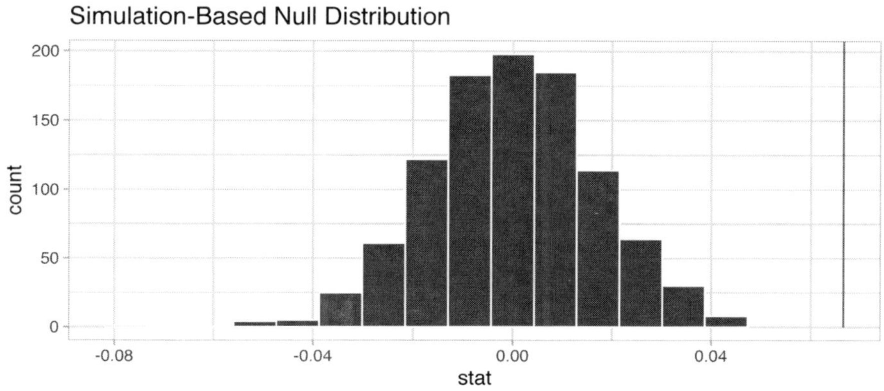

그림 10.11 귀무분포와 P값

관측된 적합된 기울기 0.067은 이 음수 분포의 오른쪽에 속해서 음영 처리된 영역이 이 분포와 겹치지 않으므로 p값은 0이 됩니다. 그러나 완전성을 위해 `get_p_value()` 함수를 사용하여 p값의 수치를 계산해 보겠습니다. 이 함수는 `shade_p_value()` 함수와 동일한 입력을 받는다는 점을 기억하세요.

```
null_distn_slope %>%
  get_p_value(obs_stat = observed_slope, direction = "both")
```

```
# A tibble: 1 × 1
  p_value
    <dbl>
1       0
```

이는 <표 10.1>의 회귀표에서 p값 0과 일치합니다. 따라서 귀무가설 $H_0 : \beta_1 = 0$을 거부하고 대립가설 $H_A : \beta_1 \neq 0$을 지지합니다. 따라서 우리는 텍사스 오스틴 대학교의 모든 강사에 대한 강의 평가 점수와 '미모' 점수 간에 유의미한 관계가 있음을 시사하는 증거를 얻었습니다.

회귀 추론 조건이 충족되고 귀무분포가 종 모양인 경우 방금 설명한 시뮬레이션 기반 결과와 <표 10.1>의 회귀표에 표시된 이론 기반 결과 모두에서 유사한 결과를 볼 수 있습니다.

| 학습 확인 |

(LC10.2) 추론을 반복하지만 이번에는 기울기 대신 상관 계수를 반복합니다. `infer` 패키지의 `calculate()` 함수에서 `stat = "correlation"`을 구현한 것에 주목하세요.

10.5 이 장의 결론

10.5.1 이론으로 알아본 회귀 추론

10.2.5항에서 <표 10.1>의 회귀표를 해석할 때 R은 8장과 9장에서 `infer` 패키지를 사용한 것처럼 신뢰구간을 구성하고 가설검정을 수행하는 시뮬레이션 기반 방법을 사용하지 않는다고 언급했습니다. 대신 R은 8.7.2항에서 살펴본 이론 기반 신뢰구간과 9.6.1항에서 살펴본 이론 기반 가설검정과 마찬가지로 수학 공식을 사용하는 이론 기반 접근 방식을 사용합니다. 이러한 공식은 컴퓨터가 존재하지 않던 시절에 도출된 것이기 때문에 광범위한 시뮬레이션을 실행하려면 엄청난 노동력이 필요했을 것입니다.

특히 적합 기울기 b_1의 **표준오차**에 대한 공식이 있습니다.

$$\mathrm{SE}_{b_1} = \frac{\frac{s_y}{s_x} \cdot \sqrt{1 - r^2}}{\sqrt{n - 2}}$$

다른 통계 공식들과 마찬가지로 여기에도 많은 내용이 담겨 있습니다. 먼저 각 기호가 무엇을 나타내는지 살펴보겠습니다. 첫째, s_x와 s_y는 각각 설명변수 `bty_avg`와 응답변수 `score`의 **표본표준편차**입니다. 둘째, r은 `score`와 `bty_avg` 간의 표본 **상관 계수**입니다. 이 계수는 5장에서 0.187로 계산되었습니다. 마지막으로, n는 `evals_ch5` 데이터 프레임의 `score` 쌍의 수(여기서는 463)입니다.

이 공식을 설명하자면, b_1의 표준오차는 s_y/s_x 항에서 측정된 응답변수의 변동성과 설명변수의 변동성 간의 관계에 따라 달라집니다. 다음으로 $\sqrt{1 - r^2}$ 항에서 두 변수가 서로 어떻게 관련되어 있는지 살펴보는데, 앞의 공식에서 가장 중요한 관찰 사항은 분모에 $n - 2$가 있다는 것입니다. 즉, 표본 크기 n가 증가하면 표준오차 SE_{b_1}이 감소한다는 것입니다. 7.3.3절에서 $n = 25, 50, 100$개를 넣을 수 있는 삽을 사용했을 때 설명한 것처럼, 적합된 기울기 b_1의 표집 변동은 표본 크기 n에 따라 달라집니다. 특히 표본 크기가 커질수록 표집분포와 붓스트랩 분포가 모두 좁아지고 표준오차 SE_{b_1}이 감소합니다. 따라서 실제 모집단 기울기 β_1에 대한 b_1의 추정치는 점점 더 **정밀해집니다**.

R은 그런 다음 회귀표의 세 번째 열에 있는 b_1의 표준오차에 이 공식을 사용하고 이후 95% 신뢰구간을 구성합니다. 그런데 가설검정은 어떨까요? 9.6.1절의 이론 기반 가설검정과 마찬가지로 R에서는 가설검정 시 다음 t **통계량**을 검정통계량으로 사용합니다.

$$t = \frac{b_1 - \beta_1}{\mathrm{SE}_{b_1}}$$

그리고 가설검정 중에 귀무가설 $H_0 : \beta_1 = 0$이 가정되므로, t-통계는 다음과 같습니다.

$$t = \frac{b_1 - 0}{\mathrm{SE}_{b_1}} = \frac{b_1}{\mathrm{SE}_{b_1}}$$

b_1와 SE_{b_1}의 값은 무엇일까요? 이 값은 <표 10.1>의 회귀표의 `estimate`와 `std_error` 열에 있습니다. 따라서 표의 값 4.09은 0.067/0.016 = 4.188로 계산됩니다. 여기에는 약간의 반올림 오류로 인한 차이가 있습니다.

마지막으로, p값을 계산하려면 관찰된 검정통계량 4.09를 적절한 정규분포와 비교해야 합니다. 9.2절에서 귀무분포는 귀무가설 H_0이 참이라고 가정할 때의 검정통계의 표집 분포라고 했습니다. 9.6.1항의 이론 기반 가설검정에서와 마찬가지로, 이 분포는 자유도가 $df = n - 2 = 463 - 2 = 461$과 같은 t 분포임을 수학적으로 증명할 수 있습니다.

이 내용이 다소 어렵게 느껴지더라도 걱정하지 마세요. 이론 기반 방법의 방정식을 완전히 이해하기 전에 이해해야 할 배경 이론이 많이 있습니다. 즉, 신뢰구간을 구성하고 가설검정을 수행하기 위한 이론 기반 방법과 시뮬레이션 기반 방법은 종종 일관된 결과를 산출합니다. 앞서 언급했듯이 시뮬레이션 기반 방법이 이론 기반 방법에 비해 갖는 두 가지 큰 장점은 (1) 통계 추론을 처음 접하는 사람도 쉽게 이해할 수 있다는 점과 (2) 이론 기반 방법과 수학 공식이 존재하지 않는 상황에서도 작동한다는 점입니다.

10.5.2 통계적 추론의 요약

이로써 7.5.1항 <표본추출 시나리오> 표에서 마지막 두 가지 시나리오를 완료했으며, 이를 <표 10.4>로 다시 나타내겠습니다.

표 10.4 추론을 위한 표집 시나리오

시나리오	모수	표기	점추정치	기호
1	모집단 비율	p	표본 비율	$\hat{p}$
2	모집단 평균	μ	표본 평균	$\overline{x}$ 또는 $\hat{\mu}$
3	모집단 비율 차이	$p_1 - p_2$	표본 비율 차이	$\hat{p}_1 - \hat{p}_2$
4	모집단 평균 차이	$\mu_1 - \mu_2$	표본 평균 차이	$\overline{x}_1 - \overline{x}_2$
5	모집단 회귀 기울기	β_1	적합 회귀 기울기	b_1 또는 $\hat{\beta}_1$

5장과 6장의 회귀모형화 기법, 7장의 추론을 위한 표집에 대한 이해, 8장과 9장의 신뢰구간 및 가설검정과 같은 통계적 추론! 수많은 도구로 무장한 여러분은 이제 다양한 데이터에서 변수 간의 관계의 중요성을 연구할 수 있는 역량을 갖추었습니다! 여기에 제시

된 많은 아이디어는 다중회귀 및 기타 고급 모델링 기법으로 확장할 수 있습니다.

10.5.3 추가로 활용할 수 있는 리소스

모든 **학습 확인**에 대한 해결책은 온라인으로 확인할 수 있습니다.[xxii]

이 장에서 사용된 모든 R 코드의 R 스크립트 파일은 https://www.moderndive.com/scripts/10-inference-for-regression.R에서 확인할 수 있습니다.

10.5.4 다음 단계는?

이제 이 책의 마지막 주요 부분인 <`infer`을 사용한 통계적 추론>을 모두 마쳤습니다. 마지막 11장에서는 미국 워싱턴주 시애틀 시의 주택 가격과 같은 실제 데이터와 관련된 짧은 사례 연구를 다양하게 살펴보면서 이 책을 마무리하겠습니다. 여러분은 이 책의 원칙이 데이터를 활용하는 훌륭한 스토리텔러가 되는 데 어떻게 도움이 되는지 알게 될 것입니다!

3부_주석

i https://en.wikipedia.org/wiki/Statistical_inference

ii https://www.npr.org/sections/itsallpolitics/2013/12/04/248793753/poll-support-for-obama-among-young-americans-eroding

iii https://moderndive.com/D-appendixD.html

iv https://www.npr.org/sections/itsallpolitics/2013/12/04/248793753/poll-support-for-obama-among-young-americans-eroding

v https://docs.google.com/spreadsheets/d/1y3kOsU_wDrDd5eiJbEtLeHT9L5SvpZb_TrzwFBsouk0/

vi http://www.discovery.com/tv-shows/mythbusters/mythbusters-database/yawning-contagious/

vii https://www.discovery.com/tv-shows/mythbusters/videos/is-yawning-contagious

viii https://www.imdb.com/title/tt0768479/

ix https://moderndive.com/D-appendixD.html

x https://docs.google.com/spreadsheets/d/1Q-ENy3o5IrpJshJ7gn3hJ5A0TOWV2AZrKNHMsshQtiE/

xi http://allendowney.blogspot.com/2016/06/there-is-still-only-one-test.html

xii https://www.imdb.com/

xiii https://github.com/moderndive/moderndive/blob/master/data-raw/process_data_sets.R

xiv https://en.wikipedia.org/wiki/Student%27s_t-test#Equal_or_unequal_sample_sizes,_unequal_variances

xv https://en.wikipedia.org/wiki/Misunderstandings_of_p-values

xvi https://www.vox.com/science-and-health/2017/7/31/16021654/p-values-statistical-significance-redefine-0005

xvii https://www.nature.com/news/statisticians-issue-warning-over-misuse-of-p-values-1.19503

xviii https://fivethirtyeight.com/features/you-cant-trust-what-you-read-about-nutrition/

xix http://www.fharrell.com/post/pval-litany/

xx https://www.amstat.org/asa/files/pdfs/P-ValueStatement.pdf

xxi https://moderndive.com/D-appendixD.html

xxii https://moderndive.com/D-appendixD.html

4부

결론

11장 데이터와 함께 당신의 이야기를 들려주세요

책의 서문과 각 장의 마지막마다 이 책의 여정을 지도화하여 만든 <ModernDive 순서도>를 떠올려보세요.

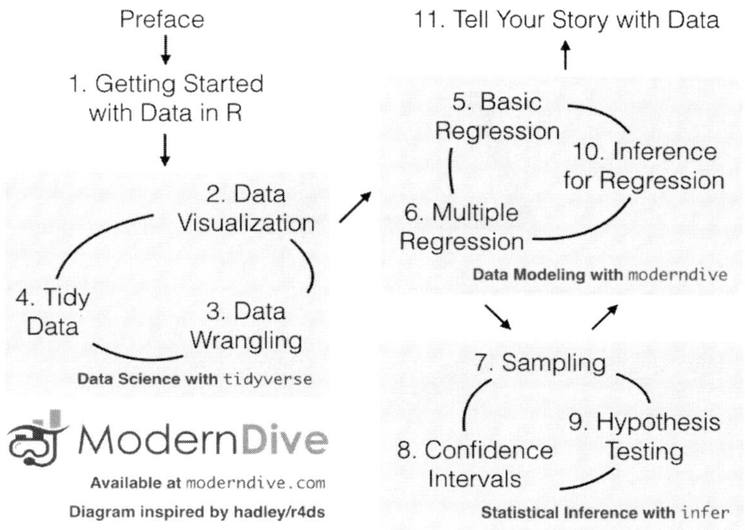

그림 11.1 모던다이브 순서도

11.1 지금까지 배운 내용의 리뷰

지금까지 공부한 내용을 다시 한 번 복습해 봅시다. 먼저 1장에서 R과 RStudio의 차이점을 알아보았습니다. 그리고 R에서의 코딩을 시작했고, 첫 번째 R 패키지를 설치 및 로드했으며, 첫 번째 데이터셋인 2013년 뉴욕시 주요 공항의 모든 국내선 출발 `flights`을 탐색했습니다. 그런 다음 이 책의 다음 세 부분을 다루었습니다(2부와 4부는 하나로 묶었습니다).

1. `tidyverse` 패키지와 함께 데이터 사이언스하기. `tidyverse` 패키지를 사용하여 데이터 과학 도구 상자를 만들었습니다. 특히,

- 2장: ggplot2 패키지를 사용한 데이터 시각화를 배웠습니다.
- 3장: dplyr 패키지를 사용한 데이터 랭글링도 배웠습니다.
- 4장: tidyverse의 모든 패키지를 활용하기 위한, 표준화된 데이터 프레임 입력 및 출력 형식인 'tidy' 데이터의 개념을 배웠습니다. 또한 readr 패키지를 사용하여 스프레드시트 파일을 R로 가져오는 방법을 배웠습니다.

2. moderndive 패키지를 활용한 데이터 모델링. moderndive 패키지의 데이터 과학 도구와 도우미 함수를 사용하여 첫 번째 데이터 모델을 작성했습니다. 특히,

- 5장: 설명 변수가 하나뿐인 기본회귀모형을 발견했습니다.
- 6장: 설명변수가 두 개 이상인 다중회귀모형을 살펴보았습니다.

3. infer을 사용한 통계적 추론. 새로 익힌 데이터 과학 도구를 사용하여 다시 한 번 infer 패키지를 사용해 통계적 추론을 풀었습니다. 특히,

- 7장: 통계적 추론에서 표집 변동이 하는 역할과 이 표집 변동에서 표본 크기가 맡는 역할에 대해 배웠습니다.
- 8장: 부트스트래핑을 사용한 신뢰구간 구성을 익혔습니다.
- 9장: 순열을 사용해 가설검정을 수행했습니다.

4. moderndive를 사용한 데이터 모델링(재검토): 통계적 추론에 대한 이해를 바탕으로 5장과 6장에서 구성한 모델을 다시 살펴보고 검토했습니다. 특히,

- 10장: 회귀분석을 설정한 상태에서 신뢰구간 및 가설검정을 해석했습니다.

앞서 다이앤 램버트 박사(Dr. Diane Lambert)가 처음 만든 표현인 '데이터로 사고하기'[i]에 대한 첫 경험을 안내해 드렸습니다. 이 표현의 근간이 되는 철학이 <**그림 11.1**>의 순서도에서 여러분의 길을 안내했습니다. 이 철학은 데이터 과학 워크플로우 및 통계 분석의 실용적인 측면에 초점을 맞춘 사전 인쇄물 모음인 <통계를 위한 실용적인 데이터 과학>[ii]에도 잘 요약되어 있으며, Jennifer Bryan[iii] 박사와 Hadley Wickham 박사[iv]가 큐레이팅했습니다. 그들은 아래처럼 언급했습니다.

일상적인 분석 작업에는 기존의 통계학 문헌과 커리큘럼에서 거의 다루지 않는 측면이 많이 있습니다. 그럼에도 불구하고 일상적인 분석 작업은 데이터 분석가와 응용 통계학자의 시간과 노력의 상당 부분을 차지합니다. 이 컬렉션의 목표는 최신 데이터 분석 워크플로우의 가시성과 채택을 높이는 것입니다. 우리는 산업계와 학계, 소프트웨어 엔지니어링과 통계학 및 컴퓨터 과학, 그리고 서로 다른 영역 간에 도구와 프레임워크 이전을 촉진하는 것을 목표로 합니다.

다시 말해, 21세기에 '데이터로 사고하는' 능력을 갖추려면 분석가가 서문에서 살펴본 '데이터/과학 파이프라인'[v]을 통과하는 연습이 필요합니다(<**그림 11.2**>에 다시 표시). 너무 오랫동안 통계 교육은 이 파이프라인 **전체**(entirety)를 거치지 않고 파이프라인의 일부에만 초점을 맞춰 왔다는 아쉬움이 듭니다.

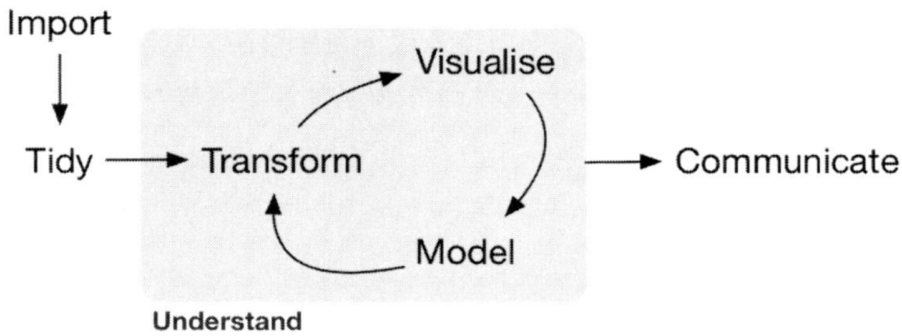

그림 11.2 데이터/과학 파이프라인

책을 마무리하기 전에, 데이터로 작업한 몇 가지 추가 사례 연구를 소개할까 합니다. 11.2절에서 미국 워싱턴주 시애틀의 주택 판매 가격을 분석하기 위한 '데이터/과학 파이프라인'의 전체 과정을 다뤄보겠습니다. 11.3절에서는 데이터 저널리즘 웹사이트인 FiveThirtyEight.com[vi]에서 가져온 효과적인 데이터 스토리텔링의 몇 가지 예를 소개합니다. 이러한 사례 연구를 소개하는 이유는 '데이터로 사고'할 수 있어야 할 뿐만 아니라 '데이터로 스토리를 전달'할 수 있어야 하기 때문입니다. 자, 이제 함께 살펴볼까요?

필요한 패키지

이 장에 필요한 모든 패키지를 불러 보겠습니다(이미 설치했다고 가정합니다). 자세한 내용은 1.3절에서 소개한 R 패키지를 설치하고 불러오는 방법을 참조하세요.

```
library(tidyverse)
library(moderndive)
library(skimr)
library(fivethirtyeight)
```

11.2 사례 연습: 시애틀의 집값

Kaggle.com[vii]은 기업, 정부 기관 및 기타 개인이 업로드한 데이터셋을 호스팅하는 머신 러닝 및 예측 모델링 경진 대회 웹사이트입니다. 이 데이터셋 중 하나는 '미국 킹 카운티의 주택 판매'[viii]입니다. 이 데이터셋은 시애틀 대도시 지역을 포함하는 미국 워싱턴주 킹 카운티에서 2014년 5월부터 2015년 5월 사이에 판매된 주택의 판매 가격으로 구성되어 있습니다. 이 데이터셋은 `moderndive` 패키지에 포함된 `house_prices` 데이터 프레임에 있습니다.

데이터셋은 21,613채의 주택과 이러한 주택을 설명하는 21개의 변수로 구성되어 있습니다(이러한 변수의 전체 목록과 설명은 `?house_prices`를 실행하여 도움말 파일을 참조하세요). 이 사례 연구에서는 우리는 다중회귀모형을 생성할 겁니다.

1. 결과변수 y는 주택의 판매 `price`입니다.
2. 설명변수는 다음과 같이 두 개입니다.
   1) 수치형 설명변수 x_1: 주거 공간의 평방피트 단위로 측정된 주택 크기 `sqft_living`. 1제곱피트는 약 0.09제곱미터입니다.
   2) 범주형 설명변수 x_2: 주택의 상태(`condition`). 1이 '열악함'을 나타내고 5가 '우수함'을 나타내는 5단계의 범주형 변수입니다.

11.2.1 탐색적 데이터 분석: 파트 1

여러 번 언급했듯이, 데이터가 주어졌을 때 중요한 첫 번째 단계는 탐색적 데이터 분석(EDA)을 수행하는 것입니다. 탐색적 데이터 분석은 데이터에 대한 이해를 돕고, 데이터의 문제를 식별하고, 이상치를 밝혀내고, 모델 구성에 필요한 정보를 제공하는 데 도움이 될 수 있습니다.

5.1.1절에서 소개한 탐색적 데이터 분석의 세 가지 일반적인 단계를 떠올려 보세요.

1. 원자료 값 살펴보기
2. 요약통계 계산하기
3. 데이터 시각화 만들기

먼저 `View()`를 사용하여 RStudio의 스프레드시트 뷰어를 불러오고 `dplyr` 패키지의 `glimpse()` 함수를 사용하여 원자료를 살펴보겠습니다.

```
View(house_prices)
glimpse(house_prices)
```

```
Observation: 21,613
Variables: 21
$ id            <chr> "7129300520", "6414100192", "5631500400", "2487200875", …
$ date          <date> 2014-10-13, 2014-12-09, 2015-02-25, 2014-12-09, 2015-02…
$ price         <dbl> 221900, 538000, 180000, 604000, 510000, 1225000, 257500,…
$ bedrooms      <int> 3, 3, 2, 4, 3, 4, 3, 3, 3, 3, 3, 2, 3, 3, 5, 4, 3, 4, 2,…
$ bathrooms     <dbl> 1.00, 2.25, 1.00, 3.00, 2.00, 4.50, 2.25, 1.50, 1.00, 2.…
$ sqft_living   <int> 1180, 2570, 770, 1960, 1680, 5420, 1715, 1060, 1780, 189…
$ sqft_lot      <int> 5650, 7242, 10000, 5000, 8080, 101930, 6819, 9711, 7470,…
$ floors        <dbl> 1.0, 2.0, 1.0, 1.0, 1.0, 1.0, 2.0, 1.0, 1.0, 2.0, 1.0, 1…
$ waterfront    <lgl> FALSE, FALSE, FALSE, FALSE, FALSE, FALSE, FALSE, FALSE, …
$ view          <int> 0, 0, 0, 0, 0, 0, 0, 0, 0, 0, 0, 0, 0, 0, 0, 3, 0, 0, 0,…
$ condition     <fct> 3, 3, 3, 5, 3, 3, 3, 3, 3, 3, 3, 4, 4, 4, 3, 3, 3, 4, 4,…
$ grade         <fct> 7, 7, 6, 7, 8, 11, 7, 7, 7, 7, 8, 7, 7, 7, 7, 9, 7, 7, 7…
$ sqft_above    <int> 1180, 2170, 770, 1050, 1680, 3890, 1715, 1060, 1050, 189…
$ sqft_basement <int> 0, 400, 0, 910, 0, 1530, 0, 0, 730, 0, 1700, 300, 0, 0, …
$ yr_built      <int> 1955, 1951, 1933, 1965, 1987, 2001, 1995, 1963, 1960, 20…
$ yr_renovated  <int> 0, 1991, 0, 0, 0, 0, 0, 0, 0, 0, 0, 0, 0, 0, 0, 0, 0, 0,…
$ zipcode       <fct> 98178, 98125, 98028, 98136, 98074, 98053, 98003, 98198, …
$ lat           <dbl> 47.5, 47.7, 47.7, 47.5, 47.6, 47.7, 47.3, 47.4, 47.5, 47…
$ long          <dbl> -122, -122, -122, -122, -122, -122, -122, -122, -122, -1…
$ sqft_living15 <int> 1340, 1690, 2720, 1360, 1800, 4760, 2238, 1650, 1780, 23…
$ sqft_lot15    <int> 5650, 7639, 8062, 5000, 7503, 101930, 6819, 9711, 8113, …
```

EDA의 이 단계에서 여러분이 스스로에게 던질 수 있는 질문은 다음과 같습니다. 어떤 변수가 수치형인가? 어떤 변수가 범주형인가? 범주형 변수의 경우, 그 수준은 어떻게 되는가? 회귀모형에 사용할 변수 외에 어떤 변수를 주택 가격 모델에 유용하게 사용할 수 있을까?

예를 들어, condition 변수의 값은 1부터 5까지이지만, 이러한 값은 '요인'을 나타내는 fct로 R에 저장됩니다. 이것은 범주형 변수를 저장하는 R의 방법 중 하나입니다. 따라서 1부터 5까지의 숫자 값이 아니라 1부터 5까지의 '레이블'이라고 생각해야 합니다.

이제 EDA의 두 번째 단계인 요약통계 계산을 수행해 보겠습니다. **요약통계**는 많은 수의 값을 요약한 단일 숫자 값임을 3.3절에서 배웠습니다. 요약통계의 예로는 평균, 중앙값, 표준편차 및 다양한 백분위수가 있습니다.

이 작업은 mean()과 median()과 같은 R의 기본 제공 **요약함수**(summary functions)

와 함께 dplyr 패키지의 summarize() 함수를 사용하여 수행할 수 있습니다. 그러나 우리는 3.5절에서 비행기가 공중에서 차지하는 시간인 gain에 대한 다양한 요약통계를 계산하는 다음 코드를 살펴봤습니다.

```
gain_summary <- flights %>%
  summarize(
    min = min(gain, na.rm = TRUE),
    q1 = quantile(gain, 0.25, na.rm = TRUE),
    median = quantile(gain, 0.5, na.rm = TRUE),
    q3 = quantile(gain, 0.75, na.rm = TRUE),
    max = max(gain, na.rm = TRUE),
    mean = mean(gain, na.rm = TRUE),
    sd = sd(gain, na.rm = TRUE),
    missing = sum(is.na(gain))
  )
```

세 가지 price, sqft_living, condition 변수에 대해 이 작업을 모두 반복하려면 코딩이 지루할 수 있습니다. 대신 6.1.1항에서 처음 사용한 skimr 패키지의 편리한 skim() 함수를 사용하여 모델에 관심 있는 변수만 select()하도록 하겠습니다

```
house_prices %>%
  select(price, sqft_living, condition) %>%
  skim()
```

```
Skim summary statistics
 n obs: 21613
 n variables: 3

── Variable type:factor
variable missing complete     n n_unique
top_counts ordered
condition     0    21613 21613     5 3:       14031, 4: 5679, 5: 1701, 2: 172    FALSE

── Variable type:integer
variable missing complete        n    mean       sd    p0   p25   p50   p75    p100
sqft_living       0     21613 21613 2079.9 918.44 290 1427 1910 2550 13540

── Variable type:numeric
variable missing complete     n     mean     sd     p0     p25     p50     p75     p100
   price      0  21613 21613 540088.14 367127.2 75000 321950 450000 645000 7700000
```

평균 price $540,088가 중앙값인 $450,000보다 크네요. 소수의 매우 비싼 주택이 평균을 부풀리고 있기 때문입니다. 즉, 데이터셋에 '이상치'가 있는 주택 가격이 있습니다(이 사실은 시각화를 만들 때 더욱 분명해질 것입니다).

그러나 중앙값은 이러한 주택 가격 이상치에 민감하지 않습니다. 부동산 시장에 관한 뉴스에서 일반적으로 평균 주택 가격이 아닌 중앙값 주택 가격을 보도하는 이유가 여기에 있습니다. 여기서는 중앙값이 평균보다 **이상치에 더 강건하다**(robust to outliers)고 말합니다. 마찬가지로 표준편차와 사분위수 범위(IQR)는 모두 산포와 변동성을 측정하는 척도이지만, IQR은 **이상치에 대해 더 강건**합니다.

이제 탐색적 데이터 분석의 세 가지 일반적인 단계 중 마지막 단계인 데이터 시각화 만들기를 수행해 보겠습니다. 먼저 **일변량**(univariate) 시각화를 만들어 보겠습니다. 이는 한 번에 하나의 변수에 초점을 맞춘 그래프입니다. price와 sqft_living은 수치형 변수이므로 히스토그램에 대한 2.5절에서 본 것처럼 geom_histogram()을 사용하여 해당 변수의 분포를 시각화할 수 있습니다. 반면에 condition은 범주형 변수이므로 geom_bar()를 사용하여 분포를 시각화할 수 있습니다. 또한 막대그래프를 다룬 2.8절에서 condition이 '미리 요약 계산'되지 않기 때문에 geom_col()이 아닌 geom_bar()를 사용했음을 잊지 마세요.

```
# Histogram of house price:
ggplot(house_prices, aes(x = price)) +
  geom_histogram(color = "white") +
  labs(x = "price (USD)", title = "House price")
# Histogram of sqft_living:
ggplot(house_prices, aes(x = sqft_living)) +
  geom_histogram(color = "white") +
  labs(x = "living space (square feet)", title = "House size")
# Barplot of condition:
ggplot(house_prices, aes(x = condition)) +
  geom_bar() +
  labs(x = "condition", title = "House condition")
```

<그림 11.3>에서는 이 세 가지 시각화를 한 번에 모두 표시합니다[1].

1 gridExtra 패키지를 설치한 후 불러와 grid.arrange를 실행하면 교재처럼 3개의 그래프를 띄울 수 있다. 첫 번째~세 번째 그래프를 각각 p1, p2, p3에 할당한 뒤, grid.arrange(p1, p2, p3, ncol = 2)로 작성하면 된다. ncol = 2는 한 줄에 2개 열을 표현하라는 인수를 뜻한다.

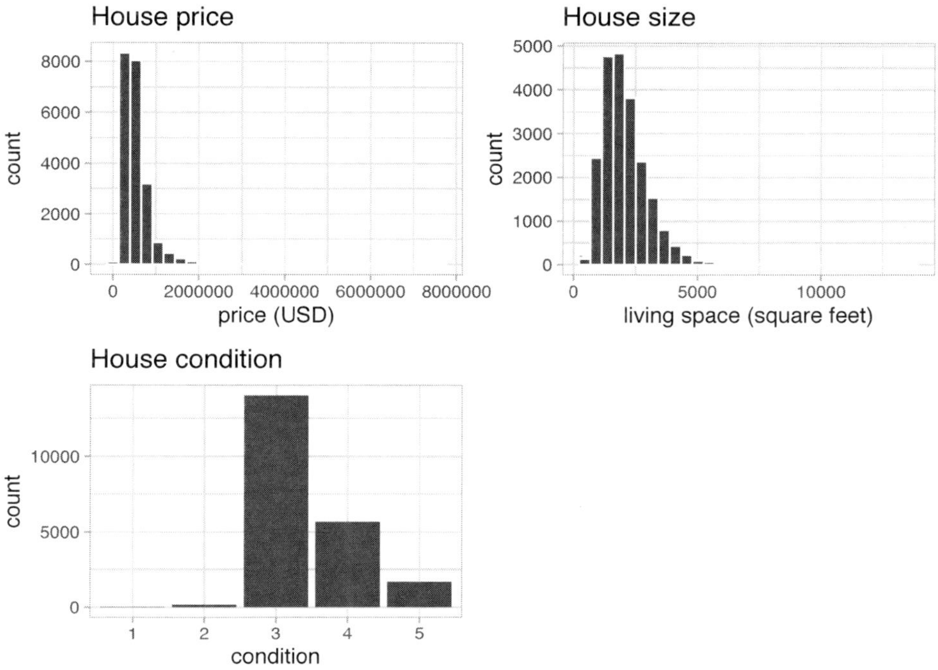

그림 11.3 시애틀 주택 가격 데이터의 탐색적 시각화

먼저, 아래쪽 그래프에서 대부분의 주택이 상태 '3'에 해당하고 상태 '4'와 '5'에 해당하는 주택이 몇 개 더 있으며 상태 '1'이나 '2'에 해당하는 주택은 거의 없음을 살펴보세요.

다음으로, 왼쪽 위 그래프의 `price` 히스토그램을 보면 대부분의 주택이 200만 달러 미만인 것을 알 수 있습니다. 또한 이 가격에 가까운 집이 없는 것처럼 보이지만 X축이 800만 달러까지 늘어나 있습니다. 이는 800만 달러에 가까운 가격을 가진 주택의 수가 **매우 적기 때문**입니다. 이것이 바로 앞서 언급한 주택 가격의 이상치입니다. **긴 오른쪽 꼬리**에서 볼 수 있듯이 변수 `price`가 오른쪽으로 편향되어 있다고 말합니다.

또한 중간 그래프의 `sqft_living` 히스토그램에서도 대부분의 주택이 5000평방피트 미만의 주거 공간을 가진 것을 확인할 수 있습니다. 비교를 위해 따져보자면, 미국의 축구장은 약 57,600평방피트인 반면, 표준 축구/협회 축구장은 약 64,000평방피트입니다. `price` 변수만큼 급격하지는 않지만 이 변수 역시 오른쪽으로 편향되어 있다는 점도 주목하세요.

`price` 변수와 `sqft_living` 변수 모두 오른쪽 편향으로 인해 X축의 아래쪽 끝에 있는 주택을 구분하기 어렵습니다. 이는 매우 비싸고 엄청난 크기의 주택이 소수에 불과하여 X축의 규모가 압축되어 보이기 때문입니다.

이 왜곡은 어떻게 해결할 수 있을까요? 이 변수들을 **상용 로그10 변환**(log10

transformation)해 보겠습니다. 만약 여러분이 이러한 변환에 익숙하지 않다면, 로그 변환에 대한 <**부록** A.3>을 읽어 보길 바랍니다. 요컨대, 로그 변환을 사용하면 변수의 배율을 변경하여 **덧셈식**(additive) 변경 대신 **곱셈식**(multiplicative) 변경에 초점을 맞출 수 있습니다. 다시 말해, **절대적인** 변화 대신 **상대적인** 변화에 초점을 맞추도록 관점을(view) 전환하는 것입니다. 이러한 곱셈/상대적 변화를 단위 **자릿수의 변화**(orders of magnitude)라고도 합니다.

이제 3.5절에서 배운 `mutate()` 함수를 사용하여 오른쪽으로 치우친 변수 `price`와 `sqft_living`의 상용 로그10 변환 버전을 새로 만들되, 후자의 이름을 `log10_sqft_living`보다 더 짧고 이해하기 쉬운 `log10_size`로 지정해 보겠습니다.

```
house_prices <- house_prices %>%
  mutate(
    log10_price = log10(price),
    log10_size = log10(sqft_living)
  )
```

그리고 `house_prices`의 처음 10행에 대해서만 변수들의 변환 전후 효과를 표시해 보겠습니다.

```
house_prices %>%
  select(price, log10_price, sqft_living, log10_size)
```

```
# A tibble: 21,613 × 4
     price log10_price sqft_living log10_size
     <dbl>       <dbl>       <int>      <dbl>
 1  221900     5.34616        1180    3.07188
 2  538000     5.73078        2570    3.40993
 3  180000     5.25527         770    2.88649
 4  604000     5.78104        1960    3.29226
 5  510000     5.70757        1680    3.22531
 6  1225000    6.08814        5420    3.73400
 7  257500     5.41078        1715    3.23426
 8  291850     5.46516        1060    3.02531
 9  229500     5.36078        1780    3.25042
10  323000     5.50920        1890    3.27646
# … with 21,603 more rows
```

특히 여섯 번째 줄과 세 번째 줄에 있는 집을 주목해서 살펴보세요. 여섯 번째 줄에 있는 집의 가격은 1,225,000달러로 100만 달러를 약간 넘습니다. 10^6은 100만 달러이므로 `log10_price`는 약 6.09입니다.

다른 모든 주택의 `price`가 1,000,000달러 미만이므로 `log10_price`가 6보다 작은 것과 대조해 보세요. 세 번째 행에 있는 집은 `sqft_living`이 1000보다 작은 유일한 집입니다. $1000 = 10^3$이므로 `log10_size`가 3보다 작은 유일한 집입니다.

이제 <**그림 11.4**>에서 가격에 대한 이 변환의 전후 효과를 시각화해 보겠습니다.

```
# Before log10 transformation:
ggplot(house_prices, aes(x = price)) +
  geom_histogram(color = "white") +
  labs(x = "price(USD)", title = "House price: Before")

# After log10 transformation:
ggplot(house_prices, aes(x = log10_price)) +
  geom_histogram(color = "white") +
  labs(x = "log10 price(USD)", title = "House price: After")
```

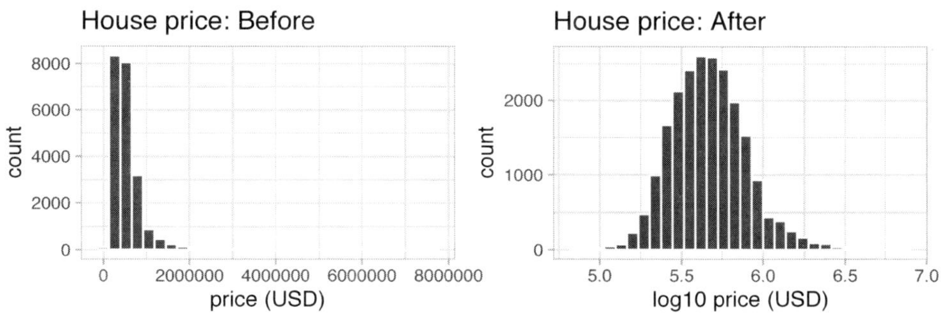

그림 11.4 로그10 변환 전후의 주택 가격

변환 후 분포가 훨씬 덜 왜곡되고, 더 대칭적이며 더 종 모양에 가깝게 변했습니다. 이제 더 싼 가격의 주택을 더 쉽게 구분할 수 있겠지요.

`sqft_living` 변수가 log10으로 변환된 주택 크기에 대해서도 동일하게 변환 전후를 비교하기 위해 시각화 해봅시다.

```
# Before log10 transformation:
ggplot(house_prices, aes(x = sqft_living)) +
  geom_histogram(color = "white") +
  labs(x = "living space(square feet)", title = "House size: Before")
```

```
# After log10 transformation:
ggplot(house_prices, aes(x = log10_size)) +
  geom_histogram(color = "white") +
  labs(x = "log10 living space(square feet)", title = "House size: After")
```

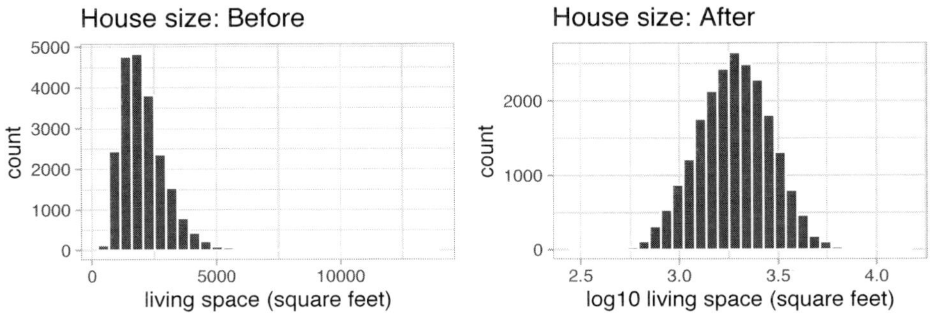

그림 11.5 로그10 변환 전후의 주택 크기

<**그림 11.5**>에서 로그10 변환이 변수의 왜곡을 제거하는 비슷한 효과를 가지고 있음을 확인할 수 있습니다. 이 두 경우의 결과 분포가 더 대칭적이고 종 모양이지만, 항상 그런 것은 아니라는 점도 기억하세요.

이제 `log10_price`와 `log10_size`의 대칭적인 특성을 감안하여 새 변수를 사용하는 다중회귀모형을 만들어 보겠습니다.

1. 결과변수 y는 주택의 판매 `log10_price`입니다.
2. 두 개의 설명변수:
   1) 수치형 설명변수 x_1: 거주 공간의 밑이 10인 로그제곱피트 단위로 측정된 주택 크기 `log10_size`.
   2) 범주형 설명변수 x_2: 주택의 상태(`condition`). 1은 '열악함'을 나타내고 5는 '우수함'을 나타내는 5단계의 범주형 변수입니다.

11.2.2 탐색적 데이터 분석: 2부

이제 **다변량** 시각화를 통해 EDA를 계속해 보겠습니다. <**그림 11.3**>, <**그림 11.4**>, <**그림 11.5**>의 **일변량** 히스토그램과 막대그래프와는 달리 다변량 시각화는 둘 이상의 변수 간의 관계를 보여줍니다. 모델링의 목표가 변수 간의 관계를 탐색하는 것이므로, 다변량 시각화 단계는 EDA에서 수행해야 할 중요한 단계입니다.

이 모델에는 수치형 결과변수, 수치형 설명변수 및 범주형 설명변수가 포함되므로, 텍사스 오스틴 대학교의 강의 평가 점수 데이터셋을 연구한 6.1절에서와 유사한 회귀모형화 상황에 처하게 됩니다. 이 경우 수치형 결과변수는 강의 평가 점수(score), 수치형 설명변수는 강사의 age, 범주형 설명변수는 (이진변수) gender였지요.

따라서 우리에게는 (1) 각 condition 수준에 대한 회귀선의 기울기와 절편이 모두 다른 **상호작용 모델** 또는 (2) 각 조건 condition에 대한 회귀선의 기울기는 같지만 절편이 다른 **평행 기울기 모델** 중 선택할 수 있는 두 가지 모델이 있습니다.

6.1.3절에서 ggplot2 패키지의 geom_smooth() 메소드에는 평행 기울기 모델을 그래프로 그리는 편리한 방법이 없기 때문에 Evgeni Chasnovski가 만들어 moderndive 패키지에 넣은 특수 목적 함수 geom_parallel_slopes()를 사용했었습니다. 우리는 <그림 11.6>에서 두 결과 모델을 모두 그래프로 표시하되, 왼쪽에 상호 작용 모델을 표시해 보겠습니다.

```
# Plot interaction model
ggplot(house_prices,
       aes(x = log10_size, y = log10_price, col = condition)) +
  geom_point(alpha = 0.05) +
  geom_smooth(method = "lm", se = FALSE) +
  labs(y = "log10 price",
       x = "log10 size",
       title = "House prices in Seattle")

# Plot parallel slopes model
ggplot(house_prices,
       aes(x = log10_size, y = log10_price, col = condition)) +
  geom_point(alpha = 0.05) +
  geom_parallel_slopes(se = FALSE) +
  labs(y = "log10 price",
       x = "log10 size",
       title = "House prices in Seattle")
```

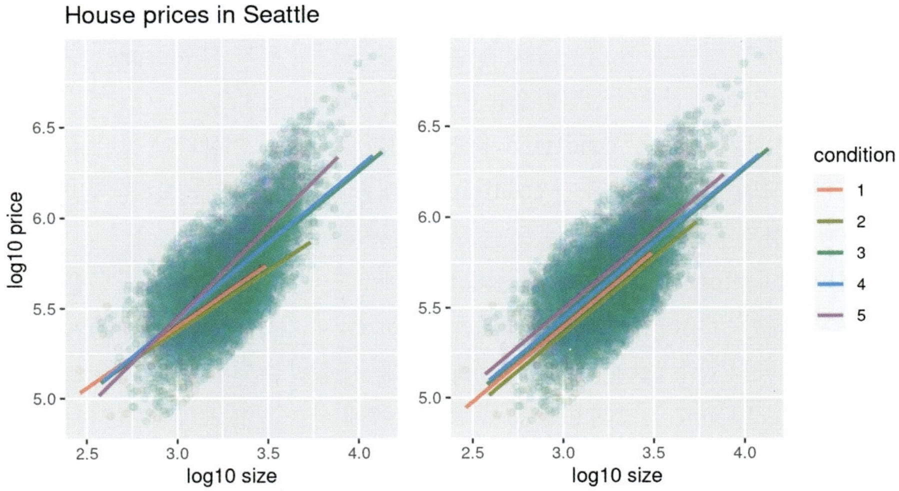

그림 11.6 상호 작용 및 평행 기울기 모델

두 모델 모두 주택 가격과 크기 사이에 양의 관계가 있음을 알 수 있는데, 이는 주택이 클수록 더 비싼 경향이 있음을 의미합니다. 또한 두 그래프 모두에서 상태 5의 선이 가장 높고 그 다음이 상태 4와 상태 3이라는 사실에서 알 수 있듯이 대부분의 주택 크기에서 상태 5의 주택이 가장 비싼 경향이 있는 것으로 보입니다. 상태 1과 2의 경우 이 패턴이 명확하지 않습니다. <**그림 11.3**>의 조건에 대한 일변량 막대그래프를 보면 상태 1 또는 2의 주택이 몇 개 밖에 없다는 것을 알 수 있습니다.

<**그림 11.7**>의 상호 작용 모델만 패싯 버전으로 표시해 보겠습니다. 이제 상태 1 또는 2에 해당하는 주택이 얼마나 적은지 훨씬 더 명확해졌습니다.

```
ggplot(house_prices,
       aes(x = log10_size, y = log10_price, col = condition)) +
  geom_point(alpha = 0.4) +
  geom_smooth(method = "lm", se = FALSE) +
  labs(y = "log10 price",
       x = "log10 size",
       title = "House prices in Seattle") +
  facet_wrap(~ condition)
```

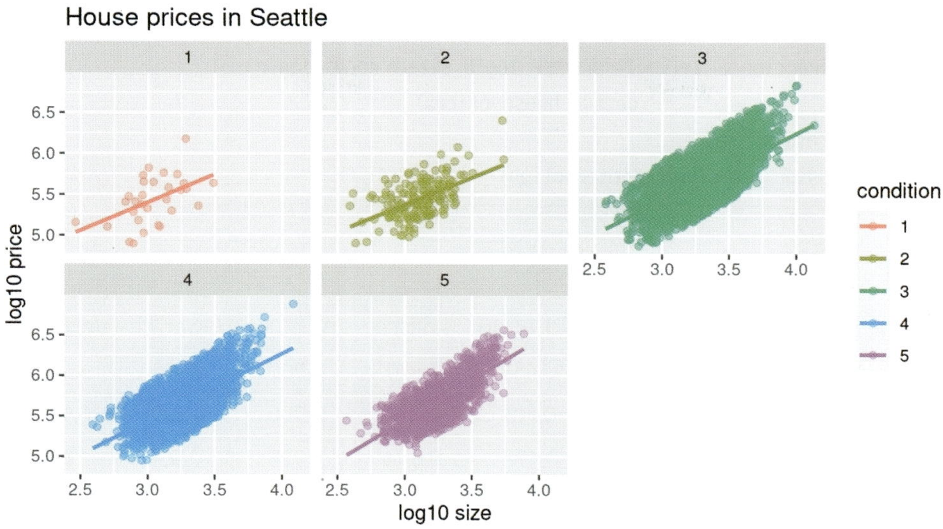

그림 11.7 상호 작용 모델의 패싯 그래프

<**그림 11.6**>의 왼쪽 그림과 <**그림 11.7**>의 패싯 버전 중 어떤 상호 작용 모델의 탐색적 시각화가 더 낫나요? 정해진 답은 없습니다. 여러분은 전달하고자 하는 내용에 따라 시각화를 선택해야 합니다. 필요에 따라 옵션으로 두 가지를 모두 포함하거나 고민하기도 해야겠지요.

11.2.3 회귀모델링

<**그림 11.6**>의 두 모델 중 어느 것이 '더 나은' 모델일까요? 왼쪽 그림의 상호작용 모델과 오른쪽 그림의 평행 기울기 모델 중 어느 것이 더 낫나요?

우리는 6.3.1항의 **모델 선택**에서 비슷한 논의를 했습니다. 추가적인 복잡성이 **합당한** 경우에만 더 복잡한 모델을 선호해야 한다고 언급했죠. 이 경우 총 5개의 절편과 5개의 기울기를 고려하기 때문에 더 복잡한 모델은 상호작용 모델입니다. 이는 5개의 절편은 고려하지만 공통 기울기는 하나만 고려하는 평행 기울기 모델과 대조적입니다.

상호 작용 모델의 추가 복잡성이 합당한 것일까요? <**그림 11.6**>의 왼쪽 그래프를 보면 일부 선에 약간의 X와 같은 패턴이 있군요. 그러니 합당하다고 볼 수 있을 것입니다. 따라서 이 분석의 나머지 부분에서는 상호작용 모델에만 초점을 맞추겠습니다. 하지만 이러한 시각적 접근 방식은 다소 주관적이므로 꼭 동의할 필요는 없으니 참고하세요. 상호작용 모델에 대한 다섯 가지 기울기와 다섯 가지 절편은 무엇인가요? 회귀표에서 이러한 값을 얻을 수 있습니다. 회귀표를 얻기 위한 2단계 프로세스를 기억하세요.

```
# Fit regression model:
price_interaction <- lm(log10_price ~ log10_size * condition,
                        data = house_prices)
# Get regression table:
get_regression_table(price_interaction)
```

표 11.1 상호 작용 모델에 대한 회귀표

term	estimate	std_error	statistic	p_value	lower_ci	upper_ci
intercept	3.330	0.451	7.380	0.000	2.446	4.215
log10_size	0.690	0.148	4.652	0.000	0.399	0.980
condition2	0.047	0.498	0.094	0.925	-0.930	1.024
condition3	-0.367	0.452	-0.812	0.417	-1.253	0.519
condition4	-0.398	0.453	-0.879	0.380	-1.286	0.490
condition5	-0.883	0.457	-1.931	0.053	-1.779	0.013
log10_size:condition2	-0.024	0.163	-0.148	0.882	-0.344	0.295
log10_size:condition3	0.133	0.148	0.893	0.372	-0.158	0.424
log10_size:condition4	0.146	0.149	0.979	0.328	-0.146	0.437
log10_size:condition5	0.310	0.150	2.067	0.039	0.016	0.604

6.1.2항에서 수치형 설명변수와 범주형 설명변수가 모두 있을 때 회귀 테이블을 해석하는 방법을 살펴봤습니다. 이제 <**그림 11.1**>의 **estimate** 열에 있는 10개의 값 모두에 대해 동일한 작업을 수행해 봅시다.

이 경우 범주형 변수 **condition**의 '비교의 기준' 그룹은 영/숫자 순으로 '1'이 먼저 오므로 상태 1의 주택이 됩니다. 따라서 **intercept**와 **log10_size** 값은 이 기준선 그룹에 대한 **log10_size**의 절편 및 기울기입니다. 다음으로, **condition2**부터 **condition5**까지의 상태는 상태 1 절편에 대한 절편의 오프셋입니다. 마지막으로, **log10_size:condition2**부터 **log10_size:condition5**까지의 상태는 **log10_size**의 상태 1 기울기에 대한 **log10_size**의 기울기 오프셋입니다.

이 10개의 **estimate**의 값을 사용하여 5개의 회귀선 각각에 대한 방정식을 작성하고 이를 단순화해 보겠습니다. 다음과 같은 형식으로 각 라인을 작성해봅시다.

$$\log10(\widehat{\text{price}}) = \hat{\beta}_0 + \hat{\beta}_{\text{size}} \cdot \log10(\text{size})$$

1. Condition1:

$$\log10(\widehat{\text{price}}) = 3.33 + 0.69 \cdot \log10(\text{size})$$

2. Condition2:

$$\begin{aligned}\log10(\widehat{\text{price}}) &= (3.33 + 0.047) + (0.69 - 0.024) \cdot \log10(\text{size}) \\ &= 3.377 + 0.666 \cdot \log10(\text{size})\end{aligned}$$

3. Condition3:

$$\begin{aligned}\log10(\widehat{\text{price}}) &= (3.33 - 0.367) + (0.69 + 0.133) \cdot \log10(\text{size}) \\ &= 2.963 + 0.826 \cdot \log10(\text{size})\end{aligned}$$

4. Condition4:

$$\begin{aligned}\log10(\widehat{\text{price}}) &= (3.33 - 0.398) + (0.69 + 0.146) \cdot \log10(\text{size}) \\ &= 2.932 + 0.836 \cdot \log10(\text{size})\end{aligned}$$

5. Condition5:

$$\begin{aligned}\log10(\widehat{\text{price}}) &= (3.33 - 0.883) + (0.69 + 0.31) \cdot \log10(\text{size}) \\ &= 2.447 + 1 \cdot \log10(\text{size})\end{aligned}$$

이는 <**그림 11.6**>의 왼쪽 그래프와 <**그림 11.7**>의 패싯 그래프에 있는 회귀선에 해당합니다. 다섯 가지 상태 유형의 주택 모두 주택의 크기가 커질수록 가격이 상승합니다. 이는 대부분의 사람들이 예상할 수 있는 내용입니다. 그러나 크기에 따른 가격 상승률은 어떨까요? 조건 3, 4, 5가 각각 0.823, 0.836, 1로 조건 3, 4, 5에 해당하는 주택이 가장 빠릅니다. 이는 다섯 가지 상태 중 가장 큰 세 가지 기울기입니다.

11.2.4 집값 예측해보기

여러분이 부동산 중개인인데 집이 얼마에 팔릴지 알아보고 싶다는 전화가 걸려왔다고 가정해 봅시다. 문의한 사람은 집의 상태(condition)가 5이고 크기는 1,900평방피트라고 하네요.. 여러분은 뭐라고 대답할 건가요? 우리가 적합시킨 상호작용 모델을 사용하여 예측해 봅시다!

먼저 <**그림 11.8**>에서 이 예측을 시각적으로 만들겠습니다. 이 집의 예측된 `log10_price`은 검은색 점으로 표시되어 있습니다. 이 점은 다음 두 선이 교차하는 지점입니다.

- `condition` = 5에 해당하는 주택에 대한 회귀선
- `log10_size`의 검은색 세로 점선은 3.28과 같습니다. 예측변수가 log10(1900) = 3.28인 생활 공간의 log10 변환된 평방피트이기 때문입니다.

그림 11.8 상호 작용 모델과 예측

언뜻 보기에 예측된 `log10_price`은 약 5.75로 보입니다. 이제 상태 = 5에 해당하는 주택에 대한 회귀선 방정식을 사용하여 예측에 대한 정확한 수치를 구해 보겠습니다. 먼저 평방 피트를 `log10()`으로 변환해야 합니다.

```
2.45 + 1 * log10(1900)
```

```
[1] 5.73
```

앞서 우리가 눈대중으로 예측한 5.75에 매우 근접한 수치입니다. 하지만 잠깐만요! 이 집의 가격에 대한 예측이 5.75달러인가요? 아니죠! 결과변수로 `log10_price`를 사용하고 있다는 것을 기억하세요! 따라서 달러 단위의 `price`로 예측하려면, 우리는 <**부록 A.3**>에 설명된 대로 10의 거듭제곱을 취하여 로그를 해제해야 합니다.

```
10^(2.45 + 1 * log10(1900))
```

```
[1] 535493
```

따라서 상태 5에 1,900평방피트 크기의 이 주택에 대한 우리의 예상 가격은 535,493달러가 됩니다.

| 학습 확인 |

(LC11.1) 11.2.3항의 회귀모델링과 11.2.4항의 조건 5, 크기 1,900평방피트의 주택에 대해 방금 수행한 예측을 반복하되 <**그림 11.6**>에서 시각화한 평행 기울기 모델을 사용하세요. 그래서 그 값이 524,807달러라는 것을 보여주세요!

11.3 사례 연습: 효과적인 데이터 스토리텔링

지금까지 다양한 방법으로 데이터 작업 방법을 살펴보았습니다. 어떤 유형의 그래프가 어떤 변수 유형의 조합에 가장 적합한지 이해함으로써 데이터를 시각화하는 효과적인 전략을 배웠습니다. 스프레드시트 형식으로 데이터를 요약하고 다양한 변수에 대한 요약통계도 계산해 보았습니다. 게다가 표집을 사용하여 모집단에 대한 결론을 도출하는 과정으로서 통계적 추론의 가치를 확인했습니다. 마지막으로 여러분은 선형회귀모형을 적합시키는 방법과 모든 신뢰구간 및 가설검정에서 유효한 해석을 얻기 위해 필요한 조건을 확인하는 것의 중요성에 대해 살펴보았습니다. 지금까지 수많은 계산 기법을 배웠고 재현 가능한 R 코드를 작성하는 데 집중했습니다.

여기에 더해 또 다른 사례 연구를 소개해 볼까 합니다. 바로 전 세계 데이터 저널리스트들이 수행하는 '효과적인 데이터 스토리텔링'에 관한 것입니다. 훌륭한 데이터 스토리텔링은 독자를 이상한 길로 안내하는 것이 아니라, 우리 삶에서 데이터가 얼마나 중요한지 더 쉽게 이해할 수 있도록 도와줍니다.

11.3.1 할리우드에도 성 차별이 있나요? 벡델 테스트(Bechdel test) 해보기

우선 월트 히키(Walt Hickey)의 FiveThirtyEight.com 기사 <할리우드의 여성 배제에 대한 경제적 관점의 반론(The Dollar-And-Cent Case Against Hollywood's Exclusion of Women)>를 읽어보길 추천합니다[ix]. 이 기사에서 월트는 벡델 테스트[x]를 얼마나 많은 영화들이 통과하는지에 대한 수십 년 간 진행되어 온 연구를 완성했습니다. 벡델 테스트란 앨리슨 벡델(Alison Bechdel)이 한 영화에서 젠더 대표성을 테스트해 볼 수 있게 고안해 낸 비공식적 테스트입니다.

기사를 읽으면서 월크 히키가 데이터, 그래픽, 분석을 어떤 식으로 사용하여 이야기를 전달하고 있는지 주의 깊게 생각해보세요. 재현가능성의 정신으로, FiveThirtyEight는 이 글에 사용한 데이터와 R 코드도 공유했습니다[xi]. 기사에서 사용되는 더 많은 데이터는 GitHub 페이지에서 확인할 수 있습니다.

ModernDive[xii]의 공동 저자인 체스터 이스메이와 앨버트 김, 제니퍼 천은 한 걸음 더 나아가 R에서 이러한 데이터셋에 더 쉽게 액세스할 수 있는 **fivethirtyeight** 패키지를 만들었습니다. **fivethirtyeight** 패키지에 포함된 127개 데이터셋의 전체 목록은 패키지 웹 페이지(https://fivethirtyeight-r.netlify.com/articles/fivethirtyeight.html)에서 확인할 수 있습니다.

또한, **dplyr**, **ggplot2**나 다른 `tidyverse`의 다른 패키지를 사용하여 이러한 데이터 중 일부를 완전히 재현 가능한 시작부터 끝까지 분석하는 예제는 주석의 '비넷[2]'[xiii]에서 확인할 수 있습니다. 예를 들어, 벡델 테스트에 대한 기사 마지막에 있는 그래프 중 하나를 재현하는 방법을 보여주는 비넷 또한 주석[xiv]에서 확인할 수 있습니다.

11.3.2 1999년 미국의 신생아 출산

fivethirtyeight 패키지에 포함된 `US_births_1994_2003` 데이터 프레임은 1994년부터 2003년까지 출생한 미국의 일일 신생아 수에 대한 정보를 제공합니다. FiveThirtyEight.com의 원본 문서 링크를 포함한 이 데이터 프레임에 대한 자세한 내용을 보고 싶다면 콘솔에서 `?US_births_1994_2003`을 실행하여 도움말 파일을 확인하세요.

데이터 작업 시에는 언제나 RStudio의 스프레드시트 `View()` 함수나 **dplyr** 패키지의 `glimpse()`를 사용하여 데이터를 미리 보는 것이 좋습니다.

```
glimpse(US_births_1994_2003)
```

```
Observations: 3,652
Variables: 6
$ year          <int> 1994, 1994, 1994, 1994, 1994, 1994, 1994, 1994, ...
$ month         <int>1,1,1,1,1,1,1,1,1,1,1,1,1,1,...
$ date_of_month <int> 1, 2, 3, 4, 5, 6, 7, 8, 9, 10, 11, 12, 13, 14, 1...
$ date          <date> 1994-01-01, 1994-01-02, 1994-01-03, 1994-01-04,...
$ day_of_week   <ord> Sat, Sun, Mon, Tues, Wed, Thurs, Fri, Sat, Sun, ...
$ births        <int> 8096, 7772, 10142, 11248, 11053, 11406, 11251, 8...
```

각 날짜의 출생 수에 초점을 맞추되 1999년 출생아에 대해서만 살펴보겠습니다. 3.2절

2 비넷(vignette)은 R 패키지의 사용 방법이나 분석 방법을 담은 문서를 뜻한다.

에서 dplyr 패키지의 filter() 함수를 사용하여 이 작업을 수행할 수 있다고 했었지요.

```
US_births_1999 <- US_births_1994_2003 %>%
  filter(year == 1999)
```

2.4절에서 설명한 것처럼, 날짜는 시간의 개념이라 순차적인 순서가 있으므로 시각화하기에는 산점도보다는 선그래프가 더 적합합니다. 즉, geom_point() 대신 geom_line()을 사용해야 합니다. 알다시피, 이러한 그래프를 **시계열 그래프**라고 부릅니다.

```
ggplot(US_births_1999, aes(x = date, y = births)) +
  geom_line() +
  labs(x = "Date",
       y = "Number of births",
       title = "US Births in 1999")
```

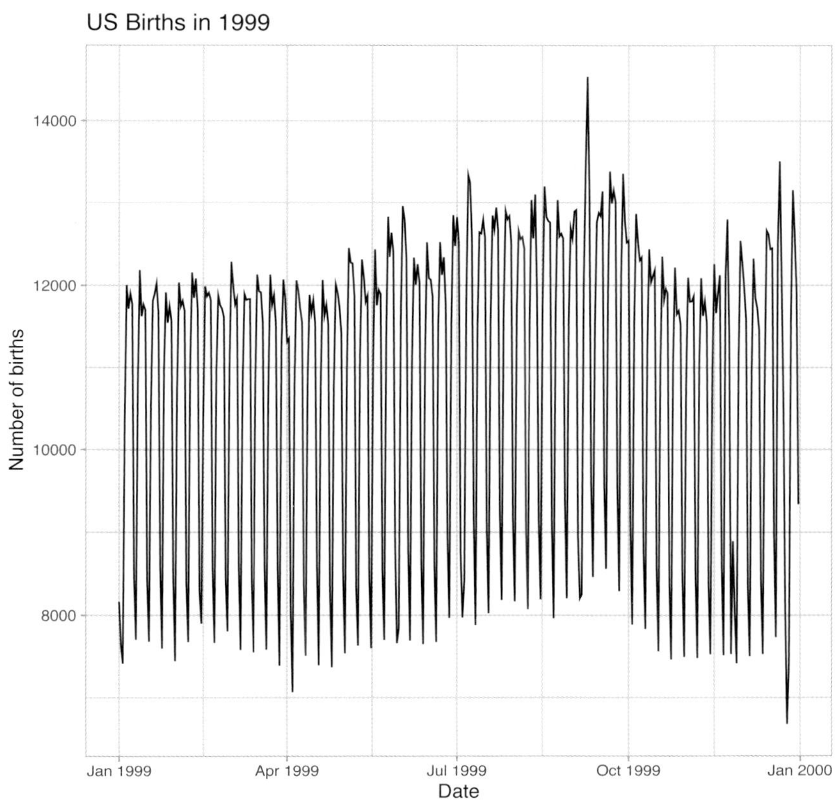

그림 11.9 1999년 미국 내 출생아 수

2000년 1월 1일 직전에 큰 폭으로 감소하였군요. 연말연시 때문일 가능성이 높습니다. 하지만 1999년 10월 1일 직전에 14,000명 이상의 출생이 급증한 것은 무엇을 뜻할까요? 이 비정상적으로 높은 급증의 원인은 무엇일까요?

US_births_1999의 행을 출생 건수의 내림차순으로 정렬해 보겠습니다. 3.6절에서 dplyr 함수의 arrange() 함수를 사용하여 birth 수를 내림차순으로 정렬할 수 있다는 것을 배웠습니다.

```
US_births_1999 %>%
  arrange(desc(births))
```

```
# A tibble: 365 × 6
    year month date_of_month date       day_of_week births
   <int> <int>         <int> <date>     <ord>        <int>
 1  1999     9             9 1999-09-09 Thurs        14540
 2  1999    12            21 1999-12-21 Tues         13508
 3  1999     9             8 1999-09-08 Wed          13437
 4  1999     9            21 1999-09-21 Tues         13384
 5  1999     9            28 1999-09-28 Tues         13358
 6  1999     7             7 1999-07-07 Wed          13343
 7  1999     7             8 1999-07-08 Thurs        13245
 8  1999     8            17 1999-08-17 Tues         13201
 9  1999     9            10 1999-09-10 Fri          13181
10  1999    12            28 1999-12-28 Tues         13158
# … with 355 more rows
```

출생자 수가 가장 많은 날짜(14,540명)는 실제로 1999-09-09입니다. 이 날짜를 월/일/년 형식(미국의 표준 형식)으로 기록하면 출생자 수가 가장 많은 날짜는 9/9/99입니다! 전부 9! 의도적으로 여기에 맞춰 진통을 유도한 걸까요? 어쩌면요[3]? 원인이 무엇이든 무척 흥미로운 이야기를 만들 수 있겠네요!

| 학습 확인 |

(LC11.2) 1994년과 2003년을 통틀어 미국에서 출생아 수가 가장 적은 날은 언제인가요? 왜 그런지 여러분이 생각하는 이유를 설명해 보세요.

3 한국이라면 일부러 9일 9시로 출생신고 했을 수도 있다.

데이터로 생각하고, 더 나아가 데이터와 함께 이야기를 만들어 볼 시간입니다! 여기서 통계 모델링이 어떻게 도움이 될 수 있을까요? 어떤 유형의 통계적 추론이 도움이 될까요? 이 분석에서 무엇을 찾을 수 있고 또 어디까지 이끌어갈 수 있나요? 이 분석에서 어떤 가정을 했나요? 이러한 질문은 독자가 직접 탐색하고 검토할 수 있도록 남겨두었습니다.

서문에 있는 연락처 정보를 통해 트위터로 저자들에게 연락해 주세요. 여러분의 의견을 듣고 싶습니다!

관심이 있다면 https://moderndive.com/labs에 접속해서 추가 문제 세트와 실습도 확인해 보세요.

11.3.3 R 코드 살펴보기

이 장에서 사용된 모든 R 코드의 R 스크립트 파일은 https://www.moderndive.com/scripts/11-tell-your-story-with-data.R에서 확인할 수 있습니다.

책에 언급된 *.R 파일로 저장된 모든 R 코드 파일에 접속할 수 있는 링크는 다음 표를 확인하세요.

장	링크
1	https://moderndive.com/scripts/01-getting-started.R
2	https://moderndive.com/scripts/02-visualization.R
3	https://moderndive.com/scripts/03-wrangling.R
4	https://moderndive.com/scripts/04-tidy.R
5	https://moderndive.com/scripts/05-regression.R
6	https://moderndive.com/scripts/06-multiple-regression.R
7	https://moderndive.com/scripts/07-sampling.R
8	https://moderndive.com/scripts/08-confidence-intervals.R
9	https://moderndive.com/scripts/09-hypothesis-testing.R
10	https://moderndive.com/scripts/10-inference-for-regression.R
11	https://moderndive.com/scripts/11-tell-your-story-with-data.R

마치며

여기까지 읽으셨다면, 어떻게 R로 작업하는지 한두 가지 정도는 알 것이라 생각합니다. 또한 통계 추론에 시뮬레이션 기반 기법을 사용하는 방법과 이러한 기법이 t 검정과 같은 전통적인 이론 기반 추론 방법에 대한 직관력을 키우는 데 어떻게 도움이 되는지 등에 대해서도 많은 지식을 얻었겠지요.

우리는 여러분이 데이터 랭글링, tidy한 데이터셋 정리, 데이터 시각화, 데이터 모델링, 통계적 추론 등 모든 측면에서 데이터의 힘을 이해하기를 바랍니다. 그중에서도, 물론 전부 중요하긴 합니다만, 가장 중요한 도구는 데이터 시각화가 아닐까 합니다. 만약 보는 이가 명확하게 이해할 수 있는 방식으로 정보를 표시하는 정말 아름다운 그래픽을 만들 수 있다면, 데이터로 자신의 이야기를 전달할 수 있는 큰 힘을 갖게 됩니다. 이러한 기술이 앞으로 데이터로 멋진 스토리를 전달하는 데 도움이 되기를 바랍니다. R과 `tidyverse`를 사용한 최신 데이터 분석에 대해 알아보는 여정에 함께 해주셔서 감사합니다!

4부_주석

i https://arxiv.org/pdf/1410.3127.pdf

ii https://peerj.com/collections/50-practicaldatascistats/

iii https://twitter.com/jennybryan

iv https://twitter.com/hadleywickham

v http://r4ds.had.co.nz/explore-intro.html

vi https://fivethirtyeight.com/

vii https://www.kaggle.com/

viii https://www.kaggle.com/harlfoxem/housesalesprediction

ix http://fivethirtyeight.com/features/the-dollar-and-cents-case-against-hollywoods-exclusion-of-women/

x https://bechdeltest.com/

xi https://github.com/fivethirtyeight/data/tree/master/bechdel

xii https://github.com/fivethirtyeight/data

xiii https://fivethirtyeight-r.netlify.com/articles/

xiv https://fivethirtyeight-r.netlify.com/articles/bechdel.html

xv 2019년 11월 현재 패치워크 패키지는 CRAN에 제공되지 않으며, `install_version()`을 사용하는 대신 `remotes::install_github("thomasp85/patchwork")`를 통해 설치해야 한다.

부록

A. 통계적 배경

B. 책에 쓰인 R과 패키지의 버전

부록 A 통계적 배경

A.1 기본적인 통계 용어

다음의 모든 통계 용어는 수치형 변수에만 적용되며, 수치형 변수와 범주형 변수 모두에 존재할 수 있는 **분포**(distribution)를 제외하고는 수치형 변수에만 적용됩니다.

A.1.1 평균(mean)

평균은 가장 일반적으로 쓰이는 중심의 측정값입니다. 이 용어는 약간 모호할 수 있는데, **산술평균**(average)이라고도 불립니다. 평균은 모든 데이터 원소의 합계를 원소의 개수로 나눈 값입니다. 만약 데이터 포인트를 n개 갖고 있을 경우, 평균은 다음과 같습니다.

$$Mean = \frac{x_1 + x_2 + \cdots + x_1}{n}$$

A.1.2 중앙값(median)

평균은 먼저 어떤 변수의 데이터를 가장 작은 것부터 가장 큰 것 순으로 정렬한 뒤 계산합니다. 데이터를 정렬한 후 목록의 중간에 위치한 요소가 **중앙값**이 됩니다. 중앙이 두 값 사이에 있는 경우 중앙값은 두 중간에 위치한 값의 평균입니다.

A.1.3 표준편차[1](standard deviation)

다음으로 변수의 **표준편차**(*sd*)에 대해 알아보겠습니다. 처음에는 이 공식이 다소 어렵게 느껴질 수 있습니다. 여기서는 본질적으로 주어진 데이터 값이 평균에서 얼마나 멀리 떨어져 있을 것으로 예상되는지를 측정하는 척도라는 점이 중요합니다.

$$sd = \sqrt{\frac{(x_1 - Mean)^2 + (x_2 - Mean)^2 + \cdots (x_n - Mean)^2}{n - 1}}$$

1 아래의 수식은 표본의 표준 편차에 해당하며, 모집단 표준 편차는 분모가 n - 1이 아닌 n이 된다.

A.1.4 5가지 요약/분위수 통계(five-number summary)

5가지 요약 수치는 최솟값, 첫 번째 사분위수(25번째 백분위수), 두 번째 사분위수(중앙값 또는 50번째 백분위수), 세 번째 사분위수(75번째 백분위수), 최댓값 등 다섯 가지 요약통계로 구성됩니다. 변수의 5가지 요약 수치는 2.7절에 나와 있는 것처럼 박스 플롯을 구성할 때 사용됩니다.

사분위수는 다음과 같이 계산됩니다.

- 첫 번째 사분위수(Q_1): 정렬된 데이터의 전반부 중앙값
- 세 번째 사분위수(Q_3): 정렬된 데이터의 후반부 중앙값

사분위간범위(IQR)는 $Q_3 - Q_1$로 정의되며 중간 50%의 값이 얼마나 산포되어 있는지를 나타내는 척도입니다. IQR은 박스 플롯에서 상자의 길이에 해당합니다.

중앙값과 IQR은 평균과 표준편차처럼 이상치의 존재 여부에 영향을 받지 않습니다. 따라서 왜곡된 데이터 집합을 분석할 때 권장됩니다. 이 경우 중앙값과 IQR이 **이상치에 더 강건**(robust to outliers)하다고 말합니다.

A.1.5 분포(distribution)

변수의 **분포**는 얼마나 빈번하게 변수의 다양한 값이 나타나는지 보여줍니다. 분포의 시각화를 보면 값의 중심이 어디인지, 값이 어떻게 변화하는지, 전형적인 값이 어디에 속할 수 있는지에 대한 정보를 얻을 수 있습니다. 또한 이상치의 존재를 알려줄 수도 있습니다.

우리는 2장을 통하여 히스토그램에서 구간 차원수 조정을 이용하여 수치형 변수의 분포를 시각화하고 막대그래프를 사용하여 범주형 변수의 분포를 시각화할 수 있다는 사실을 배웠습니다.

A.1.6 이상치(outliers)

이상치는 데이터셋에서 '보통의(ordinary)' 값의 범위를 훨씬 벗어나는 값에 해당합니다. 박스 플롯의 경우 기본적으로 $Q_1 - (1.5 \cdot IQR)$ 이하 또는 $Q_3 + (1.5 \cdot IQR)$ 이상의 값에 해당합니다.

A.2 정규 분포(Normal distribution)

이제 특정한 분포의 유형인 **정규분포**에 대해 알아보겠습니다. 이러한 종 모양의 분포는 (1) 분포의 중심을 찾는 **평균** μ('뮤')과 (2) 분포의 변화를 결정하는 **표준편차** σ('시그마')의 두 가지 값으로 정의됩니다. <**그림 A.1**>에서 우리는 세 가지 정규분포를 그래프로 그리겠습니다.

1. 실선(solid) 정규곡선은 평균 $\mu = 5$, 표준편차 $\sigma = 2$입니다.
2. 점선(dotted) 정규곡선은 평균 $\mu = 5$, 표준편차 $\sigma = 5$입니다.
3. 파선(dashed) 정규곡선의 평균은 $\mu = 15$, 표준편차 $\sigma = 2$입니다.

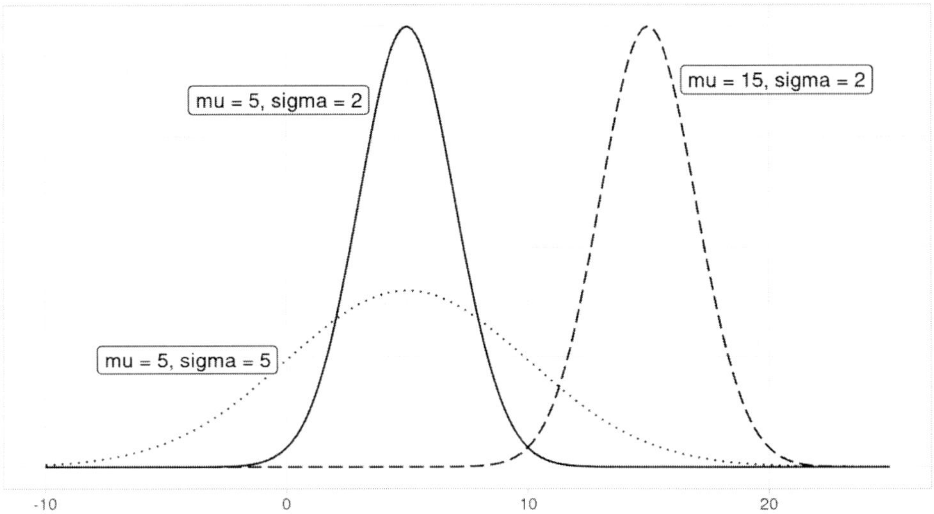

그림 A.1 세 가지 정규분포

실선과 점선 정규곡선은 공통의 평균 $\mu = 5$로 인해 중심이 동일하다는 것을 알 수 있습니다. 그러나 점선 정규곡선은 표준편차가 $\sigma = 5$로 더 크기 때문에 더 넓습니다. 반면 실선과 파선 정규곡선은 공통의 표준편차 $\sigma = 2$로 인해 변동폭이 동일하지만 중심이 다른 위치에 있습니다.

평균 $\mu = 0$이고 표준편차 $\sigma = 1$일 때 정규분포는 특별한 이름을 갖습니다. 이를 **표준정규분포**(standard normal distribution) 또는 z-곡선이라고 합니다.

또한 변수가 정규곡선을 따르는 경우, 우리는 다음의 **세 가지 경험 법칙**을 사용할 수 있습니다.

1. 값의 68%가 평균의 ± 1 표준편차 내에 있습니다.
2. 값의 95%는 평균의 ± 1.96 ≈ 2 표준편차 내에 있습니다.
3. 99.7%의 값은 평균의 ±3 표준편차 내에 있습니다.

<**그림 A.2**>의 표준정규곡선으로 이를 설명해 보겠습니다. 파선은 −3, −1.96, −1, 0, 1, 1.96, 3에 있습니다. 이 7개의 선은 X축을 8개의 부분으로 잘라냅니다. 8개 부분 각각에 대한 정규곡선 아래의 영역을 표시하여 합하면 100%가 됩니다. 예를 들면 다음과 같습니다.

1. 중간 기준으로 두 부분은 −1에서 1 사이의 간격을 나타냅니다. 이 간격 위의 음영 영역은 곡선 아래 영역의 34% + 34% = 68%를 나타냅니다. 즉, 값의 68%입니다.
2. 중간 기준으로 4개의 부분은 −1.96~1.96 간격을 나타냅니다. 이 구간 위의 음영 영역은 13.5% + 34% + 34% + 13.5%= 곡선 아래 영역의 95%를 나타냅니다. 즉, 값의 95%입니다.
3. 중간 기준 6개 부분은 −3에서 3까지의 구간을 나타냅니다. 이 구간 위의 음영 영역은 2.35% + 13.5% + 34% + 34% + 13.5% + 2.35% = 곡선 아래 영역의 99.7%를 나타냅니다. 즉, 99.7%의 값입니다.

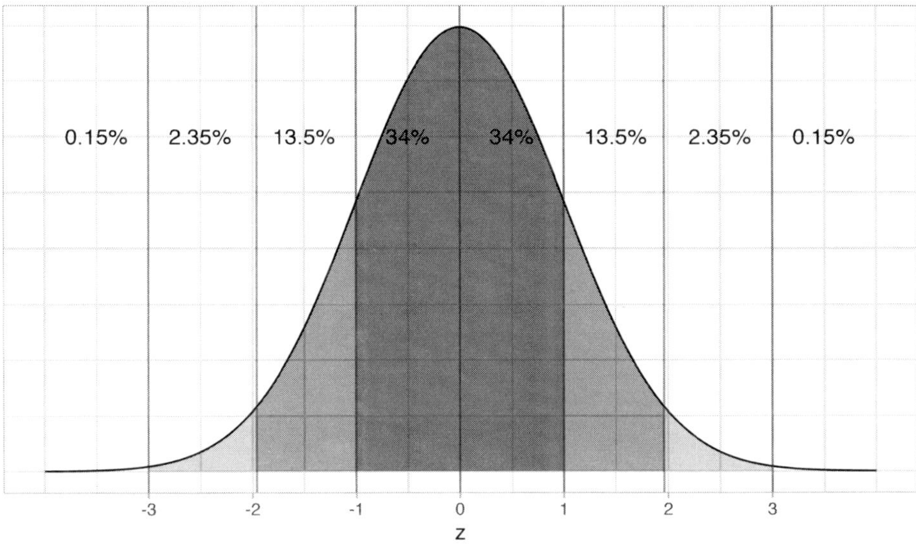

그림 A.2 정규곡선 아래 영역에 대한 경험 법칙

| 학습 확인 |

평균 μ = 6, 표준편차 σ = 3인 정규분포가 있다고 가정합니다.

(LCA.1) 정규곡선 아래 면적 중 3보다 작은 비율은 얼마인가요? 12보다 큰가요? 0에서 12 사이인가요?

(LCA.2) 정규곡선 아래 면적의 2.5 백분위 수는 얼마인가요? 95번째 백분위수? 아니면 100번째 백분위수인가요?

A.3 log10(상용로그) 변환

log10 변환은 밑이 10인 **로그값**을 반환합니다. 예를 들어 1000 = 10^3이므로 log10(1000)을 실행하면 R에서 3이 반환됩니다. log10 변환을 실행 취소하려면 10을 이 값만큼 거듭제곱하면 됩니다. 예를 들어, 이전 log10 변환을 실행 취소하고 원래 값인 1000을 반환하려면 R에서 10^(3) = 1000을 실행하여 10을 3의 거듭 제곱으로 올립니다.

로그 변환을 사용하면 **단위 자릿수 변화**에 집중할 수 있습니다. 즉, 로그 변환을 사용하면 **덧셈이 아닌 곱셈 변화**에 집중할 수 있습니다. 2019년 미국 달러 기준 소비재 가격의 예를 들어 <표 A.1>에서 이 개념을 설명해 보겠습니다.

표 A.1 log10 변환된 가격, 단위 자릿수 순서 및 예시

가격	Log10(가격)	단위 자릿수 순서	예시
$1	0	1	커피 한 잔
$10	1	10	책
$100	2	100	휴대폰
$1,000	3	1,000	고화질 TV
$10,000	4	10,000	자동차
$100,000	5	100,000	고급 차와 주택
$1,000,000	6	1,000,000	고급 주택

<표 A.1>을 기반으로 log10 변환에 대해 몇 가지를 설명해 보겠습니다.

1. 커피 한 잔을 주문할 때, 우리는 커피 가격을 2달러나 3달러 등 가격을 한자릿수인 1달러 단위로 생각합니다. 그러나 휴대폰을 구매할 때는 가격을 313달러 또는 727

달러 정도로 떠올리지요. 1달러 단위로 가격을 생각하는 대신 300달러 또는 700달러와 같이 수백 달러 단위로 가격을 생각하는 것입니다. 따라서 커피 한 잔과 휴대폰은 **단위 자릿수 차이**가 매우 큽니다.

2. 76달러의 log10 변환 값을 알고 싶다고 가정해 봅시다. 계산기 없이는 정확히 계산하기 어렵습니다. 하지만 76달러는 10달러에서 100달러 사이이고 log10(10)=1, log10(100)=2이므로 log10(76)은 1과 2 사이가 될 것입니다. 실제로 log10(76)은 1.880814입니다.
3. log10 변환은 **단조롭기(monotonic)**[2] 때문에 순서를 보존합니다. 따라서 가격 A가 가격 B보다 낮으면 log10(가격 A)도 log10(가격 B)보다 낮아집니다.
4. 가장 중요한 것은 log10 스케일에서 1 단위의 증가는 원래 스케일의 **상대적인 승수 변화(relative multiplicative changes)**에 해당하며 절대적인 **덧셈 변화(absolute additive changes)**가 아니라는 점입니다. 예를 들어 log10(가격)을 3에서 4로 증가시키면 가격은 $100에서 $1000으로 10배 증가합니다.

2 수학적으로 주어진 순서를 보존하는 것을 뜻한다.

부록 B 책에 쓰인 R과 패키지의 버전

만약 코드를 입력했을 때 책과 다른 결과가 표시된다면 사용한 패키지의 정확한 버전을 다시 설치하는 것이 좋습니다. 먼저 `install.packages("remotes")`를 통해 `remotes` 패키지를 설치하세요. 그런 다음 `package` 인수를 따옴표로 묶은 패키지 이름으로, `version` 인수를 설치할 특정 버전 번호로 대체하여 `install_version()`을 사용합니다[4][xv].

```
remotes::install_version(package = "skimr", version = "1.0.6")
```

package	version
bookdown	0.16
broom	0.5.2
dplyr	0.8.3
fivethirtyeight	0.5.0
forcats	0.4.0
gapminder	0.3.0
ggplot2	3.2.1
ggplot2movies	0.0.1
infer	0.5.1
ISLR	1.2
janitor	1.2.0
kableExtra	1.1.0
knitr	1.26
moderndive	0.4.0
mvtnorm	1.0-11
nycflights13	1.0.1
patchwork	0.0.1
purrr	0.3.3

4 2023년 5월 29일 기준, 모든 패키지는 CRAN에 탑재되어 잘 운영되므로 특별히 github에서 설치할 필요가 없다.

readr	1.3.1
scales	1.1.0
skimr	1.0.6
stringr	1.4.0
tibble	2.1.3
tidyr	1.0.0
tidyverse	1.3.0
viridis	0.5.1
viridisLite	0.3.0

참고문헌

- Bray, A., Ismay, C., Chasnovski, E., Baumer, B., and Cetinkaya-Rundel, M. (2019). *infer: Tidy Statistical Inference*. R package version 0.5.1.
- Chihara, L. M. and Hesterberg, T. C. (2011). *Mathematical Statistics with Resampling and* R. John Wiley & Sons, Hoboken, NJ, first edition.
- Diez, D. M., Barr, C. D., and Çetinkaya Rundel, M. (2014). *Introductory Statistics with Randomization and Simulation*. CreateSpace Independent Publishing Platform, Scotts Valley, CA, first edition.
- Firke, S. (2019). *janitor: Simple Tools for Examining and Cleaning Dirty Data*. R package version 1.2.0.
- Grolemund, G. and Wickham, H. (2017). *R for Data Science*. O'Reilly Media, Sebastopol, CA, first edition.
- Ismay, C. and Kennedy, P. C. (2016). *Getting Used to R, RStudio, and R Markdown*.
- James, G., Witten, D., Hastie, T., and Tibshirani, R. (2017). *An Introduction to Statistical Learning: with Applications in R*. Springer, New York, NY, first edition.
- Kim, A. Y. and Ismay, C. (2019). *moderndive: Tidyverse-Friendly Introductory Linear Regression*. R package version 0.4.0.
- Kim, A. Y., Ismay, C., and Chunn, J. (2019). *fivethirtyeight: Data and Code Behind the Stories and Interactives at 'FiveThirtyEight'*. R package version 0.5.0.
- Quinn, M., McNamara, A., Arino de la Rubia, E., Zhu, H., and Ellis, S. (2019). *skimr: Compact and Flexible Summaries of Data*. R package version 1.0.6.
- Robbins, N. (2013). *Creating More Effective Graphs*. Chart House, New York, NY, first edition.
- Robinson, D. and Hayes, A. (2019). *broom: Convert Statistical Analysis Objects into Tidy Tibbles*. R package version 0.5.2.
- Wickham, H. (2014). Tidy data. *Journal of Statistical Software*, Volume 59(Issue 10).
- Wickham, H. (2019a). *nycflights13: Flights that Departed NYC in 2013*. R package version 1.0.1.
- Wickham, H. (2019b). *tidyverse: Easily Install and Load the 'Tidyverse'*. R package version 1.3.0.
- Wickham, H., Chang, W., Henry, L., Pedersen, T. L., Takahashi, K., Wilke, C., Woo, K., and Yutani, H. (2019a). *ggplot2: Create Elegant Data Visualisations Using the Grammar of Graphics*. R package version 3.2.1.
- Wickham, H., François, R., Henry, L., and Müller, K. (2019b). *dplyr: A Grammar of Data Manipulation*. R package version 0.8.3.
- Wickham, H. and Henry, L. (2019). *tidyr: Tidy Messy Data*. R package version 1.0.0.

- Wickham, H., Hester, J., and Francois, R. (2018). *readr: Read Rectangular Text Data*. R package version 1.3.1.
- Wilkinson, L. (2005). *The Grammar of Graphics (Statistics and Computing)*. Springer-Verlag, Secaucus, NJ, first edition.
- Xie, Y. (2019). *bookdown: Authoring Books and Technical Documents with R Markdown*. R package version 0.16.

찾아보기

역자 소개

양승훈

경남대학교 사회학과 교수. 학부에서 정치학을, 대학원에서 문화인류학과 과학기술정책학을 전공했다. 현재 경남대학교 사회학과에서 학부 사회조사방법론, 사회조사통계, 데이터분석, 디지털기술과 현대사회 과목을 강의하고 있다. 산업도시 거제와 조선산업을 다룬 문화기술지(ethnography)인 <중공업 가족의 유토피아>(오월의 봄, 2019)을 집필했고, 경제지리학과 과학기술학 관점에서 제조업-엔지니어-혁신경제-공간분업의 문제를 함께 연구하고 있다.
학부 때 경제학과 복수전공으로 <경제학 연구방법론>과 <정보통계학>, <계량경제학>을 수강했음에도 까맣게 잊고 있다가, 석사과정을 마치고 입사한 회사에서 대량의 데이터 분석을 담당하는 바람에 통계학 개론부터 R, 파이썬 데이터분석 교재까지 펼쳐 놓고 수년간 숫자와 코드와 씨름하며 다시 감을 잡았다.
대학에서 통계와 데이터분석 강의를 담당하면서, 수학과 코딩 모두를 힘들어하는 인문사회계열 학생들의 두려움을 극복할 수 있는 효과적인 방법을 찾고 있다. 연구방법론 차원에서는 질적 연구와 양적 연구를 단순히 병행하는 것이 아닌 함께 고려하는 혼합적 방법론을 활용할 수 있는 방안을 모색 중이다.

Email: submania@kyungnam.ac.kr

R Tidyverse **패키지로 손쉽게 익히는 통계학 입문**

데이터 과학을 활용한 통계

저　자　Chester Ismay · Albert Y. Kim
역　자　양승훈
발 행 인　김지영
발 행 처　자유아카데미
주　소　경기도 파주시 회동길 37-42
　　　　파주출판도시
전　화　031-955-1321
팩　스　031-955-1322
홈페이지　www.freeaca.com
전자우편　main@freeaca.com (대표)
　　　　editor@freeaca.com (편집)
　　　　crm@freeaca.com (영업)
등　록　제406-2003-017호, 1980. 7. 12
제1판1쇄　2023년 9월 12일 발행

ISBN 979-11-5808-515-5 93310